航天科技图书出版基金资助出版

北斗卫星导航系统
质量与可靠性工程实践

卿寿松　郑　恒　角淑媛　周传珍　蒋　德　陈　雷　等　编著

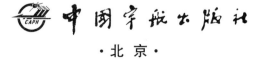

中国宇航出版社

·北京·

图书在版编目（CIP）数据

北斗卫星导航系统质量与可靠性工程实践 / 卿寿松
等编著 . -- 北京：中国宇航出版社，2024.2
ISBN 978 - 7 - 5159 - 2285 - 0

Ⅰ.①北… Ⅱ.①卿… Ⅲ.①全球定位系统－质量管
理－可靠性工程－研究　Ⅳ.①P228.4

中国国家版本馆 CIP 数据核字(2023)第 179847 号

责任编辑　张丹丹	封面设计　王晓武

出 版
发 行 中国宇航出版社

社　址	北京市阜成路 8 号　邮　编　100830	
	(010)68768548	
网　址	www.caphbook.com	
经　销	新华书店	
发行部	(010)68767386	(010)68371900
	(010)68767382	(010)88100613（传真）
零售店	读者服务部	(010)68371105
承　印	北京中科印刷有限公司	

版　次	2024 年 2 月第 1 版
	2024 年 2 月第 1 次印刷
规　格	787×1092
开　本	1/16
印　张	29.5　彩　插　4 面
字　数	724 千字
书　号	ISBN 978 - 7 - 5159 - 2285 - 0
定　价	188.00 元

本书如有印装质量问题，可与发行部联系调换

航天科技图书出版基金简介

航天科技图书出版基金是由中国航天科技集团公司于2007年设立的，旨在鼓励航天科技人员著书立说，不断积累和传承航天科技知识，为航天事业提供知识储备和技术支持，繁荣航天科技图书出版工作，促进航天事业又好又快地发展。基金资助项目由航天科技图书出版基金评审委员会审定，由中国宇航出版社出版。

申请出版基金资助的项目包括航天基础理论著作，航天工程技术著作，航天科技工具书，航天型号管理经验与管理思想集萃，世界航天各学科前沿技术发展译著以及有代表性的科研生产、经营管理译著，向社会公众普及航天知识、宣传航天文化的优秀读物等。出版基金每年评审1～2次，资助20～30项。

欢迎广大作者积极申请航天科技图书出版基金。可以登录中国航天科技国际交流中心网站，点击"通知公告"专栏查询详情并下载基金申请表；也可以通过电话、信函索取申报指南和基金申请表。

网址：http：//www.ccastic.spacechina.com

电话：(010) 68767205，68767805

序

　　北斗卫星导航系统是我国自主建设运行、服务全球的卫星导航系统。与以往航天工程建设任务相比，系统工程建设和运行服务具有可靠性要求高、产品组批生产、星箭密集发射、星座组网运行、服务用户范围广等典型特点。系统研制建设中存在牵一发而动全身、时间紧、任务重、风险大等难题，对系统工程高质量建设提出了极大挑战。同时，北斗三号系统提供的导航定位授时服务区域从中国及亚太地区实现了向全球覆盖的跨越，在用户导航定位的服务精度、信号连续性、系统可用性等方面也实现了大幅提升。"中国的北斗，世界的北斗，一流的北斗"得益于北斗系统质量与可靠性管理不断探索和总结，探索了一条行之有效的质量与可靠性管理方法和工程实践，科学管理和管理科学成就了北斗系统建设的高质量、高速度和高效率。北斗系统组网建设过程中实现了100%发射成功，开通运行以来，服务分秒不断，可靠性水平不断提升，这些都离不开北斗系统质量与可靠性技术的突破创新和成功实践。北斗系统始终坚持"覆盖全面、预防为主、控制源头、常抓不懈"理念，贯穿于大系统—工程各系统—分系统及单机各层面工作，创新建立了"可靠性设计、测试验证、评估监管、基础保障"四个体系的质量与可靠性管理模式，为系统组网连续成功和稳定运行服务发挥了重要作用。

　　本书的一大亮点是北斗系统工程的质量与可靠性的全面性和实践性，全书按照北斗工程总体、工程各系统及产品两个层面分别从质量管理、可靠性设计与验证所涉及的方法、工程实践进行了系统阐述。本书既有质量与可靠性技术与系统工程管理方法有机结合的集成创新，又有北斗三号工程实践中的探索和思考，在实践中探索，在探索中创新，在创新中提高，形成了具有北斗特色的质量与可靠性管理模式和方法。本书所列的方法均经过了北斗卫星导航系统工程建设和运行的实践检验，对航天工程如何开展质量与可靠性工作具有较强的前瞻性和引领性。本书内容全面，技术总结到位、精准，涵盖了北斗系统可靠性设计与评价，系统研制和运行质量管理，质量监督与评价，风险管理，标准规范，卫星、火箭及地面系统的可靠性设计与验证，发射场系统质量管理与可靠性保证，软件产品保证，产品可靠性设计与验证，航天元器件保证，质量与可靠性大数据平台等内容，是一部全面反映北斗卫星导航系统质量与可靠性理论与工程实践的优秀著作。

　　本书是北斗卫星导航系统质量与可靠性相关理论与工程实践的总结，不仅有利于向广大读者分享北斗卫星导航系统建设的成就，也有利于广大工程建设人员和院校师生更好地理解与应用质量与可靠性理论及工程实践成果。

　　北斗系统是复杂航天系统工程的成功实践，北斗系统质量与可靠性工程实践丰富了航天质量管理体系的内涵。未来，我们将建设以北斗系统为基础，更加泛在、更加融合、更加智能的国家综合定位导航授时（PNT）体系，北斗工程管理模式也将随之不断创新、持续发展，推动北斗系统向更高层次、更高质量发展。北斗系统将以更强的功能、更优的性能，服务全球、造福人类。同时也相信本书出版后，将会对我国北斗卫星导航系统的稳定运行、应用与推广起到积极的促进作用，为我国航天工程质量与可靠性理论创新和实践做出新贡献。

中国工程院院士

2024 年 1 月

前　言

2020 年 7 月 31 日，习近平总书记向世界宣布北斗三号全球卫星导航系统正式开通，标志着北斗迈进全球服务新时代。北斗三号的建成开通，是我国迈向航天强国的重要里程碑，是我国为全球公共服务基础设施建设做出的重大贡献。北斗三号系统规模大、技术复杂、指标要求高，同时参研单位众多，多线并举，建设周期紧，在质量管理、可靠性设计、风险防控等方面存在诸多挑战。

本书的特点是北斗系统工程质量与可靠性工作的创新性、全面性和实践性。在继承我国传统航天工程质量管理模式的基础上，本书针对北斗系统的新特点实现了质量与可靠性工作的创新和发展，从而形成了具有中国特色的北斗系统工程质量管理模式。本书结合北斗系统在关键技术攻关、工程建设、运行阶段的特点，按照系统工程理念，从覆盖"卫星-火箭-发射场-地面运控、测控系统"全系统，"研制、生产、发射、运行"全过程，"工程、系统、单机、软件、元器件"全层次的质量与可靠性技术方法及工程实践等方面，进行了梳理、总结和凝练，形成了一整套质量与可靠性方法及工程实践，并在北斗全球系统组网建设和稳定运行阶段进行工程验证，助力实现北斗系统连续组网成功和稳定运行服务，为国家航天工程质量与可靠性工作留下了宝贵的知识财富和经验积淀的同时，为航天及其他领域工程质量管理提供了借鉴和参考。

本书按照北斗工程总体、工程各系统及产品两个层面，全面系统地阐述了质量管理、可靠性设计与验证等方面的理论方法和工程实践，总结提出了北斗卫星导航系统质量与可靠性工作体系和工作模式，展现了航天工程中质量与可靠性理论方法和工程实践相结合的成果。在工程总体层面，重点阐述了北斗质量管理模式、北斗系统建设和稳定运行质量管理、北斗系统指标论证分解、精细化动态建模分析、质量监督评价、风险管理、标准规范建设、质量与可靠性大数据平台等方面内容。在系统级产品层面，分别阐述了系统研制过程与生产过程质量保证，卫星系统、运载火箭系统、地面运控及测控可靠性设计与验证，发射场系统风险控制与可靠性保证，软件产品保证，单机产品可靠性设计与验证，元器件保证等方面内容。本书围绕北斗三号系统的建设和运行实践，在质量管理与可靠性设计验证技术方面具有独特视角，形成了北斗特色的质量与可靠性技术体系。书中的航天工程质量模式、系统风险管理、北斗系统运行质量管理、体系可靠性设计与验证、典型单机产品长寿命验证、组批生产一致性、质量监督评价、基于数据融合的质量与可靠性大数据平台等内容是对北斗卫星导航系统的质量与可靠性工程化应用和最新科研成果的总结。

本书共15章，其中第1～7章为北斗系统工程总体质量与可靠性工程实践，第8～14章为北斗各系统及单机产品的可靠性设计与验证，第15章为北斗系统质量与可靠性大数据平台。第1章绪论，介绍了北斗系统组成及特点、质量与可靠性管理模式及发展趋势等；第2章北斗系统可靠性设计与评价，介绍了北斗系统可靠性参数体系、可靠性建模与分配、可靠性分析与评价等；第3章北斗系统研制质量管理，介绍了北斗系统研制过程质量控制、交付出厂质量控制、技术状态控制等；第4章北斗系统运行质量管理，介绍了北斗系统运行管理特点、运行质量管理程序、资源保障等；第5章北斗系统质量监督与评价，介绍了北斗系统质量监理、复核复算、产品成熟度评价、独立评估、产品测试与认证等；第6章北斗系统风险管理，介绍了北斗系统风险管理程序及方法、风险管理实施等；第7章北斗系统标准规范，介绍了北斗系统标准体系、标准化工作体系、标准制定及应用等；第8章卫星系统可靠性设计与验证，介绍了卫星系统可靠性/可用性建模、分配与预计，可靠性/可用性设计分析、验证等；第9章运载火箭系统可靠性设计与验证，介绍了运载火箭系统可靠性建模与分配、可靠性分析与设计、试验与评估等；第10章地面系统可靠性设计与验证，介绍了地面系统组成、可靠性设计分析、评估等；第11章发射场可靠性保证与质量风险管控，介绍了发射场系统可靠性分析与改进、任务可靠性评估、"零窗口"发射、质量风险控制等；第12章软件产品保证，介绍了软件产品保证策划、并行研制流程、可靠性安全性分析与设计、测试与验证、在轨维护等；第13章产品可靠性设计与验证，介绍了典型产品可靠性设计与验证等；第14章航天元器件保证，介绍了北斗系统元器件选择、研制与验证、质量保证、装机使用及应用效果评价、目录管理、信息管理等；第15章质量与可靠性大数据平台，介绍了平台的设计原理、质量与可靠性模型、平台功能及应用等。

本书主要编撰者有：第1章，卿寿松、周传珍、申林、张锐、胡彭炜；第2章，郑恒、龚佩佩、角淑媛、蒋德、王维、高源、杨静；第3章，史楠楠、周传珍、贾纯锋、刘金山、黄亮；第4章，陈雷、史楠楠、龙东腾、韩天龙、李福秋、高树成；第5章，蒋德、张迪、贾纯锋、夏晓春、陆宏伟、刘佳、武新波、夏天、许丽丽；第6章，角淑媛、苟玉君、程海龙、李孝鹏、刘春雷、栾家辉；第7章，王维嘉、康登榜、杨晓明、陈露；第8章，赵海涛、熊笑、张翼；第9章，李文钊、赫武乐、崔铁铮、刘轻骑、褚亮、马一通；第10章，龙东腾、龚佩佩、陈韬鸣、向才炳、冉迎春、米海波；第11章，杜向光、王东锋、施镇顺、崔村燕、王伟、张忠伟、李睿峰；第 12 章，潘宇倩、王晋婧、郭嘉、冷佳醒、薛恩；第 13 章，卿寿松、王伟、朱炜、冯西贤、熊笑、李若昕、王辉、刘萌萌、单磊、李宁、杨超、李岩、张志峰、胡振兴、李文钊；第 14 章，朱旭斌、李婷婷、张伟、肖波、芮二明、田雨；第 15 章，周波、郑恒、陈雷、郑紫霞、王小宁、刘鼎、李琴。卿寿松、郑恒、周传珍对全书进行了统稿，角淑媛进行了全书的统校，最终卿寿松定稿。参与审稿的专家有：谢军、杨军、李祖洪、陈谷仓、顾长鸿、任立明、赵廷弟、高为广、蔡洪亮、贾鹏、杨健、陈忠贵、江理东、李作虎、李星、王敬贤、汪勃、刘利、孙雅度、苗卫华、顾玉恒、王学良、唐民、徐思伟、谷岩、李燕、宋晓秋等。

在编写本书过程中，中国航天标准化与产品保证研究院、中国卫星导航系统管理办公室提供了大力支撑和保障；中国宇航出版社为本书的编辑、出版提供了大量的帮助和支持，在此一并表示衷心的感谢！

本书可供航天工程管理人员、航天产品设计人员、质量与可靠性研究人员及高校相关专业师生参考。

本书于 2021 年开始编写，历经三年多次修改、讨论，力求做到覆盖全面、逻辑清晰、总结精炼，但因本书涉及内容多、专业广，且作者水平有限，书中难免有不妥之处，恳请广大读者指正。

编　者

2024 年 1 月

目　录

第 1 章　绪　论

1.1　北斗系统组成

北斗卫星导航系统（以下简称北斗系统）是中国着眼于国家安全和经济社会发展需要，自主建设运行的全球卫星导航系统，其使命任务是：在全球范围内提供基本的导航、定位和授时服务；系统建成后，延续区域系统的服务，开拓全球系统的服务，将改变我国在全球定位领域受制于人的局面，对于推动航天科技工业转型升级，加速我国国防和国民经济建设，保障我国国家安全、世界和平发展，提升我国的国际地位具有重大意义。

北斗三号卫星导航系统空间段由 30 颗卫星组成，包括 3 颗 GEO（地球静止轨道）卫星、3 颗 IGSO（倾斜地球同步轨道）卫星和 24 颗 MEO（中圆地球轨道）卫星。其中，MEO 卫星星座构型为 Walker24/3/1，轨道高度 21 528 km，倾角 55°，24 颗 MEO 卫星分布在 3 个轨道面上，每个轨道面的 8 颗卫星按相位差 45°配置；3 颗 GEO 卫星分别定点在东经 80°、110.5°和 140°；3 颗 IGSO 卫星星下点轨迹重合，交叉点经度为东经 118°，相位差 120°，轨道倾角 55°。

北斗系统的建成使我国成为第三个独立拥有全球卫星导航系统的国家，走出了一条具有中国特色的发展道路，丰富了世界卫星导航系统的发展路线，极大提升了我国在国际卫星导航领域的话语权和主动权，提升了中国的核心竞争力；系统的精度、完好性、连续性、可用性达到国际先进水平，真正实现了"中国的北斗、世界的北斗、一流的北斗"。

1.2　北斗系统质量与可靠性工作特点

北斗系统是我国迄今为止最为庞大和复杂的航天系统工程之一，具有性能指标高、技术体制新、国产化程度高、批产组网、用户范围广等特点，对系统研制建设提出了诸多新的、更高的要求，挑战之大前所未有。

（1）服务性能和可靠性指标要求高、透明度高

北斗系统直接面向公众服务，透明度高，影响面广。对标世界一流水平，对北斗系统性能和可靠性指标提出了极高要求，如精度 5 m、可用性 0.99、连续性 0.999 8、完好性风险 10^{-5} 等。此外，面向 GNSS 兼容互操作的需求，除了满足上述卫星导航系统必备性能指标外，单星的可靠性指标更为苛刻，要求短期非计划中断次数小于 0.4 次/星/年，这是前所未有的高要求。

（2）技术体制新，星座规模大，运控模式复杂，技术风险控制难度大

北斗系统是典型的天地一体化复杂大系统，软件密集，应用了大量新技术和新产品，如星间链路、自主导航新体制、MEO新平台、上面级直接入轨、星地联合定轨等。此外，关键单机国产化要求100%，技术风险控制难度大幅提升。相较于区域系统星座在轨运行管理，全球系统在轨运行卫星数量多、覆盖面积大、运行控制模式更为复杂，给星座的在轨运行评价、健康管理、技术支持和应急处理等工作带来更大挑战。

（3）组批生产一致性要求高，密集组网发射质量保证难度大

北斗系统研制发射任务规模大，多星并举、多批混合，星座组网要求星箭产品在组批生产模式下达到高度的一致性。按照星座组网和运行指标要求，必须在规定时间内完成足够数量卫星发射入轨，这对密集发射和"窄窗口"准时发射条件下的故障剥离、一箭多星发射安全性保证等提出了高要求。

（4）参研单位众多，多线并举、时间紧迫，质量管控难度大

北斗系统参研单位众多，且已形成竞争合作态势，存在两家卫星总体，单机多定点，承研单位质量保证能力参差不齐。在工程组网建设过程中，研制生产、发射组网、在轨验证等工作多线并举，时间紧、任务重，质量管控任务十分艰巨。

1.3　北斗系统质量与可靠性管理模式

北斗系统质量与可靠性管理模式的提出、建设和运行，是在航天系统工程理论框架下，在全面系统分析北斗工程组网建设和稳定运行面临的技术和管理风险基础上进行的，按照全过程、全系统、全要素、全数据的质量工作理念，坚持"强化管理、落实责任，重心前移、防控风险，强化基础、提升能力"的工作原则，为航天复杂巨系统的建设和运行提供了质量与可靠性方面的"中国北斗方案"。北斗系统质量与可靠性模型如图1-1所示，简称"四全＋3R2V1M"模型。

全过程、全系统、全要素、全数据的质量工作理念体现在：

（1）全过程策划，关键点控制，融入研制流程

横向涵盖产品方案设计、初样设计、试验星阶段及组网星阶段等过程，在研制流程各阶段根据产品实际研制进展情况确定关键控制点，同时注重逆向分析，充分识别重大研制风险，助力产品快速成熟。

（2）全系统覆盖，分阶段迭代，发挥链长作用

纵向贯穿大系统、分系统、单机产品、基础产品等全级次。基于产品供应链全级次闭环管理理念，结合不同产品特点，按不同研制阶段不断迭代完善工作要素，有效保证产品质量，为北斗系统整体质量与可靠性赋能。

（3）全要素闭环，适用性评估，满足使用要求

梳理各系统研制过程质量要素及数据，确保质量管理工作结果科学合理。通过开展北斗系统研制功能/性能、环境适应性、极限能力等方面的测试评估，梳理影响任务成败的

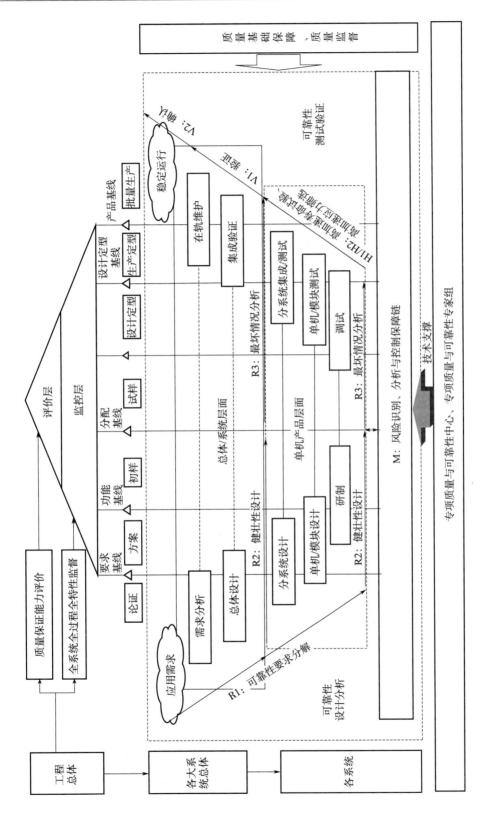

图 1 - 1 北斗系统质量可靠性模型

风险，通过设计改进提高产品的固有可靠性，确保运行条件下可靠性效能，加快推进全球服务能力生成。

（4）全数据融合，规范化实施，实现知识管理

在全过程、全系统、全要素管理过程中推进北斗系统数据"三融合"（全级次产品数据上下融合、不同项目数据内外融合、研制使用各阶段数据前后融合）。固化形成质量与可靠性标准规范，提炼典型故障问题案例集，有力提升北斗系统运行维护规范化、智能化、自主化水平。

图 1-1 以全过程质量风险管理为主线，图的左侧是"分解"过程，它由上而下进行用户要求的论证、分解，开展健壮性设计和最坏情况分析。图的右侧是"集成与验证"过程，它由下而上进行，逐级开展产品的验证和确认。基于"3R-2V/2H-1M"的北斗系统质量与可靠性模型的主要内容是：

（1）要求自上向下分解（Requirements Decomposition）

可靠性要求是各级产品开展可靠性设计、分析和试验的依据，也是对产品可靠性进行监控、考核与验收的依据。北斗系统充分了解和认真分析用户需求，明确了可用性、连续性、完好性的服务要求，并逐级分解和落实到系统和产品各层级。通过要求的逐级分解和传递，确保可靠性要求完整明确、协调匹配。

（2）健壮性设计（Robust Design）

提高系统及产品设计的健壮性，就是通过健壮性设计使产品的性能在其寿命期间对制造过程波动或其工作环境的波动不敏感，以可接受的水平继续工作。产品健壮性设计需要紧密结合产品性能设计开展，通过单机产品可靠性设计、系统级冗余和重构设计等各种措施提高任务的健壮性。

（3）严苛的分析（Rigorous Analysis）

通过严苛的可靠性分析，从多种角度识别产品的关键特性、关键功能、薄弱环节或风险源。通过任务分析，识别产品在各种工作状态下的最恶劣工况，开展最坏情况分析、潜通路分析等，采取设计改进和在轨补偿措施，确保产品在可能遇到的极端情况下仍能完成任务。

（4）高效的可靠性验证（Reliability Verification）

为降低工程风险，需要开展可靠性试验验证工作。针对航天产品可靠性验证中存在的小样本等固有矛盾，通过仿真验证、高加速寿命试验等方法，自下而上逐级验证产品的可靠性，寻找薄弱环节和改进方向，保证"测试如飞行、飞行如测试"。

（5）全面的可靠性确认（Reliability Validation）

可靠性确认是针对使用的可靠性要求而进行的。北斗系统构建了"星地一体、虚实结合、准确可信"的数字孪生试验评估体系和全球连续监测评估系统，统筹开展在轨试验、性能评估等工作，形成了"研制—测评—改进—再验证"的迭代演进模式，通过实施可靠性确认工作，确保产品可靠性工作的全面性、正确性、有效性。

（6）风险管理（Risk Management）

针对进度、研制、发射、稳定运行等方面存在的多类风险，建立了"多源数据融合风险认知分析、定性定量相结合风险动态评估、分级传递和提前防范风险预警控制"的风险控制保障链，形成了风险"识别—评估—防控"闭环控制。开展了质量监理、产品成熟度评价、关键任务独立评估等质量监督与评价工作，实现了由传统"质量前移"向"风险前移"的成功转型。

1.4 北斗系统质量与可靠性发展趋势

国家重大基础设施（如运输、电力、通信、金融、国防等）的安全运行对定位、导航和授时（PNT）服务提出了极高的要求。卫星导航系统提供的 PNT 服务在服务范围、服务性能以及服务普及性、灵活性等方面有着不可替代的优势。但是所有的全球卫星导航系统（GNSS）都具有天然的脆弱性，即无线电信号弱、穿透力差、易受干扰，在深空、水下、地下等特别地形环境或复杂电磁环境下的应用能力不足等。因此，GNSS 并不能解决所有用户的导航需求，用户在不同的应用场合需要采取不同的导航手段，以满足自身的导航需求。

随着北斗系统运行应用的日益成熟，以及各类 PNT 技术的发展，统筹发展不同物理机理、不同工作模式的 PNT 手段，不但能大幅降低单纯依赖卫星导航带来的风险，而且有望进一步拓展 PNT 服务的范围。因此，在以北斗系统为核心的 PNT 体系中，质量与可靠性将重点面向系统高可靠、体系高弹性开展工作。

（1）各系统高可靠融合发展，逐步建成弹性集成的基础保障体系

综合 PNT 体系以卫星导航、惯性、通信等时空信息为基础，集成优化多源 PNT 传感器，融合生成适应多种复杂环境的 PNT 信息，在各类应用场景中为终端用户提供弹性化的综合时空信息服务，使其具备高可用性、高连续性和高可靠性。系统弹性是一种能够随时间或条件的变化而变化的适应性，具备预防、响应和修复三个核心功能。而 PNT 体系的弹性，就是多源信息弹性集成，以实现强互补性和高容错性。弹性 PNT 体系是建立更加安全、更加可靠导航服务基础设施的关键性手段，建立以零信任架构为基础的弹性PNT 体系架构将为下一代 PNT 系统创建一个基于整体方法的具体实现愿景。

（2）集约高效，满足未来智能化、高精度、低成本 PNT 需要

"时空位置服务产业"是数字经济背景下的行业发展趋势，时空位置信息是一切智能规划、决策、管理的基础。北斗系统作为时空信息的基础设施，其应用可以通过跨界融合，赋予其他行业或技术精准时间和位置能力，成为实现区域，甚至全球智能规划、决策和协同控制的基础性技术。随着未来使用模式多样，低成本、小型化武器平台将占据越来越重要的地位，其对高动态、强涌现条件下的 PNT 智能化需求更加迫切。亟须抓住新一轮科技革命和产业变革，在需求牵引和技术支撑的双重驱动下，面向轻小型平台推动自适应决策的智能化 PNT 技术发展。

（3）聚焦满足最大共性需求，实现更加泛在的标准化解决方案

综合 PNT 体系建设不是包罗万象，而是统筹优化各类现有资源，坚持"有所为、有所不为"，聚焦发展全局性、国家级的核心基础设施，提供满足最大共性需求的公共服务与产品，在持续保持北斗领先地位的同时，大力推动通信系统新质 PNT 能力形成和微 PNT 技术发展，在人类活动密集区提供"北斗＋通信＋微 PNT"的低成本、标准化解决方案。强化"通用＋个性"的泛在服务模式，填补高精度 PNT 能力短板，大幅提升 PNT 可信水平，支撑行业应用走深、走实。

第 2 章　北斗系统可靠性设计与评价

北斗系统是面向公众服务的重要基础设施，对标"中国的北斗、世界的北斗、一流的北斗"，需要在长期不间断运行中满足面向用户的服务可用性、服务连续性、服务完好性（即大系统可靠性）需求，达到与 GPS、GLONASS、Galileo 等系统同等甚至更优的指标水平。北斗系统是典型的复杂网络系统，在长期运行中涉及卫星系统、地面运控和测控系统的天地一体化协同工作，在星座长期运行补网备份中还涉及运载火箭系统和发射场系统等，具有动态性、相关性、多态性、不确定性等特点，任务剖面复杂，大系统可靠性的顶层"三性"指标（可用性、连续性、完好性）受单星、单站可靠性及星座运行管理，地面导航业务控制、运行和使用环境等影响，需要通过以空间信号可用性为桥梁，与工程各系统特定任务的性能与可靠性、维修性建立量化关系，进而实现从顶层的服务可用性、服务连续性和服务完好性要求出发，向工程各系统设计和研制的可靠性、维修性要求转化分配，并根据工程各系统研制建设的可靠性、维修性实现情况，解决自底向上的指标闭环验证等一系列工程问题。

本章主要以北斗系统运行服务阶段定位导航授时服务（RNSS，Radio Navigation Satellite Service）为例，通过建模和分析，介绍从用户需求的系统服务可用性、服务连续性和服务完好性指标要求向工程各系统的可靠性、维修性指标要求的分配转化，以及整个卫星导航系统的可靠性指标验证评价相关内容。

2.1　概述

2.1.1　背景需求

2.1.1.1　全球系统可靠性指标论证与分配需迭代完善

作为直接面向公众服务的重要基础设施，北斗全球系统将满足多种导航用户的精度及可靠性需求，因此，必须细化论证不同用户对全球系统的服务可用性、连续性、完好性需求。此外，还需将面向用户的可用性、连续性、完好性指标转换为工程各系统设计可控的可靠性、维修性和中断指标，作为指导和约束各系统可靠性工作的依据。

卫星导航系统需结合任务剖面和产品层次，将可靠性指标分解落实到与任务相关的关键单机。如运行阶段精密定轨与时间同步、完好性监测与处理、星间链路运行管理等关键任务，需将可靠性指标分解落实到铷钟、导航任务处理机、L 波段行波管放大器、监测接收机、轨道确定与时间同步处理服务器、遥测遥控设备等关键单机。

针对北斗系统这样的典型复杂网络动态系统，可靠性指标分配技术十分复杂。传统的可靠性分配方法不适用，需借助建模和仿真技术开展分配，并随工程进展不断迭代完善。

2.1.1.2　全球系统可靠性指标验证评价方法需创新和深化

（1）北斗系统可靠性精细化建模与仿真验证方法需要创新

验证北斗系统可靠性分配结果的合理性，实现北斗系统监测评估与系统运行的紧耦合，需要构建完备的指标验证评估体系，其核心是基于数据信息流的可靠性精细化建模，梳理顶层"三性"指标与信号四类中断、工程各系统特定任务的性能、可靠性维修性指标的量化关系，并开展仿真验证。

作为典型的复杂网络系统，北斗系统具有动态性、相关性、多态性、不确定性等特点，静态模型难以反映系统真实运行情况，解析分析方法难以求解。如何把握其内在规律，支持可靠性参数优化、薄弱环节识别和设计改进，需开展大系统可靠性精细化建模。在建模基础上，开展瞬时可用性仿真验证方法研究。同时，对于连续性、完好性风险，由于发生概率极低，传统的可靠性分析方法很难验证（例如，反映完好性风险的报警时间，需直接以时间作为参数进行动态模拟），需研究适用的连续性、完好性验证方法。

（2）工程各系统可靠性指标验证评价方法需要深化

工程各系统能否满足工程总体下达的可靠性指标，需要开展各系统可靠性验证。各系统情况各异，需要研究、规范适合本系统特点的可靠性验证评价方法。例如，对于卫星系统，除了寿命末期可靠性验证之外，针对工程新提出的短期非计划中断（可用性）指标的验证方法有待深化。对于地面运控与测控系统，结合导航任务剖面、系统运行数据和各研制单位产品可靠性试验数据的综合验证方法有待突破（例如，与地面运控系统密切相关的精密定轨与时间同步任务、与测控系统密切相关的星间链路运行管理任务等）。

2.1.1.3　全球系统可靠性指标维持优化技术需进一步优化

（1）星座备份补网策略需要优化权衡

星座备份补网策略是长期维持系统指标要求的必要条件。在确定备份卫星的类型和数量的基础上，还要对备份方式、备份时机等方面进行优化权衡。工程普遍认可的"按计划发射策略"需要准确预测卫星寿命，对卫星可靠性与寿命预测模型提出了高要求。

（2）星座健康状态评估需要细化研究

为保障系统连续稳定运行，需确保有一定数量的、健康的在轨卫星，加强北斗星座健康状态管理，及时了解星座最新状态，"先于故障发现问题，先于影响解决问题。"在轨卫星出现失效和单点风险，对开展卫星和关键单机（如铷钟）健康状态和寿命预测提出迫切需求，需在寿命预测和评估基础上，优化卫星和关键单机使用策略，确保卫星寿命满足设计要求。

2.1.2　国外卫星导航系统可靠性设计、分析与评价情况

GPS等国际主要卫星导航系统围绕系统建设、运行和发展需求，在系统指标论证与分解、可靠性验证和风险评估、运行故障预测评估及健康管理等方面开展了大量创新与实践活动，对于确保卫星导航系统的研制建设顺利推进、稳定可靠运行、连续完好服务发挥了重要作用。

（1）注重顶层"三性"综合性指标的迭代优化，并通过指标逐级分解强化对系统及下级各层次产品的量化控制

一是面向用户多样性需求，迭代论证和优化顶层综合性指标。随着各类用户对卫星导航系统服务精度、可用性、连续性、完好性需求的不断提升，GPS 逐步由关注研制过程的系统及产品 RMS 指标上升为关注面向用户的可用性、连续性、完好性等综合性指标的论证和控制。在论证过程中，有效运用了系统运行信息，引入了仿真建模与虚拟现实技术，深化了综合性指标的精细程度，并越来越追求经济可承受条件下的系统效能最优。同时，GPS 还通过国际标准准入机制，把"三性"指标纳入规范，巩固其领先地位。Galileo 在论证初期就针对航空、航海、车载等不同用户，提出不同用户及同一用户不同等级的完好性和连续性指标。综合指标论证逐步呈现出完整协调、动态规范、定性定量相结合、统计与仿真并重的趋势。

二是将总体指标要求自顶向下逐层分解，实现对导航关键任务及下级各层次产品的全覆盖。GPS 将信号可用性、连续性分解为四类中断（短期计划中断、短期非计划中断、长期计划中断、长期非计划中断），并进一步分解为对轨位（SLOT）的可用性和可靠性要求。Galileo 运用仿真分析、故障树分析等方法，将不同用户等级的综合性指标逐层分配到卫星和地面控制系统的关键任务上，指导系统的研制建设。Galileo 在其综合性指标分配过程中有效融合任务信息流过程与指标分配过程，结合任务剖面中参与设备的性能指标、RMS 指标以及设备之间的逻辑关系，采取仿真方法进行综合性指标解耦。Galileo 分配过程强调软件和硬件两方面并重，且要求明确软件开发保证等级，分配结果落实到卫星、地面控制、运载火箭等系统，以指导和约束系统的研制建设。

（2）在单机和任务两个层面实施寿命和可靠性验证，识别薄弱环节和防控任务风险

一是有效实施寿命与可靠性试验，验证和改进星载单机及用户终端薄弱环节。GPS 针对前期原子钟、太阳电池阵和飞轮等失效较多的关键单机，在单机研制和生产过程中，开展了加速寿命试验和加速应力筛选试验，有效暴露出其在研制和生产过程中的设计缺陷与工艺缺陷，并对各类缺陷进行了改进；深入开展太阳电池阵和铷钟等产品的性能退化分析，保证飞轮地面贮存与在轨服役阶段的充分润滑，确保了单机在实际使用条件下的高可靠性和长寿命。当前，GPS 卫星在轨运行数据证明，铷钟、飞轮等单机已不是其卫星的主要薄弱环节。此外，通过实施可靠性研制/增长试验，GPS 接收机的平均故障间隔时间（MTBF）由早期的不足 $1×10^4$ h，已提升至航空型接收机 MTBF 超过 $6×10^4$ h、定时型接收机 MTBF 超过 $1×10^5$ h。在满足传统用户接收定位性能需求的同时，极大地提升了用户使用满意度，应用领域不断拓展。

二是在导航任务、星座、单星等各个层面应用风险量化评估，有效防控任务风险。在导航任务层面，GPS 委托专业机构，开展了以概率风险评价（PRA）技术为核心的独立的导航任务风险可靠性评估，定量评估了 GPS、GPS/WAAS（广域增强系统）、GPS/LAAS（局域增强系统）的可靠性，比较了不同风险防控对提高系统可靠性的贡献。在星座层面，以 PDOP 作为判据，利用 GPS 四类中断数据开展了基于马尔科夫链的星座可用

性评估，为星座构型的最终确定提供了支撑。在单星层面，GPS 采用 PRA 技术开展单星可靠性评估，识别出主要风险区域，评估结果反馈单星设计，加强了设计过程的量化控制能力。

Galileo 针对导航任务星地一体化联动运行的特征，选用动态着色 Petri 网（DCPN）模拟导航任务过程，构建出基于信息流的仿真模型，对要求较高的生命安全服务开展了可用性、连续性、完好性风险建模分析与评估，有效识别出系统薄弱环节，支持了设计改进。

（3）运用预测和评估手段，实施星座运行健康监控，优化星座备份与补网策略

一是实施关键产品在轨可靠性评估和卫星寿命预测。波音公司利用在轨 2 345 个行波管放大器累计 34 565 年的飞行数据，评估了行波管放大器的可靠性，并与固态放大器进行了比较，进而为设计选用提供了依据。美国空军可靠性分析中心对在轨 183 颗卫星的镉镍蓄电池累计超过 2.78 亿 h 的数据，以及蓄电池的寿命与可靠性进行评价，更好地掌握了蓄电池的在轨可靠性特点。GPS 应用数据驱动技术结合遥测数据对卫星平台和载荷进行了故障和寿命预测，特别是利用铷钟光强遥测数据和主控站的频率稳定度数据，开展铷钟故障/寿命预测，可以提前半年预测铷钟故障，有效保证卫星可用性和连续性。GPS 还研究提出了适用于研制阶段的基于平均任务持续时间（MMD）的寿命预计方法、适用于在轨工作阶段的平均寿命估计方法（MLE），利用估计的单机耗损失效分布参数，结合整星随机失效情况，最终确定导航卫星寿命预测值。GPS 开展了星座健康评估工作，重点对卫星设计寿命、在轨期望寿命、卫星导航载荷和平台进行评估，并据此提出星座健康管理策略。

二是运用多目标决策技术，权衡星座备份与补网策略，实现由"按计划发射"向"按需发射"过渡。GPS 以满足星座服务可用性为目标函数，综合考虑卫星寿命、运载火箭可靠性、研制周期与费用等多种因素，研究提出了卫星部署轨道面和轨位随发射时刻动态优化的备份与补网策略。当前，GPS 备份与补网策略已逐渐由"按计划发射"向"按需发射"过渡。此外，GPS 还开发了 GAP 和 OSCARS 两款星座可用性分析软件，通过调整发射时间来分析星座可用性，为备份与补网策略优化权衡提供支持。Galileo 提出了基于 Petri 网的"瞬时可用性"星座分析方法，并更新了两种星座状态，分析了在轨备份、地面备份、短期故障、长期故障、典型运载故障对星座系统瞬时可用性的影响。GLONASS 主要采用在轨冷备份、备份卫星在轨载荷关机不工作的星座备份补网策略。由于卫星可靠性较低、寿命较短，导致星座中许多早期卫星相继失效，引起星座性能退化。当前，GLONASS 每年进行 1～2 次"一箭三星"发射，在轨卫星数量迅速增多。同时，卫星的寿命水平也明显提高，新型的 GLONASS‑M、第三代 GLONASS‑K 卫星设计寿命已达 10 年。

2.1.3　工程应用效果

一是解决了大系统、工程各系统可靠性指标分解落实问题，为全球系统可靠性指标深

化论证与分配提供直接技术支持。深化论证全球系统服务可用性、连续性、完好性指标要求，并将其分解为空间信号短期非计划中断、短期计划中断、长期计划中断指标，结合上行注入、下行播发、星间链路等导航关键任务剖面，进而分解为卫星、运控、测控等有关系统的任务可用性和中断指标，并进一步分解落实为关键模块、关键单机的可靠性、维修性指标，有效支持了全球系统技术状态收敛。

二是结合工程特点研究提出了各系统适用的可靠性、可用性仿真验证方法，为工程大总体和工程各系统可靠性、可用性指标闭环验证提供有效的技术支持。针对导航卫星短期非计划中断指标的验证，重点提出了基于 Petri 网的中断分析与可用性仿真验证方法；针对地面运控和测控系统任务成功性和可修复特点，提出了基于贝叶斯网络和 Petri 网的仿真验证方法；针对运载火箭和发射场系统任务过程动态变化快的特点，提出了基于 PRA 的验证评价方法。工程实践证明，上述方法符合工程实际，具备可操作性。

三是研究提出了系统运行可靠性评估体系和方法，为北斗系统运行风险评估、星座备份策略优化等工作提供技术支撑。一方面在系统内部进行监测评估，支撑系统运行，反映系统实际运行状态，并直接反馈运行管理；另一方面在系统外部开展第三方监测评估，反映服务性能指标实现情况，间接反馈运行管理。评估结果为全球系统风险薄弱环节确定、星座备份策略优化提供了量化支撑。

2.2 北斗系统可靠性参数体系

2.2.1 参数体系

北斗系统作为典型复杂的星座系统，其工程总体需要将面向服务的可靠性要求，与系统研制建设和运行的可靠性指标进行一体化设计。在北斗系统工程实践中，可靠性指标体系采用分层次的构建方法。在充分考虑星地一体化协同工作的特点条件下，针对北斗系统 RNSS 服务可靠性指标体系大致分为星座服务层、空间信号层和工程各系统层三个主要层次，如图 2-1 所示。星座服务层和空间信号层指标既是北斗系统对外的性能指标，也是工程总体关注指标，相关指标要求通过空间信号层的卫星中断过渡，与工程各系统关键任务指标关联起来，由工程各系统将本系统的关键任务指标要求转化为其关键软/硬件指标要求。

（1）星座服务层

星座服务层指标用以描述全系统全星座整体对外服务水平，是多星共同配合使用下的性能水平，受到空间信号层指标、星座构型设计、用户使用等条件共同影响。星座服务层可靠性指标主要包含服务可用性、服务连续性和服务完好性相关指标，其表征参数分别采用服务可用度［含位置度衰减因子（PDOP）可用度和定位精度可用度］、服务连续度、服务完好性风险及告警时间和告警限值。

（2）空间信号层

空间信号层指标用以描述全系统单个导航信号对外服务水平，是指在星地一体化协同

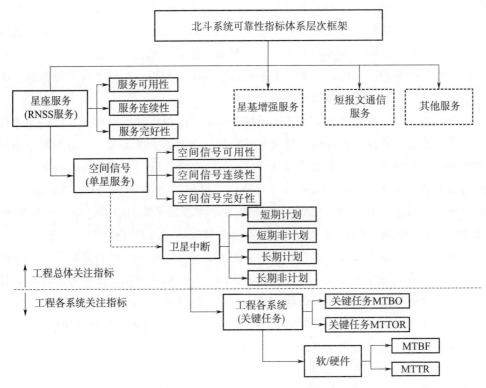

图 2-1　北斗系统可靠性指标参数体系示意图

工作下，单个卫星所播发导航信号的性能水平。空间信号层可靠性指标主要包含空间信号（SIS）可用性、SIS 连续性和 SIS 完好性指标，其表征参数分别采用单轨可用度或单星可用度、单星连续度、单星完好性故障率及告警时间和告警限值。

SIS 可用性、SIS 连续性和 SIS 完好性与卫星中断密切相关，中断的表征参数采用平均中断间隔时间（MTBO）和平均中断修复时间（MTTOR）。根据中断是否可在轨修复以及是否提前发布中断通告，分为短期计划中断、短期非计划中断、长期计划中断和长期非计划中断四种基本类型。在北斗系统工程实践中，将卫星寿命到期失效引起的长期计划中断和硬失效引起的长期非计划中断统称为长期中断。

（3）工程各系统层

工程各系统层指标用以描述工程各系统实现的关键任务能力水平。参与北斗系统 RNSS 服务的工程各系统主要包括卫星系统、地面运控系统和测控系统等。工程各系统关键任务中断是引起卫星中断的主要原因。根据北斗系统卫星运行维护，导航信号上注、下播及时空基准维持等关键任务剖面分析，结合工程各相关系统任务体系，将导航信号不同类型中断与工程各系统（卫星、地面运控、测控系统等）关键任务联系起来，转化为对工程各系统关键任务的可靠性、维修性要求，也是对工程各系统的设计和研制要求，其表征参数分别采用系统关键任务 MTBO 和 MTTOR。

工程各系统关键任务的可靠性和维修性要求可分配至与其关联的分系统、软/硬件层次的可靠性、维修性要求，表征参数通常采用平均故障间隔时间（MTBF）和平均修复时间（MTTR）。工程各系统内部向下分配到分系统、软/硬件设备级的可靠性、维修性指标一般由工程各系统完成，本节不具体展开。

按照以上指标关联关系，北斗系统可靠性各层次参数体系如图 2-2 所示。

2.2.2　参数定义

2.2.2.1　星座服务层参数定义

服务可用性是指规定时间、规定条件下，规定服务区内，系统服务性能满足规定要求的时间百分比；服务连续性是指假设服务开始时系统可用，在规定的预期服务时间段内系统服务性能持续满足规定要求的概率；服务完好性是对系统提供信息的正确性的信任程度。当系统不能提供预期服务时，需具有向用户提供及时有效告警的能力。

服务可用性、服务连续性和服务完好性都与服务精度相关。根据卫星导航定位原理，用户的服务精度与空间信号的用户等效测距误差（UERE）和精度衰减因子（DOP）直接相关，DOP 表征星座构型的好坏，反映参与定位解算的卫星位置分布情况。DOP 值越小，代表星座构型越好，定位精度越高。

服务精度与服务可用性、服务连续性和服务完好性的关系如图 2-3 所示。

服务可用性是在要求的外部资源得到保证的前提下，对长期连续运行中各项系统性能指标的综合考量，强调系统随时可用。在卫星导航领域，不同服务场景下，使用的服务可用性判据条件要求不同，其需要满足的系统性能要求可以是可视性、PDOP、定位精度、完好性和连续性要求中的一个或几个的组合。例如，在一般定位导航中通常使用可视性要求、PDOP 要求、定位精度要求等，在与生命安全服务相关的应用领域需采用完好性要求和连续性要求。目前，北斗系统的服务可用性采用了 PDOP 可用性和定位精度可用性作为对外服务承诺的性能指标。

服务完好性和服务连续性与生命安全服务应用密切相关，是系统特定任务导航阶段，对系统能提供安全、连续服务的综合考量，往往成对出现。服务完好性和服务连续性的规定任务持续时间往往不大于 1 h，属于任务可靠性指标范围。

2.2.2.2　空间信号层参数定义

SIS 可用性是指标称空间星座中规定的轨道位置上的卫星提供"健康"状态的空间信号的概率；SIS 连续性是指一个"健康"状态的空间信号能在规定时间段内不发生非计划中断而持续工作的概率；SIS 完好性是指对卫星导航系统空间信号提供信息的正确性的可信任程度。当空间信号不应该用来定位导航授时时，空间信号能向接收机提供实时告警的能力。

单星可用度是指单个卫星提供"健康"状态的空间信号的概率；单轨可用度是在单星可用度的基础上，考虑卫星替换对可用度的影响。

单星连续性风险主要由卫星非计划中断引起，单星连续度是单个卫星在规定持续时间段内提供"健康"状态的空间信号的概率，至少提前 48 h 发布通知的计划中断不影响连续性。

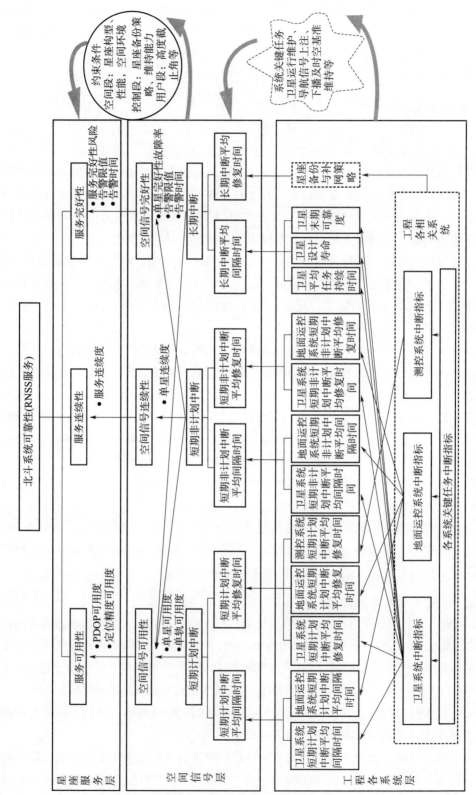

图 2 - 2 北斗系统可靠性各层次参数体系

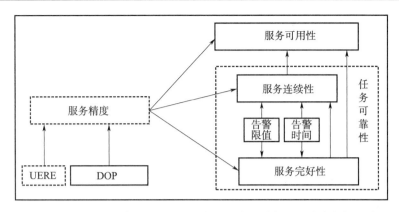

图 2-3　卫星导航系统服务精度与服务可用性、服务连续性和服务完好性的关系示意图

单星完好性故障主要由卫星非计划中断中的软失效引起，单星完好性故障率是单个卫星的空间信号瞬时精度超过最大容许值且没有及时发出告警的概率。

2.2.2.3　中断相关参数定义

中断包括计划中断和非计划中断，一般划分为短期计划中断、短期非计划中断、长期计划中断和长期非计划中断四种基本类型。在 GB/T 39267—2020《北斗系统术语》中给出如下定义：

1）短期计划中断是指导航卫星因维护活动出现的短时间服务中断；

2）长期计划中断是指因维护需要，告知用户长期不提供服务的计划中断；

3）短期非计划中断是指导航卫星因短期硬件失效或软失效出现的服务中断；

4）长期非计划中断是指导航卫星因硬件长期失效出现的服务中断。

以上定义中提到的导航卫星的服务中断，在本书中简称为卫星中断。卫星中断表征参数中，MTBO 是指导航卫星播发的空间信号的平均中断间隔时间；MTTOR 是指导航卫星播发的空间信号发生中断后修复时间的平均值。

2.2.3　影响因素分析

服务可用性、服务连续性、服务完好性不仅受到工程各系统软、硬件故障因素的影响，还受到系统设计局限、环境等"非故障因素"的影响，如星座构型、星座性能、空间环境、星座备份策略和用户使用策略等约束条件。工程各系统软、硬件故障因素是影响卫星中断的主要因素，如工程各系统软、硬件故障影响工程各系统的关键任务中断，如图 2-4 所示。

卫星中断直接影响 SIS 可用性、SIS 连续性和 SIS 完好性，进而影响服务可用性、服务连续性和服务完好性。各类卫星中断指标与空间信号层和星座服务层指标的关系如图2-5所示。

（1）服务可用性影响因素分析

如前文所述，北斗系统服务可用性采用 PDOP 和定位精度作为判据条件。用户的定位精度受 UERE 和星座 DOP 值两方面的影响。故除了 UERE，服务可用性主要关注星座 DOP 的影响因素。

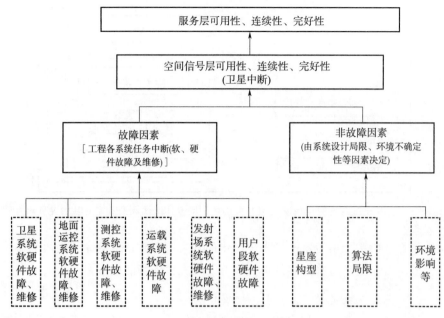

图 2-4　北斗系统可靠性影响因素

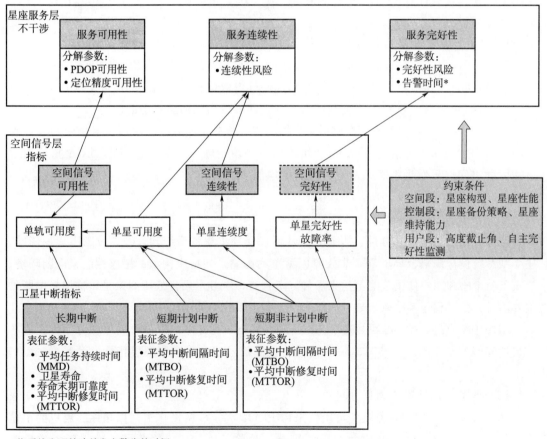

*指系统发现故障并发出警告的时间

图 2-5　卫星中断指标与空间信号层和星座服务层指标的关系

星座的 DOP 值受星座构型设计和 SIS 可用性影响。SIS 可用性又与卫星中断密切相关。

卫星中断、SIS 可用性及服务可用性之间的纵向影响关系如图 2-6 所示。

SIS 可用性受所有卫星中断（含计划的和非计划的）影响，单个卫星中断改变了在轨可用卫星星座构型，影响用户的星座 DOP 值，进而定位精度超限，导致服务不可用。

（2）服务连续性影响因素分析

服务连续性受星座构型设计和 SIS 连续性影响。SIS 连续性与卫星非计划中断密切相关。提前发出通知的计划中断不影响连续性。

卫星中断、SIS 连续性及服务连续性之间的纵向影响关系如图 2-7 所示。

SIS 连续性受卫星非计划中断的影响，单个卫星的非计划中断改变了在轨可用卫星星座构型，影响用户的星座 DOP 值，进而影响服务连续性。

（3）服务完好性影响因素分析

服务完好性要求及时发现故障并及时通知用户，将故障从卫星导航系统中隔离出来，从而保证用户能够安全可靠性地使用导航服务。服务完好性告警的主要手段包括：卫星自主完好性监测（SAIM）、地面完好性通道（GIC）和接收机自主完好性监测（RAIM）。

SAIM 就是卫星对自身工作状态进行监控，发现故障并快速告警，可以极大缩短告警时间，基本可以在故障影响用户之前进行告警。近年来各 GNSS 设计的导航卫星均具备自主完好性监测能力。

GIC 就是导航系统本身或增强系统利用地面上已知坐标的一定数量监测站对卫星进行连续观测，如果观测卫星误差超出一定阈值，则在规定时间内向用户发出完好性信息或告警信息。导航系统本身就具备一定的 GIC 能力，此外，星基/广域增强系统和地基/局域增强系统本身也具有此类手段。

RAIM 就是在用户接收机端利用卫星导航系统观测信息的冗余性，对定位结果进行一致性检验，发现故障信息，并对故障进行告警和隔离，以确保定位结果的完好性。严格来讲，RAIM 不是系统服务完好性的手段。

SIS 完好性受 SAIM 和 GIC 的共同影响。SAIM 是完好性的第一道防线，然后是 GIC，而 RAIM 是最后一道防线。用户最终的服务完好性需要 SIS 完好性（SAIM＋GIC）和用户端 RAIM 共同来保证。

接收机完好性、SIS 完好性及服务完好性之间的纵向影响关系如图 2-8 所示。

SIS 完好性受卫星非计划中断（软失效）影响，若单个卫星的 UERE 超过了告警限值，而系统空间段 SAIM 和地面段 GIC 均未监测出来，则使得原本不应该被用户使用的导航信号参与到用户定位解算中，进而影响了服务完好性。

为了降低服务完好性风险，用户端往往会采用具有 RAIM 功能的接收机。当 RAIM 算法不能对 SIS 完好性故障（软失效）进行有效识别和隔离时，将会最终影响用户的服务完好性。

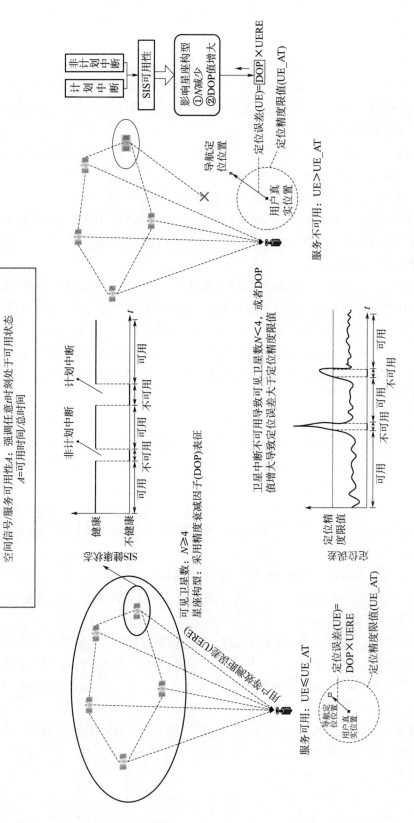

图 2 - 6　卫星中断、SIS 可用性及服务可用性之间的纵向影响关系

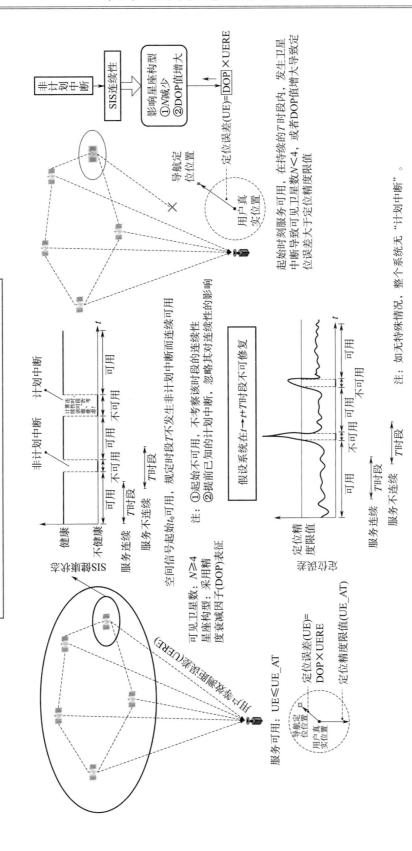

图 2 - 7　卫星中断、SIS 连续性及服务连续性之间的纵向影响关系

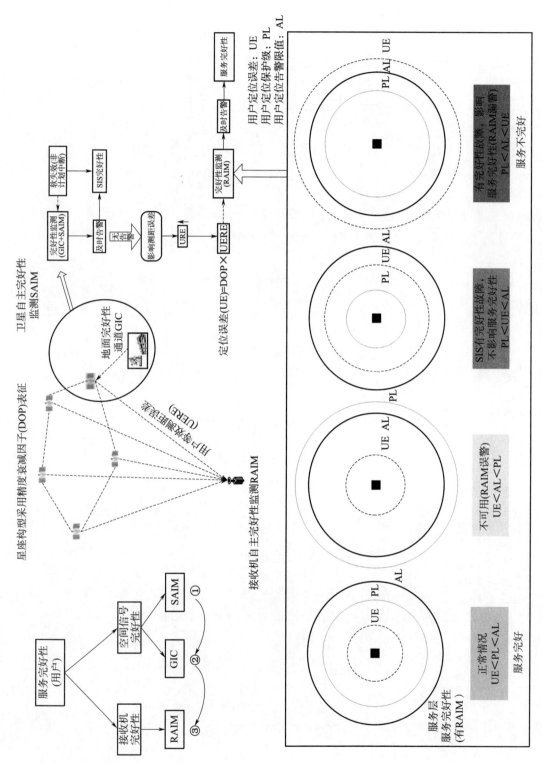

图 2 - 8　接收机完好性、SIS 完好性及服务完好性之间的纵向影响关系

（4）卫星中断影响因素分析

根据以上分析，卫星中断是影响卫星导航系统服务可用性、服务连续性、服务完好性的主要因素。工程各系统关键任务中断是影响卫星中断的主要因素，直接相关的是卫星系统的各类故障、异常以及维护活动，间接相关的是参与卫星各类故障、异常及维护活动的地面运控系统和测控系统的相关操作等。

短期计划中断是由卫星运行维护操作引起的，包括卫星系统和地面运控系统的短期操作维护活动，短期计划中断修复一般有卫星系统、地面运控系统和测控系统的参与。

短期非计划中断是由导航信息上注和导航信号下播等异常引起的，包括卫星系统和地面运控系统的故障或异常事件等。短期非计划中断主要包括卫星的短期硬失效和软失效。短期硬失效是指空间信号发生暂时性丧失，可以通过切换备份子系统或其地面干预措施进行修复的失效。软失效是指空间信号仍然可用，但是精度超过一定限差的失效。短期非计划中断修复一般有卫星系统、地面运控系统的参与。

长期中断一般与卫星的设计寿命和寿命末期可靠性有关。长期计划中断一般由卫星寿命末期硬失效引起，属于卫星耗损失效，例如卫星到寿更换。长期非计划中断主要包括卫星的长期硬失效，是指卫星故障且不可维护，例如卫星有突发性故障或渐发性故障，只能通过发射替代卫星进行修复。长期中断修复要综合考虑星座备份与补网策略，除卫星、地面运控和测控系统外，还涉及运载火箭、发射场等系统。

2.3 北斗系统可靠性建模

可靠性模型是对系统及其组成单元之间的可靠性/逻辑关系的描述，可以采用图形、数学关系式或者仿真逻辑等方式表达。建模是为了便于进行可靠性分配、预计和验证评价等工作。

结合卫星导航系统数据信息流过程，采用动态随机着色 Petri 网方法建立了大系统性能可靠性模型，描述了大系统的系统行为，模拟了导航数据和完好性信息的星地一体化运行过程。模型的结构特性和动态特性将大系统的性能和可靠性有机结合为一个整体。以卫星、地面运控、测控系统关键单机/设备的可靠性参数（如长期故障失效率、短期中断间隔时间、修复时间等）和性能参数（如传输延迟时间、导航数据验证时间、完好性信息验证时间等）为输入，结合导航信息（如空间信号可用性、导航信息质量、完好性信息可用性、完好性信息内容等）流动过程，以数据更新验证时间（如验证时间、延迟时间、更新时间、传输时间等）为信息流动约束条件，以大系统可用性、连续性、完好性指标为顶层输出，利用蒙特卡罗仿真技术，实现基于仿真的大系统可靠性仿真验证。

基于数据信息流的大系统可靠性建模途径如图 2-9 所示。

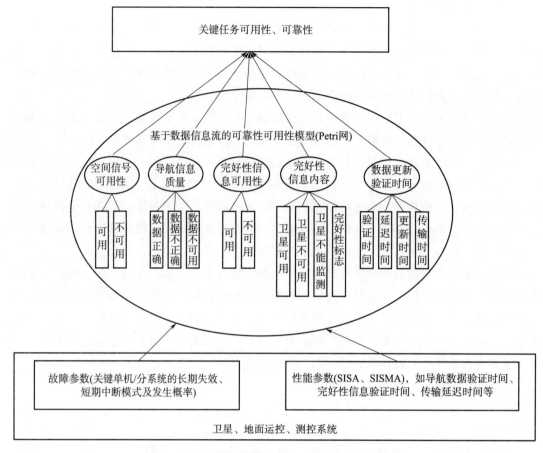

图 2-9 基于数据信息流的大系统可靠性建模途径

2.3.1 服务可用性建模

在北斗系统服务中，不同观测时间、不同用户位置，可视卫星的几何结构和观测误差不同，其服务可用性也不同。因此，相对于可用性的通用定义，北斗系统服务可用性在规定时间、规定条件和规定性能的基础上，又强调提出了规定服务区。所以，在北斗系统服务可用性建模中，首先考虑从时空角度的规定，即将规定时间和规定服务区统筹考虑；其次，考虑规定条件，一般是指星座状态假设、截止高度角选择等；最后，考虑规定性能，根据定义一般采用 PDOP 判据和精度判据。

（1）可用性的三个角度

从时空的角度可以将可用性分为瞬时、单点服务可用性和区域服务可用性三种。某一位置某一时间点的用户服务可用性称为瞬时服务可用性，同一位置用户服务可用的时间统计称为单点服务可用性，某一服务区不同单点可用性的统计称为区域服务可用性。

①瞬时服务可用性

瞬时服务可用性是指系统在特定时间（t）、特定位置（l）满足性能需求的概率，用

$a(l,t)$ 表示。简单来看，$a(l,t)$ 的取值应该是 0 或 1。

此外，瞬时服务可用性 $a(l,t)$ 可能是 0 到 1 之间的概率值，所以瞬时服务可用性也可以用 $\beta(l,t)$ 来表示，即

$$\beta(l,t) = \text{bool}\{a(l,t) \geqslant a_{\min}\} \tag{2-1}$$

$a_{\min}$ 是瞬时服务可用性的最小限值，若满足要求，则 bool() 函数将取 1；否则，bool() 函数将取 0。

②单点服务可用性

单点服务可用性是指系统在一定时间段内特定位置 (l) 的平均可用性。一般将时间段 $(t_0, t_0 + T\Delta T)$ 分成若干个时间间隔 ΔT，作为独立时间点，分别计算瞬时可用性，进而计算在该时间区间内的平均值，即

$$\bar{a}(l) = \frac{1}{T} \sum_{t=t_0}^{t_0+T\Delta T} a(l,t) \tag{2-2}$$

$$\bar{\beta}(l) = \frac{1}{T} \sum_{t=t_0}^{t_0+T\Delta T} \beta(l,t) \tag{2-3}$$

③区域服务可用性

区域服务可用性是指系统在一定时间段内整个服务区域的平均可用性。将服务区 (L) 划分成若干个独立区域 $(l，单点)$，分别计算单点的瞬时可用性，进而计算在该时间区间内整个服务区域的平均值，即

$$A_S = \frac{1}{L} \sum_{l=1}^{L} \bar{a}(l) = \frac{1}{LT} \sum_{l=1}^{L} \sum_{t=t_0}^{t_0+T\Delta T} a(l,t) \tag{2-4}$$

$$B_S = \frac{1}{L} \sum_{l=1}^{L} \bar{\beta}(l) = \frac{1}{LT} \sum_{l=1}^{L} \sum_{t=t_0}^{t_0+T\Delta T} \beta(l,t) \tag{2-5}$$

（2）可用性的不同条件

服务可用性的规定条件一般是指星座状态假设、截止高度角选择等。星座状态假设可以分为理想状态、降阶状态和期望状态。理想状态是指星座中没有卫星故障/中断时的星座状态；降阶状态是指星座有一颗或多颗卫星发生中断时的星座状态；期望状态是基于星座状态概率，对星座所有可能降阶状态的加权平均。

①理想状态下的服务可用性

基于理想状态开展的可用性分析也被看作覆盖性分析。该状态下，单点的瞬时可用性为

$$a_0(l,t) = \text{bool}\{R(l,t)\} \tag{2-6}$$

$R(l,t)$ 的计算参照系统性能要求。

②降阶状态下的服务可用性

基于降阶状态的可用性计算中，若假定星座中任何卫星故障/中断的概率都是一样的，那么包含 M 颗卫星的星座中有 k 颗卫星失效时，降阶可用性是 k 颗卫星中断时所有组合后的结果，即

$$a_k(l,t) = \frac{1}{C_M^k} \sum_{n=1}^{C_M^k} \text{bool}\{R_n(l,t)\} \; ; k = 0, \cdots, M \qquad (2-7)$$

式中，组合 C_M^k 是 M 颗卫星中 k 颗发生故障的组合情况，$C_M^k = \dfrac{M!}{k!(M-k)!}$ ；$R_n(l, t)$ 是 k 颗卫星发生中断时所有组合中某一个星座状态下系统性能的评估值。由此可见，此处的 $a_k(l, t)$ 是介于 1 和 0 之间的值。通常为了简化计算，也可以选择一种最坏组合来近似代替 k 颗故障的所有组合情况，相应的计算方法与期望状态一致，$a_k(l, t)$ 则取值为 0 或 1。

③期望状态下的服务可用性

星座中有 M 颗卫星，则星座包含 $M+1$ 种状态，用 $S_k(k = 0, \cdots, M)$ 表示。S_0 表示没有卫星失效的情况，S_1 表示有一颗卫星失效的情况，以此类推，期望状态可用性表示为：

$$a(l,t) \equiv \sum_{k=0}^{M} P_k a_k(l,t) = \sum_{k=0}^{M} P_k \frac{1}{C_M^k} \sum_{n=1}^{C_M^k} \text{bool}\{R_n(l,t)\} \qquad (2-8)$$

P_k 是与状态 S_k 相对应的星座状态概率，且 $\sum\limits_{k=0}^{M} P_k = 1$。若假设星座中所有卫星的单星可用度相同，则可以用二项式模型计算

$$P_k = C_M^k (A_{轨})^{(M-k)} (1 - A_{轨})^k \qquad (2-9)$$

P_k 是与状态 S_k 相对应的星座状态概率。若星座中包含多类卫星，同类卫星的单星可用度相同，则可以扩展以上星座状态概率计算公式。以北斗系统包含 GEO、IGSO 和 MEO 三类卫星为例：

$$
\begin{cases}
P_{N_M, N_I, N_G}^{N_M^-, N_I^-, N_G^-} = \sum\limits_{i=0}^{N_M^-} \sum\limits_{j=0}^{N_I^-} \sum\limits_{k=0}^{N_G^-} (Q_i^M \cdot Q_j^I \cdot Q_k^G) = \sum\limits_{i=0}^{N_M^-} Q_i^M \cdot \sum\limits_{j=0}^{N_I^-} Q_j^I \cdot \sum\limits_{k=0}^{N_G^-} Q_k^G \\
Q_i^M = C_{N_M}^i (A_M)^{(N_M - i)} (1 - A_M)^i \\
Q_j^I = C_{N_I}^j (A_I)^{(N_I - j)} (1 - A_I)^j \\
Q_k^G = C_{N_G}^k (A_G)^{(N_G - k)} (1 - A_G)^k
\end{cases}
\qquad (2-10)
$$

式中，$P_{N_M, N_I, N_G}^{N_M^-, N_I^-, N_G^-}$ 包括 N_M 颗 MEO 卫星、N_I 颗 IGSO 卫星和 N_G 颗 GEO 卫星的标称星座中最多允许故障 N_M^- 颗 MEO 卫星、N_I^- 颗 IGSO 卫星和 N_G^- 颗 GEO 卫星的星座状态概率；N_M^- 为标称星座中最多允许 MEO 卫星故障的个数；N_I^- 为标称星座中最多允许 IGSO 卫星故障的个数；N_G^- 为标称星座中最多允许 GEO 卫星故障的个数；N_G 为标称星座中 GEO 卫星的个数；N_M 为标称星座中 MEO 卫星的个数；N_I 为标称星座中 IGSO 卫星的个数；A_M 为空间段中 MEO 卫星的单轨可用度；A_I 为空间段中 IGSO 卫星的单轨可用度；A_G 为空间段中 GEO 卫星的单轨可用度。

根据北斗系统服务可用性的定义和要求、服务可用性的仿真和统计计算，以期望状态作为星座的规定运行条件，以星座运行周期为仿真时段，服务区范围内按一定的经纬度间隔划分出网格，每个网格计算单点可用性，选取最差值，作为最差位置可用性；对所有网格的单点可用性进行统计，得到服务区平均可用性。若不做特殊说明，服务可用性指的是服务区平均可用性。

（3）不同判据的计算

1）DOP 要求。即用户和这些卫星之间的几何构型的好坏，可以用以下 DOP 中的一个或几个组合来表达，其中 l 为位置参数，t 为时间参数。例如：

$$R(l,t) = \begin{cases} \text{HDOP}(l,t) \leqslant \text{HDOP}_{\max} \bigcap \\ \text{VDOP}(l,t) \leqslant \text{VDOP}_{\max} \bigcap \\ \text{PDOP}(l,t) \leqslant \text{PDOP}_{\max} \end{cases} \qquad (2-11)$$

HDOP 是 DOP 的水平分量，VDOP 是 DOP 的垂直分量，PDOP 是 HDOP 和 VDOP 的综合值。DOP 是基于加权的协方差矩阵 $\boldsymbol{C}$，即

$$\boldsymbol{C} \equiv \{C_{ij}\} = (\boldsymbol{G}^{\text{T}}\boldsymbol{G})^{-1} \qquad (2-12)$$

其中 $\boldsymbol{G}$ 是一个 $V \times 4$ 矩阵：

$$\boldsymbol{G} = \begin{bmatrix} x_1 & y_1 & z_1 & 1 \\ x_2 & y_2 & z_2 & 1 \\ \vdots & \vdots & \vdots & \vdots \\ x_V & y_V & z_V & 1 \end{bmatrix} \qquad (2-13)$$

V 为矩阵的行数，可以设置为所有可视卫星的数量或者可视卫星最好的子集，如 6。x_i，y_i，z_i 是第 i 颗卫星以地面点为中心，东北天坐标系的方向余弦。HDOP、VDOP 和 PDOP 是从矩阵 $\boldsymbol{C}$ 的主对角元素计算得到的，即

$$\text{HDOP} = \sqrt{C_{11} + C_{22}}$$

$$\text{VDOP} = \sqrt{C_{33}} \qquad (2-14)$$

$$\text{PDOP} = \sqrt{C_{11} + C_{22} + C_{33}}$$

2）定位精度要求。DOP 要求意味着所有卫星的误差是一样的，因此可以提取出公因子。在实际情况中，每颗卫星误差是不一样的，而且某颗卫星的误差还会随时间变化。在时间 t 和位置 l 处的用户定位误差的水平和垂直分量（HUNE 和 VUNE）要同时满足精度要求，即

$$R(l,t) = \{\text{HUNE}(l,t) \leqslant H_{\max} \bigcap \text{VUNE}(l,t) \leqslant V_{\max}\} \qquad (2-15)$$

其中 DOP 概念是基于未加权的结果，精度概念是基于加权的结果，加权的协方差矩阵为

$$\boldsymbol{C} \equiv \{C_{ij}\} = (\boldsymbol{G}^{\text{T}}\boldsymbol{W}\boldsymbol{G})^{-1} \qquad (2-16)$$

$V \times V$ 加权矩阵 $\boldsymbol{W}$ 是卫星误差协方差矩阵的逆矩阵。假设每颗卫星的误差源与其他卫星的误差不相关，则 $\boldsymbol{W}$ 表示主对角元素是卫星误差变量倒数的对角矩阵，即

$$\boldsymbol{W}^{-1} = \begin{bmatrix} \sigma_1^2 & 0 & \vdots & 0 \\ 0 & \sigma_2^2 & \vdots & 0 \\ \cdots & \cdots & \cdots & \cdots \\ 0 & 0 & \vdots & \sigma_V^2 \end{bmatrix} \qquad (2-17)$$

σ_i 一般应包括星历误差、卫星钟差，以及传播段和用户段等误差。

水平精度（HUNE）和垂直精度（VUNE）为

$$\begin{cases} \mathrm{HUNE}_{1\mathrm{dRMS}} = \sqrt{C_{11} + C_{22}} \\ \mathrm{VUNE}_{1\sigma} = \sqrt{C_{33}} \end{cases} \tag{2-18}$$

（4）服务可用性建模方法

前面给出的计算方法，涉及的计算量较大，特别是对于不均匀星座，其复杂性更强，不易建模分析。从星座组网运行任务来看，单星（或多星）发生故障时，可能导致性能指标下降，但能否依然满足规定的指标要求，要视具体情况而定；再加上有备份星作为补充，单星的故障并不一定导致星座运行故障。借助适用的网络建模分析技术，可以剖析星座中各组成部分（如单星和多星）故障与网络服务中断之间的相互关系，完成星座整体的可用性模型的构建并进行量化分析。

服务可用性建模可以采用马尔科夫链与贝叶斯网络相结合的方法，剖析单个卫星中断与服务中断之间的相互关系，进而表达一颗或多颗卫星同时中断对系统服务造成的影响。如图 2 - 10 所示，以单轨/单星可用度作为贝叶斯网络的边缘节点概率，将星座在各确定状态下的星座值（CV）输入到贝叶斯网络的条件概率表中，利用贝叶斯网络模型和推理算法，计算出"服务可用度"。需要注意的是，模型中卫星节点过多可能会产生计算爆炸的问题。当卫星数超过 30 个时，卫星节点可根据不同轨道类型进行分类处理。GEO 和 IGSO 卫星以单星作为节点；MEO 卫星以星座作为节点。MEO 星座节点以故障卫星个数作为状态，其边缘概率可用度根据单星/单轨可用度和二项式模型计算。

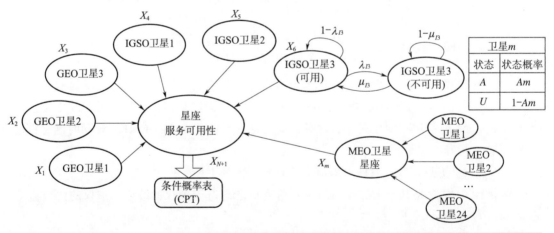

条件概率																	
卫星 1	A																...
卫星 2	A								U								...
卫星 3	A				U				A				U				...
...	...				...				...				...				...
卫星 N	A	U	A	U	... A	U	A	U	... A	U	A	U	... A	U	A	U	... ...
A	a_1	a_2	a_3	a_4	... a_5	a_6	a_7	a_8	... a_9	a_{10}	a_{11}	a_{12}	... a_{13}	a_{14}	a_{15}	a_{16}	...
U	$1-a_1$	$1-a_2$	$1-a_3$	$1-a_4$	... $1-a_5$	$1-a_6$	$1-a_7$	$1-a_8$	... $1-a_9$	$1-a_{10}$	$1-a_{11}$	$1-a_{12}$	... $1-a_{13}$	$1-a_{14}$	$1-a_{15}$	$1-a_{16}$	...

图 2 - 10　服务可用度贝叶斯网络模型

服务可用性模型中的 CV 是指在一个星座回归周期内的系统服务区全域划分时空点，对时空点的星座服务性能（例如 PDOP、定位精度等）进行仿真，并统计得到的所有点的平均可用性。以 PDOP 为例，CV 的计算公式为

$$CV = \frac{\sum\limits_{t=t_0}^{t_0+\Delta T} \sum\limits_{i=1}^{L} \mathrm{bool}(\mathrm{PDOP}_{t,i} \leqslant \mathrm{PDOP}_{\max}) \cdot \mathrm{area}_i}{\Delta T \cdot \mathrm{Area}} \times 100\% \qquad (2-19)$$

式中，ΔT 为总仿真时间（总仿真历元个数）；t_0 为初始时刻；L 为格网点总个数；$\mathrm{bool}(x)$ 为布尔函数，当 x 为真时，$\mathrm{bool}(x)=1$，当 x 为假时，$\mathrm{bool}(x)=0$；$\mathrm{PDOP}_{t,i}$ 为第 i 个格网点在 t 时刻的 PDOP 值；Area 为服务区域总面积；area_i 为第 i 个格网点的面积。

服务可用性模型中的单轨/单星可用度根据空间信号的马尔科夫状态转移过程建立计算模型，以单轨可用度（如图 2-11 所示，1 表示空间信号可用状态，0 表示空间信号不可用状态）为例，其稳态可用度的计算模型如式（2-20）所示。

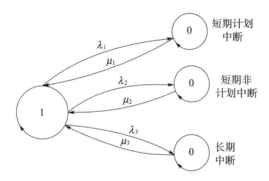

图 2-11　卫星的马尔科夫状态转移过程

$$A(\infty) = \frac{\mu}{\lambda + \mu} \qquad (2-20)$$

式中，λ 表示卫星的失效率，是 MTBO 的倒数；μ 表示卫星的修复率，是 MTTOR 的倒数。根据单星可用度和单轨可用度的定义可知，单轨可用度包含所有各类中断的影响，而单星可用度不包含长期中断的影响，也就是说不考虑卫星替换对单星可用度的影响。综合各类中断影响，单轨可用度可表示为

$$\begin{cases} A_{轨} = \dfrac{\mu_{轨}}{\lambda_{轨} + \mu_{轨}} \\ \lambda_{轨} = \lambda_1 + \lambda_2 + \lambda_3 \\ \mu_{轨} = \dfrac{\lambda_1 + \lambda_2 + \lambda_3}{\dfrac{\lambda_1}{\mu_1} + \dfrac{\lambda_2}{\mu_2} + \dfrac{\lambda_3}{\mu_3}} \end{cases} \qquad (2-21)$$

式中，λ_1 表示短期计划中断的失效率，是 MTBO_STS 的倒数；μ_1 表示短期计划中断的修复率，是 MTTOR_STS 的倒数；λ_2 表示短期非计划中断的失效率，是 MTBO_UTS 的倒数；μ_2 表示短期非计划中断的修复率，是 MTTOR_UTS 的倒数；λ_3 表示长期中断的失效率，是 MMD

的倒数；μ_3 为长期中断的修复率，是 $MTTOR_{LT}$ 的倒数。

单星可用度可表示为

$$\begin{cases} A_{星} = \dfrac{\mu_{星}}{\lambda_{星} + \mu_{星}} \\ \lambda_{星} = \lambda_1 + \lambda_2 \\ \mu_{星} = \dfrac{\lambda_1 + \lambda_2}{\dfrac{\lambda_1}{\mu_1} + \dfrac{\lambda_2}{\mu_2}} \end{cases} \tag{2-22}$$

2.3.2　服务连续性建模

服务连续性模型可以表达为

$$C_N = \sum_{k=0}^{M} P_k \cdot \frac{1}{\binom{M}{k}} \sum_{n=1}^{M} \left\{ \sum_{x=0}^{k} \left[Q_{k,x} \cdot \frac{1}{\binom{k}{x}} \sum_{n=1}^{\binom{k}{x}} \mathrm{bool}(R_n(l,t)) \right] \right\} \tag{2-23}$$

式中，M 表示星座中的卫星总数；P_k 表示星座中有 k 颗卫星中断的概率；$Q_{k,x} = \binom{k}{x} \cdot$

$c^{k-x}(1-c)^x$，表示星座中 k 颗卫星中断的情况下又有 x 颗卫星中断的概率；c 为单星连续度，即单星每小时的故障概率；$R_n(l,t)$ 描述了 $k+x$ 颗卫星发生中断时所有组合中某种情况下，t 时刻用户 l 位置处的系统性能的评估值，例如在非精密精进过程中，一般当可视卫星数大于或等于 6 颗时，$\mathrm{bool}(R_n(l,t))$ 取值为 1，否则为 0。

单星连续度 c 的数学模型可表示为

$$c = \mathrm{e}^{-\lambda_c T} \tag{2-24}$$

式中，T 表示规定连续服务时间；λ_c 表示非计划中断的概率，一般只考虑短期非计划中断影响，则 $\lambda_c \approx \lambda_2 = 1/MTBO_{UTS}$。

2.3.3　服务完好性建模

服务完好性风险通常采用故障树建模，如图 2-12 所示。

在有 RAIM 情况下，在用户接收机的实现中，很难识别和排除两个及以上空间信号发生完好性故障，且其发生概率较低（$<10^{-8}/h$）。服务完好性风险主要由两部分组成：一种是无信号故障由随机误差产生的风险（H0 假设）；另一种是有信号故障引起的风险（H1 假设）。由于"多个信号同时故障"且未被监测出来的概率较低，一般忽略其影响。H0 假设是当空间信号没有出现测距误差超限而发生定位误差超限的风险；H1 假设是当空间信号中有且仅有一个空间信号出现测距误差超限，且用户接收机未监测出超限信号并给出告警的风险。即

$$P_{IR} \cong P_{IR}|_{H0} + P_{IR}|_{H1} = P_{ffmd} \cdot (1-P_F) + P_{md} \cdot P_{F1} \tag{2-25}$$

式中，P_{ffmd} 表示空间信号无故障漏警概率（用户正常计算时，由随机误差引起）；P_{md} 表示

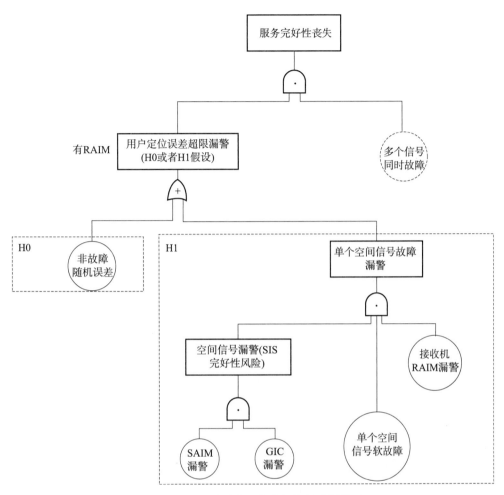

图 2 - 12　北斗系统服务完好性故障树模型

空间信号超差漏警概率（RAIM 漏警）；P_F 表示空间信号的完好性故障概率。

假设用户可视卫星数为 N，P_{Fi} 表示用户可视范围内同时有 i 颗卫星发生 SIS 完好性故障的概率，则

$$\begin{cases} P_F = \sum_{i=0}^{N} P_{Fi} = 1 - (1 - P_{HMI})^N \\ P_{F1} = C_N^1 P_{HMI} \cdot (1 - P_{HMI})^{N-1} \end{cases} \tag{2-26}$$

P_{HMI} 表示单个 SIS 的完好性故障概率，服务完好性风险则可表示为

$$P_{IR} \cong P_{ffmd} \cdot (1 - P_{HMI})^N + P_{MD} \cdot \left[C_N^1 P_{HMI} \cdot (1 - P_{HMI})^{N-1} \right] \tag{2-27}$$

P_{HMI} 与非计划中断中的软失效密切相关，采用 $\lambda_{软}$ 表示空间信号发生软失效的概率，P_{MD} 表示空间信号超差 SAIM＋GIC 未及时告警导致的漏警概率，即

$$P_{HMI} = \lambda_{软} \cdot P_{MD} \tag{2-28}$$

需要说明的是，与 SIS 完好性相关的故障（软失效）属于短期非计划中断的一部分。SIS 完好性分析也通常采用故障树分析，空间信号出现完好性故障的故障树模型如图 2 - 13 所示。

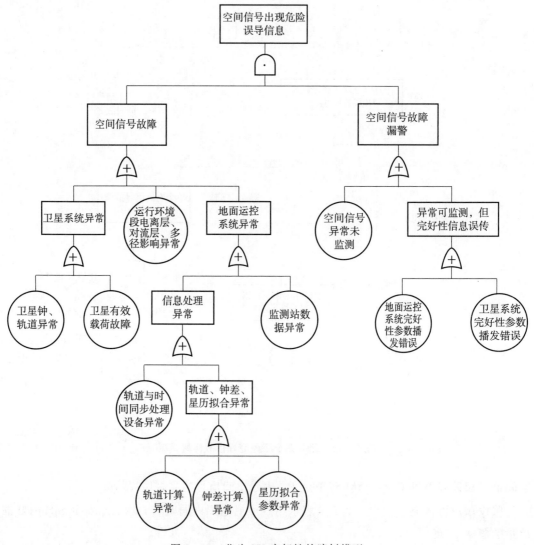

图 2 - 13　北斗 SIS 完好性故障树模型

2.4　北斗系统可靠性分配

将面向用户的可用性、连续性、完好性指标转换分配为工程各系统设计可控的可靠性、维修性和中断指标，是指导和约束各系统可靠性工作的依据。对于北斗系统这样的典型复杂网络动态系统，可靠性指标分配技术十分复杂，传统的可靠性分配方法（如比例分配法、加权分配法）难以适用，需借助建模和仿真技术开展指标分配，并随工程进展不断迭代完善。

本节采用信息流建模和蒙特卡罗仿真相结合的方法，模拟全球系统数据交互和动态运行过程，验证工程各系统可靠性分配是否达到顶层任务的可靠性要求。基于信息流对关键任务过程（如精密定轨与时间同步、完好性监测与处理、星间链路运行管理）进行建模，根据软硬件产品的故障、修复分布，采用蒙特卡罗抽样开展仿真模拟，在确保关键任务满足任务级最低可靠性指标的情况下，描述任务参与产品级可靠性指标与性能指标的耦合关系，进而分析确定最优化的顶层任务可靠性指标，以及各层参与设备的可靠性指标。

2.4.1　可靠性定量要求

卫星导航系统在民用方面是一个高度竞争系统，正向多领域深化融合应用发展，建设世界一流卫星导航系统已成为各国追求的目标。北斗系统作为后起之秀，其最基本、最核心的 RNSS 服务可靠性要对标并赶超世界先进卫星导航系统性能，并满足国际应用中的要求，让用户体验更高精度和更高可靠性的服务。本书的北斗系统可靠性定量要求中，服务可用性指标主要参考《北斗系统公开服务性能规范（3.0 版）》中有关要求，服务连续性和服务完好性指标主要参考 ICAO 非精密进近（NPA）等级的航飞阶段的有关要求，见表 2-1。

表 2-1　北斗系统 RNSS 服务完好性、服务连续性和服务可用性的量化要求

类　别	表征参数	量化要求	约束条件	备注
服务可用性	PDOP 可用度（区域平均）	$\geqslant 0.99$	PDOP$\leqslant 6$	参考《北斗系统公开服务性能规范（3.0 版）》
	PDOP 可用度（最差位置）	$\geqslant 0.88$		
	定位精度可用度（区域平均）	$\geqslant 0.99$	95% 置信度下：水平定位精度$\leqslant 15$ m垂直定位精度$\leqslant 22$ m	
	定位精度可用度（最差位置）	$\geqslant 0.90$		
服务连续性	服务连续度	$1-10^{-4}/h$ 至 $1-10^{-8}/h$	告警限值：水平 556 m	参考 ICAO NPA 要求
服务完好性	服务完好性风险	$10^{-7}/h$	告警限值：水平 556 m告警时间：10 s	

2.4.2　服务层向空间信号层要求分配

服务层向空间信号层要求分配主要包括两个步骤：1）星座仿真与约束条件假设；2）基于可靠性模型与星座性能仿真的指标分配。

2.4.2.1　星座仿真与约束条件假设

在星座仿真中，用户仰角高度大于或等于 5°，仿真采样间隔 1 h，地面点按照 5°×5° 格网划分，全球范围按照 24MEO 星座进行仿真分析，仿真计算时间为 7 天 13 圈（一个星座回归周期）。

通过星座仿真分析，在进行服务可用性、服务连续性和服务完好性分配过程中，以下

列基础条件作为约束：

1）在分析过程中，用户使用条件不考虑接收机性能以及使用策略、使用场景等方面的差异，以大于某一仰角高度的可观测卫星数量作为判据。全球范围内，当用户仰角高度大于 5°时，用户可平均观测到 8 颗卫星（含 8MEO）。

2）当可视卫星数≤6 时，用户将不能进行完好性故障监测与排除，此时任意卫星将可能是关键卫星（GPS 与 Galileo 系统均提出可视卫星数≤6 颗时，所有卫星均认为是关键卫星），任意卫星中断，可能引起连续性风险。

3）假设同类轨道卫星的 SIS 可用性、SIS 连续性和 SIS 完好性相同，及同类轨道卫星各项指标平均分配，则单颗卫星同类指标互相独立。

2.4.2.2　基于可靠性模型与星座性能仿真的指标分配

（1）服务可用性指标分配

根据以上假设和论证条件，以全球地区 PDOP 可用度分配为例，说明服务可用性指标的分配方法和过程。

相关星座值仿真见表 2 - 2。

表 2 - 2　星座值仿真及预估结果

服务区域	星座值 α_k					
	α_0	α_1	α_2	α_3	α_4	α_5
全球范围	优于 100%	优于 99.99%	优于 99.26%	优于 96.30%	优于 93.96%	优于 91.17%

注：α_k 表示在 k 颗卫星故障条件下的 PDOP 可用度仿真结果。

根据星座值仿真结果和服务可用性的贝叶斯网络模型，不断迭代和试算 MEO 卫星单轨可用度，得到 MEO 卫星的星座状态概率，结合星座状态概率计算结果，得到 MEO 卫星的单轨可用度对应的 PDOP 可用度，见表 2 - 3。

表 2 - 3　MEO 卫星星座状态概率计算结果

轨道类型	单星可用度	P_0	P_1	P_2	P_3	P_4	P_5	$\sum P_k$	PDOP 可用度
MEO	0.918 3	0.129 3	0.276 1	0.282 5	0.184 3	0.086 1	0.030 6	0.989 0	0.95
	0.92	0.135 2	0.282 1	0.282 1	0.179 9	0.082 1	0.028 6	0.989 993	0.953 4
	0.93	0.175 2	0.316 5	0.274 0	0.151 2	0.059 8	0.018 0	0.994 729	0.970 1
	0.94	0.226 5	0.347 0	0.254 7	0.119 2	0.040 0	0.010 2	0.997 548	0.982 2
	0.95	0.292 0	0.368 8	0.223 2	0.086 2	0.023 8	0.005 0	0.999 038	0.990 3
	0.96	0.375 4	0.375 4	0.179 9	0.055 0	0.012 0	0.002 0	0.999 705	0.995 3
	0.97	0.481 4	0.357 3	0.127 1	0.028 8	0.004 7	0.000 6	0.999 938	0.998 0
	0.98	0.615 8	0.301 6	0.070 6	0.010 6	0.001 1	0.000 1	0.999 994	0.999 3
	0.99	0.785 7	0.190 5	0.022 1	0.001 6	0.000 1	0.000 0	0.999 999 9	0.999 8

（2）服务连续性指标分配

根据全球地区的服务连续性要求和星座值仿真结果，根据服务连续性模型，不断迭代和试算 MEO 卫星的单星连续度,参考对 MEO 单星可用度的分配结果,对服务连续性风险进行分配,见表 2 − 4。

表 2 − 4 MEO 单星连续度分配结果

序号	单星可用度	单星连续度	服务连续性风险	备注
1		0.999/h	4.78e−004	
2	0.98	0.999 8/h	4.27e−004	
3		0.999 9/h	4.21e−004	
4		0.999/h	1.17e−004	
5	0.989 2	0.999 8/h	9.71e−005	
6		0.999 9/h	9.48e−005	不考虑长期中断影响
7		0.999/h	7.13e−005	
8	0.99	0.999 8/h	5.72e−005	
9		0.999 9/h	5.55e−005	
10		0.999/h	4.20e−005	
11	0.991 8	0.999 8/h	3.21e−005	
12		0.999 9/h	3.10e−005	

(3) 服务完好性指标分配

根据全球地区的服务连续性要求和星座值仿真结果,假设用户段利用接收机自主完好性监测算法 (RAIM),判断接收的空间信号中是否存在故障,同时计算保护限。若保护限小于告警限值,则满足需求,将无故障的空间信号作为输入进行加权最小二乘定位解算。在 RAIM 的完好性监测算法中,漏检概率假设为 0.001。

H0 假设和 H1 假设通常按照比例分配法进行分配,此处 H0 假设按完好性总风险的 1% 进行假设,H1 假设按完好性总风险的 99% 进行假设,总风险要求为 10^{-7}/h,有故障部分产生的总风险为 0.99×10^{-7}/h。

假设 RAIM 监测方法的漏警率为 10^{-3},则参与服务的空间信号允许发生故障的概率为

$$P_F = \frac{0.99 P_{IR}}{P_{MD}} = \frac{0.99 \times 10^{-7}/h}{10^{-3}} \approx 10^{-4}/h \qquad (2-29)$$

对全球地区服务完好性指标到 MEO 卫星的分配中,在可见卫星数为 8 颗的情况下,假设双星同时出完好性故障的概率远远小于 10^{-5}/h,得到允许的单个空间信号的完好性故障率为

$$P_{F,SIS} \approx P_F / C_8^1 = (10^{-4}/8)/h = 1.25 \times 10^{-5}/h \qquad (2-30)$$

SIS 完好性告警限值主要根据完好性故障率进行确定。服务完好性告警时间由空间信号的告警时间和接收机处理时间组成。接收机处理时间一般比较短,若忽略其影响,则 SIS 完好性告警时间与服务完好性告警时间要求保持一致。

由以上假设,同一时间只有单个卫星会发生完好性故障,单星完好性故障持续时间将

直接影响服务完好性。要达到以上分配指标的要求，单星单次完好性故障持续时间需≤1 h。

（4）综合 SIS 可用性、SIS 连续性和 SIS 完好性指标分配结果

综合以上分配结果，MEO 卫星的单轨可用度取值 0.95 时，能保证全球地区 PDOP 可用度优于 0.99。不考虑长期中断影响，MEO 单星可用度取值 0.989 2，单星连续度达到 0.999 8/h 时，能满足服务连续性优于 $1-10^{-4}$/h 的最低要求，能保证全球地区 PDOP 可用度优于 0.999。SIS 完好性故障率指标应优于 $1.25×10^{-5}$/h。

2.4.3　空间信号层指标向卫星中断的要求分配

由于 SIS 可用性与所有中断相关，SIS 完好性和连续性仅受非计划中断的影响，因此中断指标分配按照先局部、再整体的思路，首先针对 SIS 完好性和连续性指标要求对非计划中断进行分配，再根据卫星轨道设计和维护需求、寿命设计和前期在轨运行与维护经验等，针对 SIS 可用性指标要求对其他中断进行分配。

（1）SIS 完好性分配至中断层指标

结合 SIS 完好性计算模型，对于全球服务的 MEO 卫星完好性风险为 $1.25×10^{-5}$/h，假设卫星自主完好性监测和地面完好性监测的漏警率为 0.1，则要求软失效发生概率优于 $1.25×10^{-4}$/h，折算为非计划中断 $MTBO_{STU软}$ 为 8 000 h；假设卫星自主完好性监测和地面完好性监测的漏警率为 0.05，则要求软失效发生概率优于 $2.5×10^{-4}$/h，折算为非计划中断 $MTBO_{STU软}$ 为 4 000 h。初步分配结果见表 2-5。

表 2-5　SIS 完好性分配假设条件与初步分配结果

SIS 完好性故障概率		系统其他要求 （信号完好性故障漏警率，$P_{md,SIS}$）	$MTBO_{STU软}$
卫星	概率		
全球地区 MEO	$1.25×10^{-5}$/h	10^{-1}	8 000 h
		$5×10^{-2}$	4 000 h

（2）SIS 连续性分配至中断层指标

根据单星连续度计算模型，得到 MEO 卫星的短期非计划中断指标初步分配结果，见表 2-6。

表 2-6　MEO 单星连续度对中断指标（短期非计划）分配结果

卫星轨道类型	单星连续度	$MTBO_{STU}$
MEO	0.999 8/h	5 000 h

（3）SIS 可用性分配至中断层指标

根据 SIS 可用性计算模型可知，单星可用度与短期中断有关，单轨可用度与所有中断相关。

①中断指标分配分析

中断包括短期计划中断、短期非计划中断以及长期中断，分别采用 $MTBO_{STS}$ 和

$MTTOR_{STS}$、$MTBO_{STU}$ 和 $MTTOR_{STU}$ 以及平均任务持续时间（MMD）和长期中断平均修复时间（$MTTOR_{LT}$）表征。从单轨可用度到中断 6 个指标的分配参考以下分析内容：

（a）短期计划中断分析

根据 MEO 卫星的轨位保持以及其他要求，测控系统对 MEO 卫星短期计划中断操作的频度大约为一年两次，得到 MEO 单轨位短期计划中断间隔时间 $MTBO_{STS-MEO}$ 为 4 380 h（中断次数为 2 次/年）。

执行卫星轨道机动等运行维护操作时，要求卫星在可视弧段内，并且轨道机动后，由于精密定轨需要监测较长的观测时间才能保证结果精度，因此卫星星历修复到轨道机动之前的精度需要一定的时间周期。根据运控系统需要卫星的业务修复平均时间≤16 h，测控系统需要 0.5 h，从而得到 MEO 单轨位短期计划中断修复时间 $MTTOR_{STS-MEO}$ 大约为 16.5 h。

（b）长期中断分析

MEO 卫星 MMD 预估为 8.25 年（对应设计寿命 10 年，寿命末期可靠度约为 0.65）。长期中断修复时间即为替换卫星所需的时间，根据目前对替换北斗卫星所需时间的初步分析，在地面有备份星的情况下，一般为 4 个月左右（包括卫星在轨测试 1 个月左右，MEO 卫星在轨测试及联调时间可以缩短至 100 天左右）。所以，MEO 卫星的 $MTTOR_{LT}$ 约为 2 400 h，GEO/IGSO 卫星的 $MTTOR_{LT}$ 约为 2 880 h。

（c）短期非计划中断分析

由于 MEO 卫星周期为 7 天 13 圈，考虑到卫星故障后地面控制段须在卫星可见弧段内操作才能使中断修复，参考 GPS 短期非计划中断修复时间（36 h）以及北斗的前续卫星在轨运行情况，初步确定 MEO 卫星短期非计划中断修复时间 $MTTOR_{STU-MEO}$ 需要 36 h。

（d）中断分析小结

综上，短期计划中断指标和长期中断修复时间指标受到顶层设计要求和客观因素影响，在轨道确定后可作为分配输入，MMD 指标根据卫星设计寿命和寿命末期可靠性可初步确定作为分配输入，则短期非计划中断间隔时间 $MTBO_{STU}$ 可以重新分配。

②初步分配结果

考虑长期中断影响，MEO 卫星 MMD 分别取 8.25 年时，卫星的短期非计划中断 $MTBO_{STU}$ 指标的重新分配结果分别为 $MTBO_{STU-MEO}=2\ 300$ h，见表 2-7。

表 2-7　中断参数初步分配结果及对应单轨可用度

轨道类型	可用度分配要求	短期计划中断		长期中断		短期非计划中断	
		$MTBO_{STS}$	$MTTOR_{STS}$	MMD	$MTTOR_{LT}$	$MTBO_{STU}$	$MTTOR_{STU}$
MEO	优于 0.95	4 380 h	16.5 h	72 270 h	2 400 h	2 300 h	36 h

若不考虑长期中断影响，根据全球地区服务连续性对单星可用度要求，以及连续性（要求更苛刻）的中断分配结果，MEO 单星可用度要求达到 0.989 2，MEO 卫星短期非计划中断 $MTBO_{STU}$ 指标的重新分配结果分别为 $MTBO_{STU-MEO}=5\ 000$ h，重新反算单星可用度见表 2-8。

表 2-8　中断参数初步分配结果及对应单星可用度

轨道类型	可用度分配要求	短期计划中断		短期非计划中断	
		$MTBO_{STS}$	$MTTOR_{STS}$	$MTTOR_{STU}$	$MTBO_{STU}$
MEO	0.989 2	4 380 h	16.5 h	36 h	5 000 h

综合单轨可用度、单星可用度和单星连续性对短期非计划中断参数分配要求，取最苛刻要求对以上指标进行反算，见表 2-9。

表 2-9　中断参数分配结果及对应的 SIS 可用性和 SIS 连续性要求

轨道类型	短期计划中断		长期中断		短期非计划中断		单轨可用度	单星可用度	单星连续度
	$MTBO_{STS}$	$MTTOR_{STS}$	MMD	$MTTOR_{LT}$	$MTTOR_{STU}$	$MTBO_{STU}$			
MEO	4 380 h	16.5 h	72 270 h	2 400 h	36 h	5 000 h	0.957 7	0.989	0.999 8/h

2.4.4　卫星中断向工程各系统关键任务的指标分配

将三类中断指标分配为北斗系统任务可靠性指标，再落实为工程相关系统的可靠性指标要求。分配思路如图 2-14 所示，主要包括以下步骤：

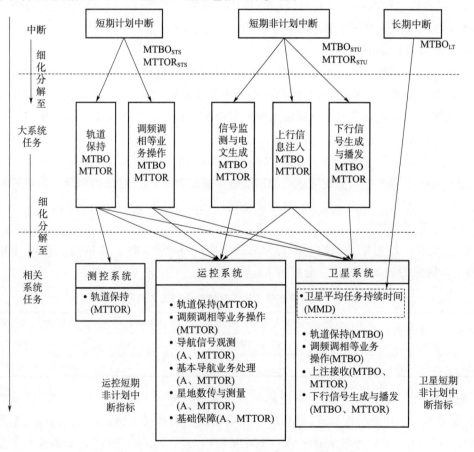

图 2-14　中断指标分配至工程相关系统的思路

1）将短期计划中断指标分配为轨道保持和其他业务操作两类引起中断的平均间隔时间和修复时间，再将轨道保持中断指标分配至卫星、运控、测控系统，将其他业务操作中断指标分配至卫星、运控系统。

2）将短期非计划中断指标分配为下行信号生成与播发、上行信息注入、信号监测与电文生成三项关键任务的中断平均间隔时间和修复时间，再将下行信号生成与播发任务中断指标分配至卫星系统，将上行信息注入任务中断指标分配至卫星和运控系统，将信号监测与电文生成任务中断指标分配至运控系统。由工程相关系统再分配至相关功能，最后落实为关键单机。

3）将长期中断指标分配为长期中断平均间隔时间和修复时间，长期中断平均间隔时间与卫星系统相关，通常用卫星 MMD 表征，平均修复时间与卫星、运载、发射场、测控等系统相关，是指补网发射新卫星所需的时间。

对长期中断和短期计划中断的分配过程与卫星寿命设计、星座备份补网策略等密切相关，此处不再详细介绍。短期非计划中断可能由卫星系统或地面运控系统故障引起，该指标的分配过程需要对北斗系统 RNSS 服务的关键任务开展任务过程分析，建立可靠性模型，按照等比例分配等方法进行指标的分配，再根据系统可实现情况进行迭代。

2.4.4.1　北斗系统 RNSS 任务过程描述

北斗系统提供 RNSS 服务需通过信号下行播发、上行注入接收、上行注入、数据处理、监测接收与传输、星间链路、时频基准保持等关键任务来保证。正常情况下，这些任务不允许中断。若出现非计划中断，将会直接或间接地影响服务。其中，信号下行播发是影响服务的直接因素，其他任务是影响服务的间接因素。

正常业务工作模式又分为卫星可视、不可视两种情况（见图 2-15 和图 2-16）。卫星可视情况下，主要通过地面站来保证；卫星不可视情况下，主要通过星间链路辅助完成。

在中断修复过程中，地面监测站发现故障，运控系统将卫星置为不可用并进行故障定位，将定位结果通知卫星系统；卫星系统对定位结果进行再确认；随后，运控系统进行业务修复；修复完成后，运控系统将卫星置为可用，修复服务。

2.4.4.2　分配方法

将短期非计划中断平均间隔时间（MTBO）和平均修复时间（MTTOR）两项指标进行分配，具体分配方法如下：

（1）中断平均间隔时间分配方法

采用比例分配法将中断平均间隔时间（MTBO）分配至北斗系统关键任务、工程各系统功能单元的中断平均间隔时间。中断平均间隔时间与中断次数成反比关系，例如，根据北斗二号卫星某项关键任务（或功能单元）的中断次数与中断总次数的比值，得到该项任务（或功能单元）的比例系数 K_i，再结合北斗三号卫星短期非计划中断平均间隔时间 $\text{MTBO}_{S全球}$，可得到北斗三号卫星某项关键任务（或功能单元）的短期非计划中断平均间隔时间 $\text{MTBO}_{i全球}$，计算公式为

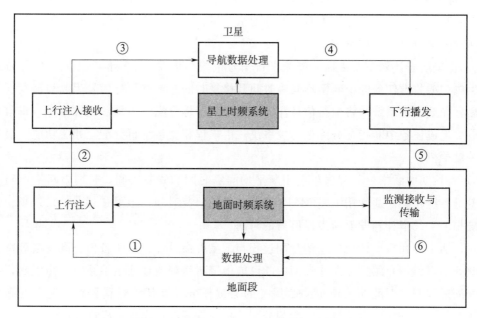

图 2-15　卫星可视情况下的 RNSS 任务过程

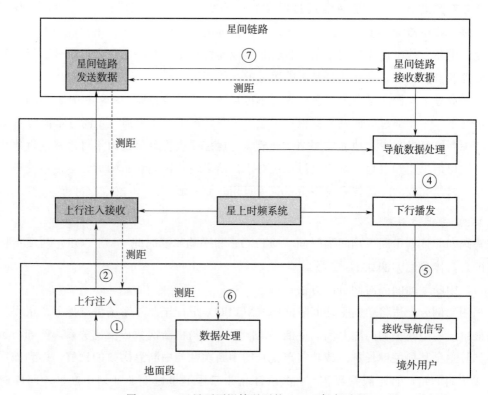

图 2-16　卫星不可视情况下的 RNSS 任务过程

$$\mathrm{MTBO}_{i\text{全球}} = \frac{\mathrm{MTBO}_{S\text{全球}}}{K_i}, \quad i = 1, 2, \cdots, N \tag{2-31}$$

式中，N 表示所有任务（或功能单元）的总数；i 表示第 i 项任务（或功能单元）。

（2）中断平均修复时间分配方法

由于故障率与中断平均间隔时间互为倒数，根据中断平均间隔时间分配结果，得到该项任务（或功能单元）的故障率 λ_i。假设各项任务（或功能单元）的故障平均修复时间为 MTTOR_i，可得到短期非计划中断总的平均修复时间 MTTOR，计算公式为

$$\mathrm{MTTOR} = \frac{\sum_{i=1}^{N} \lambda_i (k_i \cdot \mathrm{MTTOR}_i)}{\sum \lambda_i} \tag{2-32}$$

式中，N 表示所有任务（或功能单元）的总数；k_i 表示第 i 项任务（或功能单元）平均修复时间的比例系数。

2.4.4.3　分配结果

根据全球范围服务可用性、服务连续性和服务完好性指标要求，和工程设计、试验和在轨运行情况的相关约束，可以完成对 MEO 卫星及其在运行服务阶段涉及的工程各系统的可靠性指标分配。在完成从顶层三性指标到空间信号三类中断指标分配的基础上，将短期计划中断指标分配至卫星、运控、测控系统关键任务；将短期非计划中断指标分配至卫星系统和运控系统关键任务；将长期中断指标与星座备份和补网发射策略关联，分配至卫星、运载、发射场、测控等系统。表 2-10 给出了部分分配结果的示例。

表 2-10　北斗系统运行服务阶段工程各系统可靠性分配结果示例

系统	中断类型	指标要求	
卫星系统	短期非计划中断	中断平均间隔时间	21 900 h（MEO 卫星）
		平均修复时间	3 h
运控系统	短期非计划中断	基本导航业务的可用度	0.999 99
		基本导航业务的平均修复时间	1 h
		对卫星短期非计划中断的修复操作时间	33 h（MEO 卫星）
测控系统	短期计划中断	轨道保持影响业务的操作时间	0.5 h

2.5　北斗系统可靠性分析与评价

北斗系统可靠性指标的分析评价工作在关键技术攻关、试验卫星工程和组网运行阶段具有不同的特点。在关键技术攻关阶段，根据系统总体技术方案和星、地系统方案，基于可靠性模型和前期工程数据，开展系统可靠性"仿真分析评价"，主要用于方案权衡和设计优化，详见 2.5.1 节。在试验卫星工程阶段，根据工程各系统（星、地）可靠性设计、试验和出厂数据，结合部分在轨数据，基于可靠性模型＋系统仿真，开展系统可靠性"试验验证评价"，主要用于摸底系统可靠性实现情况，详见 2.5.2 节。在组网运行阶段，根

据卫星/星座在轨运行的实测数据，开展系统可靠性"连续监测评估"，主要用于对系统可靠性进行长期监测评估，详见 2.5.3 节。

2.5.1　仿真分析评价

2.5.1.1　中断分析

空间信号层和服务层所有指标的出发点是卫星中断。开展北斗系统的卫星中断分析，可以收集前期北斗二号卫星、北斗三号试验卫星的在轨运行数据以及北斗三号卫星设计、试验相关数据，针对卫星中断情况开展分析统计。

引起卫星中断的原因可能是故障、干扰或计划与非计划的事件，中断修复也需要星、地多个系统共同参与来完成。可以按照表 2-11 中断情况进行收集和汇总，需要说明的是某些星上故障虽然不直接导致卫星中断，但可能间接导致卫星不可用，此类故障数据也需要收集汇总。

表 2-11　中断/故障数据汇总示例（2020.1.1—2020.12.31）

序号	卫星名称	中断/故障名称	中断/故障发生时间	卫星置不可用时间	中断/故障修复时间	卫星置可用时间	中断/故障所属系统	中断/故障所属分系统	中断/故障所属单机（设备）	中断/故障现象	中断/故障原因	中断/故障处理措施	中断/故障影响	备注
1	M1	卫星钟故障	*	*	*	*	卫星系统	卫星钟	铷钟3	基准频率合成器输出异常	太阳磁暴导致电压异常	复位等处理	单星服务短时中断	

* 具体填写格式为：yyyy.mm.dd hh:mm:ss。

（1）短期计划中断统计

引起北斗卫星短期计划中断的活动有轨道机动、软件重构、卫星钟调频等，可按照表 2-12 进行数据收集和汇总。

表 2-12　短期计划中断次数及修复时间统计示例（单位：min）（2020.1.1—2020.12.31）

卫星	轨道机动			卫星软件重构			卫星钟调频			总次数	中断平均间隔时间	中断平均修复时间
	次数	不可用总时间	单次修复时间	次数	不可用总时间	单次修复时间	次数	不可用总时间	单次修复时间			
M1	2	960	30	0	0	0	2	20	5	4	*	*

（2）短期非计划中断统计

北斗卫星短期非计划中断的故障一般由星上故障引起，大致分为导航载荷故障、卫星平台故障。由于卫星钟提供星上时间基准，非常重要，一般单独统计，可按照表 2-13 进行数据收集和汇总。

表 2 - 13　短期非计划中断次数及修复时间统计示例（单位：min）（2020.1.1—2020.12.31）

卫星	导航载荷故障			卫星钟故障			卫星平台故障			总次数	中断平均间隔时间	中断平均修复时间
	次数	不可用总时间	单次修复时间	次数	不可用总时间	单次修复时间	次数	不可用总时间	单次修复时间			
M1	1	36	36	1	20	40	0	0	0	2	*	*

此外，例如星上的扩频测距接收机等导航载荷故障，虽然影响导航信息上行注入和地面运控系统星地时间同步解算，但在规定的时间内排除故障，不会影响 RNSS 服务，则该类故障不计入卫星非计划中断，可单独进行分类统计。

（3）工程各系统的任务中断分析

与 RNSS 服务相关的工程各系统关键任务，例如卫星系统的上行注入接收、下行播发（时频单元提供星上时间基准，非常重要，一般要单独考虑）任务，运控系统的监测接收与上行注入任务等，可按照表 2 - 14 进行数据收集和汇总。

表 2 - 14　关键任务中断及修复时间统计分析表示例（单位：min）（2020.1.1—2020.12.31）

卫星	卫星系统						运控系统			
	上行注入接收		下行播发		时频单元		监测接收		上行注入	
	MTBO	MTTOR	MTBO	MTTOR	MTBO	MTTOR	MTBO	MTTOR	MTBO	MTTOR
M1	40 000	10	60 000	12	80 000	8	30 000	15	50 000	17

2.5.1.2　IFMEA 与异常统计分析

故障模式影响分析（FMEA）是分析产品或系统所有可能的故障模式及可能产生的影响，并按照每个故障模式产生的影响的严重程度和发生概率予以分类的一种归纳分析方法。完好性 FMEA（IFMEA）是重点针对完好性的故障模式及影响分析。分析过程主要包括两步：首先统计异常特性表；然后对故障模式进行归纳，统计故障概率。GPS 的 IFMEA 所使用的异常特性表，见表 2 - 15。

表 2 - 15　异常特性表

异常名称：××信号生成器故障	
所属系统：空间段	
简要描述：2020 年×月×日,××卫星导航信号误差超限	
最接近的原因：××卫星信号生成器故障	
最终事件：××卫星信号生成器故障导致卫星的频间差跳变,双频导航信号误差超限,经复位重启后,修复正常	
发生概率:1 次/年	影响/量级:误差阶跃式,约 5 m
检测责任方:空间段,卫星系统	未检测概率:0
滞后检测影响/量级:误差阶跃式,约 5 m	未检测持续时间:2 min

系统故障模式分类和对用户测距误差（URE）的影响见表 2-16，该表中总结了 GPS 和北斗系统目前已定义的故障模式，该表需要不断地进行维护。若出现新的故障模式，将陆续添加到该列表中。

表 2-16 系统的故障模式

系统/区段	故障模式	对 URE 的影响	空间相关性	接收机可探测性
卫星	（卫星轨道机动）推力器点火	阶跃/斜升/正弦曲线	是	否
	信号失锁	正弦曲线	否	是
	信号功率降低	噪声	否	是
	不正确的伪随机码	多样	某种程度	是
	钟漂或钟不稳定性	倾斜	否	否
	上行注入接收机无法锁定	阶跃/斜升	否	否
	导航信息数据歪曲	多样	某种程度	是
	伪码生成误差	阶跃	否	某种程度
	频率合成器失效	阶跃	否	否
	误排气	阶跃/斜升/正弦曲线	是	否
控制段	上传延迟	倾斜	某种程度	否
	不精确上传:不精确的钟差/星历	阶跃/斜升/正弦曲线	某种程度	否
	不精确上传:错误/不相关的数据	多样	某种程度	大多数情况
	操作误差:健康设置	阶跃/斜升/正弦曲线	某种程度	否
	操作误差:数据内容	阶跃/正弦曲线	某种程度	否
	地面天线引导误差	多样	否	否
	监测站引导误差	阶跃/斜升/正弦曲线	某种程度	否
数据输入	不精确的地球定向预测	倾斜/正弦曲线	是	否
	不精确的气象观测	正弦曲线	是	否
	星间链路数据减少	阶跃/斜升/正弦曲线	否	否

一般在 IFMEA 分析基础上，还需要根据故障的影响程度、发生频率等，对故障模式进行重要度排序，并为故障确定预防措施。

2.5.1.3 可靠性指标分析评价

根据北斗系统的设计和前期数据，得到各类中断和完好性故障分析结果，结合 2.3.1 节、2.3.2 节和 2.3.3 节中的计算模型，可以开展空间信号和服务层相关可用性、连续性指标分析评价。

（1）单星可用度

单星可用度 SIS 可用性分析结果示例见表 2 - 17。

表 2 - 17　单星可用度 SIS 可用性分析结果示例表

卫星类型	短期计划中断/h		短期非计划中断/h		可用度
	$MTBO_{STS}$	$MTTOR_{STS}$	$MTBO_{STU}$	$MTTOR_{STU}$	
M-××	4 380	12	4 380	36	0.989

（2）单轨可用度

单轨可用度 SIS 可用性分析结果示例表 2 - 18。

表 2 - 18　单轨可用度 SIS 可用性分析结果示例表

卫星类型	短期计划中断/h		短期非计划中断/h		长期中断/h		可用度
	$MTBO_{STS}$	$MTTOR_{STS}$	$MTBO_{STU}$	$MTTOR_{STU}$	MMD	$MTTOR_{LT}$	
M-××	4 380	12	4 380	36	72 270	2 400	0.958

（3）单星连续度

根据非计划中断数据统计结果，利用本节（1）和（2）的假设数据，可得到单星连续度计算结果，见表 2 - 19。

表 2 - 19　SIS 连续性分析结果示例表

卫星	综合短期计划和非计划中断	仅考虑非计划中断
M-××	0.999 5	0.999 8

（4）服务可用性

将单星可用度分析结果作为贝叶斯网络模型边缘节点数据输入，利用贝叶斯网络模型，结合星座性能仿真分析结果，得到服务可用性计算结果，见表 2 - 20。

表 2 - 20　全球地区的服务可用性分析结果示例

区域	PDOP 可用度		定位精度可用度	
	仅考虑短期中断影响	综合考虑短期和长期中断影响	仅考虑短期中断影响	综合考虑短期和长期中断影响
全球地区	100%	99%	100%	99%

（5）服务连续性

将 SIS 可用性和 SIS 连续性分析结果作为服务连续性评价的输入，得到服务连续计算结果，见表 2 - 21。

表 2 - 21　全球地区的服务连续性分析结果示例

区域	服务连续性风险	服务连续性风险(仅用作分析研究)		
	(1)+(2)	(1)+(4)	(2)+(3)	(3)+(4)
全球地区	100%	99.99%	99.9%	99%

(1)单星可用度;

(2)单星连续度:仅考虑非计划中断;

(3)单轨可用度;

(4)单星连续度:综合短期计划和非计划中断。

2.5.2　试验验证评价

试验验证评价,就是充分利用北斗系统在研制生产中的设计、试验和出厂数据,结合在轨数据分析和系统仿真分析,基于第 2.3 节中的可靠性模型和 2.5.1 小节的仿真分析评价,对系统各项可靠性指标进行验证评价。该部分的核心是将工程各系统中基础单机/产品的可靠性试验结果,转换成对本系统关键任务中断指标的影响,进而与总体对工程各系统的关键任务中断要求进行对比,判断工程总体可靠性指标的实现情况。本节主要结合北斗系统在轨运行卫星的实际中断数据,对相关指标实现情况进行复核,以北斗系统的短期非计划中断平均间隔时间及修复时间验证为例,介绍相关验证评价情况。

北斗系统 RNSS 服务导航下行信号中断和卫星导航分系统直接有关。通过对导航分系统各设备软硬件功能进行分析,建立卫星导航下行信号中断故障树,如图 2 - 17 所示。

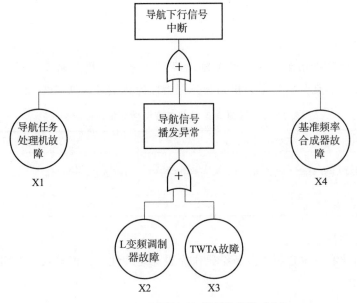

图 2 - 17　卫星导航下行信号中断故障树

根据卫星下行信号中断故障树，导航下行信号中断概率可按下式计算

$$P_{\text{下行}} = \sum_{i=1}^{4} P_{xi} = \sum_{i=1}^{4} \frac{1}{\text{MTBF}_i} \tag{2-33}$$

根据各单机基础数据，计算得到下行信号中断概率为

$$P_{\text{下行}} = \sum_{i=1}^{4} P_{xi} = \sum_{i=1}^{4} \frac{1}{\text{MTBF}_i} = 0.352 \text{ 次／年} \tag{2-34}$$

由此，平均间隔时间为

$$\text{MTBO}_{\text{下行}} = \frac{8\ 760 \text{ h}}{0.352} > \frac{8\ 760 \text{ h}}{0.353} = 24\ 816 \text{ h} \tag{2-35}$$

导航下行信号中断平均修复时间按下式计算

$$\text{MTTOR}_{\text{下行}} = \frac{\displaystyle\sum_{i=1}^{4} (P_{xi} \cdot \text{MTTOR}_i)}{P_{\text{下行}}} \tag{2-36}$$

经计算得：平均修复时间为 6.2 min，满足任务要求。

卫星接收上注信息中断在境内和卫星导航分系统直接相关，境外和卫星自主运行分系统直接相关，接收上注信息中断故障树如图 2-18 所示。

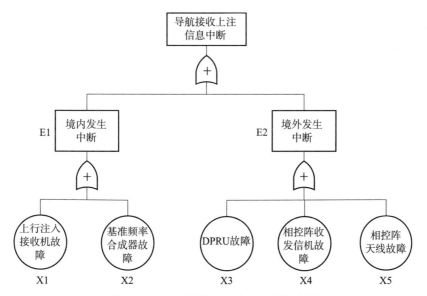

图 2-18　卫星接收上注信息中断故障树

1）接收上注信息中断概率可按下式计算：

a）境内，$P_{\text{上行1}} = \sum_{i=1}^{2} P_{xi}$ ；

b）境外，$P_{\text{上行2}} = \sum_{i=3}^{5} P_{xi}$ 。

2）根据各单机基础数据，接收上注信息中断概率为：

a）境内，$P_{\text{上行}1}=0.263$ 次／年；

b）境外，$P_{\text{上行}2}=0.621$ 次／年。

3）由此，平均间隔时间：

a）境内，$\text{MTBO}_{\text{上行}1}=\dfrac{8\ 760\ \text{h}}{0.263}>\dfrac{8\ 760\ \text{h}}{0.264}=33\ 182\ \text{h}$；

b）境外，$\text{MTBO}_{\text{上行}2}=\dfrac{8\ 760\ \text{h}}{0.621}>\dfrac{8\ 760\ \text{h}}{0.622}=14\ 084\ \text{h}$。

4）导航接收上注信息中断平均修复时间按下式计算：

a）境内，$\text{MTTOR}_{\text{上注}1}=\dfrac{\displaystyle\sum_{i=1}^{2}(P_{xi}\cdot\text{MTTOR}_i)}{\displaystyle\sum_{i=1}^{2}P_{xi}}$；

b）境外，$\text{MTTOR}_{\text{上注}2}=\dfrac{\displaystyle\sum_{i=3}^{5}(P_{xi}\cdot\text{MTTOR}_i)}{\displaystyle\sum_{i=3}^{5}P_{xi}}$。

根据各单机基础数据，卫星接收上注信息中断平均修复时间计算结果满足任务要求。

工程各系统根据各自具体情况，开展关键任务中断指标实现情况的验证评价。在工程总体层次，再根据上节中提到的中断分析、IFMA 等手段，将各系统关键任务中断指标转化成对卫星各类中断的影响，并结合实际在轨卫星的中断数据，对空间信号和服务的三性指标开展验证评价。

2.5.3　连续监测评估

2.5.3.1　服务层可靠性指标监测评估方法与步骤

（1）实测数据采集

a）首先收集定位误差值（水平精度与垂直精度）：在服务区已知坐标点放置终端设备，采集终端输出的观测数据和导航电文，计算定位结果；

b）采集时长最短为 7 天，并记录本次测试的起始历元时刻 t_{start} 和结束历元时刻 t_{end}；

c）将计算的定位坐标与已知坐标的差值作为样本得到水平定位误差（HPE）和垂直定位误差（VPE）；

d）以固定时间间隔作为统计单元 T，通常为 60 s，所以要求终端观测数据的输出频度不低于 60 次/s。

（2）服务可用性指标评估

比较当前历元 x 的定位误差 PE 与定位精度可用性阈值 CL，当两者关系满足关系式 $\text{PE}<\text{CL}$ 时，则 $\text{Bool}(x)=1$，否则 $\text{Bool}(x)=0$。

$$P_{C,i}=\dfrac{\displaystyle\sum_{t=t_{\text{start}},\text{inc}=T}^{t_{\text{end}}-\text{Top}}\text{Bool}(u)=1}{N} \tag{2-37}$$

式中，t_{start} 和 t_{end} 分别为一组测试数据的起始历元时刻和结束历元时刻；T 为观测数据采样间隔；如果当前历元 x 的定位精度满足对应精度限值要求，则 $\text{Bool}(x) = 1$，否则 $\text{Bool}(x) = 0$。

根据采样的不同时段、不同地点的 m 组定位测试数据，分别统计每组数据对应的历元数 n_1，n_2，n_3，$\cdots$，n_m 和由每组数据计算得到的精度连续性概率 P_1，P_2，P_3，$\cdots$，P_m，统计得到系统定位精度的可用性

$$P_C = \frac{n_1 P_1 + n_2 P_2 + n_3 P_3 + \cdots + n_m P_m}{n_1 + n_2 + n_3 + \cdots + n_m} \tag{2-38}$$

PDOP 可用性评估可以按照以上方法同步计算。

（3）服务连续性指标评估

服务连续性指标 Con_l 计算公式为

$$\text{Con}_l = \frac{\sum\limits_{t=t_{\text{start}},\text{inc}=T}^{t_{\text{end}}-\text{Top}} \left\{ \prod\limits_{k=t,\text{inc}=T}^{t+\text{Top}} \text{Bool}(\text{EPE}_k \leqslant f_{\text{Acc}}) \right\}}{\sum\limits_{t=t_{\text{start}},\text{inc}=T}^{t_{\text{end}}-\text{Top}} \text{Bool}(\text{EPE}_k \leqslant f_{\text{Acc}})} \tag{2-39}$$

其中，若 k 时刻定位误差 EPE_k 满足一定标准 f_{Acc}，则布尔函数取 1，否则取 0。在不同的运行阶段或操作中应采用不同的连续性判据。对于卫星导航系统，一般统计每小时系统服务的连续性指标（基本统计单位），即常取 Top 为 1 h。

式（2-39）可用来计算单一测试点定位精度的连续性，若统计整个服务区内系统服务精度的连续性，则需统筹考虑覆盖区内测试点在时间和空间上的相关性，以加权计算方法来统计覆盖区内的服务连续性，其计算公式为

$$\overline{\text{Con}} = \frac{a_1 \text{Con}_1 + a_2 \text{Con}_2 + \cdots + a_n \text{Con}_n}{a_1 + a_2 + \cdots + a_n} \tag{2-40}$$

式中，a_n 表示在指定时间内服务区域采集的有效数据个数。

这种有限的采集样本数据不能完全反映连续性性能。通常需要借助数学统计模型进行改进并包含置信区间；该方法可以根据告警限值（如 VAL）的变化，建立计算得到的告警保护限（如 VPL）与之的关系，得到非连续性。

可以使用对数正态分布近似描述

$$P_{\text{non-continuity}} = 10^{a+b \cdot \text{VAL}} \quad (\text{VAL} > 0) \tag{2-41}$$

（4）服务完好性指标评估

将各测站的水平定位结果和精确已知坐标进行比较，得到真实的水平定位误差 POSerr_{H}，分析系统的 NPA 完好性服务能力，即分析水平定位误差小于水平定位保护限值，且水平定位保护限值小于水平告警限值的服务可用性。

$$\text{NPA} = \frac{N(\text{HAL} > \text{HPL} > \text{abs}(\text{POSerr}_{\text{H}}))}{N_{\text{all}}} \tag{2-42}$$

分析系统 NPA 完好性服务的告警漏警率，即分析水平定位误差大于水平定位保护限值，但小于水平告警限值的概率

$$MI_{\_H} = \frac{N(HAL > abs(POSerr_{\_H}) > HPL)}{N_{all}} \qquad (2-43)$$

分析系统完好性不可用概率

$$H_{unavai} = \frac{N[(abs(POSerr_{\_H}) < HPL)\&(HPL < HAL)]}{N_{all}} \qquad (2-44)$$

根据 NPA 完好性服务要求，以斯坦福图形式统计北斗系统完好性服务能力。其中，HPL 和 VPL 的计算公式为

$$HPL = K_H \cdot \sqrt{d_{east}^2 + d_{north}^2 + \sqrt{\left(\frac{d_{east}^2 - d_{north}^2}{2}\right) + d_{EN}^2}} \qquad (2-45)$$

$$VPL = K_U \cdot \sqrt{d_U} \qquad (2-46)$$

式中，K_H 和 K_U 分别为根据系统完好性服务等级的水平风险概率 $P_{h,hmi}$ 和垂直风险概率 $P_{v,hmi}$ 得到的置信概率相对应的系数；d_{ii} 为利用空间几何投影矩阵将伪距域视线方向残差投影到定位域的结果。

2.5.3.2　空间信号层可靠性指标监测评估方法与步骤

（1）实测数据采集

1）统计各颗卫星各空间信号在统计时间段内的卫星健康字从"健康"到"不健康"的变化时间；

2）北斗系统基本导航服务发播的完好性参数包括基本完好性 SISA 和 SISMA 电文参数，提取出计算各颗卫星各空间信号在统计时间段内每个采样点的 SISA 和 SISMA。

3）由于单个用户对卫星空间信号的实测数据往往是短期的、不连续的，需要综合多个测站数据，完成对所有卫星在整个评估时段的数据拼接。

（2）SIS 可用性监测评估

统计各颗卫星在统计时间段内卫星健康字维持"健康"状态的时间，计算得到各颗卫星的总可用时间 U；统计出各颗卫星从可见弧段的总时间 T；根据 $A = U/T$ 计算 SIS 可用性。

（3）SIS 连续性监测评估

从卫星的中断数据中剔除计划中断，统计出各颗卫星非计划中断次数 N，根据公式计算 SIS 连续性，即

$$Con = \frac{\sum\limits_{t=t_{start},inc=T}^{t_{end}-top}\left\{\prod\limits_{k=t,inc=T}^{t+top} bool(S_{taru})\right\}}{\sum\limits_{t=t_{start},inc=T}^{t_{end}-top} bool(S_{taru})} \qquad (2-47)$$

式中，t_{start}、t_{end} 为开始时间段、结束时间段；T 为数据采样间隔。其中，若 k 时刻健康字状态为健康，则 bool() 函数取 1，否则取 0。对于卫星导航系统，一般统计每小时空间信号的连续性指标，即常取 top 为 1 h。运用公式进行计算前，需保证记录起始时刻卫星是可用的。

（4）SIS 完好性监测评估

利用地面运控系统的内部精密卫星轨道和精密卫星钟差等数据，计算每颗卫星每个空间信号在统计时段每个采样点上的空间信号误差 URE，统计 SISA 综合参数对 URE 的包络能力，根据长期统计的包络能力，分析 SISA 参数完好性，即

$$P_{\text{ure}} = \frac{N(\text{abs}(\text{URE}) < k \cdot \text{SISA})}{N_{\text{all}}} \qquad (2-48)$$

式中，k 为完好性故障概率所对应的风险系数，取值为 4.42；N 表示统计样本个数。

利用地面运控系统监测站或 IGMAS 网等外部系统监测站的观测数据，计算空间信号用户测距误差（SISURE），统计 SISMA 综合参数对 SISURE 的包络能力，根据长期统计的包络能力，分析 SISMA 参数完好性，即

$$P = \frac{N(\text{abs}(\text{SISURE}) < 4.42 \cdot \text{SISMA})}{N_{\text{all}}} \qquad (2-49)$$

2.5.3.3　连续监测评估结果

在《北斗系统公开服务性能规范（3.0 版）》中，将 PDOP 可用性、定位精度可用性、SIS 可用性和 SIS 连续性作为北斗系统可靠性的承诺指标，并进行了连续监测评估。本文中的其他指标暂时未纳入 IGMAS 的连续监测评估中。

根据 IGMAS 监测评估数据，北斗系统 B1I/B3I、B1C/B2a 信号在 2021 年某时段的 PDOP 可用性评估、定位精度可用性评估、SIS 连续性评估、SIS 可用性评估结果如下：

（1）PDOP 可用性评估

全球地区 PDOP 值满足 PDOP≤6 限值要求的时间百分比，结果见表 2-22。

表 2-22　北斗三号 PDOP 可用性

频点	PDOP 可用性	指标要求
全球 B1I/B3I	100%	98%
全球 B1C/B2a	100%	98%

（2）定位精度可用性评估

定位精度可用性结果见表 2-23。

表 2-23　北斗系统定位精度可用性

频点	定位精度可用性(均值)	指标要求
全球 B1I	99.95%(水平≤15，垂直≤22)	99%
全球 B3I	99.89%(水平≤15，垂直≤22)	99%
全球 B1C	99.97%(水平≤15，垂直≤22)	99%
全球 B2a	99.96%(水平≤15，垂直≤22)	99%

（3）SIS 连续性评估

北斗系统同类卫星 B1I/B3I 和 B1C/B2a 频点空间信号连续性整体统计值满足"北斗服务规范"指标要求，如图 2-19 所示。

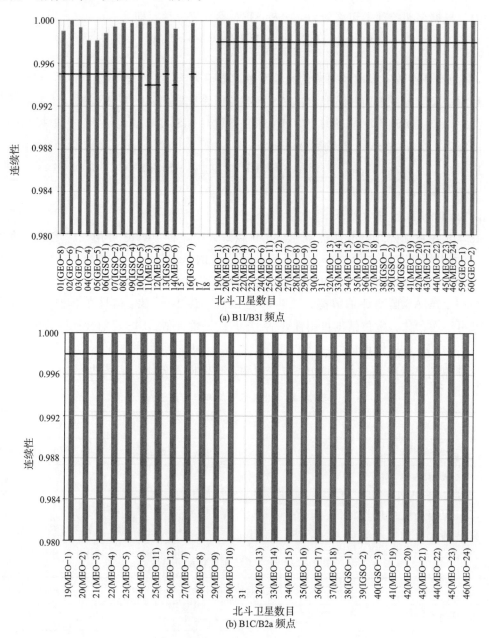

(a) B1I/B3I 频点

(b) B1C/B2a 频点

图 2-19　北斗系统 B1I/B3I 和 B1C/B2a 频点连续性

（4）SIS 可用性评估

北斗系统同类卫星 B1I/B3I 和 B1C/B2a 频点空间信号可用性整体统计值满足"北斗服务规范"指标要求，如图 2-20 所示。

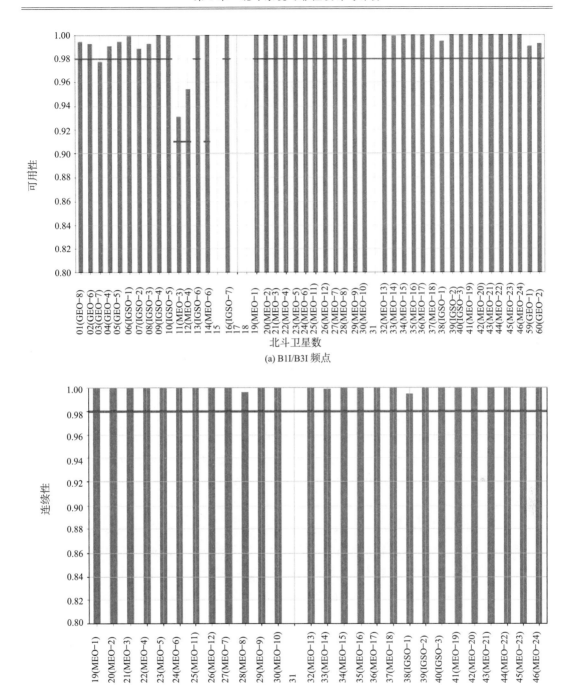

(a) B1I/B3I 频点

(b) B1C/B2a 频点

图 2 - 20　北斗系统 B1I/B3I 和 B1C/B2a 频点可用性

第3章 北斗系统研制质量管理

北斗系统的研制是一项复杂的系统工程，通过研制生产管理，将研制生产过程合理、有序地组合或串联起来，形成一个目标明确、组织严密、运行规范的工程系统，需要通过系统的策划、必要的资源配置和有效的过程管控，保证研制生产质量达到规定的目标，满足任务要求。

本章介绍了研制过程质量策划，设计过程、生产过程、交付验收和出厂质量控制，以及技术状态控制、质量问题归零等项目研制生产全过程开展的质量管理与技术活动。

3.1 概述

3.1.1 研制程序

研制程序是研制过程策划的关键事项，是确定研制阶段划分的主要依据，同时也是设定各个研制阶段的工作项目、完成形式、技术流程、计划节点和质量控制要点的重要依据。为确保研制顺利、有序开展，必须制定研制程序，并严格按程序开展相关研制工作。研制程序主要包括研制阶段的划分以及各阶段的主要任务和完成标志等，应根据项目特点，把研制过程划分为若干阶段，分阶段逐步达到研制要求。每个项目立项后，必须确定具体研制程序，在研制实施过程中不得随意更改和跨越。确需修改时，必须履行严格的审批流程。

（1）可行性论证阶段

确认任务需求，按任务需求论证项目的概念、方案和技术实现途径等，拟定初步使用要求和技术要求，进行项目经济、技术可行性论证，并开展关键技术攻关。主要工作依据为：用户初步需求；相关标准、规范和法令；航天工程发展规划；国内外市场商业合同等。

可行性论证阶段主要工作包括：提出或配合用户开展任务概念、目的和技术实现途径等研究工作，协助进行任务风险分析；开展任务分析，研究项目的任务需求、预期功能、安全性、任务运行环境要求和其他限制性要求等工作，拟定初步使用要求和主要技术要求；开展有效载荷技术和平台技术的研究，提出初步关键技术；组织论证队伍，论证项目风险和技术风险，确认无颠覆性；开展项目的任务分析，论证系统要求和组成，明确项目的使用要求和技术指标；编写项目建议书（或立项综合论证报告）并通过评审，根据项目建议书（或立项综合论证报告）规定的初步使用要求和主要技术指标，进行项目的可行性方案论证；对运载火箭、发射场、测控系统、运控系统和地面应用系统等进行技术支撑性分析；开展成本/效益分析、环境评估、工程总计划等工作，论证需进行的技术改造项目，提出研制保障条件、成本预算和研制计划；提出研制分工建议；编制经济可行性论证报告等。

主要完成标志为：项目建议书或立项综合论证报告通过评审；经济可行性论证报告通过评审。

（2）方案阶段

按技术指标和使用要求，确定系统组成、功能和性能，进行项目的总体方案设计以及各分系统设计。主要工作依据为：立项批复；研制总要求；经济可行性论证报告。

方案阶段主要工作包括：研究技术指标和使用要求，完成任务分析；开展总体方案论证，明确系统组成、功能和性能，完成方案设计报告；分析现有成熟技术、产品和平台的可用性，确定选用型谱产品的规格、配置形式、各类设备产品成熟度等级和产品国产化要求；开展项目全寿命周期的经费评估，进行型谱产品选用和国产化审查；拟定大型地面试验规划和飞行试验初步方案；制定全周期技术、计划、产品保证流程及相关顶层文件规范；制定卫星与运载火箭、发射场、测控系统和地面应用系统的接口要求；明确在轨使用和处置策略；完成各分系统性能规范或技术要求；开展地面支持设备的设计工作；确定研制和生产单位，组建研制队伍，明确研制分工，编制研制计划；开展研制保障条件建设；开展项目风险分析和控制工作等。

主要完成标志为：完成方案研制总结报告；完成关键技术攻关总结报告；通过转阶段评审。

（3）初样阶段

开展相关单机、分系统和系统初样设计、生产、试验等工作，进行与工程大系统间的接口对接等试验工作。主要工作依据为：研制总要求、研制合同或协议；方案设计报告和各分系统或单机研制任务书；装备鉴定定型试验总案。

初样阶段主要工作包括：完善研制各类顶层规范；开展部件、单机、分系统和系统的初样详细设计与评审，提出使用元器件和原材料清单；订购元器件和原材料；开展部件、单机生产；开展软件产品的设计、开发和测试工作；开展部件、单机、分系统的性能和环境试验，开展各分系统之间的接口验证工作，开展总装、测试和试验；对采用的新技术、新工艺等进行充分验证，完成新产品的设计、生产和鉴定试验，并开展产品成熟度提升与评价工作；开展必要的与工程大系统间的对接试验；开展地面支持设备研制工作；开展产保工作；开展技术风险项目控制；开展系统和各分系统初样详细设计总结并通过评审等。

主要完成标志为：完成初样研制总结并通过转阶段评审。

（4）正样阶段

开展系统、分系统和单机的正样详细设计，进行正样产品的生产、试验等工作，确认研制流程工作全部完成，具备执行任务的条件。主要工作依据为：研制总要求、研制合同或协议；初样研制总结报告和各分系统或单机研制任务书；装备鉴定定型试验总案。

正样阶段主要工作包括：开展单机、各分系统和系统的正样详细设计，进行正样设计评审；制定正样阶段研制流程、计划，进行正样产品投产评审及投产；充分分析正样产品与鉴定产品状态的区别，必要时补充鉴定试验；完成正样软件产品的设计、验证和评测工作，实施设计验证性能试验；开展产保工作；开展正样单机、分系统装配和系统级电、力、热、磁、EMC 等各项试验；开展技术风险项目评估和控制。对于组批生产的卫星产品，可在首发星完成正样设计后，开展组批生产。

主要完成标志为：建立产品基线，通过出厂评审。

（5）发射和在轨测试（回收）阶段

发射和在轨测试（回收）阶段工作分为发射、飞控和在轨测试三个分阶段。

发射阶段主要工作依据为：研制总要求；飞行试验（任务）大纲；装备鉴定定型试验总案；装备性能鉴定试验大纲。主要工作包括：开展发射场技术区总装和测试；完成发射场技术区加注；完成星箭对接、转场；开展发射区测试；参加运载火箭的总检查；发射；参与发射测控工作；配合开展性能鉴定试验等。主要完成标志为运载火箭正常点火起飞，星箭成功分离。

飞控阶段主要工作依据为：研制总要求；飞行试验（任务）大纲。主要工作包括：组织飞控队伍；制定并完成飞控程序；制定并完善飞控故障预案；实施飞控操作；开展飞控工作总结等。主要完成标志为进入目标轨道，建立正常在轨工作状态。

在轨测试阶段主要工作依据为：研制总要求；飞行试验（任务）大纲；在轨测试大纲；装备鉴定定型试验总案；装备性能鉴定试验大纲。主要工作包括：组织在轨测试队伍；开展在轨工程测试；开展在轨业务测试；编制在轨使用说明等。主要完成标志为在轨测试总结通过评审；交付用户。

（6）在轨运行阶段

对长期在轨运行中的故障情况进行分析和处理，定期对在轨健康状态进行评估维护，完善预案的更新，配合用户完成重要任务的技术保障，执行离轨或钝化处置。主要工作依据为：交付证书；长期运行管理支持协议；寿命终止要求；装备鉴定定型试验总案；装备××试验大纲；装备在役考核大纲；使用说明。

在轨运行阶段主要工作包括：对用户业务进行在轨技术支持，对在轨出现故障情况进行分析和处理等。

主要完成标志为：完成离轨或钝化处置；完成协助用户等相关保障工作。

3.1.2 研制技术流程和计划流程

（1）技术流程

技术流程是项目研制工作中的所有技术活动按顺序安排的程序。科学合理的技术流程使产品设计、制造和试验的质量得到充分的保证，综合体现研制工作的科学性、合理性和经济性，在保证质量的前提下，技术流程应符合目标总进度要求，与项目研制各阶段内容相协调。研制技术流程编写依据一般包括总体方案，系统级地面试验项目，初样研制阶段确定需要研制的初样系统级模型、工作分解结构、合同及其附加条款等。技术流程按照产品分解结构可分为系统级技术流程、分系统级技术流程和单机、设备级技术流程；按照研制过程分为全过程技术流程、研制阶段技术流程及工作项目技术流程。

研制技术流程具体规定了设计工作进展到各阶段进行评审、验证或确认，包括责任人、参加人，明确设计开发过程中的各项活动及要求等。将技术流程作为整个研制过程中重要的顶层技术管理文件，引导整个设计开发过程的进展。研制单位将完整的项目研制程序作为编制技术流程的输入条件，确定各研制阶段的工作项目，然后合理地、科学地将系统、分系统、单机的各项工作项目纳入流程，从单机做起，自下而上进行统筹制定。

（2）计划流程

研制计划流程是项目研制活动（技术活动和管理活动）中进度协调的执行程序。计划流程的编制以使用要求为目标，以技术流程为基础，可以对技术流程做出一定的调整和优化，分层次、分时段编写，各计划流程符合上一级计划流程规定的时限。计划流程中工作项目的工期在保留一定裕度的基础上科学合理地确定，尽可能减少主线上串联工作项目，缩短主线工作周期，在资源允许的情况下，尽量考虑辅线工作提前开工，等待主线工作。计划流程编写依据包括：研制总要求或合同中的进度要求、由总目标分解的分目标是下一级计划流程编写的依据、计划流程所对应的技术流程、研制管理要求、历史经验数据、资源约束条件等。研制计划流程按照时间分为：研制全过程计划流程、阶段计划流程、年计划流程、月计划流程、周/日计划流程等。

研制计划流程根据技术流程中项目研制活动（设计、分析、制造、试验、产品验收等）的进度协调执行进行程序化，以及它们之间的衔接、沟通方式，与外单位协作的相关规定。计划流程中除有计划流程图外，还规定了开展的工作项目、关键（短线）项目、质量控制点、责任人、时间节点和技术保障条件。北斗系统计划流程编制运用系统工程原理，满足产品研制高质量、低成本、短周期和小风险的综合目标，充分考虑人员配置、设备能力、场地限制、多产品并举、经费强度及外购件、外协件的可能制约等因素，提高计划的严肃性和可行性。

3.1.3　质量目标与质量策划

（1）质量目标

质量目标是在质量方面所追求的目的，一般包括：产品质量目标（即通常讲的战术技术指标）及研制质量目标。产品质量目标反映对产品的质量特性要求，研制质量管理目标是单位内部评价、考核研制质量管理的手段。

项目总体单位对质量目标进行层层展开，结合研制阶段相关技术与管理要求，逐层进行分解、加以细化、具体落实，形成完备的质量目标体系。在制定各分系统、单机及其下级各层次的质量目标时，仅仅直接分解总的质量目标是不充分的，有些具体过程是间接支持总目标的，这些过程也应该建立目标。只有这样，才能真正通过质量目标的建立，明确各项活动的质量管理追求的目的。

针对北斗系统面临组批生产、密集发射、在轨验证、入网评估、组网运行等工作多线并举、环环相扣的复杂局面，北斗系统分阶段制定了质量目标，进行了质量目标分解并开展了质量目标管理。例如，北斗组网工程的质量目标是：

1）达到与世界一流卫星导航系统同等的可用性、连续性、完好性指标要求，系统运行中断次数显著减少，系统短期非计划中断次数低于 0.4 次/星/年。

2）关重产品质量与可靠性水平达到国际同类先进水平，杜绝总装测试过程中的重大质量事故，实现发射场零故障。

3）建成航天质量示范工程，技术方法、标准规范、工具手段更加完善，工程队伍质量素质明显提升，推动航天工程质量水平整体提升。

（2）质量策划

质量策划是指制定研制质量目标并规定必要的运行过程和相关资源，以确保其得到实现。由于北斗系统复杂、技术密集、协作面广、质量要求高、投资大、影响大，在一定的经费、进度及技术水平限制条件下，研制高质量的航天产品必然存在计划上、技术上的风险。因此，承制单位首要考虑如何有效地进行研制质量策划，即阐明研制必须完成什么（目标），谁去做（责任），如何做（过程），需要什么资源，如何使研制工作受到控制。这种策划是保证产品研制达到目标和要求的重要手段。

质量策划一般包括质量要求和工作计划，北斗系统各级产品对研制全周期需要开展的质量工作通常采用质量保证/产品保证策划的方式进行筹划，以质量保证大纲/产品保证大纲、质量保证要求/产品保证要求和阶段质量保证/产品保证工作计划等文件形成的方式进行，是质量策划的一种有效的方式。

质量保证大纲/产品保证大纲是对任务提出的质量保证/产品保证要求的承诺，也是对质量工作系统全面的策划。质量保证大纲/产品保证大纲需明确本级产品的质量工作目标、思路与措施，质量保证/产品保证队伍及职责，对拟开展的质量保证/产品保证活动及所需要的资源进行策划，保证完成规定的任务，满足用户要求。项目产品保证要求是项目总体单位根据用户要求、质量保证大纲/产品保证大纲及其他相关质量管理规范和标准，针对质量管理各要素，面向各分承研单位提出本项目的质量保证要求/产品保证要求。质量保证计划/产品保证计划是以研制技术流程为基础，以质量保证/产品保证要素为纲，对研制阶段任务特点和风险进行分析，结合研制技术流程，制定项目全寿命周期质量保证/产品保证流程和各个阶段的详细工作计划。将要素化的质量保证/产品保证工作项目按照流程图的方式进行呈现，明确流程中每一项工作项目的内容、结果、责任、时机、措施等，形成各阶段可操作的工作计划，实现质量策划的流程化驱动，保证产品质量满足要求。

北斗系统具有技术难度大、增量发展状态确定晚、技术状态控制要求高、产品质量要求严、不断迭代升级等特点。北斗系统需要开展生产质量控制，特别是在卫星组批生产的研制时期，产品的质量控制直接关系着产品组批生产和密集发射的质量保证。因此北斗系统提出了"前期周密策划，中期严格检查，后期严格把关"的质量保证策略，建立产品保证体系，制定产品保证要求。通过产品保证体系的建立和有效运行，确保方案设计正确；确保研制过程受控，组批生产过程满足高质量、高可靠和稳定生产的要求，研制过程不发生重复性质量问题；确保在轨稳定运行，满足用户要求。

3.2　设计过程质量控制

3.2.1　设计策划

设计策划是对整个设计过程的工作要求、进度和资源等进行的规划，目的是通过策划对具体产品的设计活动做出有序安排。

设计策划的主要工作包括：根据方便管理和控制的原则，将设计工作过程明确划分为几个阶段，并规定每个阶段的工作任务、完成时间、达到的标准等，形成产品设计程序；具体规定设计工作进展到哪个阶段进行评审、验证或确认，根据产品分解结构明确各产品层次各设计阶段的各项活动、要求及顺序等，包括责任人、参加人，形成研制技术流程；根据技术流程中产品研制活动（设计、分析、制造、试验、产品验收等）的进度，协调优化执行程序和进度要求，明确它们之间的衔接、沟通方式，与外单位协作更要明确规定，形成产品研制计划流程。对于设计策划所形成的产品研制程序、研制技术流程、研制计划流程等，必须经过评审及审批后才能加以实施。

北斗系统各级产品在设计策划过程中主要通过以下方式确保设计质量：

（1）运用可靠性、维修性、保障性、测试性、安全性和环境适应性等专业工程技术进行产品设计

研制生产单位按照立项批复、研制总要求和合同，根据所研制装备的特点、产品的层次、重要程度、经费、进度等约束条件，进行"六性"专项策划，对相关"六性"国家军用标准的工作项目进行剪裁，形成特定产品的"六性"保证大纲（或工作计划），规定具体的工作项目要求，制定并贯彻"六性"设计准则，提供培训和设计分析工具，有效开展"六性"专项设计、分析，实现"六性"与战术技术性能同步策划、同步设计、同步验证。在产品设计时，应进行"六性"参数指标与技战术指标之间的权衡，将顶层的"六性"要求进一步分解、细化，通过"六性"设计影响产品设计方案，最终得到最合理的设计方案，确保系统效能最优。

（2）设计中优先采用成熟技术和通用化、系列化、组合化的产品

"成熟技术"是指一项技术及其产品载体的技术原理、技术应用方法被完全掌握，所应用的真实产品已在使用环境下完全通过测试和试验验证，在实际运行环境中得到应用验证的技术。"通用化"是对某些零件或部件的种类、规格，按照一定的标准加以精简统一，使之能在类似产品中通用互换的技术措施。"系列化"是在基本产品的基础上，通过更换或升级的方法，衍生出同系列的不同产品，满足不同用户需要。"组合化"是按照标准化的原则，设计并制造出一系列通用性较强的单元，根据需要拼合成不同产品的一种标准化形式。"三化"产品技术相对成熟，生产工艺完善，供应和质量稳定。

（3）对设计方案采用的新技术、新材料、新工艺进行充分的论证、试验和鉴定

"新技术、新材料、新工艺"（以下简称"三新"）对产品技术进步和性能的提升具有

重要的推动作用。同时，"三新"的使用也为产品设计带来较大的风险，过多地应用新技术，难以对风险实施有效的识别和控制，因此必须控制"三新"的使用。对必须采用的新技术、新材料、新工艺，应按照实际需要在使用前进行充分的论证、试验和鉴定，以保证其使用确实是必要的、适用的、可行的，由此所产生的风险是可接受的和可控的。在产品设计策划时，制定和实施采用"三新"的措施计划和质量控制要求。新技术、新材料、新工艺使用前，需要经过检测、试验、验证，符合规定要求。在设计方案评审时，评审采用新技术、新材料、新工艺的必要性、适用性，必要时进行专门风险分析评价。严格履行审批手续，控制不当选用，降低风险。

3.2.2　设计输入控制

设计输入是确立产品质量目标和要求，开展产品设计开发活动的依据，也是验证设计输出和评价设计质量的基础。如果输入不充分，可能会导致设计和开发的产品不满足要求。因此，必须在设计开发之前就着手确定输入要求，并对其实施有效控制。

北斗系统各级产品设计和开发的主要内容是与产品有关要求的信息，主要内容有：

（1）产品的功能和性能要求

用户提供的产品合同或任务书中的产品特性和质量要求作为主要输入内容，其中包括可靠性、维修性、安全性要求和机、电、热接口要求及环境要求。

（2）适用的法律法规要求及相关的标准

产品研制人员在接受任务后收集汇总适用于产品的法律、法规和相关标准以及应遵守的社会要求，并贯彻到产品设计之中。

（3）以前类似设计中证明是有效的信息

将以前类似设计中证明是有效的经验和信息充分地加以利用，提高新研制产品的可靠性和经济性。

（4）设计开发所必需的其他要求

在设计开发过程中，注重与产品有关的各种其他要求，例如，配套材料、零件要求、需开发的材料、工艺要求，以及使用条件、限制要求、环境保护、产品安全、人身安全、消防要求、行业规定、保密要求及通常隐含的要求等。

（5）设计开发输入形式

设计师系统编写一份《××产品设计输入》文件，将收集到的产品功能和性能要求、适用的法律法规要求及相关的标准、以前类似设计中证明是有效的信息、设计开发所必需的其他要求汇总并纳入文件之中，便于设计人员在设计中加以贯彻。

3.2.3　设计过程控制

设计评审、设计验证和设计确认是产品设计和开发过程中必不可少的项目，但它们各自具有不同的目的，需要依据产品和行业的具体情况，单独或以组合的方式进行。北斗系统各级产品严格按照要求开展设计评审、设计验证和设计确认工作，以确保产品设计过程质量。

（1）设计评审

设计评审主要是评定设计过程和设计结果是否符合规定的要求，也就是审查设计方案、技术要求、计算数据、参数选择的正确性，系统接口的协调性，以及可生产性、可靠性、维修性、安全性、经济性等要求是否设计到产品中去。北斗系统结合各级产品的特点和所处的阶段来确定设计评审的内容和要求。方案设计评审主要评审系统级设计结果，系统的功能、结构，采用的新技术，系统技术参数及分配、研制计划和保障条件；初步设计评审主要评审各分系统技术状态、安全性、可靠性、维修性分析、接口协调性、试验要求和试验程序；详细设计评审主要评审整机详细设计结果和满足系统要求的程度，最终确定的容差、试验和检验要求，关键件清单和控制要求，设计资料的完整性与协调性。

（2）设计验证

设计验证是通过检查或提供客观证据（理论性的、实验性的）证明产品的设计已满足限定的产品要求。设计验证内容取决于产品设计要求，包括功能、性能、接口、环境适应性及可靠性、维修性、安全性、保障性等特性的验证。北斗系统各级产品设计验证具有层次性、阶段性、多方式、迭代性等特点。层次性是指设计验证在不同产品层次进行，且有着不同的验证内容。阶段性是指设计验证在不同研制阶段都有不同的要求。多方式是指设计验证方法可以有试验、分析、评审、检验以及仿真等方式。迭代性是指设计是一个设计、验证、改进、再验证的迭代过程。所有新设计、改进设计的项目以及尚未经过飞行试验考核并直接影响飞行成败和安全的关键参数、指标均组织同行专家或委托有资格的机构在适当阶段进行独立的设计验证。

（3）设计确认

设计确认是指通过提供客观证据对特定的预期用途或应用要求已得到满足的认定。北斗系统各级产品在产品实现策划与设计开发策划时，就安排相关的设计确认工作，设计确认是在成功地进行设计验证后，在规定的使用条件下（包括操作方式、环境等）对最终产品进行设计确认。当产品有不同的预期用途时，开展多次确认。

3.2.4　设计输出控制

设计输出是设计过程的结果，是将设计的输入要求转化为可实现的产品规定特性或规范。设计输出的结果是后续产品研制过程的输入，更是决定产品固有质量特性的一个重要过程。因此，北斗系统各级产品对设计输出实施严格的控制和管理。设计师系统明确产品在设计确认、制造、检验、使用、维修、保障时所需的文件、资料，一般包括：图样、规范、技术条件、元器件和零组件明细表及其他目录清单等；工艺、检验、验收、试验和装配方法的文件和信息；产品设计评审、验证及确认的各项报告，如设计与试验分析报告，可靠性、维修性、安全性分析报告，FME（C）A 报告，风险评估报告等。

北斗系统各级产品对设计输出的内容进行严格要求：

1）为采购、生产和服务提供所需的信息，如采购或外包明细表、原材料和元器件及标准件清单、装配和调试操作说明书、新技术和新材料及新工艺的试验和鉴定报告、工艺和检验指导书等，还包括用于产品采购、生产、安装、检验和服务方面的要求，以及产品防护方面的要求，如对电子元器件、火工品防静电的具体要求和措施等。

2）明确产品的接收准则，给出产品是否符合要求的判定依据，如产品制造验收技术条件、测量或试验验收规范、产品检验验收细（准）则等。每项产品的特性要求必须以可以验证的方式进行规定。依据特性分析的结果，确定产品的关键件（特性）和重要件（特性），编制关键件（特性）、重要件（特性）项目明细表，并在产品设计文件和图样上做相应标识。规定产品正常使用所必需的保障方案和保障资源要求，如备附件以及有关操作、贮存、搬运、维修、保障、处置等方面的要求或说明文件。

3）关键特性识别与分析，以 FTA、FMEA、ETA、PRA 和测试覆盖性分析等量化分析工作为基础，组织产品的关键特性量化分析，系统梳理和识别影响成败和性能的关键特性，在产品设计图样和文件上对关键件、重要件进行标识。设计部门编制关键件、重要件项目明细表，并经工艺、质量部门会签，主管领导审批。设计评审时对特性分析报告和关键件、重要件项目明细表进行评审并保持记录。对关键特性、重要特性的更改，进行系统分析、论证或验证，并提高一级审批。

4）系统间接口控制，各级产品接口的协调性和匹配性分析工作内容包括：接口分析要按规定的产品层次进行，即系统、分系统或设备层次各功能要素间接口、人机接口、硬软件接口、系统与测试系统之间的测试功能。接口分析的风险管理工作包括：识别与评估系统、分系统或设备层次各功能要素间接口故障的技术风险，识别与评估人机接口的技术风险，识别与评估软硬件接口的技术风险，识别与评估系统与测试系统之间的接口测试功能的技术风险，制定与实施技术风险控制措施。

5）测试覆盖性分析，是一种面向产品的质量分析与评价方法通过对产品的测试检查项目及要素覆盖产品设计任务书、设计要求或者相关技术文件规定的功能、性能及实际飞行工作状态的程度进行分析，保证飞行成功的设计、总装、接口匹配等工作提前实施与验证，实现产品质量验证和确认的正确性、全面性和有效性。北斗系统测试覆盖性分析检查按产品层次自上而下提出测试内容和要求，贯穿产品研制全过程，通过分析试验项目设置是否合理、试验内容是否充分、试验结果是否有效，从而确定地面试验验证飞行或在轨状态等方面的有效性。

3.3　生产过程质量控制

3.3.1　工艺过程控制

北斗系统各级产品生产过程中，积极有效地采取先进的工艺技术方法和设备，保证产品的质量与可靠性。工艺过程控制从工艺设计的源头开始，对工艺整个过程进行质量控制，主要包括工艺设计、工艺 FME(C)A 及工艺评审等。

（1）工艺设计

工艺设计是产品生产准备的重要组成部分，是生产准备的先期工作，其目的是采用先进的工艺技术方案、科学合理且经济可行的工艺方法，设计成套的工艺文件，快速研制生产出满足产品设计要求的产品。工艺设计的输入与输出关系如图 3-1 所示。

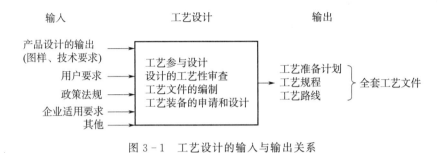

图 3-1　工艺设计的输入与输出关系

工艺设计的主要依据是：

1）产品设计文件，包括全套图样、技术要求、技术状态表等。

2）产品生产纲领，包括产量、批次、交付周期、配套产品的供货状态等。

3）用户要求，一般用户要求多反映在订货合同中，如主要性能指标、使用维护要求及交付状态等。

4）国家和行业有关法律法规要求。

5）国家、行业及本企业的标准、通用规范等。

6）其他，如本企业的生产经验、工艺设计的继承性及本企业的管理模式等。

工艺设计完成产品在研制、生产各阶段用于生产和工艺管理的全套工艺文件。

（2）工艺 FME(C)A

工艺 FME(C)A 的目的是在假定产品设计满足要求的前提下，针对产品在生产过程中每个工艺步骤可能发生的故障模式、原因及其对产品造成的所有影响，按故障模式的风险优先数（RPN）值的大小，对工艺薄弱环节制定改进措施，并预测或跟踪采取改进措施后减少 RPN 值的有效性，使 RPN 值达到可接受的水平，进而提高产品的质量和可靠性。

工艺 FME(C)A 的流程如图 3-2 所示。

输入主要包括工艺 FME(C)A 的计划、成立工艺 FME(C)A 小组、全面收集有关工艺 FME(C)A 所需的主要信息。系统定义内容包括功能分析、绘制"工艺流程表"及"零部件－工艺关系矩阵"。通过故障模式分析，分析不能满足工艺要求和/或设计意图的缺陷。通过故障原因分析，分析工艺故障模式为何发生。通过故障影响分析，分析工艺故障模式对下道工序或最终使用者的影响。RPN 分析包括工艺故障模式严酷度等级分析、工艺故障模式发生概率等级分析、工艺故障模式被检测难度等级分析，根据三个等级的值进行相乘处理，得到 RPN 值。凡是 RPN 值大于风险优先数临界值的，均判定为重要/关键工序。以降低三个数值为出发点，结合企业的实际工艺水平、管理水平和成本等因素，对重要/关键工序，给出工艺设计改进。改进后进行预测或跟踪，看改进措施是否有效。若无效，

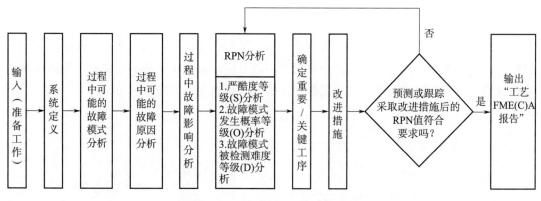

图 3-2　工艺 FME(C)A 的流程

重新进行 RPN 分析，直至 RPN 值不大于风险优先数临界值，输出工艺 FME(C)A 报告。

（3）工艺评审

工艺评审是承制单位及早发现和纠正工艺设计缺陷的一种自我完善的工程管理方法。在不改变技术责任制的前提下，工艺评审为批准工艺设计提供决策性咨询，是提高工艺质量的重要环节，它对改进和完善工艺技术及管理，确保产品质量，缩短研制周期，降低生产成本具有重要意义。

工艺评审的依据包括产品设计资料、研制任务书和合同、有关的法规、标准、规范、技术管理文件和质量体系程序，以及上一阶段的评审结论报告。工艺评审是对工艺方案（工艺总方案、工艺攻关实施方案等）实施措施的可行性、先进性、合理性、经济性等进行评审，确定最佳方案和途径。总结研制阶段中工艺工作的经验教训，评定工艺上合理可行的部分，找出生产工艺的薄弱环节，并确定合理、可行的技术措施。明确工艺研究的重点和克服工艺薄弱环节的技术途径，用稳定的、先进的工艺确保产品质量、降低成本。工艺评审的重点对象是工艺总方案、工艺说明书等指令性工艺文件，关键件、重要件、关键工序的工艺规程和特殊过程的工艺文件。

北斗系统在研制生产过程中实行分级、分阶段工艺评审，并实施跟踪管理。承制单位针对具体产品确定产品的工艺设计阶段，设置评审点，并列入研制计划网络图，组织分级、分阶段的工艺评审。若未按规定要求进行工艺评审或评审未通过，则工作不得转阶段。

3.3.2　生产准备状态检查

生产准备是产品生产的基础和前提，而生产准备状态检查是对生产准备工作的对标测量。产品在生产前对生产准备状态进行全面系统的检查，对其开工条件做出评价，以确保产品能保质、保量、按期交付并规避风险。根据产品特点、生产规模、复杂程度及准备工作的实际情况等，集中或分级分阶段地进行产品准备状态检查，以保证检查活动的全面性、系统性和有效性。

首先，在产品生产质量计划中明确生产准备状态检查要求，确定需进行生产准备状态检查的产品清单和级别（厂所级或车间级）；生产计划部门则将其纳入产品的年度、季度和月份研制、生产计划中，明确责任单位、时间节点和考核要求等，从而保证按照产品研制、生产进度的节奏，完成生产准备状态检查工作。生产准备状态检查内容一般包括：设计文件、试制或生产计划与批次管理、生产设施与环境、人员配备、工艺准备、采购产品和质量控制等方面。

北斗系统生产准备状态检查，将以上内容结合北斗系统科研生产实际和产品特点进行了细化，使其更具针对性和可操作性。特别是将质量管理的新要求、过程控制的新方法、新措施等及时补充完善到生产准备状态检查中，使其能够真正落实到生产过程中。针对不同产品，生产准备状态检查在通用内容的基础上也有所不同或侧重。对全箭、整星、发动机等产品总装、部装，在生产准备状态检查中，特别关注技术状态变化、多余物控制、配套产品齐套及质量情况等；对零件产品，则将关键工序和特殊过程控制、批产质量保证等作为检查重点。在检查的组织和形式方面，由设计、工艺、质量管理、检验、生产、计量等专业人员组成检查组，主管领导担任检查组长，按照针对不同产品编制的检查单进行逐项检查，根据检查结果形成生产准备状态检查报告，给出能否进行生产的结论。

随着产品复杂程度、生产进度节点精准控制和质量要求的不断提高，以及对生产准备状态检查重要作用认识的不断加深，在全箭、整星总装、测试，发动机等分系统产品总装、测试，以及关键重要产品的批生产等过程中，在常规检查的基础上，北斗系统产品生产准备状态检查又增加了由用户代表、研制单位和生产单位有关人员等参加的生产准备评审的环节。实践证明，生产准备评审是对生产条件的再次把关确认，对协调产品技术状态、产品质量、生产计划等具有十分显著的作用。

3.3.3　关键环节控制

产品生产中，将产品关键（重要）特性实现、对产品功能（性能）指标有直接影响、工艺及生产中因存在不可控因素需采取相应措施等生产过程，统称为关键环节。生产中常见的关键环节有：关键过程、特殊过程、"五环节"过程、易错难操作过程等。北斗系统研制生产抓住关键环节，制定和落实关键环节控制措施，实现产品生产全过程控制，保证产品质量。

（1）关键过程控制

产品生产中，关键过程又称关键工序，主要由两部分组成：一是由设计人员根据产品特性分类确定关键件、重要件的关键特性、重要特性形成的工序；二是生产单位考虑到某些因素确定的工序，如由于加工难度大或质量不稳定、关键（重要）采购产品入厂验收，以及生产周期长、原材料稀缺昂贵等原因，产生废品或返修经济损失较大的工序等。

北斗系统研制生产关键工序控制已形成较为成熟、规范的做法。生产单位根据设计单位编制的关键件、重要件的项目明细表，产品设计图纸，文件中关键件、重要件及关键特性、重要特性的标识确定关键工序，连同生产单位自行确定的关键工序，以工艺文件的形式下发关键工序目录，并据此编制关键工序工艺卡片、关键工序质量控制卡等，细化工艺方法和检验要求。关键件、重要件的工艺文件必须经过评审；对关键工序的操作者、检验员实行资格考核，持证上岗；对关键工序的生产必须做到"三定"：定人员、定设备、定方法。

（2）特殊过程控制

产品研制生产过程涉及许多特殊过程，如锻铸造、热表处理、焊接、胶粘接、非金属制造、电装等。由于特殊过程的产品结果不能直接或经济地测量，所以过程控制尤为重要。特殊过程控制主要体现在工艺方法、上岗人员等方面。工艺方法应确定工艺规范、生产设备、工艺装备、工艺辅料等。

北斗系统研制生产的特殊过程有通用工艺规范，针对具体产品的工艺参数、工艺控制措施等；对特殊过程操作人员、检验人员实行资格考核，持证上岗。对特殊过程进行确认，产品批产前或控制要素发生变化时应进行再确认。

（3）"五环节"过程控制

"五环节"过程控制是按照产品测试、验收、检验、工艺、人员五个环节检查确认，并进行综合分析、评价，以此确保产品质量的可靠性，其目的是从产品测试覆盖性的角度出发，明确测试不到项目的保证措施。

北斗系统研制生产过程中，对经分析、评价确定为测试和验收不到的项目，要在工序检验、工艺控制和人员方面采取有效措施，以保证产品质量的可靠性。近年来，生产单位在总结"五环节"控制实践经验的基础上，将"五环节"控制方法运用到关键、重要单机、部组件产品的生产和产品总装、测试等过程中，梳理出检验、工艺和人员保证不到（特别是仅靠人员保证）的项目，制定出针对性措施，保证产品质量。同时，通过开展工艺攻关、工艺和检测技术研究、改善生产条件、提升生产能力等工作，不断减少和降低保证不到环节的数量和程度。

（4）易错难操作过程控制

研制生产单位将风险管控等理念和方法与科研生产实际相结合，在产品生产过程控制中不断实践、创新，摸索、总结出许多行之有效的管理和控制方法，易错难操作过程控制就是其中之一，在杜绝人为差错，减少返工、返修甚至报废，及不断改进工作方法，优化工艺流程，确保产品质量与可靠性等方面效果显著。

北斗系统研制生产过程中，从两个角度识别差错风险。一是以工艺技术人员为主，通过产品设计文件和工艺流程梳理易错过程，易错主要表现在错漏装、方向错误、插接错误、设计要求理解错误等。二是以操作人员为主，工艺技术人员协助梳理难操作过程，难操作主要表现在因结构原因操作困难、盲插、盲装、难加工等。在易错难操作过程控制方面，首先编制易错难操作过程清单，对在工艺规程中涉及易错难操作的工序做出明显提示性标识，细化相应工序、工步的操作要求，明确控制措施，同时采用有效、可行的检测、检验方法和手段，如工业内窥镜、多媒体记录等。随着技术状态变化，工艺方法和生产条件改进等，及时增减易错难操作过程，做到易错难操作过程控制的动态管理，在动态管理过程中促进工艺技术、检测技术、生产制造能力以及过程质量控制和质量管理水平的不断提高。实践证明，易错难操作项目控制，防错是源头，改进是精髓。

3.3.4 多余物控制

多余物是指产品中存在的由外部进入或内部产生的与产品规定状态不符的物质。多余物预防和控制以预防措施为主，全员参与，全过程控制。北斗系统各级产品在研制生产过程中要严格进行多余物的预防与控制。对由于设计过程导致的多余物，及时进行举一反三，改进类似产品的设计方案。发现多余物后，坚持原因查不清不放过、责任不明确不放过、措施不落实不放过的原则。在产品上发现多余物时，保护现场，记录多余物的位置；在系统内发生多余物故障时，为使多余物保留在原位，尽量保持系统状态不变，经相关人员确认后，采用适当的方法取出并保存多余物，对问题产生的原因、机理，以及对制品及后续的影响进行分析，制定有效的解决措施。在多余物问题的处理过程中进行记录，确保处理过程可追溯，按质量问题的归零要求对多余物问题进行归零并举一反三。

产品设计过程中，在设计任务书、设计文件中提出多余物预防和控制的要求，设计文件根据产品特点提出厂房和环境的温度、湿度、洁净度等要求，充分考虑部（组）件、分系统、各系统间、全系统多余物预防与控制的协调一致、合理，便于操作和维护以及多余物控制。设计人员充分了解产品生产、装配、试验等的工艺方法，避免采用易产生多余物的工艺方法。对于在特殊环境（如真空、低温、高温等）中使用的产品或系统，规定合理的工作程序，避免在工作过程中产生多余物。

工艺设计过程中，对设计文件进行工艺性审查时，应对预防多余物的措施进行审查，对其不利于预防多余物的内容提出修改建议。进行工艺方案设计时落实设计文件提出的多余物控制要求，制定合理的工艺方法，并优先选用不产生多余物或少产生多余物的工艺方法。进行工艺流程设计时合理确定工艺界面，防止多余物的产生，便于清除多余物，防止有害气体和液体污染和侵蚀。制定合理的工艺流程，减少装配过程中的加工，加工工序尽量安排在零（部）件制造阶段；装配阶段必须进行的加工工序安排在总装之前进行。每个装配阶段完成后提出多余物检查确认要求，确认无多余物后方可进入下一阶段的装配工作。

生产过程中，加工和装配前，零、部（组）件应清洁、无损伤，无多余物，并清点数量；暂时不装配的零、部（组）件采取防护措施。工装、仪器、设备和工作台、梯及试验设备等应齐全、无损伤，确保清洁无多余物。加工和装配过程中，非生产人员不得触摸产品，以免将多余物带入产品中。加工过程中合理选择工艺参数和刀具，加工后应避免出现沟痕、环纹等易留存多余物的结构。加工后及时检查并清理孔、缝隙、型腔等易产生和存留多余物的部位，及时去除翻边、毛刺、切屑、残留的切削液等多余物。检验过程中，按照工艺文件规定的检验点或检验工序对多余物控制情况进行检查，做好记录，并防止在检验过程中产生检测仪器附件脱落、检测辅助材料遗漏、检测工装和工具损伤等导致的多余物问题。

试验过程中，试验系统按要求进行定期检查和维护，封存的试验系统在启用前进行检查，确认无多余物后方可使用。试验系统连接产品前按要求安装过滤装置，过滤装置位置尽量靠近产品，过滤装置应检定合格并定期更换。在试验前和试验后均对产品采取防护措施，防止多余物进入产品，试验前后对产品的机械接口、对接密封部位、可见内腔等进行检查确认。试验结束后，对试验系统敞口部位采取保护措施。包装、转运和贮存过程中，按照规定对产品进行防护，确保产品的包装环境清洁，无腐蚀性物质。

产品和相关仪器设备进入发射场后，对外观进行检查确认，表面应洁净，无多余物，防护装置齐全，紧固件无脱落或松动，保险铅封齐全正确。发射前按设计文件和工艺要求取下防护装置，确认其数量和状态，并进行记录和移交。

3.3.5　不合格品控制

不合格品控制是产品质量保证的重要工作，在产品研制过程中应严格执行相关的标准和规章制度。不合格品一般分成两类：一类为严重不合格品，另一类为轻度不合格品。严重不合格品是指下列质量特性之一不能满足规定要求并可能造成严重后果的不合格品：功能特性、使用特性和可操作性，功能接口或物理接口，互换性，形状、重量和重心，关键和重要特性，可靠性、安全性、保障性、维修性，影响人员健康与安全要求等。严重不合格品以外的不合格品均为轻度不合格品。

北斗系统各级产品研制单位根据质量管理体系标准，制定了不合格品管理程序和相关不合格品审理系统、审理的规章制度，建立了不合格品审理系统，确定了不合格品判定准则和不合格品分类，明确了不合格品审理与处置控制原则，规定了不合格品贮存及返工和返修控制要求，建立了不合格品隔离和监督检查控制机制。通过提高一次交检合格率、减少返工来提高产品交付合格率。发现不合格品后设计单位和承制单位严格实施不合格品处理程序。

对于经审理后的不合格品，承制单位办理质疑单后提请设计部门处理，设计师系统应按职责对不合格品评审意见进行分析，做出处理结论。设计部门所处理的不合格品一般多为让步接收的不合格品（原样超差使用、返修和降级使用）和非明显报废的不合格品。承制单位的处理权限一般限于返工品、在生产前已办理允许偏离原规定文件的产品或明显的废品。除此之外，承制单位主要是按照设计单位对不合格品的处理意见，对已审理的不合格品办理不合格品处置文件，检验人员办理废品单、返修单，超差品由工艺人员办理质疑单，落实处理结果。

3.3.6　组批测试试验过程质量控制

针对组批生产、高密度研制和发射任务，随着新任务和批产化任务的不断增加，测试工作日趋复杂和繁重，同步管理和操控多航天器测试过程，实现多维度智能判读，持续提高测试试验各环节的自动化水平是解决当前人力资源紧张、提升测试试验能力的必然选择。

（1）多航天器测试试验进程管理

支持对日计划、月计划等测试计划进行电子化管理，日计划、月计划支持以图形方式进行展示和调整。

（2）多航天器器上产品状态管理

支持将器上状态关联至相关分系统和相关参数、指令；支持将器上状态关联至相关测试项目；支持与其他系统（如总环）器上产品信息对接，支持以 Excel 与 WebService 两种格式的信息读写。

（3）并行测试耦合性分析

能够对影响并行测试的地面综合测试设备信息、测试场地信息、测试周期等约束条件进行电子化管理；能够综合利用地面综合测试设备信息、测试场地信息、测试周期等约束条件，开展多航天器并行测试耦合性分析；支持对并行测试耦合性关键点进行提醒。

（4）系统功能整合

将基础数据管理软件、表单审批系统、自动化判读系统、可视化软件整合进自动化测试试验系统，实现自动化测试试验信息和自动化判读信息的充分互动，在自动化测试试验项目执行时可以快速切换至相关页面等功能。

（5）智能判读

研制智能化视频数据及仪表显示页面判读系统，对航天器遥测数据的频谱域增加全周期自动化分析手段，实现测试试验数据、音视频和射频多维度的自动判读和分析，充分考虑远程网络延迟、航天器技术状态变化影响，实现精细化数据实时判读，实现仿真数据、分系统测试试验数据、在轨数据多维判读支持。

3.4 交付验收和出厂质量控制

3.4.1 质量检查确认

质量检查确认是通过提供客观证据，证实规定要求已得到满足所进行的系统的、有计划的认定活动。质量检查确认是复查的继承和发展，既完成了以往"质量复查"工作的核心内容，与质量复查工作相比，又增强了工作的系统性和计划性。质量检查确认工作，从源头抓起，不是通过复查的方式对产品质量进行确认，而是采取边生产、边确认、边积累信息，生产完毕、质量确认完毕、信息积累完毕、产品评审完毕，确认工作一次到位，不搞重复工作。

1）设计单位负责：实施设计检查确认，解决落实检查确认发现的问题，编写设计检查确认结论报告，并对其正确性负责；根据需要，向相关生产、试验单位提出检查确认的技术要求；确认相关产品的生产、试验检查确认结论报告；综合相关设计、生产、试验检查确认情况，编写产品检查确认结论报告；向上一级设计单位报送产品检查确认结论报告，并对产品检查确认结论报告的完整性、正确性负责；支持生产、试验单位的检查确认工作。

2）生产单位负责：实施工艺、生产检查确认，解决落实检查确认发现的问题，对检查确认结论的正确性负责；综合相关工艺、生产、外购外协件检查确认情况，编写生产检查确认结论报告；向相应设计单位送交生产检查确认结论报告，并对生产检查确认结论报告的完整性、正确性负责；支持设计、试验单位的检查确认工作。

3）试验单位负责：实施试验检查确认，解决落实检查确认发现的问题；向试验任务提出单位送交试验检查确认结论报告，并对试验检查确认结论报告的完整性、正确性负责；支持设计、生产单位的检查确认工作。

4）外协件任务委托单位（部门）、外购件订货单位负责：制定外协件、外购件检查确认要求，监督外协单位、供货单位开展检查确认工作，并对外协单位、供货单位的检查确认工作与检查确认要求的符合性负责；收集、审查外协单位、供货单位检查确认结论报告，并将确认后的检查确认结论报告交外协外购件总成（使用）单位；负责对外协单位、供货单位检查确认发现的问题进行跟踪管理，并将问题解决落实情况及时向外协外购件总成（使用）单位通报。

开展质量检查确认，把事后的质量复查转变为研制全过程中有计划、分阶段、全方位的质量检查和确认，将其纳入研制、生产计划具体实施，做好记录和对遗留问题进行跟踪处理。运用"质量交集"和 FMECA 分析方法，明确质量检查确认的重点，以确定质量问题的类型和处理级别，采取相应的质量控制措施。

3.4.2　数据包管理

产品数据包是指在航天产品设计开发、生产制造、产品验收交付等过程中形成的各类信息的集合，是产品实现过程和产品保证活动开展情况的全过程客观记录，主要反映产品接口规范、履历、性能指标实现情况、交付后使用说明和相关保障条件，以及和用户协商一致的其他交付文件，并最终随产品交付。北斗系统各级产品按照要求开展数据包管理工作，按照全面策划、系统分析、模板确定、形成记录、确认验证、持续改进等 6 个过程实施。

1）全面策划阶段，上一级产品抓总单位或项目办与各单位充分协调确认单机交付数据包的内容，并在产品研制任务书、合同、技术要求、验收大纲和产品保证要求等文件中明确，产品研制单位结合产品的特点，对各层级产品技术要求、产品保证要求、相关管理制度要求进行系统梳理，形成若干产品保证工作项目，并对每一个工作项目提出明确、具体的内容要求。

2）系统分析阶段，产品研制单位针对不同层次的产品开展系统分析，深入开展技术风险识别、FMEA、关键特性识别等工作，识别对产品最终质量与可靠性有决定性影响的项目和环节，合理设置关键检验点、强制检验点，针对产品的共性问题和薄弱环节制定针对性的措施并加以改进等。

3）模板确定阶段，产品研制单位将要求转化为需开展的工作项目，各项工作项目均要纳入产品研制流程和产品保证计划，通过确定产品基线文件清单及生产过程数据包模板等使相关工作项目系统化、规范化、表格化，并明确其记录要求及其载体形式（如文件、表格、照片等），使每一个工作步骤均有细化、量化的要求，形成数据包清单（或模板）。

4）形成记录阶段，产品研制单位将确定的数据包清单（或模板）通过管理文件、设计文件、工艺文件、生产加工文件、调试测试细则等分解到不同的岗位，各责任人在产品研制生产过程中分别采集相关数据，并对数据进行分析处理，按照清单（或模板）要求形成相应的纸质文档、电子文档或影像资料等。

5）确认验证阶段，在产品设计、生产过程及交付等环节，通过评审、审核、检验、验收等方法对产品数据包项目及其内容进行确认。

6）持续改进阶段，利用产品研制过程技术状态更改、版本升级以及转阶段、成熟度提升等时机，对数据包清单（或模板）等进行完善，通过改进、完善、重复应用和验证及固化等活动，最终支持产品设计质量和生产质量的提升。

单机产品交付验收时，上一级产品抓总单位对数据包进行100％检查，对检查出的问题要跟踪落实，并在相关验收记录中形成对数据包检查的结论和遗留问题的处理意见。项目总体验收组在验收分系统产品时对分系统验收单机的数据包检查结果进行确认，并对数据包进行抽查，对三类关键特性表进行100％覆盖性检查。验收组对数据包内容进行检查和确认过程中如发现产品数据包不满足相关要求，拒收产品。产品数据包相关文档要纳入技术档案管理系统进行管理，并按相关规定及时存档和流转。

3.4.3　验收过程质量控制

验收是顾客对交付方提交的产品进行检验、检查，对产品与要求的符合性进行全面评价，以确认接收或拒收的活动。交付验收过程中，交付方要满足验收方的要求，并且努力争取超越验收方期望。在整个交付过程中主动与验收方沟通，全面了解验收方的需求和期望，为满足验收方的需求和期望，对产品交付过程进行策划，协调设计、开发、生产等部门全力保证产品质量，全方位地测量和监视验收方满意情况，及早识别有可能影响到验收方满意方面的风险并采取适当措施。

对于组批生产的产品验收采取批次验收的模式开展，整机批产产品按批组进行验收，对只适用于某发任务需要的产品，按技术文件的要求进行单独验收。具备批次验收条件的产品，在验收前要按要求完成质量检查确认工作，验收时按照有关要求执行，完成相关工作。在验收过程中，数据包审查重点审查首件产品，对于批次产品重点审查过程记录及生产过程中有变化的地方，验收测试重点对组批产品测试、试验数据一致性进行比对判读和分析，对于数据存在差异性的，要进行充分的评估工作。对已通过验收，但未参加飞行转入后续发射任务使用的产品，在技术状态、性能参数要求没有变化的条件下，经过复查确认，不再重新验收。通过验收后，因发射任务需要及问题归零等原因，有技术状态更改、性能参数调整的产品，在按要求完成相应工作后重新验收，交付使用。

在外协产品研制生产过程中，项目管理部门通过产品设计评审、工艺评审、产品验收，对外协单位的监督检查、专项审查及派驻质量监督代表等方式，对外协单位在产品实现过程中的质量控制情况进行跟踪与监督。

3.4.4　出厂评审

航天产品出厂参加飞行试验前，对产品的研制、生产质量控制及其结果，以及参加飞行试验前的状态是否达到了出厂要求进行的评审称为出厂评审。必要时，在出厂评审前应开展元器件、软件、技术状态更改控制、可靠性和安全性、质量问题归零及风险识别、分析与控制等专项评审。

出厂评审内容一般包括：按研制流程完成的工作情况及其结果，总体对产品验收的控制情况及其结果，系统级可靠性、安全性工作完成情况及其结果，出厂专项评审及待办事项处理情况及其结果，数据包管理及数据分析情况及其结果。

元器件专项评审内容一般包括：所用元器件质量状态及过程控制的情况，检查目录外元器件的控制情况及待办事项落实情况，超期元器件的控制情况，DPA 不合格批元器件处理情况，航天项目首次使用影响任务成败或对整机可靠性有严重影响的关键元器件、低于规定质量等级元器件的质量控制情况，项目研制、生产过程中发生的元器件失效分析，特别是具有批次性质量问题元器件的处理情况，使用 DPA 不合格批的元器件或具有批次性质量问题元器件的风险分析情况，其他项目用元器件的相关问题在本项目举一反三情况，新研制元器件质量控制情况，元器件代料控制情况，研制、生产过程中各类评审待办事项的落实情况。

软件专项评审内容一般包括：软件系统级的总体策划与设计情况，软件研制技术流程规定工作的完成情况，软件功能、性能与研制任务书的符合情况，软件技术状态更改控制情况，开发方测试和第三方测试的情况，软件在系统试验中测试情况及问题的处理情况，测试覆盖情况，软件质量问题归零及举一反三情况，软件系统级的可靠性、安全性设计与验证情况，软件质量复核复算情况，外协外购风险分析及管控情况，软件各阶段评审未解决的遗留问题和软件验收交付后发现软件问题的处理情况，软件产品配置管理情况，文档的完整性、一致性及与相关标准要求的符合情况。

技术状态更改控制专项评审内容一般包括：研制过程中的技术状态更改控制情况，特别关注"五条原则"中试验验证情况；更改后验证试验方案的合理性，是否覆盖了产品飞行或使用中的环境条件；试验的充分性，是否满足可靠性设计的验证要求；更改后在系统联试中的验证情况；对更改后的不可测项目或不能在更改产品上直接测试的项目的质量控制考核措施及验收把关情况。对Ⅰ类、Ⅱ类工程更改项目，系统级、设备的重要偏离、重要超差项目等更改项目控制的正确性、有效性进行评审。

可靠性和安全性专项评审内容一般包括：可靠性工作计划（或大纲）在各级产品研制过程中的落实情况，各级产品可靠性指标满足要求情况，执行可靠性计划（或大纲）要求的可靠性分析情况，可靠性设计及验证工作情况，可靠性试验工作情况，可靠性关键项目识别的全面性与控制措施落实的有效性情况，举一反三中有关可靠性措施的落实情况。安全性工作计划（或大纲）在各级产品研制过程中的落实情况，一般危险源和故障危险源识别和危险分析情况，安全性关键项目的确定及其控制措施情况，安全性设计及验证情况，安全性评价工作完成情况，举一反三中有关安全性措施的落实情况。

质量问题归零专项评审内容一般包括：质量问题归零是否按要求完成归零工作，相关问题在本项目本发箭/星进行举一反三的情况。

风险识别、分析与控制专项评审内容一般包括：风险管理计划执行情况，风险识别、分析与评价情况，残余风险评估结果，后续发射准备阶段、飞行试验阶段、在轨运行阶段的风险管理策划及准备情况（风险评估情况、风险管理职责落实情况、应急处置流程及在轨故障应对预案有效性验证情况），出厂风险评价结论。

3.5　技术状态控制

3.5.1　技术状态更改

技术状态是指在技术文件中规定的，并且在产品中达到的功能特性和物理特性。技术状态管理是在产品寿命周期内，为确立和维持产品的功能特性、物理特性与产品需求、技术状态文件规定保持一致的管理活动。技术状态控制是指技术状态基线建立后，对提出的技术状态更改申请、偏离许可申请和超差让步申请所进行的论证、评定、协调、审批和实施活动。北斗系统在产品寿命周期内开展技术状态控制遵循"论证充分、各方认可、试验验证、审批完备、落实到位"五项原则。

技术状态更改包括设计更改和工艺更改，技术状态更改类别见表 3-1。

表 3-1　航天产品技术状态更改类别

类别	定义	范围界定
Ⅰ类技术状态更改	涉及产品技术状态变更的重大更改，或对进度、经费有较大影响的更改	1)更改功能基线、分配基线,致使下列任一要求超出规定的限值或容差值: a)性能和功能; b)可靠性、安全性、维修性、测试性、保障性、环境适应性和电磁兼容性等特性; c)外形尺寸、质量、质心、转动惯量; d)接口特性; e)规范中的其他重要要求。 2)产品基线建立后,更改产品技术状态文件,对产品质量有影响,达到 a)条所规定的程度,或者对下列一个或多个方面产生重大影响: a)航天产品及其零、部、组件的互换性; b)已交付的使用手册、维修手册; c)与保障设备、保障软件、零备件、训练器材(装置、设备和软件)等的兼容性; d)技能、人员配备、训练、生物医学因素或人机工程设计。 3)对研制生产的进度、成本等造成重大影响

续表

类别	定义	范围界定
Ⅱ类技术状态更改	涉及产品技术状态变更的一般更改	1)产品基线建立前,更改不属于功能基线、分配基线的技术状态文件,对满足产品要求有影响; 2)产品基线建立后,更改产品技术状态文件(包括更改工艺方法、重要工艺参数、工艺装备、工艺流程、工艺试验方法等),对产品通用质量特性等有影响,但没有达到Ⅰ类技术状态更改2)条所规定的程度
Ⅲ类技术状态更改	不影响满足产品要求或产品质量的更改	不涉及已批准技术状态基线文件规定的产品功能特性和物理特性的更改,主要包括:勘误译印、修正描图、统一标注方法、进一步明确技术要求等

技术状态更改按照以下程序实施控制,其流程如图3-3所示,包括:提出技术状态更改的必要性,确定技术状态更改类别,开展更改可行性试验,提出技术状态更改申请,评审技术状态更改申请,审批技术状态更改申请,填写更改单,更改实施与验证。

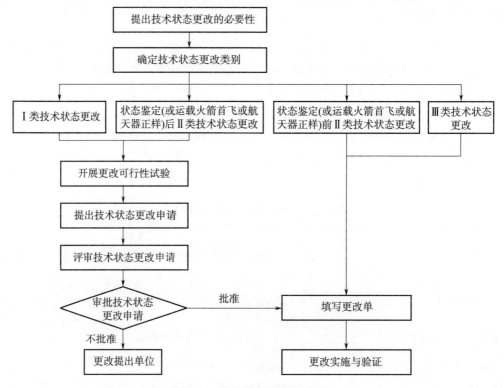

图3-3　技术状态更改控制流程

3.5.2　偏离许可

偏离分重要偏离和一般偏离。涉及性能指标,功能接口或物理接口,形状、质量、质心,互换性、可靠性、安全性、维修性、测试性、保障性、环境适应性、电磁兼容性,人员健康与安全,服役使用或维修,有效的使用性和可操作性等因素的偏离为重要偏离,需要提出偏离许可申请。

偏离许可按照以下程序实施控制，其流程如图 3－4 所示，包括：提出偏离许可的必要性，确定偏离类别，提出偏离许可申请，评审偏离许可申请，审批偏离许可申请，填写偏离单，实施与验证。

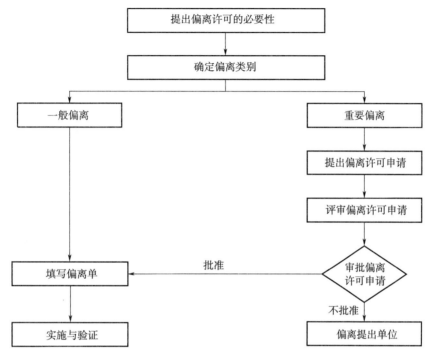

图 3－4　偏离许可控制流程

3.5.3　超差让步

超差分重要超差和一般超差，涉及性能指标，功能接口或物理接口，形状、质量、质心，互换性，可靠性、维修性、测试性、保障性、安全性、环境适应性、电磁兼容性，人员健康与安全，服役使用或维修，有效的使用性和可操作性等因素的超差为重要超差。

超差控制按照以下程序实施，其流程如图 3－5 所示，包括：判定超差让步情况，确定超差类别，提出超差让步申请，评审超差让步的可行性，审批超差让步申请，让步接收。

3.5.4　组织实施

总体单位成立了技术状态控制委员会，通过组织相关专家开展技术状态基线确认，为技术状态管理进行严格把关。同时项目办成立了技术状态控制小组，负责所有技术状态管理活动的确认、指导、协调和执行及研制全过程的产品技术状态基线的审定和产品技术状态的控制。各级设计师在技术状态控制小组的领导下对技术状态分工负责。

各单位利用信息化手段加强技术状态更改信息的监测、统计和分析，统计结果由单机

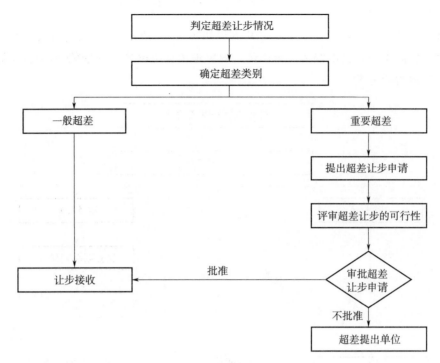

图 3 - 5   超差让步控制流程

向分系统、分系统向总体逐级上报，作为技术状态控制、内部质量分析和改进的依据。技术状态更改形成技术状态更改汇总表，同一个系统内部由于同一原因引起的更改按一处更改进行统计。产品超差让步情况形成超差让步情况汇总表，重要的超差让步在备注栏注明。偏离许可情况形成偏离许可情况汇总表。出厂评审中，统计产品偏离许可和超差让步情况，并对重要偏离许可和超差让步进行说明。对Ⅰ类和Ⅱ类技术状态更改项目，由研制单位编制技术状态更改落实情况检查表，对更改的落实情况进行监测，监测结果作为技术状态更改信息检测系统的输入。各单位定期组织抽查技术状态更改"落实到位"情况，对监测过程中发现的问题及时处理，无法处理的按程序上报落实。

3.6   质量问题归零

3.6.1   质量问题归零的定义与内涵

质量问题归零是从技术上、管理上运用适当方法，分析问题的原因、机理，并采取纠正和预防措施解决已发生的质量问题，同时通过开展举一反三，避免问题重复发生的闭环管理活动。航天产品质量问题归零工作既强调技术归零，也强调从管理上查找原因，重视完善规章和标准规范，又被称为"双归零"，如图 3 - 6 所示。质量问题归零应用闭环管理模式，举一反三消除潜在质量问题，以航天零缺陷为目标，最终达到"预防为主，一次成功"的目标。

质量问题的归零过程是实现质量管理从事后问题管理转化为事前预防管理的过程。对于发生质量问题的产品而言，归零工作要刨根问底，力求水落石出，是有效的"救火"措施；对于其他产品而言，归零工作可以防范类似质量问题的重复发生，起到"防火"的作用。对于单位的质量管理体系而言，归零工作可以弥补体系运行的"缺省链"，将归零措施纳入相关管理文件和标准规范，落实预防为主的方针，达到"吃一堑、长一智"的目的。同时积累这些归零经验，变成财富。

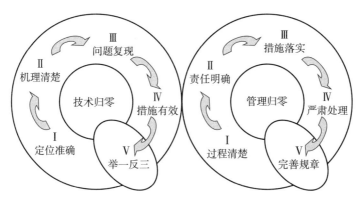

图 3 - 6　质量问题双归零

（1）技术归零的基本内涵

"质量问题技术归零"是针对发生的质量问题，从技术上按"定位准确、机理清楚、问题复现、措施有效、举一反三"的五条要求逐项落实，并形成技术归零报告或技术文件的活动。技术归零的五条原则内涵如下：

定位准确是指确定质量问题发生的准确部位。明确问题发生的准确、具体部位是解决问题的前提条件。发生问题，首先要找到问题发生在哪里或哪个环节、哪个产品、哪个部件、哪个零件或哪个电子元器件，是什么故障模式。准确定位就是确定待解决问题的对象。受损的产品或零部件可能是一个，也可能是几个，都要确定出来。

机理清楚是指找到问题发生的根本原因和演变过程。明确为什么会发生问题，找到发生问题的根源。梳理问题和原因的因果关系，支持并证明原因分析的正确性，为制定措施提供依据。机理清楚是彻底归零的关键，对提升技术水平和解决问题的能力是非常重要的。

问题复现是指通过试验或其他验证方法，复现质量问题发生的现象，验证定位的准确性和机理分析的正确性。问题复现是采取纠正措施的初步试验。按照对问题的定位和原因分析结果，进行地面试验。复现试验是对故障定位和机理分析正确性的证实，是采取有效纠正措施的前提，也能达到措施有效的目的。

措施有效是指针对发生质量问题的原因，采取纠正措施，并经验证，确保质量问题得到解决。一个问题可能有几个原因造成，解决问题的措施也要针对这几个原因。例如，某电子元器件因外应力失效，有工艺设计不完善，也有操作和检验不到位等问题，纠正措施除了完善工艺设计外，还要改进操作和检验方法。纠正措施是解决问题的手段和方法，措施有效不能仅立足于纠正本次的问题，还要能够全面解决发生问题的根本原因。

举一反三是指把发生质量问题的信息反馈给本项目、本单位和其他相关项目及相关单位，检查有无可能发生类似故障模式或机理的问题，并采取预防措施。通过"举一反三"，把解决本产品本次发生问题的纠正措施落实到同批次、同样机理设计的其他产品上（追溯源头产品问题，其他产品再开展分析），使具有相同机理设计的产品都能避免同类问题的发生，对未发生问题的产品，起到预防的作用。

（2）管理归零的基本内涵

"质量问题管理归零"是针对发生的质量问题，从管理上按"过程清楚、责任明确、措施落实、严肃处理、完善规章"的五条要求逐项落实，并形成管理归零报告和相关文件的活动。管理归零的五条原则内涵如下：

过程清楚是指查明质量问题发生和发展的全过程，从中找出管理上的薄弱环节或漏洞。"过程清楚"就是要清楚发生问题的时间、地点、工况、运行程序、问题现象和结果，清楚产生问题的管理环节、岗位和管理原因，清楚管理工作程序或制度中的漏洞、薄弱环节。

责任明确是指根据质量职责分清造成质量问题的责任单位和责任人，并分清责任的主次和大小。"责任明确"是实施管理改进措施的前提，只有明确了哪个部门、哪些岗位的责任要改进落实，管理改进工作才能做到有的放矢。

措施落实是指针对管理上的薄弱环节或漏洞，制定并落实有效的纠正措施和预防措施。"措施落实"要有结果，管理的措施落实要体现在完善规章、教育培训、合理处置等，关键是提高认识，提高管理能力。

严肃处理是指对由于管理原因造成的质量问题要严肃对待，从中吸取教训，达到教育人员和改进管理工作的目的。对重复发生和人为责任造成的质量问题的责任单位和责任人，要根据情节和后果按规定给予处理。严肃处理重在严肃对待，通过归零工作扩大受教育面，从中吸取教训，达到提高认识、改进管理的目的。

完善规章是指针对管理上的薄弱环节或漏洞，完善规章制度，并加以落实，从规章制度上避免质量问题发生。"完善规章"是结合质量问题管理归零措施，识别现有规章制度中不完善的地方，把归零工作的措施固化到相关的规章制度、作业指导文件、标准或规范中。

3.6.2　质量问题归零的范围与程序

（1）技术归零的范围

一般而言，技术原因为主的问题主要从技术上完成归零工作，实现技术改进，提高产品的固有质量与可靠性。但是同时也应查找管理上的薄弱环节，在管理方面进行完善和改进，促进技术归零成果的有效落实。管理原因为主的问题，主要按管理归零的要求完成归零工作，同时，对发生问题的产品也要从技术上进行归零处理。技术归零的范围包括：

1）影响研制进度、造成与其他单位的接口设计修改、造成性能指标下降、造成生产返工的设计质量问题；

2）造成重大经济损失的设计和生产质量问题；

3）因技术原因，造成批次性和重复性的生产质量问题；

4）因技术原因，造成批次性电子元器件、原材料的质量问题；

5）造成试验失败或损坏产品的试验技术问题；

6）单机、系统（分系统）交付后出现的因技术原因造成的质量问题；

7）产品在靶场或外场出现的因技术原因造成的质量问题；

8）因技术原因造成的装备交付后影响使用的质量问题；

9）卫星、飞船在轨运行和回收中的故障或影响任务完成的因技术原因造成的质量问题；

10）上级部门、指挥系统和设计师系统确定需技术归零的质量问题。

（2）技术归零程序

1）进行问题定位。质量问题发生后，在不影响设备和人员安全的情况下，保护好现场，并做好现场记录，形成质量问题信息报送表上报。组织有关方面的技术人员确认质量问题的现象和部位，可使用头脑风暴法、FTA、鱼骨图、SPC 等质量分析工具及时进行问题定位。确定技术归零的责任单位，责任单位制订技术归零工作计划。

2）进行机理分析。组织有关技术人员，通过试验和理论分析等手段，查找问题产生的原因，分析问题产生的机理。确保数据和资料收集齐全，保护好质量问题的现场；确保分析人员的水平、经验和客观性满足质量问题分析需求；确保分析设备的功能和精度满足质量问题分析需求。

3）进行问题复现。原则上进行归零的质量问题都应当进行问题复现，确保质量问题定位的准确性和机理分析的正确性。难以进行复现时，进行理论分析，并尽可能用仿真分析或模拟方式进行验证，在技术归零报告中加以说明。对某些显而易见的失误造成的产品损伤等问题，无须进行复现试验；对于无法进行问题复现的故障模式（或者破坏性的故障模式，如火箭发射失利、大型破坏性试验等），通过模拟、仿真、原理性试验来证实质量问题发生的现象。只有通过复现确认机理分析清楚，方能进入下一步制定具体的措施，进行问题的纠正和预防。若复现试验不能复现出发生的问题，则说明问题定位不准确，机理分析不正确，需要重新进行问题定位和机理分析。

4）制定并实施问题纠正措施。及时采取措施，实施纠正，消除已发生的质量问题。根据机理分析与问题复现结果，针对造成质量问题的原因，制定纠正措施及实施方案（含验证方法）。纠正措施具体、量化、可操作、可验证，实施方案有明确的计划安排，获得相关方认可。实施方案中包含对实施纠正措施的过程中可能导致的新问题或更坏情况进行风险识别，制定的风险应对措施。按照实施方案采取措施，对纠正措施的有效性进行验证。将经验证确认或批准的纠正措施落实到技术文件中，同时完善相关设计准则或工艺规范，避免类似问题重复发生。技术文件包括设计、工艺或试验文件，培训材料，信息系统和工具等。

5）举一反三。根据发生质量问题的机理和纠正措施，责任单位检查相关产品有无可能发生类似模式或机理的问题，采取措施。责任单位提取技术归零信息、经验（可包括分析过程、流程图、数据资源、采取的主要举措、处理问题时遇到的困难等），报上级质量管理部门，上级质量管理部门明确举一反三要求，并以通报形式反馈给相关单位和相关装备。各单位、各装备应根据通报内容组织本单位、本装备的举一反三工作。

6）完成技术归零报告。技术归零报告经过质量管理部门和相关部门会签，组织若设置质量监督岗位，则由质量监督人员签署意见，由责任单位技术负责人批准，并经顾客或上一级单位代表认可；外协外购产品的技术归零报告应当经订货方确认，至少经外部供方的质量管理部门和相关部门会签，技术负责人批准。

7）开展技术归零评审。根据质量问题分类明确评审的组织方。评审组由熟悉产品且了解技术问题的同行专家、责任单位监督人员和顾客代表组成。技术归零评审有明确结论，并形成文件。

（3）管理归零的范围

管理归零是技术归零的延续，是技术归零后在更深的层面上铲除质量问题重复发生的根源，是提高质量管理水平的手段。大多数的质量问题或多或少均存在管理上的不足或问题，主动查找管理上的不足是提高产品质量与可靠性的有效方法，也是在提高产品设计技术、工艺技术的同时，提高管理水平的重要环节，所以在航天研制过程中，发生质量问题，既要开展技术归零，也要开展管理归零。管理归零范围包括：

1）重复性质量问题；

2）人为责任质量问题；

3）无章可循、规章制度不健全造成的质量问题；

4）技术状态管理问题；

5）行政领导和指挥系统确定需管理归零的质量问题。

（4）管理归零程序

1）查明问题发生过程。责任单位行政正职或其委托人及时组织有关人员，运用头脑风暴法、鱼骨图、帕累托图、流程图、事件链等工具方法，查明问题产生的过程，分析过程中涉及的文件规定、执行记录等，查找管理上的薄弱环节或漏洞。针对存在的管理薄弱环节，从制度、执行两个方面查找造成质量问题的管理原因。

2）查明责任。在过程清楚的基础上，确定相关单位和相关人员应当承担的责任，明确主要责任与次要责任，涉及多部门、多岗位、多人时，逐一进行明确。各单位确定相关人员尤其是各级管理人员应当承担的责任。

3）制定并采取措施。针对造成质量问题的管理上的薄弱环节，采取纠正措施和预防措施。归零措施具体、细化、可操作、可检查，措施中的每一项工作应当明确责任部门和责任人，对于中长期措施，应当有明确的计划和资源保障。

4）严肃处理问题。对由于管理原因造成的质量问题在思想和态度上严肃对待，从中吸取教训，加强人员的思想教育和制度的宣贯与培训。对确属重复性质量问题和人为责任质量问题的责任单位和责任人，按照责任和影响的大小，按规定给予批评教育、通报、离岗培训等行政和（或）经济处罚，达到加强教育、预防质量问题再次发生的目的。对在质量问题中玩忽职守、徇私舞弊、弄虚作假、隐瞒不报的有关责任人，应当按照法律、法规和装备质量责任追究的有关要求予以追究。

5）完善规章制度和标准。归零措施通过完善质量管理规章制度、体系文件、作业指导文件、标准或规范等文件的形式进行固化。对于规章制度不健全的问题，明确完成规章制度的制定、修订时间和具体内容概述。总结经验教训，提炼明确质量问题深层次的警示，并将有关情况纳入管理归零报告中。

6）完成管理归零报告。管理归零报告经责任单位的质量管理部门和相关部门会签，由行政正职批准。

7）开展管理归零评审。管理归零评审由责任单位组织和管理，责任单位行政正职或其委托人担任评审组组长。评审组由上一级单位主管质量的领导、责任单位的有关领导及相关人员组成。管理归零评审视情况可与技术归零评审结合进行。管理归零评审有明确结论，并形成文件。

3.6.3　组批产品质量问题归零及举一反三

北斗系统组批产品质量问题归零和举一反三管理需要确立和贯彻三项原则：加强预防、提早发现及专项管理，确保质量问题快速归零，举一反三彻底到位。

（1）总体思路

产品研制过程中，通过对于出现的质量问题要及时上报、及时分析、及时归零，对于以往出现质量问题的归零结果不断反思，进一步减少产品质量问题，真正达到提高产品质量的目的。发现质量问题后，各单位组织归零工作，所有技术问题均进行技术和管理双归零。归零工作中按照"三个一次到位"（即"归零一次到位、举一反三一次到位、归零评审一次到位"）和"四个结合"（即"前后方结合、上下游结合、相关系统结合、设计师系统与专家结合"）的方法，加强组批生产和高密度发射形势下质量问题归零工作，采取阶段清零的做法，保障归零工作到位有效。

（2）特殊方法

组批生产的产品发生质量问题时，具有直接涉及同批产品的特点，因此组批生产的产品发生质量问题时应采取快速定位、并行验证、串行研制的模式。充分利用发生质量问题的产品，尽可能快速地进行故障排查和定位。在条件容许的情况下，可采取利用组批生产的其他产品代替故障产品进行互换，继续开展后续工作，以确保计划进度的要求；在质量问题定位后，由于组批产品状态一致，利用组批产品进行并行验证，验证充分后，结合实际研制情况，制订详细的更改计划，对组批产品并行更改。举一反三工作涉及的组批产品较多，也影响面较广，举一反三时利用组批产品的某台产品进行更改验证，其他产品在容许的条件下可继续开展研制工作，待验证通过后，根据实际情况进行举一反三。

（3）快速性要求

为了实现质量问题快速归零和举一反三，制定质量问题快速归零及举一反三和协调问题快速处理的工作要求，明确了质量问题归零和举一反三、飞行结果分析等时间节点要求和工作流程。针对研制生产、发射场和发射飞行过程中出现的质量问题，按照"双五条归零标准"和"眼睛向内""系统抓总""层层落实""回归基础""提升能力"的工作原则，迅速开展质量问题归零和举一反三工作，对质量问题举一反三工作实施量化和动态管理，及时组织落实举一反三，定期组织检查确认和评审。对本产品发生的质量问题的归零工作和对其他产品发生的质量问题的举一反三工作在 3～4 天内完成，采取"前后方结合、上下游结合、相关系统结合、设计师系统与专家结合"的特殊做法，保证问题得到快速彻底解决。

第4章 北斗系统运行质量管理

北斗系统是我国自主建设运行的全球卫星导航系统，是为全球用户提供全天候、全天时、高精度定位、导航和授时服务的国家重要时空基础设施，具备短报文通信、星基增强、精密单点定位、国际搜救等多种服务功能。北斗系统历经从无到有、从有源定位到无源定位、从服务中国到服务亚太，再到全球组网的发展历程，逐步形成了具有北斗特色的运行质量管理体系。

本章结合北斗系统运行管理特点，从北斗系统运行质量管理体系架构、运行质量目标及责任体系、运行质量管理程序、运行质量管理实施，以及运行质量管理资源保障等方面介绍了新时期北斗运行质量管理实践。

4.1 概述

4.1.1 北斗系统运行管理特点

北斗系统运行管理对象规模庞大、构成复杂，涉及核心系统、骨干系统和支撑系统，是我国迄今为止规模最大、功能最复杂、应用领域最广泛的巨型星座系统；运行管理成效透明度高、影响面广，为国民经济运行、国家基础设施提供时空基准保障，一旦出现运行服务性能下降，甚至服务中断，将会对亿万用户造成巨大影响。北斗系统运行管理方法开创性强、关联性大，北斗系统是国际上首个基于星间链路进行全网运行管理的全球卫星导航系统，采用全新技术方法，运行管理工作除了体制机制建设、日常运维、故障处置、监测评估等任务外，还肩负精稳提升、智能运维、平稳过渡等艰巨使命。

北斗系统运行管理面临长期性、复杂性、艰巨性挑战，必须牢固树立和丰富发展治理体系和治理能力现代化的基本理念，通过运行管理体系建设与运行，推动运行管理理念实现5个转变：

1）将运行管理的目标，从单纯的保障系统日常运行和实施故障处置，向"确保系统高稳定、高可靠、高安全运行，提供优质服务"转变。

2）运行管理的对象，从单一的北斗导航卫星，向星座、运控、测控、星间链路运管等核心系统，以及民用服务平台等骨干系统的全面拓展。

3）将故障处置的时机，从亡羊补牢式的事后处置，向常态化风险防控，以及"先于故障发现苗头，先于影响解决问题"的事前预防转变。

4）将运行管理的主体，从单纯的运控牵头，测控、星间链路运管、卫星系统共同参与的四方联保，向包括机关部门、应用服务提供单位在内的多方联保转变。

5）将运行管理的方法，从人机结合、以人为主的值班式管理，向信息主导、以人为辅的智能运维，以及制度完备、机制健全的规范运维转变。

北斗系统全面构建运行责任、运行指标、运行机制、管理文件、资源保障、监督评价"六位一体"运行管理体系。构建集中统一、责任清晰的运行管理组织架构和责任体系，明确各级各方运行管理职责分工；面向北斗系统 8 大类服务，确立可行、可测、可达、可信的系统稳定运行能力考核评价指标体系作为运行管理的目标统揽；建立健全上下联动、协同高效、规范受控的运行管理工作流程，依靠制度确保流程机制落地落实、运转顺畅；构建协调完备的运行管理文件体系，为运行管理提供依据遵循；构建要素齐备、保障有力的资源要素体系，为运行管理提供基础支撑；建立内外统筹、整体联动的监督考核体系，确保体系建设的任务要求逐级传导、逐层落地、逐项考核，确保运行管理体系持续有效运行。

4.1.2　北斗系统运行质量管理体系架构

质量管理体系是为实现质量方针和质量目标，将影响产品质量的组织结构、程序、各项质量活动的过程和资源等诸因素综合起来，形成一个相互关联的或相互作用的有机整体，并应用过程方法使这些影响产品质量的因素处于受控状态。质量管理体系能够证实组织是否具有稳定地提供满足顾客要求和适用法律法规要求的产品和服务的能力。质量管理体系架构能够系统、完整地描述质量管理体系的全貌，支持质量管理体系建设中质量管理要素的设计和传递。北斗系统运行质量管理体系总体架构如图 4-1 所示。

新时期，北斗系统的新发展理念为质量管理体系建设和运行提供顶层输入。北斗系统秉承"中国的北斗、世界的北斗、一流的北斗"的发展理念，建成独立自主、开放兼容的卫星导航系统，与世界各国共享北斗系统建设发展成果，促进全球卫星导航事业蓬勃发展，为服务全球、造福人类贡献中国智慧和力量，刷新了科技强国的"中国速度"，展现了自主创新的"中国精度"，彰显了开放包容的"中国气度"，作为国家名片的形象深入人心。北斗系统进入全球服务的新阶段，有着广阔前景，也面临全新挑战。

领导作用层明确质量管理体系建设的总体要求和方向，引领和约束各级组织的质量管理活动；管理程序层明确质量管理要求和规则，为领导作用层提供支持，确保组织机构高效运转；业务流程层是质量管理体系建设的主流程，全面落实系统运行质量管理要求，对质量管理机制运行情况形成反馈；资源保障层承接并支撑领导作用层、管理程序层和业务流程层的需求，为质量管理体系的运行及持续改进提供基础保障。

北斗系统运行质量管理体系的输出主要包括：高稳定、高可靠、高安全运行，提供优质的服务。在原有质量管理体系的基础上，按照新时期、新形势、新需求，采用系统工程方法进行整合、拓展和提升，形成架构科学、集成融合、智能敏捷、持续改进的运行质量管理体系，促进了北斗系统运行管理能力的整体跃升。

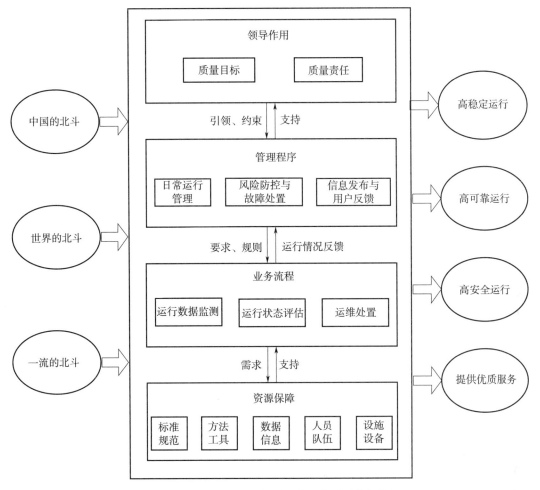

图 4-1　北斗系统运行质量管理体系总体架构

　　按照北斗系统运行质量管理体系架构，北斗系统运行质量管理体系要素主要包括：

　　1）领导作用是指最高管理者在推动建立、实施、保持和改进质量管理体系方面所承担的重要责任和所起的关键作用，为质量管理体系的建设和有效运行提供组织保障。北斗系统运行质量管理体系领导作用主要包括质量目标和质量责任等要素。质量管理体系建设过程中组织针对相关职能、层次和质量管理体系所需的过程建立质量目标，并通过构建领导层、实施层和支撑层三级质量责任体系，使各级组织相关岗位的职责、权限得到分配、沟通和理解。北斗系统运行质量管理体系是以北斗系统作为一个系统整体，在充分结合运行背景环境的基础上，紧密围绕系统运行服务保障对质量管理工作的要求，以及系统运行管理规范化、精细化和智能化的发展需求，细化形成合理的质量目标体系和质量责任体系，予以监视、沟通并适时更新。

　　2）管理程序是管理者实施管理的方针和步骤，管理程序合理得当能够有效提高管理效率，而质量管理制度机制是决定质量程序有效性的核心要素，为质量管理体系的建设和有效运行提供制度保障。北斗系统充分继承前期北斗系统运行管理有关成果，分析研究当前稳定运行形势与挑战，形成了日常运行管理、风险防控与故障处置、信息发布与用户反馈等方面的管理制度机制。为加快建设中国特色的北斗系统现代化运行管理体系，面向常态化工作，北斗系统运行管理委员会相继出台多项科学严谨的规章制度和运行机制，形成了运行管理委员会、核心系统、骨干系统和支撑系统等多个层次的运行管理制度汇编，建成了上下联动、协同高效、规范受控的运行管理工作流程，明确了各级责任主体的相互协同关系，依靠制度确保流程机制落地落实、运转顺畅。

3）业务流程是指过程节点及执行方式有序组成的工作过程，为质量管理体系的建设和有效运行提供动力保障。质量管理体系运行有效的核心就是将质量管理制度机制与业务流程进行有机融合，将质量管理要求在系统、分系统、单机、零部组件、基础产品层面进行逐级传递落实。北斗系统在运行阶段的主要业务流程主要包括：运行数据监测、运行状态评估、运维处置等。通过大数据等技术手段，实现对系统全网运行状态的实时监测；通过第三方监测评估系统、产业化示范项目及各类用户使用体验，评估反映北斗系统各类服务性能，支撑系统精稳提升；在系统运行数据监测、运行状态评估的基础上开展系统功能性能维护等常规操作，以及故障和异常管理等控制工作，提升北斗系统运行服务效能。

4）资源保障是指质量管理体系建设及运行过程中所需的内外部资源，主要包括：标准规范、方法工具、数据信息、人员队伍及设施设备等，为质量管理体系的建设和有效运行提供基础保障。没有资源保障，质量管理体系建设无从谈起。随着北斗全球系统建成和产业发展的快速推进，北斗系统资源保障体系也保持着快速增长完善的态势。北斗系统运行管理委员会组织制定了系统运行质量管理顶层要求及相关标准和各类规范等配套文件，强化了专业化运行管理队伍和专家队伍，融入了先进的质量管理技术方法工具，构建了"内环（系统运行服务数据）＋中环（产品研制状态数据）＋外环（外部监测评估数据）"的三环数据融通体系，全面建成了常态化工作所需的基础设备设施并开展健康评估与维护工作，形成了要素齐备、保障有力的资源要素体系，为系统稳定运行提供有力支撑。

4.2　北斗系统运行质量目标及责任体系

4.2.1　质量目标

随着北斗系统正式开通，北斗系统迈入全球服务的新阶段。确保系统高稳定、高可靠、高安全运行，提供优质服务是刚性要求和基本底线。基于新兴技术的智能运维对系统服务性能和系统运行状态提出了更高的质量要求，以实现北斗系统运行的规范化、精细化和智能化发展，促进系统运行管理能力跃升。

系统服务性能主要是面向用户，定位导航授时服务精度、空间信号连续性、区域短报文通信服务以及全球短报文通信服务成功率、服务时延，精密单点定位服务定位精度、收敛时间，星基增强服务定位精度、发出警告、服务连续性和可用性，国际搜救服务中轨搜救服务被动定位精度、检测概率和可用性，反向链路服务时延、成功率，航天器测控数传服务单星测量精度以及通信能力；地基增强服务广域增强服务定位性能、区域增强服务定位性能及后处理服务精度等服务性能指标满足高质量、高稳定性能要求，向用户提供优质服务。

系统运行状态主要是面向系统，卫星系统运行过程中整星提供服务能力、下行信号质量、上下行短期非计划中断平均次数及中断修复时间，运控系统运行过程中导航授时产品连续性及精度、区域短报文首发链路负载及完好率、检测数据有效率、运行健康状态、运控系统可用度，测控系统运行过程中遥测数据转发成功率、卫星控制间隔、系统故障次数及平均处置时间，星间链路运行管理系统运行过程中测量精度、收发时延标定及长期稳定性，短报文通信民用服务平台运行过程中检测入站波速完好率、出站数据链路联通正确率，星基增强民用服务平台运行过程中检测数据接收成功率、增强信息处理成功率、按时发送率，国际搜救系统运行过程中检测数据有效率、链路联通率，地基增强系统运行过程中检测数据接收成功率、产品完整率等系统运行状态指标满足高可靠、高安全性能要求，确保系统稳定运行。

4.2.2　组织体系

北斗系统运行质量管理组织体系（见图 4 - 2）体现质量管理的主体层次及其职责界面，组织体系主要包括领导层、实施层和支撑层三个层级。领导层是指运行管理委员会、运行管理联合办公室及技术指导专家组，实施层是指核心系统和骨干系统，支撑层是指支撑系统。

领导层负责落实国家和上级质量工作要求，提出运行质量管理全局性治理要求和顶层架构，制定顶层质量发展战略和规划、质量规章制度和标准规范，统筹配置质量共性基础保障资源，策划并组织运行质量管理体系建设工作，对各级质量管理体系建设及运行情况开展监督评价工作。运行管理委员会下设联合办公室及技术指导专家组，联合办公室负责运行质量管理日常工作，技术指导专家组负责质量相关技术指导、协调和监督等专家咨询把关和决策等工作。

实施层和支撑层是北斗系统运行任务的具体实施单位，按照职责分工，在领导层的指导下统一开展运行实施任务的质量管理工作，开展本单位质量管理的策划及实施工作，制定运行质量管理办法，细化并完善各相关运行系统服务性能及系统运行状态指标体系，结合本单位业务特点制定运行管理机制，持续完善相关的标准规范，组织开展常态化岗位培训、考核及训练演练工作，开展运行管理能力成熟度评价，确保质量管理工作的持续改进。

三级质量管理组织既相互独立又密切协同，领导层总体策划、统筹管理，实施层和支撑层逐级分解落实，实现质量管理要求向下逐级分解落实，向上逐级溯源确认，形成贯穿各层级的链条式质量管理机制，共同支撑质量管理战略、方针、目标落实，实现北斗系统运行质量管理工作的协同。

4.2.3　物理体系

北斗系统运行质量管理组织从物理上主要包括核心系统、骨干系统和支撑系统。

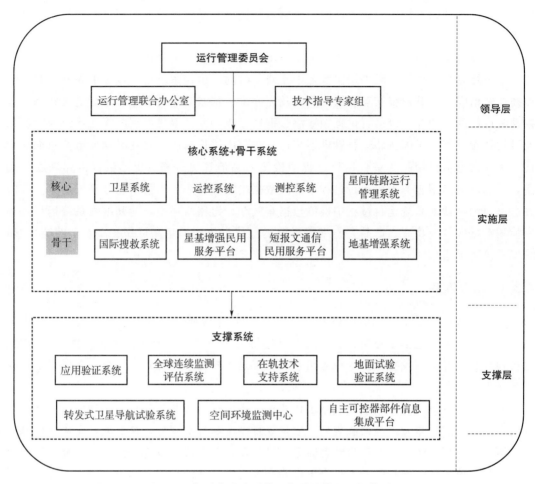

图 4-2　新时代北斗系统运行质量管理组织体系

物理体系按照故障或异常风险发生概率，以及故障或异常发生后对系统服务带来的影响，分为核心系统、骨干系统和支撑系统。核心系统包括：卫星、运控、测控、星间链路运行管理系统等。骨干系统包括：国际搜救系统、星基增强民用服务平台、短报文通信民用服务平台、地基增强系统等。支撑系统包括：应用验证系统、全球连续监测评估系统、在轨技术支持系统、地面试验验证系统、转发式卫星导航试验系统、空间环境监测中心等。

（1）核心系统的业务流程职责

卫星系统在日常运行中，负责接收地面系统注入的导航参数、遥控指令、运行管理指令等信息，并按照指令进行数据更新、轨道姿态调整、载荷工作状态设置，按照任务要求进行各类导航信号的播发，遥测参数的产生与下传。地面运控系统负责北斗系统运行管理，具体负责卫星有效载荷管理和地面运控系统设备维护、性能提升、故障处置和在役考核等。测控系统负责北斗系统卫星平台测控，根据需求对卫星有效载荷实施操作。星间链路运行管理系统负责星间链路运行管理，卫星系统负责在轨卫星运行管理的技术支持，协作地面运控系统、测控系统、星间链路运行管理系统制定卫星平台、星间链路、有效载荷运行管理方案，并配合实施。

（2）骨干系统的业务流程职责

国际搜救系统负责接收并处理卫星下行遇险信号，向运控系统发送返向链路信息。星基增强民用服务平台负责接收北斗系统等下行导航信号，进行业务处理，生成 BDSBAS-B1C/B2a 信号，转发给运控系统，支撑其上注电文生成，接收运控系统相关信息。短报文通信民用服务平台负责接收 C 频段短报文服务入站信号，完成短报文业务处理后依托运控系统实现民用短报文服务信号出站；接收运控系统相关信息。地基增强系统负责接收 B1/B2/B3 公开导航信号，依托地面站网生成差分增强数据，并计划向运控系统发送。

（3）支撑系统的业务流程职责

应用验证系统负责对北斗系统定位导航授时等服务进行监测评估，并将评估结果发送给运控系统。全球连续监测评估系统负责对北斗系统定位导航授时公开服务进行第三方常态化监测评估，并将评估结果发送给运控系统。在轨技术支持系统负责对在轨卫星状态进行监测、诊断，融合多源数据，向运控系统提供支持数据。地面试验验证系统负责对北斗系统进行顶层总体模拟加速演练、地面等效运行验证，并将相应数据结果接入运控系统。转发式卫星导航试验系统负责对北斗卫星空间下行信号质量进行监测评估，并将评估结果发送给运控系统。空间环境监测中心负责对北斗卫星所在空间进行环境监测。

4.3　北斗系统运行质量管理程序

当前北斗规模应用已进入市场化、产业化、国际化发展的关键时期，并向构建更加泛在、更加融合、更加智能的国家综合定位导航授时体系的路上迈进，呈现出新技术、新应用蓬勃发展的态势。北斗系统在坚持技术创新的同时，着力管理创新，面向北斗系统稳定运行常态化工作，建立日常运行管理、风险防控与故障处置、信息发布与用户反馈等工作流程和机制。通过科学有效的管理制度和运行机制，构建了完备的稳定运行工作体系，推动系统运行管理工作向信息化、智能化方向发展。

4.3.1　日常运行管理制度机制

日常运行管理制度机制主要包括：操作审批制度、常态化检测评估机制、通报协调会商机制、设施设备健康评估与维护制度等。

操作审批制度，着重强调对系统日常运行操作进行分级分类管理，按照对系统安全性的影响大小分为重大、重要、一般三类操作审批制度。重大操作审批制度是指对北斗系统产生全局性影响，导致系统服务指标变化、系统状态和技术指标变更的操作，由实施单位按程序报运行管理委员会审批，具体由联合办公室承办；涉及系统停止服务的重大操作，经运行管理委员会审核后，由主管部门牵头单位提交上级机关审批。重要操作审批制度是指对导致各系统单项状态和性能发生变化的操作，由实施单位按程序报相关主管部门审批，报联合办公室备案。一般操作审批制度是指对不影响系统状态和性能的各系统设备的日常维护、例行巡检、一般性状态调整或设置等操作，由各实施单位内部审批实施。

常态化检测评估机制，北斗系统不断完善监测评估标准规范体系，对系统服务性能和运行状态评估过程进行有效控制，确保系统监测评估数据的正确性。各运行实施单位参照《北斗系统服务性能和运行状态监测评估大纲》等顶层要求制定本单位监测评估细则，规范化、常态化开展系统服务性能和运行状态在线监测评估工作，及时发现存在的问题和薄弱环节，保持系统持续、稳定的工作状态。

通报协调会商机制，是为确保组织机构的高效运转，组织构建的多层次、近实时的协调机制，主要包括：周例会制度、会商会制度及工作会制度，对系统运行状态进行跟踪协调，确保发现的问题能够及时有效解决，为系统运行服务质量提供有力支撑。周例会对系统运行状态、服务性能监测评估结果及相关操作安排进行通报，研究解决系统运行过程中出现的问题；会商会每月、季、半年召开，研究分析系统运行状态、服务性能监测评估与运行风险评估结果，督导相关工作进展，查找系统状态和运行管理的薄弱环节，并提出针对性措施建议；工作会一般一年一次或按需召开，审议、决策和部署北斗系统运行管理重大事项，督导、检查各项工作落实。

设施设备健康评估与维护制度，主要是针对设施设备进行全面评估，制定维护方案，开展设施设备维护。各实施单位定期对所属设施设备开展健康评估，对发现的风险采取对策，对发现的质量问题进行通报、归零和举一反三，制定维护方案，由各主管部门按程序组织开展设施设备维护工作。出现重大故障等特殊情况时，组织开展专项健康评估及维护工作，确保设施设备处于良好的工作状态。同时，对系统运行服务平台开展日常运行保障与维护维修工作，确保系统运行的持续安全，为用户提供安全、正常和高效的服务。

此外，北斗系统运行还建立联络值班机制、备品备件筹措制度及常态化训练演练制度。各级各单位设立专职联络员，强化工作联系、传达相关信息、了解彼此情况。制订备品备件筹措计划、储备方案及替换策略，实现合理储备和及时替换。科学制定演练方案，在不影响系统稳定运行的前提下开展经常性任务演练和操作演练。

4.3.2　风险防控与故障处置机制

当前，北斗系统运行故障处置的时机正在从亡羊补牢式的事后处置，向常态化安全风险防控转变，向"先于故障发现苗头，先于影响解决问题"的事前预防转变。通过前期工作和后续在轨措施相结合的方式，为全世界范围内的用户提供连续、稳定、可靠的一流服务。

安全风险防控主要是针对系统稳定运行方面存在的多类风险开展风险分析评估和系统安全保障等工作。风险分析评估主要是通过规范风险防控程序方法，全面梳理风险项目和影响因素，开展风险量化评估，制定并落实风险控制措施，实现风险动态预警。系统安全保障方面则是通过建立跨网跨域接入审批机制和安全检测机制等多种手段构建系统安全保障体系，实现系统运行安全。各类信息系统按照相应的安全等级保护要求，完成网络安全方案评估、设备配置、第三方检测评估，按程序审批后接入并保持常态化连续安全连接；定期开展全网病毒查杀、系统安全防护设备维护升级、安全隐患排查及评估等工作。

故障和异常采取分级管理制度，按故障事件造成的危害程度和影响范围，将故障等级由高到低分为一级、二级和三级。一级故障指影响北斗系统服务或卫星、地面系统安全的致命性重大故障；二级故障指影响系统运行或卫星、地面系统安全的严重故障；三级故障指不影响系统运行服务或卫星、地面系统安全的一般性故障。一旦确认发生故障，主管部门立即启动程序，开展故障报告和处置，按照"谁负责、谁报告""边处置、边报告"的原则，根据故障等级，分类逐级限时报告。一级、二级故障应在 60 分钟内逐级报告至联合办公室，三级故障报告至实施单位主管机关，并向实施单位上级主管部门和联合办公室报备，所有故障由发现问题的单位在故障发生 24 小时之内向其他单位进行通报。故障处置过程始终坚持安全第一原则，由牵头单位按照故障处置制度，严密组织故障处置，故障责任单位在故障处置完成后 30 日内完成故障归零。

4.3.3　信息发布与用户反馈机制

信息发布与用户反馈机制主要包括：对外信息分类机制、信息发布机制和用户使用情况反馈机制。将对外信息分为计划内操作信息、计划外操作信息、总体性指导文件、系统服务性能报告等 4 类信息，明确各类信息的组成要素、基本口径等内容，确保信息的规范性和权威性。针对各类信息建立信息发布机制，明确发布单位、发布时机、发布渠道、发布范围等。同时，多渠道收集用户反馈意见，设立官方邮箱和热线电话，并在北斗官网设立用户反馈专栏，需予回复的反馈由应用验证系统、全球连续监测评估系统分别研提对各类用户的回复意见，经技术指导专家组审核后，向用户回复。

为完善北斗系统质量问题响应协同工作机制，制定了质量问题信息报送与发布、质量问题信息综合分析等制度要求，编制工程质量问题月报，及时信息通报和举一反三，对于促进工程质量问题信息的及时沟通和信息共享起到了积极的推动作用。此外，集北斗服务信息发布与用户反馈功能于一体的民用信息服务平台也在筹备构建，将进一步提升北斗全球用户体验，推动北斗系统走出去。

4.4　北斗系统运行质量管理实施

4.4.1　运维业务流程

北斗系统长期稳定运行服务，依赖于高效率高质量的北斗系统运维。综合来看，北斗系统运维业务流程需要融合卫星、地面运控、测控、星间链路运行管理系统等内部监测数据和空间环境监测、全球连续监测等外部监测数据，优化运维管理机制，对系统进行实时监测、定量评估、准确诊断、提前预测和优化决策，使得运维活动更为高效，提升北斗系统运行服务效能。总体而言，北斗系统的运行过程可以归纳为"监测、评估、控制"三个方面，如图 4-3 所示。

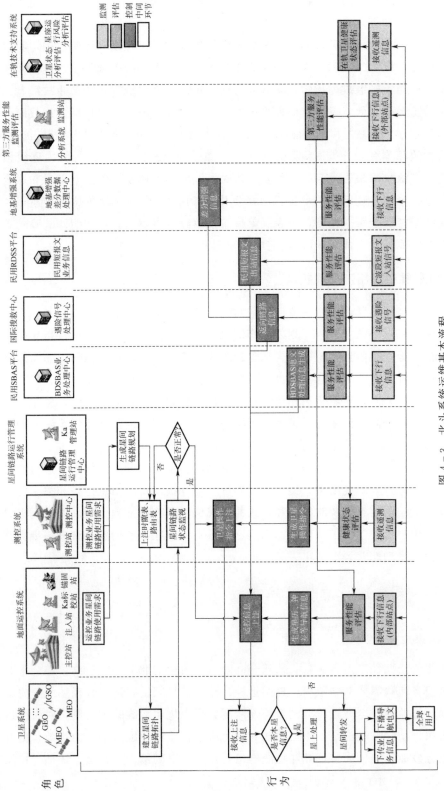

图 4－3　北斗系统运维基本流程

　　首先，是针对北斗星地一体化网络系统的运行状态的监测，主要包括大系统性能监测、系统级功能性能监测、单机及其以下器部件功能性能监测等。同时，卫星关键单机产品的试验数据、地面试验验证数据和质量问题也被纳入其中，形成完整全面大系统服务性能监测数据、系统及单机性能监测数据。

　　其次，是针对北斗系统性能、运行状态的评估，主要包括第三方服务性能监测评估、北斗地面运行系统内部的服务性能监测评估、测控系统的单机/卫星功能性能遥测评估、星间通信及测量性能评估，以及来自在轨技术系统的卫星状态监测评估、星座运行风险评估等。

　　最后是控制，在监测评估的基础上，开展常规操作、异常处置等工作。常规操作包括系统功能性能有关操作（星座维持）和单机功能性能有关操作（如调频调相等），异常处置是故障和风险预案的制定实施，包括星座备份/补网策略优化、软件重构、单机备份切换、单机健康管理等，并对用户发布计划中断预报和非计划中断通报。

4.4.2　系统数据监测

（1）数据监测体系

北斗系统形成了内外环相结合的完整监测体系。内环监测包括地面运控系统、测控系统、卫星系统对在轨卫星的监测；外环监测包括第三方监测评估、地基增强系统、空间环境监测中心等对在轨卫星的监测。北斗系统监测体系如图 4-4 所示。

北斗的监测评估体系通过将两种监测手段相互结合，内外监测相辅相成，既充分利用了当前广泛分布的卫星导航数据，又深入细致地评估了卫星导航系统的服务性能，两者共同构成了严密、精确的监测体系。

内环监测主要由卫星信号自主监测，地面控制段通过监测站、星间链路及测控站实时获取数据。卫星自主监测通过导航卫星自身对所播发的导航信号通过多路直接反馈处理，进行调制信号、导航电文数据、卫星钟等状态的监测处理，形成相应的完好性信息随导航电文播发给用户，告警实时性高；地面运控系统在卫星运行阶段，利用遍布在国内各地的数十个导航信号监测站，开展卫星原始观测数据、卫星轨道测定预报数据、卫星钟差测定预报数据、电离层延迟改正数据、各分系统工作状态和工作参数的收集获取；测控系统在卫星运行阶段，利用地面测控站网和星间链路数据，开展卫星单机性能、状态等遥测数据的采集与处理。

外环监测主要利用第三方监测评估、地基增强系统、空间环境监测中心等数据源，收集获取数据，发挥第三方服务性能和空间环境监测评估作用。第三方导航服务性能评估机构，通过利用遍布全球的第三方导航信号监测站，分析和发布四大卫星导航系统的原始观测数据、监测站气象数据等信息；中国科学院空间环境预报中心、德国地球科学研究中心等空间环境分析机构，通过对相关数据的持续监测，分析与发布太阳活动强度评估数据、地磁活动强度评估数据、宇宙射线数据等信息。

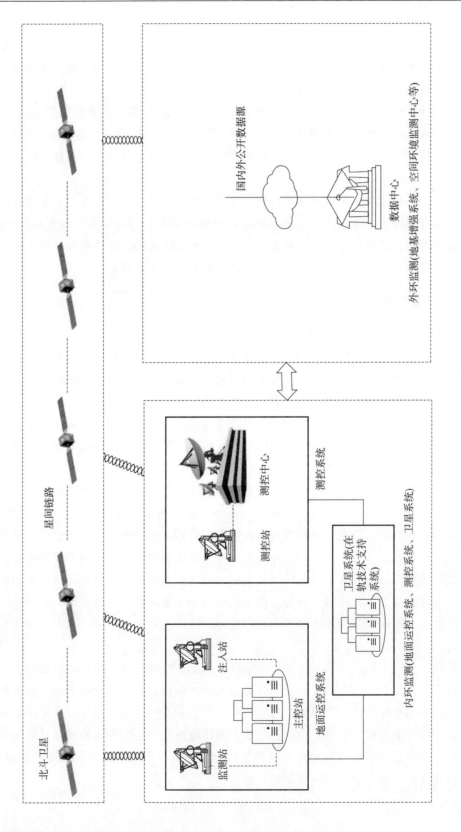

图 4 - 4　北斗系统监测体系示意图

（2）数据管理

北斗系统数据通过大数据存储技术进行长期存储；在存储北斗系统数据信息过程中会面临存储资源整合、存储集群高可用性、远程异地容灾等问题。需要存储管理的数据包括北斗系统，以及北斗试验卫星系统的原始观测数据、系统业务处理、系统工况信息等数据，数据种类繁多、数据量大，甚至达到海量级别的数据处理规模，可采用冷、热数据隔离的方式来实现北斗系统海量数据的存储。

①热数据管理

业务上使用度高、对于数据写入和查询性能都要求高的数据，即热数据。该类数据由HBase 存储，该数据库集群可由配置较高的 CPU、更大空间内存以及更多高性能磁盘的服务器组成。HBase 通过使用多台服务器和内置磁盘作为标准配置，做到性能随物理节点的增加实现线性提升。另外，HBase 采用分片技术为系统提供横向扩展机制，进一步克服单台服务器硬件资源（如内存、CPU、磁盘 I/O）受限的问题。

②冷数据管理

存储时间比较久、使用频率不高的数据，数量巨大，访问侧重于吞吐量，而不是数据访问的实时性，是整个存储功能模块中消耗存储空间的主要部分，即冷数据。该类数据将被保存至 HDFS 中，并进行长期存储。

4.4.3　系统运行评估

（1）服务性能评估和运行状态评估

利用服务性能评估数据和运行监测数据，迭代开展服务性能和运行状态评估，及时发现导航服务层面和系统运行层面的异常情况，感知系统导航服务实际性能指标和运行实际性能指标，有助于分析系统服务性能变化趋势（见图 4-5）。

①服务性能评估

服务性能指标直接反映了卫星导航系统的服务水平，也是评估卫星导航系统能力最科学、最直接的手段。因此，准确评估卫星导航系统性能对掌握系统状态、保障系统稳定运行至关重要。针对卫星导航系统而言，目前最具代表性的指标 ICAO 提出的航空无线电导航必备性能，主要包括精度、完好性、连续性和可用性四大性能指标。

②运行状态评估

运行状态评估主要面向北斗系统稳定运行，梳理形成直接相关的指标项，用于评估系统的运行状态。状态监测评估主要对卫星系统（单机/卫星/星座）、地面运控系统、测控系统、星间链路运行管理系统的运行状态进行实时监测评估。

（a）卫星系统监测评估

卫星系统监测评估是卫星健康状态评估的前提和基础，包括单机/设备健康状态评估、卫星/星座健康状态评估。单机/设备健康评估综合利用单机/设备工况数据、性能数据、研制试验数据、外部监测数据、空间环境数据等多源信息，根据单机/设备失效机理，利用贝叶斯网络建立单机/设备评估模型，结合单机/设备在轨数据特征，评估单机/设备的

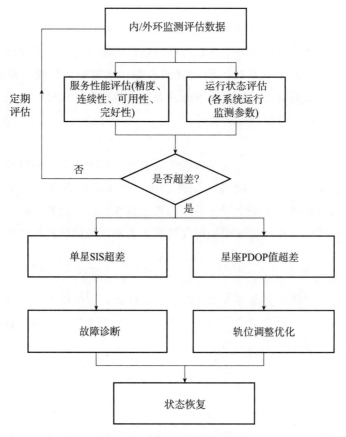

图 4-5　服务性能评估框架

健康状态。卫星/星座健康状态评估综合单颗卫星的健康状况、卫星的数量及卫星星座的构型，对不同类型卫星的各分系统、各单机进行梳理，根据在轨实测数据分析得到的单机状态信息，融合利用空间环境数据，开展卫星故障与空间环境异常的关联分析，确定卫星健康状态。

（b）地面运控系统监测评估

地面运控系统健康状态评估主要是充分利用系统原始观测数据、业务处理结果、工作参数、运行状态信息、日志信息和各类系统传感器数据等多源数据，建立常态化地面站状态评估机制，在对地面运控系统关键状态信息长期连续监测评估基础上，综合开展地面站健康评估。

（c）测控系统监测评估

测控系统监测评估主要包括遥测监测覆盖性评估、遥控上行发令评估、轨道保持评估等业务流程中的关键参数等。

（d）星间链路运行管理系统监测评估

对星间链路运行管理系统进行监测，主要是对卫星相关参数和地面设备的相关参数，以及星间链路建链状态进行监测。

（2）故障诊断

故障诊断主要内容包括单机故障诊断和整星故障诊断，两者相互关联，通过故障诊断，可发现当前星座的薄弱环节，为运维处置提供支撑（见图 4 - 6）。

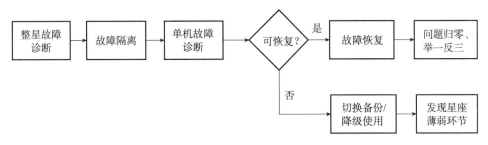

图 4 - 6　北斗系统故障诊断框架

①单机故障诊断

单机故障诊断通常基于阈值判断模型和机器学习模型进行。阈值判断模型是通过设计师对遥测参数正常范围进行限定，是传统的故障诊断方法。当该遥测参数超出阈值范围时，就认为该遥测对应的设备发生故障，通常情况下，对反映被监测单机或分系统的某个重要特征参数进行诊断。

机器学习模型通常包括神经网络模型和支持向量机模型等机器学习框架，并利用大量的数据对模型进行训练。在卫星系统实时运行并发生故障时，将待诊断对象每种工况或状态下的各个检测样本（故障特征向量）送入训练好的机器学习分类器，通过比较模型输出结果与训练时规定的故障类型输出标示，即可获得故障诊断的结果。

②整星故障诊断

整星故障诊断模型包括案例检索模型和贝叶斯网络故障诊断模型。案例检索模型通过凝练专家和设计师的知识构建知识规则库，并在卫星故障诊断进行过程中不断丰富规则知识，总结成功诊断案例，形成案例库。在故障发生时，通过案例检索的形式进行故障诊断推理。通过故障特征量来量化描述当前诊断问题与案例库中案例的相似程度，通过比对，检索到若干相似的案例，通过案例匹配得到的诊断方案将被重新用于解决新的诊断问题，并通过测试对新诊断方案加以验证。贝叶斯网络故障诊断模型融合了卫星单机或分系统失效机理分析和数据分析方法，在卫星系统故障发生时，通过遥测参数的实际状态设置贝叶斯网络中的观测证据，即对各节点的状态进行赋值，接着对贝叶斯网络进行证据条件下的推理，从而获得带置信度的故障诊断结果，实现故障诊断。

（3）故障预测

北斗系统故障预测包括单机故障预测和整星剩余寿命预测，两者相互关联，通过故障预测，可为卫星备份策略和星座补网提供支撑（见图 4 - 7）。

①单机寿命预测

综合利用单机/设备工况数据、性能数据、研制试验数据、外部监测数据、空间环境数据等多源信息，结合单机/设备失效机理，运用数据驱动＋失效物理分析技术，根据当

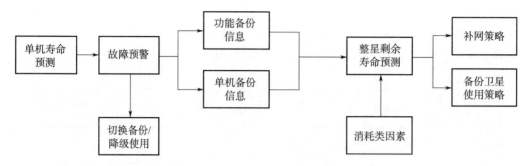

图 4 - 7　北斗系统故障预测框架

前监测到的单机/设备性能退化特征参数,结合单机/设备产生的海量监测数据,深入挖掘隐含的故障信息,采用神经网络、支持向量机、机器深度学习等人工智能方法进行性能预测,推断其剩余工作寿命。单机产品故障可分为耗损型和随机型两类。针对耗损型故障,利用人工神经网络、支持向量机等智能算法,预测单机产品在轨退化寿命。针对随机型故障,利用概率统计分析方法评估单机产品在轨可靠运行寿命。运用蒙特卡罗方法综合在轨退化寿命与在轨可靠运行寿命,评估得出含置信度的单机产品在轨剩余寿命。基于单机/设备的运行状态信息,提取单机/设备在轨数据特征,进行单机/设备寿命预测。通过调用寿命预测模型,进行寿命预测,并对单机/设备故障征兆进行预警。

②整星剩余寿命预测

根据星上产品的寿命特征,评估卫星长期在轨工作过程中的各类失效情况,包括突发故障导致整星失效(随机失效)。这类故障的发生具有随机性,故障产品在失效前的长期工作中没有明显的性能变化,往往在某种诱因下突然失效。另外,消耗性物质用尽会导致卫星到寿(消耗失效)。例如,星上剩余推进剂达到规定值,卫星不得不进行离轨操作或直接退役。这种情况下卫星并未发生故障,通常已经超过规定的工作寿命要求。产品性能退化到不可接受的程度导致卫星到寿(耗损失效),典型情况如太阳电池阵效率下降导致整星功率不足、蓄电池组容量退化至阈值等。综合考虑卫星随机失效、消耗失效及耗损失效,利用加权平均寿命估计(MLE)方法开展卫星系统寿命预测。其中,随机失效寿命利用概率统计的方法预测,消耗失效寿命(卫星推进剂)通常用 PVT 法推算,耗损失效寿命主要是指关键单机的耗损寿命,可根据关键参数的 ARMA 模型和神经网络模型进行外推预测。

(4) 运行风险评估

面向北斗系统稳定运行任务需求,开展北斗系统运行风险综合评估,其目的一是全面准确识别大系统运行的风险项目和影响因素;二是量化评估运行风险和把握风险演变规律,从而支撑北斗系统稳定运行。按照风险评估程序,首先,明确北斗系统运行风险评估准则;其次,面向北斗三号系统定位导航授时服务、短报文通信服务、星基增强服务等,分别从管理操作、技术体制、系统/软硬件产品质量以及环境等几方面,全面识别北斗系统风险项目;最后,建立系统风险评估模型,反映风险因素之间的关联关系,在线评估系统风险，查找系统薄弱环节。对管理、技术、操作、软硬件等风险项目进行体系化梳理，摸清各风险项目之间的关联关系，建立能够融合研制试验运行数据（前后）、系统各层次产品数据（上下）、系统内外监测数据（内外）等多源多维数据的风险模型，对系统运行风险进行定性与定量相结合的动态评估，识别各风险项目变化对北斗系统整体运行服务性能的影响，特别是对精（性能）和稳（连续性风险）两方面性能的影响，查找系统薄弱环节，定期形成大系统和各系统运行风险评估报告，为风险决策提供科学支撑。按照系统层次划分，运行风险评估还可分为大系统、卫星系统、地面运控系统、测控系统、星间链路运行管理系统以及各大服务平台的运行风险评估。这些评估均遵循风险评估基本程序与方法。

4.4.4　系统运维处置

（1）常态运维调度

北斗系统运行管理实行 24 小时值班。地面运控系统、测控系统、星间链路运行管理系统和卫星系统明确值班岗位和专职联络人员，负责系统运行状态、故障处置、重大操作、性能提升等情况通报协调（见图 4-8）。

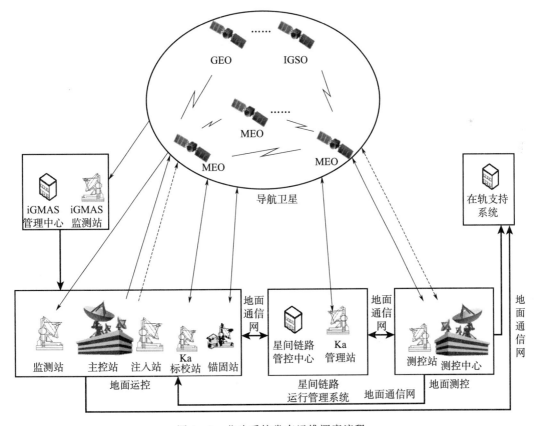

图 4-8　北斗系统常态运维调度流程

在常态运维调度流程中，在轨管理工作主要由地面运控系统、测控系统、卫星系统、星间链路运行管理系统、在轨技术支持系统等联合保障完成。地面运控系统开展卫星有效载荷管理和地面运控系统设备维护、性能提升、故障处置和在役考核等。测控系统开展北斗系统卫星平台测控，根据需求对卫星有效载荷实施操作。卫星系统开展在轨卫星运行管理的技术支持，协作地面运控系统、测控系统、星间链路运行管理系统制定卫星平台、星间链路、有效载荷运行管理方案，并配合实施。星间链路开展星间链路建链，进行星间高精度测量通信，以及星间链路运行管理。

另外，第三方监测评估系统主要开展北斗/GPS/GLONASS/Galileo 四大卫星导航系统的原始数据观测，评估形成四大卫星导航系统的卫星轨道、卫星测站钟差、地球自转参数、对流层、电离层、测站坐标等信息。

在轨技术支持系统开展对卫星平台、卫星基本载荷、星间链路、增量载荷、卫星信号等多源数据的实时接收和处理，掌握卫星实时在轨运行状态，并通过对卫星地面设计阶段、测试研制阶段及在轨和历史数据的综合分析，实现对未来数据的趋势预测，建立卫星故障模型，丰富卫星健康状态管理手段，对潜在的运行风险实现提前预警，保障系统的稳定运行和平稳过渡；全面评价卫星在轨运行质量、推演评估全球系统服务水平、展示全球系统运行状态，为工程总体和各大系统提供相应的技术决策支持。

（2）故障处置

故障处置包括测控业务故障处置、运控业务故障处置、星间链路运行管理故障处置。一般情况下发生有预案故障时，各系统按预案进行处置，将处置结果向系统管理单位报告，并通报主控站管控大厅。发生无预案故障时，特别是Ⅲ级以上故障，由相关系统发起，有关系统参加，共同研究制定应对方案，并通报主控站管控大厅，由相关系统总师确认后，按边处置边上报的原则，在主控站管控大厅统一调度下依案实施。对于卫星平台或星间链路的无预案故障处置，一般在测控或星间链路运行管理系统调度下依案实施。

①单星异常故障处置

卫星系统在轨故障处置流程如图 4-9 所示。

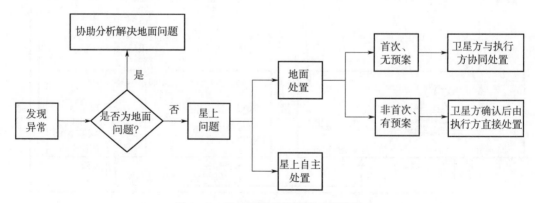

图 4-9　卫星系统在轨故障处置流程

卫星方发现异常或收到相关单位的异常通知后，首先排除是否为地面因素导致，若为地面异常，则卫星方根据发令方需求协助分析、解决地面问题。若为星上异常，则对星上异常进行分类处置，包括星上自主处置的故障及需地面处置的故障两类。对于需地面处置的故障，若非首次发生且有预案，则在卫星方确认后根据预案由执行方直接处置；若首次发生或无预案，则由卫星方协同执行方处置。

②星座异常处置流程

导航星座由多颗组网卫星组成，异常处置流程如图 4 - 10 所示。

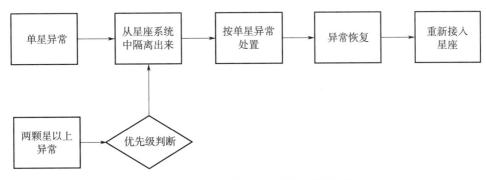

图 4 - 10　卫星系统星座异常处置流程图

发现单星异常后，首先将发生异常的单星从星座系统中隔离出来；若星座中有两颗及两颗以上卫星同时异常且资源受限，判断各异常卫星处置优先级别，优先处置级别较高的卫星；按单星异常处置的流程进行单颗组网星异常处置；单颗组网星异常处置结束后，择机将该星重新接入星座系统。

4.5　运行质量管理资源保障

北斗系统运行通过质量管理标准规范的建立，先进质量管理方法工具的集成应用，提升人员胜任力，以及设施设备等资源的合理配置，为质量管理体系建设提供使能。

标准规范方面，制定并完善了北斗系统运行管理相关的政策法规、组织文件、程序文件、技术文件、操作文件、标准规范等配套文件。政策法规是顶层文件，主要包括法规文件、顶层要求及管理规章等。组织文件主要包括运行管理机构设置文件，以及各级运行管理责任清单、系统间多方联保协议等。程序文件主要包括开展常态化运行管理工作的各类程序性、机制类文件。技术文件主要包括技术总体方案，以及系统间接口文件。操作文件主要包括用于运行管理相关具体操作的岗位操作规程、应急处置预案、值班操作手册等。标准规范主要包括北斗系统运行服务技术指标体系，以及运行管理相关的标准和各类规范等。

方法工具方面，北斗系统采用先进质量管理方法和技术方法工具，实现了"管理-工程-技术"的有机融合。针对进度、研制、发射、稳定运行等方面存在的多类风险，创新建立了"多源数据融合风险认知分析、定性定量相结合风险动态评估、分级传递和提前防范风险预警控制"的风险控制保障链，形成风险"识别-评估-防控"闭环控制，实现了由传统"质量前移"向"风险前移"的成功转型。根据北斗系统运行特点，开展风险识别、风险评估、风险控制保障及风险跟踪等工作，通过风险项目监测指标及其判断准则，结合监测数据，开展运行风险项目综合等级量化评估，选取各类服务的技术指标及要求，作为基础保障和服务风险的评估准则。结合监测数据，开展基础保障和服务风险评估，有效降低北斗系统运行阶段存在的各项风险，促进工程管理的完善，保障系统决策的科学化、合理化，提高运行管理水平，提高运行效益，提高系统资源优化配置，消除系统失效带来的不利影响。

数据信息方面，主要包括导航业务、在轨遥测、星间通信、外部监测评估、单机产品试验测试、地面试验验证及质量问题等七个方面的数据信息。卫星导航业务数据主要来自地面运控系统，用于完成卫星轨道确定、电离层校正、用户位置确定及用户短报文信息交换等处理任务，实现北斗系统的时空基准维持、日常运行管理。在轨遥测数据由卫星产生并通过测控通道下传，是对卫星工作状态监视的主要手段。星间通信数据利用其通信和测量的功能，实现对多种类型业务的支持。外部监测评估数据主要是通过第三方监测评估系统、地基增强系统等的连续监测评估，获得北斗系统服务性能监测评估数据。单机产品试验测试数据主要来源为卫星系统和地面试验验证系统。地面试验验证数据包括卫星导航业务数据、复杂电磁环境数据、新性能评估数据等。质量问题信息是通过对质量问题进行收集、整理、分类统计和综合分析，识别北斗系统研制建设及运行服务阶段的薄弱环节，针对性制定运维措施。

人员队伍方面，主要包括人员配置、人员培训及专业队伍建设等。通过流程梳理和岗位设置，明确各部门、各岗位人员的能力需求，确定并配置所需人员，确保人员数量、结构、责任心和能力满足需求；通过单位培养、集中培训、建立专家组等方式，成立了专业化运行管理队伍，负责开展日常运行管理工作；建立高水平专家队伍，成立体系总体专家组、测试评估专家组、质量与可靠性专家组、国际合作专家组及应用专家组等 5 个专家组，为运行管理工作提供咨询把关；成立测试评估分中心、安全评估分中心、质量与可靠性分中心、产业发展分中心、学术交流分中心、宣传分中心、国际合作分中心、国际交流培训分中心、在轨支持分中心等 9 个分中心作为专业技术支撑机构，同时与清华大学、武汉大学、北京航空航天大学等 10 余个优势科研院所合作，作为总体设计部的大外围团队；在人才与学术交流方面，举办北斗规模应用国际峰会，推动设立中非北斗合作论坛、中国-中亚北斗合作论坛等平台机制，推动北斗系统的国际交流与合作。

设施设备方面，主要包括保障北斗系统稳定运行的各类软硬件基础设施设备，通过设施设备的定期健康评估与维护，为北斗系统高质量稳定运行提供保障。为加强北斗系统各设施设备健康评估与维护能力，确保系统连续、稳定、安全和可靠运行，北斗系统按照稳定运行责任书的总体要求，开展系统设施设备日常巡检，定期进行健康评估。根据系统设施设备健康评估的结果，对于需要维护的设施设备，按要求完成审批后，择机开展维护操作，尽量减少对整个系统服务能力的影响。

第5章 北斗系统质量监督与评价

北斗系统是跨部门、跨领域、跨专业大协作的复杂系统工程，任务面临技术难度大、发射密度高、可靠性要求高等新形势，使高质量保证成功面临更大挑战。为进一步掌控工程风险，实现工程的高质量、高可靠要求，必须开展更独立、更专业、更客观、更深入的质量监督与评价工作，为任务成功提供有力的质量技术支撑与保障。

本章介绍了北斗系统重点开展的质量监理、复核复算、产品成熟度评价、独立评估、产品测试与认证等质量监督与评价工作。

5.1 概述

5.1.1 概念与内涵

质量监督是指为了确保满足规定的要求，对组织、过程和产品的状况进行监视、验证、分析和督促的活动；质量评价是指对实体能满足特定需求程度的系统检测。质量监督与评价通常是指为了确保某产品、项目、活动或服务满足规定的要求，由主体针对工作目的和对象特点，依据产品质量要求相关的法律法规、标准规范和合同协议，协调相应的人员、技术、设备、信息等资源，通过监视、验证、分析和督促等方式开展的检查和分析等活动。

按照实施主体的不同，质量监督与评价可以分为第一方、第二方和第三方质量监督与评价。第一方质量监督与评价是由组织内部开展的，第二方质量监督与评价是由用户、上级实施的，第三方质量监督与评价是由独立于组织和用户的外部机构实施的。

按照实施对象的不同，质量监督与评价可以分为对产品、过程和组织的质量监督与评价。对产品的质量监督与评价主要是针对产品实物质量的测试与检验；对过程的质量监督与评价主要是针对产品研制、生产、储存、运输、使用等全寿命周期中的各个环节，保证产品实现并满足要求；对组织的质量监督与评价主要是针对组织中保证产品质量的管理体系、人员和设施等，即组织的质量保证能力。

5.1.2 北斗系统质量监督与评价的特点

北斗系统面对从研制到发射到组网再到应用的一系列质量与可靠性需求，在传统航天质量管理工作基础上，面向不同对象与不同需求，形成了相互独立又互为补充的北斗系统的质量监督与评价体系。北斗系统质量监督与评价工作在策划与实施的过程中，整体呈现出"规范性、专业性、针对性、协调性"的特点。

（1）规范性

北斗系统质量监督与评价工作充分体现出了其在实施流程、工作依据及过程文件上的规范性。一是实施流程规范，在北斗系统的各种质量监督与评价活动策划实施的过程中，从质量管理科学角度，结合质量监督与评价目的，明确了主体和客体的责、权、利，确定了相应的程序和方法，保证了质量监督与评价实施流程的规范性。二是工作依据规范，北斗系统的各种质量监督与评价活动的要求与内容来源于对相关法律法规、制度文件、标准规范、合同协议、质量文件中的任务需求、技术指标、质量要求、工作流程、职责分工等信息的提炼与转化，保证了质量监督与评价依据的规范性。三是过程文件规范，北斗系统的各项质量监督与评价活动在开展前，均通过系统详细的设计，从风险的角度出发，以工程研制中的重点、薄弱点和关键环节为对象，制订了内容科学、合理、正确的各类工作模板，保证了质量监督与评价过程文件的规范性。

（2）专业性

北斗系统质量监督与评价工作充分体现出了其在组织队伍、提出和解决问题及输出结果上的专业性。一是组织队伍专业，北斗系统的各项质量监督与评价活动均建立了专门的组织队伍，广泛吸纳了全行业领域内的权威专家，充分调动了全行业领域内的专业机构，覆盖了设计、生产、试验、工艺等各个环节、各个专业，保证了质量监督与评价组织队伍的专业性。二是提出和解决问题专业，北斗系统的质量监督与评价从质量科学的角度识别研制风险大的重点、薄弱点和关键环节，再通过专家对涵盖系统、分系统、单机、重要单元各个层级产品研制生产过程的把关、指导，保证了质量监督与评价提出、解决问题的专业性。三是输出结果专业，北斗系统的质量监督与评价内容包含了能力、过程和产品三个维度的全部对象，对能力和过程的监督与评价体现了全面质量管理"预防为主"的思想，对产品的监督与评价意味着对实物的质量把关，实现事前、事中、事后的统一，保证了质量监督与评价最终输出结果的专业性。

（3）针对性

北斗系统质量监督与评价工作充分体现出了其对于薄弱环节、产品特点及重点需求的针对性。一是针对薄弱环节，北斗系统的质量监督与评价活动，重点针对北斗系统自身及相关产品以往暴露出的薄弱环节，展开针对性的过程把关控制，及时发现并控制各研制阶段可能存在的质量风险。二是针对产品特点，北斗系统的质量监督与评价活动，针对不同层级、不同专业的产品，设置契合产品自身特点的不同监督与评价方法，有针对性地考察不同类型产品的质量水平。三是针对重点需求，北斗系统的质量监督与评价活动，针对不同目标，设计差异化的质量监督与评价内容，实现对技术风险分析与控制、产品可应用程度、系统可推广性等不同侧重方向的考察。

（4）协调性

北斗系统质量监督与评价工作充分体现出了其在各方组织单位之间、各级产品之间、各项质量监督评价活动之间的协调性。一是各方组织单位之间的协调，北斗系统的质量监督与评价要做好研制、管理等各单位之间的协调，按照工程任务分工，将工作与单位自身质量工作相融合，将质量监督与评价活动嵌入到单位自身质量管控流程中。二是各级产品之间的协调，北斗系统的质量监督与评价要做好工程总体、系统、分系统、单机等各级产品之间的协调，按照工程实施过程，将质量监督与评价活动嵌入到产品实际研制流程中，根据研制进度及时开展质量监督与评价。三是各项质量监督评价活动之间的协调，北斗系统的质量监督与评价要实现各项质量监督与评价活动之间的协调，多种监督与评价方式间协调与互补、各有重点，实现监督与评价的人员、技术、设备、信息等资源协调配置。

5.1.3　北斗系统质量监督与评价的主要工作项目

常见的质量监督与评价活动包含：科研生产资质许可管理、实验室认可管理、二方审核、关键节点评审、专项监督抽查、重大质量事故调查审查等多种形式。北斗系统在传统质量管理工作基础上，重点开展了质量监理、复核复算、产品成熟度评价、独立评估、产品测试与认证等质量监督与评价工作项目。各类工作项目具体实施主体、监督评价对象、开展时机见表 5-1。

表 5-1　北斗系统质量监督与评价主要工作项目

工作项目	实施主体	监督评价对象	开展时机
质量监理	第三方	产品研制生产过程	研制过程中
复核复算	第一、二、三方	产品设计	设计完成前
产品成熟度评价	第一、二、三方	单机产品	研制完成前
独立评估	第二、三方	任务风险	任务开始前
产品测试与认证	第三方	通用基础产品	产品鉴定后

质量监理由质量监理人员根据产品特点、需求及有关文件要求，对北斗系统产品总体、分系统及单机产品研制质量进行监理抽查。质量监理人员对监理抽查过程中发现的问题、不足和建议及时与相关单位和项目办进行沟通，对监理过程发现问题的闭环进行后续跟踪，并在产品出厂前，编制形成产品出厂质量监理专题报告。

复核复算是对尚未经过飞行（发射）考核的技术、直接影响飞行（发射）成败和安全的问题或其他相似产品出现问题的技术，组织同行专家对设计进行质量的检验和校核，对产品的方案、设计过程、生产、使用等相关环节进行再一次质量把关，目的是确保一次成功、满足产品的零缺陷要求。

产品成熟度评价工作是将"产品成熟度"作为度量产品研制进展情况、质量与可靠性工作情况和产品应用技术风险的综合参数，支持质量与可靠性工作的闭环管理和自我完善。

独立评估从识别任务风险的角度，对技术方案、产品设计、试验验证、可靠性、故障预案及关键技术突破情况等方面进行独立、客观、深入的专业评估，达到有效管控系统级产品研制风险的核心目标。

产品测试与认证是为配合北斗系统用户设备研制和产业化推广而实施的国家统一推行的工作，涉及的产品包括各型用户设备，也包括各种基础产品，推动了北斗系统产品的研制和市场化工作。

5.2　质量监理

为确保系统及其配套产品质量，北斗系统针对产品的研制生产过程实施了独立的质量监理工作，形成了具有工程特色的质量监理模式、方法和工作机制。质量监理人员依据北斗系统顶层质量管理文件和被监理单位有关产品研制管理规范、标准、质量文件、技术文件等，对产品的研制、生产、试验、交付等过程中的重要节点、关键环节实施监督审查和把关，发现北斗系统产品研制生产过程中存在的问题、薄弱环节等质量风险，并跟踪整改闭环，帮助和督促被监理单位质量工作的持续改进，为工程质量控制、质量改进和质量决策提供支撑。

5.2.1　基本原则与方法

北斗系统质量监理工作主要遵循"依据规章、突出重点、严格要求、实事求是、注重沟通、独立客观"的基本原则。

依据规章是指监理工作要依据有关质量法规、标准、质量文件、技术文件，进行符合性监理，要坚持掌握标准，确保提出问题"有依据"。

突出重点是指监理工作要抓住被监理产品的关键研制阶段、关键产品、关键过程，做到将产品监理与质量管理体系监理相结合，将过程监理与关键节点监理相结合，将日常监理与专题监理相结合，保证产品实现过程能时时、事事"按依据"。

严格要求是指监理工作要认真严格，对不按质量规章办事和影响产品质量的问题要坚持原则，善于发现问题，勇于提出问题，提出改进建议，跟踪问题的处理结果，确保质量问题依规解决，促进落实到位。

实事求是是指质量监理人员要从客观实际出发，深入产品活动现场，掌握实际情况，眼见为实地开展质量监理，以事实为依据提出问题并跟踪闭环，持续提升监理工作的有效性。

注重沟通是指要做好质量监理人员内部、质量监理与被监理单位、质量监理与产品两总的沟通，使质量信息及时传递。

独立客观是指质量监理人员的工作不干预正常的产品研制生产活动，不负责处理质量监理中发现的问题，不替代产品指挥系统和设计师系统决策，不改变产品指挥系统和设计师系统的质量责任。

质量监理具体工作方法主要可分为文件见证、现场见证、关键节点见证、日常巡视检查和专项质量监理。

（1）文件见证

质量监理人员将北斗系统产品的有关文件、记录或报告等预先设定为质量监理控制点，并按计划开展文件见证。在北斗系统产品各级、各类产品的研制生产过程中，主要对以下文件、过程记录及报告等进行监督审查，主要看技术文件是否符合要求：

1）产品有关设计论证、设计分析报告，产品任务书，产品配套表等文件；

2）产品保证大纲及其执行情况的文件或记录，产品可靠性、安全性大纲及产品可靠性安全性技术分析报告和执行情况报告；

3）产品三类关键特性分析报告，关重件特性及产品汇总表；

4）产品技术风险分析及措施落实情况报告；

5）产品技术状态更改分析、验证情况报告，技术状态更改单、偏离单等处置文件、记录；

6）产品验收技术要求，测试与试验大纲，产品验收、测试、试验报告等文件；

7）产品生产、总装、测试的工艺文件、工艺规程、技术通知单及操作记录、测试记录、测试数据确认报告等文件；

8）产品材料复验单、装机清单、制造过程跟踪卡、不合格品审理单、质疑单等文件。

（2）现场见证

质量监理人员将北斗系统产品的过程、工序、节点或结果预先设定为质量监理控制点，并按计划开展现场见证，主要看现场的过程控制是否符合技术文件的规定。在北斗系统各级、各类产品的研制生产过程中，主要对以下关键环节、关键工序、关键特性形成工序、强制检验点及重要测试与试验过程开展现场见证：

1）技术状态更改、偏离、超差过程控制环节；

2）产品重大技术风险项目试验验证环节；

3）关键、重要特性形成工序及产品特殊过程控制环节；

4）关键检验点和强制检验点检查环节；

5）关键参数、极性等测试、重要试验过程及其结果的检查；

6）关键、重要产品（含外包）的生产、测试与试验、验收过程；

7）分系统、整星总装、电测试及整星环境模拟试验等准备状态的检查；

8）根据以往经验，容易出现质量问题的环节；

9）软件产品：A、B 级软件和 C 级飞行软件研制过程的配置项、版本控制及出入库记录、测评结果及验收结果。

（3）关键节点见证

质量监理人员在北斗系统产品的研制生产过程中，预先设定必须经监理人员见证并签字确认后才可转入下一个节点、工序或阶段的质量监理控制点，并按计划开展关键节点见证。在北斗系统各级、各类产品的研制生产过程中，主要对以下关键节点进行监督审查：

1）产品研制转阶段评审；

2）产品初样研制阶段Ⅰ类技术状态更改，正样研制阶段Ⅰ、Ⅱ类技术状态更改措施实施前；

3）产品研制的关键环节实施前；

4）分系统、系统级产品总装、总测试及大型试验前生产准备状态审查；

5）产品质量问题院级以上归零评审；

6）产品出厂评审。

（4）日常巡视检查

除了见证以外，日常巡视检查也是北斗系统质量监理的一种主要方式。日常巡视检查是质量监理人员对被监理产品进行的定期或不定期的现场监理活动，主要是对一般产品及其配套产品实施巡查。日常巡视检查具备一定的随机性，是监理策划设置的监理控制点外的质量监理活动，质量监理人员进行日常巡视检查时不需要提前告知被监理单位。

（5）专项质量监理

专项质量监理是质量监理组依据北斗系统办的专项质量监理任务或根据实际工作需要开展的专题质量监理活动。针对北斗系统产品及配套产品面临的共性问题、薄弱环节、重点工作设立专题，组织相关领域的专家和其他专业技术人员，开展联合监理检查，专项质量监理活动结束后形成专题质量监理报告并上报北斗系统办。

专项质量监理可以集中检查人员的力量形成合力，加强检查的系统性，从源头发现问题，抓住薄弱环节和重点项目，提高监理工作的成效。

5.2.2　质量监理工作策划

质量监理活动实施前，需策划质量监理活动，对质量监理工作及被监理产品、过程予以识别，明确监理产品对象和范围、确定监理工作依据、编制监理细则、确定见证点，制订监理实施计划，明确质量监理活动所用方法、手段、质量标准、记录要求及所需的资源等，并形成文件。质量监理策划工作完成后形成质量监理计划，并与被监理方进行监理交底，同时建立监理工作体系，确保监理工作的规范性和系统性。

质量监理活动策划的输入一般包括：

1）国家、相关行业的相关法律法规、制度、标准和规范；

2）研制要求、合同或任务书；

3）产品（质量）保证大纲；

4）产品研制技术流程；

5）产品技术文件；

6）被监理方的科研生产计划；

7）被监理方的质量管理体系文件；

8）被监理产品的外购、外协、外包信息；

9）相关方规定的其他技术和质量控制要求。

质量监理活动策划的输出一般包括质量监理细则（规定具体产品、过程、质量监理活动详细作业方法等的作业指导文件）、质量监理计划（质量监理活动的具体安排，分为年度质量监理计划和季度质量监理计划）等，一般可采用文字描述、图表或手册等形式。输出文件应确定质量监理工作总结、质量监理阶段报告、质量监理记录表格等记录的要求。

5.2.3　质量监理实施与问题闭环

质量监理实施是指根据质量监理计划，对产品研制生产过程实施监理，对监理过程中发现的问题进行上报及反馈，依据监理工作结果在产品交付时给出科学、权威、独立、有效的监理结论，完成质量监理资料归档。

质量监理遵循科学规范的质量监理方式，根据产品和过程的重要程度及复杂程度、质量控制的难易程度、技术风险的高低、出现偏差引起后果的严重程度等因素设置质量监理项目，采用文件见证、现场见证、关键节点见证、日常巡视检查、专项质量监理等方式，对北斗系统产品总体及重要配套产品研制、生产、试验、交付等过程中的重要节点、关键环节实施监理审查。

在质量监理过程中发现并确认的问题，一般应填写《不符合项报告》，发放给被监理方，被监理方按要求进行整改，并将整改结果及时反馈给质量监理人员。对于发现的重大质量隐患和严重质量问题，质量监理人员与被监理方就暂停事实进行沟通，经质量监理组长批准同意后，可签发《暂停令》，《暂停令》中应明确暂停事项及原因。下达《暂停令》期间，被监理方应按要求进行整改，整改措施经质量监理人员确认符合要求后复工。发现问题的处理流程如图 5 - 1 所示。

5.2.4　质量监理工作总结

质量监理总结是指质量监理结果的分析、利用及对不合格质量监理过程的控制。

质量监理组对重大产品（关键产品）转阶段、出厂、质量问题归零，出具独立质量监理报告或签署意见；及时收集、整理质量监理信息，定期汇总和分析，识别共性问题，按月、年和产品研制关键节点（产品出厂等）形成质量监理报告。

被监理单位对质量监理人员提出的问题进行跟踪、分析，识别共性问题并举一反三，按季度将综合分析内容纳入本单位季度质量分析报告。

质量监理工作中形成的各类报告、工作记录按照要求归档，保存期限与产品寿命周期相协调。

根据质量监理相关制度、标准和规范，对每个监理项目的质量监理过程和结果进行分析和评价，识别和控制不符合要求的质量监理活动，明确不合格质量监理的控制、处置方法，针对问题采取纠正措施，消除不符合要求的质量监理活动。

5.2.5　各阶段质量监理重点内容

北斗系统质量监理根据产品研制阶段的差异，针对设计、生产、测试、试验、转阶段、产品交付、产品出厂等不同阶段的特点、需求和关键点，开展具有不同侧重点的质量监理工作。

（1）设计过程质量监理

设计过程的质量监理重点一般包括：

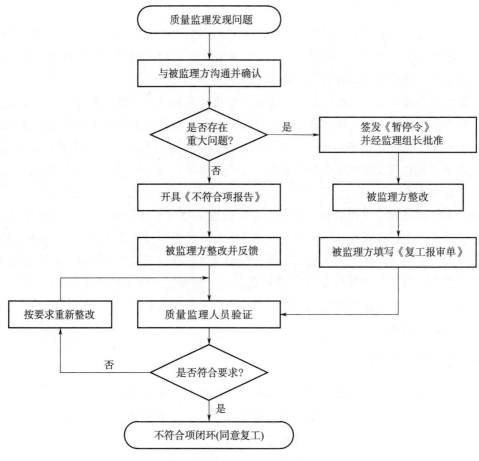

图 5-1　不符合项处理流程

1）设计方案的合理性；

2）设计评审和设计验证情况；

3）设计输入、输出的各类资料、数据、标准、规范、接口文件等的完整性；

4）产品（质量）保证大纲及可靠性等通用质量特性大纲的制定和执行情况；

5）新技术、新材料、新器材、新工艺的选用及其验证情况；

6）关键特性的识别分析情况及结果；

7）设计的工艺性分析、审查情况；

8）产品继承性分析情况；

9）设计更改控制情况；

10）测试覆盖性分析情况。

（2）生产过程质量监理

生产过程的质量监理重点一般包括：

1）与生产相关的标准、规范、设计文件、工艺方案等；

2）生产（含总装）准备状态检查情况；

3）关键/特殊岗位人员资格情况，尤其是特种专业人员资格情况；

4）加工设备和工装能力及状态、检测设备和装置的有效性；

5）环境控制（洁净度、静电防护等）措施执行情况；

6）工艺方案、工艺规程与设计要求、有关标准的符合性；

7）关键产品的开箱和验收工作；

8）关键、强制检验点的设置、检验方法及实施结果；

9）不可测项目控制情况；

10）关重件、关重特性、关键工序、特殊过程控制情况；

11）生产过程中各种工艺装备、工艺关键岗位人员等变动及控制情况；

12）新工艺鉴定和禁（限）用工艺控制情况；

13）极性检查情况；

14）电子装联过程质量控制情况；

15）关键零部件、单机设备的安装工艺措施执行情况；

16）包装、储运过程；

17）多余物控制措施及落实情况；

18）不合格品控制情况；

19）重要超差、代料的控制情况；

20）紧急放行审批和控制情况；

21）生产过程重要质量记录的完整性、可追溯性。

（3）测试过程质量监理

测试过程的质量监理重点一般包括：

1）测试准备状态检查情况；

2）测试大纲（细则）与要求的符合性；

3）测试设备、条件、人员等与要求的符合性；

4）测试记录、结果的完整性，签署的规范性；

5）测试设备清单及校准状态；

6）测试覆盖性检查结果；

7）极性测试及结果；

8）综合测试情况及其结果；

9）超包络参数分析情况；

10）不合格品控制情况；

11）紧急放行审批和控制情况。

（4）试验过程质量监理

试验过程的质量监理重点一般包括：

1）试验准备状态检查情况；

2）试验文件、试验技术方案与要求的符合性；

3）试验设备、条件、人员等与要求的符合性；

4）试验过程控制情况；

5）试验充分性保证措施及落实情况；

6）试验记录、结果的完整性，签署的规范性；

7）试验报告的规范性；

8）试验评审结果及其结论；

9）不合格品控制情况；

10）紧急放行审批情况。

（5）产品转阶段质量监理

产品转阶段的质量监理重点一般包括：

1）专项评审项目完成及结果；

2）前阶段研制工作完成情况；

3）规定试验项目完成情况。

产品转阶段评审前，质量监理人员出具独立转阶段质量监理意见，并反馈给被监理产品承研（制）单位。

（6）产品交付质量监理

产品交付的质量监理重点一般包括：

1）交付程序、组织管理与要求的符合性；

2）最终检验结果与要求的一致性；

3）产品数据包与要求的符合性；

4）产品履历书和产品证明书与要求的符合性；

5）超差/偏离特许审查情况；

6）交付正式评审结论及待办事项完成情况；

7）例外放行的审查情况；

8）超包络参数分析情况；

9）质量问题归零及举一反三情况；

10）产品交付评审及待办事项落实情况。

产品交付（评审）前，质量监理人员出具产品交付质量监理意见，并反馈给被监理产品承研（制）单位。

（7）产品出厂质量监理

产品出厂的质量监理重点一般包括：

1）专项评审项目及完成情况；

2）出厂评审应具备条件的情况；

3）备查文件审查情况；

4）研制过程监理意见、建议落实情况；

5）产品出厂报告与要求的符合性。

产品出厂前，质量监理人员应编写产品出厂质量监理报告，出具产品出厂质量监理意见，并提交产品出厂评审会。

5.3　复核复算

复核复算是保证设计可靠性的重要工作之一，在产品转阶段及相关系统研制和试验过程中，通过对总体方案、影响任务成败关键技术指标、关键单机长寿命和可靠性验证等情况进行专题复核复算，得出最终结论作为确认相关项目是否满足任务要求的依据，为工程提供决策支持。

5.3.1　基本工作思路

在复核复算实施过程中，坚持"突出重点，覆盖全面；独立复核，结论客观；建议合理，闭环管理"的原则。

复核复算通常针对工程总体层面的重大技术问题，以及影响安全性、可靠性和工程任务成败的关键技术、关键产品和关键项目进行。专项的复核复算项目可根据任务进展和研制需要适时开展。方案设计阶段复核复算要在转入初样研制阶段之前完成；工程研制阶段的复核复算要在设计文件和图样下厂之前进行；全部复核复算工作要在飞行产品进场前完成；飞行产品进场后及在飞行任务过程中，可视需要开展相关设计的复核复算。

复核复算流程主要包括三个步骤：

1）策划阶段。主要包括确定复核复算项目和内容、制订工作计划、成立复核复算专家组等。

2）实施阶段。主要包括制订专家组工作计划、实施复核复算等。

3）闭环总结。主要包括制定措施并落实专家意见、完成复核复算报告等。

5.3.2　确定复核复算项目与内容

开展复核复算首先要确定复核复算项目，根据产品研制特点，主要以设计流程与使用流程为剖面，以产品研制质量控制要求为纵向主线，按阶段以系统、分系统、单机、重要单元等设计质量为切入点，梳理出同一项工作在不同阶段需要完成的任务及关注的重点，以此确定需复核复算的项目。

复核复算项目一般包括：

1）采用新方案、新技术的应用项目。

2）改进设计的项目；

3）关键技术项目；

4）上一研制阶段遗留的问题；

5）可能造成Ⅰ、Ⅱ类（成败、灾难性）故障的项目；

6）通过风险分析确定的可能影响飞行试验成败的项目；

7）列入可靠性、安全性的关键项目及经可靠性、安全性分析所确定的薄弱环节。

在确定复核复算项目以后，可以以系统到分系统再到单机为主线，以设计流程为脉络自上而下地分解设计任务书，以使用为主线自下而上对产品交付验收、综合试验、匹配试验、总装试验、外场试验等环节开展使用流程的梳理，明确每一项工作内容和每一份技术文件的工作流向和接口关系，以保证技术参数分配的有效传递和设计输入输出的正确完整为根本目标，确定复核复算内容。各阶段主要复核复算内容如下：

1）方案设计阶段：技术方案、新技术的应用和接口、关键技术及可靠性安全性指标、继承性的关键技术等；

2）初样研制阶段：产品初样设计、"六性"设计、关键项目和新技术、影响成败的关键技术、方案阶段复核复算遗留项目和遗留问题等。

3）正样阶段：正样设计复核复算、任务书技术指标复核、接口设计复核、通信协议复核、硬件设计复核、结构设计复核、接口数据单更改复核等。

4）正样研制阶段：技术状态更改复核、新增功能及技术指标满足情况复核、系统间接口满足情况复核、空间环境适应性复核、软件复核、第三方评测复核、EMC复核、布局复核、与重要飞控事件相关的设计复核、单机极性复核、专项复核、重要指标项复核、新增单机复核、更改单机复核等。

5）飞行任务阶段：影响成败的关键技术及技术状态变化项目，寿命、可靠性、安全性指标的达到情况，前期复核复算遗留项目及遗留问题等。

根据任务需要，还需适时成立复核复算专家组，主要职责包括：制定复核复算工作实施计划；复核复算工作具体实施；在审核、计算、调研、分析、研讨并与被复核复算方沟通的基础上，形成设计复核复算报告；对被复核复算项目给出明确结论和建议，并对结论的正确性负责等。

5.3.3　实施复核复算检查

设计师系统对被复核复算项目的有关内容进行全面检查确认，并向专家组汇报设计情况。必要时，设计师系统提供相应内容的书面报告。一般向专家组汇报的内容包括：

1）设计基本思路、设计依据、主要参数计算公式、计算结果；

2）研究项目中采用的新技术或关键技术；

3）试验内容和结果；

4）研制过程中曾经出现的问题及归零情况；

5）原材料和元器件的选用及元器件降额设计情况；

6）软件设计及可靠性设计情况；

7）可靠性、安全性、维修性、保障性、测试性、环境适应性和优化设计情况；

8）对现有设计及产品的评价；

9）需改进的工作。

设计师系统应根据需要提供有关设计输入输出文件和相关试验结果分析、归零报告等，确保提供的资料完整、准确，在复核复算过程中积极配合专家的工作，任务书提出单位的有关人员应参加相关项目复核复算。

复核复算专家组可采取面谈和查阅技术资料等形式，全面了解设计情况，对有关技术文件进行复核复算和审查，对发现的问题进行甄别，对同类问题进行合并汇总，归纳梳理出专家建议项目并与设计师系统交换意见，填写复核复算记录单。复核复算重点工作包括：

1）产品设计与项目研制任务书的符合性；

2）产品设计与产品的设计准则、规范及有关标准的符合性；

3）产品设计与计算的正确性和完整性；

4）大型地面试验及飞行试验方案的合理性和可行性；

5）软件设计的正确性和可靠性，与软件工程化要求的符合性；

6）可靠性模型建立与可靠性设计措施的合理性和有效性；

7）可靠性、维修性指标的分配是否得到满足，并有一定的余量；

8）结构安全系数、降额系数选取的正确性，冗余、容错设计和优化设计的正确性、合理性；

9）可靠性、安全性、维修性、保障性、测试性和环境适应性大纲是否得到正确贯彻；

10）FMEA、最坏情况分析及采取措施是否恰当；

11）针对安全性、可靠性、薄弱环节及Ⅰ、Ⅱ类故障模式，在设计上采取的预防措施是否正确、有效；

12）产品环境适应性分析情况；

13）系统间接口的协调、匹配的正确性和有效性；

14）设计工艺的可实现性及对生产工艺实现过程中可能引入的降低安全性、可靠性的因素从设计上采取的控制措施是否正确合理；

15）产品测试覆盖性分析情况；

16）产品元器件、原材料选用及降额设计情况，新选用的元器件、原材料应用鉴定情况。

复核复算结束后，由该项目复核复算专家编写复核复算报告并填写复核复算结论。专家组长在审批复核复算报告时，对专家建议项目进行归纳确认。设计师系统对复核复算专家组提出的建议进行逐条分析和落实，并给出采纳或维持原状态的明确答复。对采纳的建议，制定具体落实方案和实施计划；对不采纳的建议，书面说明理由和后果的影响程度并向专家组反馈，编写复核复算专家建议落实情况报告。

5.3.4　工作闭环总结

在复核复算工作结束后，任务提出方对复核复算结果进行审查，全面评价复核复算工作的有效性和规范性，对专家与设计师系统的不同意见予以裁决，并给出审查结论。复核复算结果审查可按阶段进行，也可按单项进行，根据产品具体情况决定。

《复核复算总结报告》主要内容包括：

1）复核复算工作概况，包括复核复算策划、专家组组成、复核复算项目、复核复算计划完成情况等；

2）复核复算实施情况，包括复核复算组织、实施过程等；

3）复核复算结果的统计分析情况，包括复核复算项目数、建议数量、采纳建议数量、未采纳建议数量等；

4）复核复算项目汇总，形成设计复核复算专家建议落实情况统计表；

5）复核复算结论。

表 5-2 是某产品正样阶段复核复算报告的提纲，供参考。

表 5-2 某产品正样阶段复核复算报告的提纲

1 引言
2 引用文件
3 正样阶段复核复算策划情况
  3.1 主要项目
    3.1.1 单机级复核复算项目
    3.1.2 分系统复核复算项目
  3.2 成果形式
    3.2.1 单机级复核复算成果形式
    3.2.2 分系统复核复算成果形式
  3.3 技术流程
4 正样设计复核复算
  4.1 任务书技术指标复核
  4.2 接口设计复核
  4.3 通信协议复核
  4.4 硬件设计复核
  4.5 结构设计复核
  4.6 接口数据单更改复核
5 正样研制复核复算
  5.1 技术状态更改复核
  5.2 新增功能及技术指标满足情况复核
  5.3 系统间接口满足情况复核
  5.4 空间环境适应性复核
  5.5 软件复核
  5.6 第三方评测复核
  5.7 EMC 复核
  5.8 布局复核
  5.9 与重要飞控事件相关的设计复核
  5.10 单机极性复核
  5.11 专项复核
  5.12 重要指标项复核
  5.13 新增单机复核
  5.14 更改单机复核

续表

5.4　产品成熟度评价

从确保北斗系统实现高质量、高可靠要求的总体目标出发，为解决北斗系统产品高风险、小子样条件下的质量与可靠性保证问题，我国航天领域在技术成熟度和制造成熟度的基础上进行了进一步的丰富和拓展，开发引入"产品成熟度"概念、理论、模型和评价工具，在前期试点工作基础上，在各级各类产品研制中全面开展产品成熟度评价工作。产品成熟度评价贯穿于北斗系统产品研制全过程，其结果可以为产品研制过程各项活动的策划和实施提供基本框架和指导，同时，也可以为量化评价各级产品研制进展情况和质量风险提供基本规则，有效支持了北斗系统产品质量与可靠性的持续提升。

5.4.1　产品成熟度评价模型

所谓"产品成熟"，是指产品研制、生产、应用等环节的所有要素的完备性、稳定性和精细化程度均已达到满意的水平，能够优质、快速、高效地满足用户的使用要求。而"产品成熟度"是对产品在研制、生产及使用等全寿命周期所有技术要素的合理性、完备性，以及在一定功能、性能水平下质量稳定性的一种度量。产品成熟度控制工作的核心思想是：将"产品成熟度"作为度量产品研制进展情况、质量与可靠性工作情况和产品应用技术风险的综合参数，构建各级各类产品研制工作的量化推进和考核体系，支持质量与可靠性工作的闭环管理和自我完善。

产品成熟度评价模型主要由两个维度的内容构成，即等级维度和要素维度。等级表征了产品的成熟程度，单机产品成熟度评价等级见表 5-3。要素表征了实施产品成熟度提升必须关注的工作重点，即实施产品研制必须开展的工作项目。单机产品成熟度评价要素如图 5-2 所示。在结合等级维度和要素维度的基础上，形成成熟度评价细则，即定级矩阵，按照产品成熟度等级，给出各要素在不同等级上细化的定级准则，作为指导产品成熟度评价工作、确定成熟度评价结果的基本标准。

表 5-3　单机产品成熟度评价等级

产品成熟度等级名称	产品状态	等级标志
1 级	原理样机	已完成预先研究或技术攻关阶段的相关研制工作,但尚未按飞行条件进行地面考核,达到 1 级定级条件
2 级	工程样机	在原理样机产品的基础上,按飞行条件进行地面考核,功能和性能满足要求,达到 2 级定级条件
3 级	飞行产品	在工程样机产品的基础上,经系统测试和地面验证,可以用于飞行,达到 3 级定级条件
4 级	一次飞行考核	在飞行产品的基础上,经过 1 次实际飞行考核,满足飞行应用要求,达到 4 级定级条件
5 级	多次飞行考核	在一次飞行考核产品的基础上,又经过 2 次以上实际飞行考核,并完成寿命试验考核,满足飞行应用要求,达到 5 级定级条件
6 级	技术状态固化	在多次飞行考核产品的基础上,技术状态已经固化,满足任务要求和规定的寿命指标要求,具备状态鉴定条件,达到 6 级定级条件
7 级	小批试产	在技术状态固化产品的基础上,经小批量生产验证,可以重复稳定生产,具备列装定型条件,达到 7 级定级条件
8 级	批量生产	在小批试产产品的基础上,完成批量生产,达到 8 级定级条件

5.4.2　前期评价准备

评价准备的主要工作内容是为保证评价活动顺利实施并实现预期目标而进行的评价前期准备活动,主要包括:

1) 明确需定级的产品对象,确认拟申请定级产品当前的技术状态。

2) 确定拟申请的产品成熟度目标等级,然后依据产品成熟度评价要素及子要素,全面梳理产品的设计、生产和使用情况,并参考产品成熟度定级准则中各子要素的定级要求,实施产品成熟度自评工作,确保各项产品成熟度等级评价子要素均满足目标等级要求。

3) 在完成产品成熟度自评工作后,产品研制单位应对产品前期设计、生产、使用及其他补充工作进行全面总结,编写申请报告,并整理自评检查单及结果、产品技术状态文件清单、产品数据包清单及其他证明材料文件清单,作为申请报告的附件。

5.4.3　开展现场评价

现场评价工作一般包括召开首次会议、执行现场审查、组织评价组内部会议、与被评价方交流确认和召开末次会议,共 5 项工作。

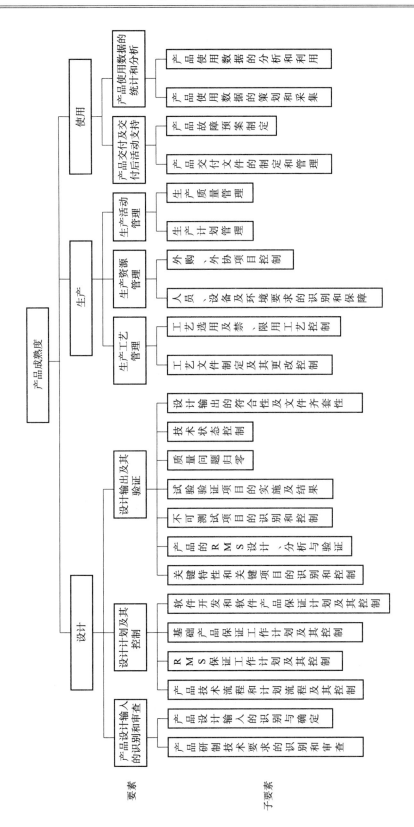

图 5 – 2　单机产品成熟度评价要素

（1）召开首次会议

首次会议通常在现场评价的当日由评价组长主持召开，首次会议内容包括以下事项：

1）说明评价工作背景、目的；

2）说明评价标准和要求；

3）介绍评价专家组成员；

4）说明现场评价的日程和人员安排；

5）说明被评单位需要配合及准备的事项；

6）被评价方介绍产品基本情况、自评情况、符合拟评价等级各子要素准则要求情况及参会人员和分工；

7）评价专家依据评价审查报告，简要问询。

（2）执行现场审查

现场审查是为了获得审查证据，审查证据来源于各方面的信息，所选择的信息源可根据现场审查范围和情况进一步确定，可包括：

1）与答疑人员的面谈；

2）对产品配套文件的审阅；

3）对生产现场环境和条件的观察。

现场审查一般采用过程化审查的方法，是通过评价组织方所确定的固化审查过程来审查产品设计、生产和使用方面的控制情况。根据过程数据，识别是否按照上一级产品单位或研制任务书要求执行的工作内容，发现产品不符合项，进而识别产品薄弱环节和做得好的方面。

评价专家在现场审查时，要及时、准确收集产品评价过程中的客观证据，重点从产品证明材料的齐套性、完整性、规范性和正确性方面进行审查，在评价检查单中记录评价情况并给出评价结果。

（3）评价组内部会议

评价组内部会议首先由评价专家汇报评价情况，给出各子要素初步评价结果和理由，并对突出的优点和不足进行说明，评价组共同对各子要素初步评价结果进行确认，组织对差距较大的子要素进行评议，汇总提炼现场评价的亮点和不足，并讨论形成现场评价意见。

（4）确认评价情况

评价专家组依据现场审查意见，与被评价方产品主要负责人沟通各子要素评价情况，被评单位根据审查意见针对部分疑问进行解释说明。同时，被评价方对最终评价结果进行确认。

（5）召开末次会议

末次会议由评价组长主持，会议内容一般包括：

1）评价专家组反馈现场审查总体情况和现场审查意见，包括各子要素的评价结果、优点、不足和建议等；

2）被评价方针对现场评价工作过程和结果阐述观点、意见及必要的说明；

3）明确完成审查意见闭环的日期，以及评价组织方跟踪处理的初步计划安排；

4）被评价方和评价主管部门（如涉及）进行总结发言。

5.4.4　总结与动态管理

（1）产品成熟度评价报告

现场审查完成后，被评价方按照现场审查明确的闭环事项日期完成整改，评价组织方组织参与现场审查的部分专家对被评产品闭环情况进行复核确认，经复核闭环整改符合要求后，编写产品成熟度评价报告，并反馈给被评价方确认。

产品成熟度评价报告应当提供完整、准确和清晰的审查结果，评价报告内容一般包括：

1）评价报告编写签署情况；

2）产品基本信息表；

3）产品概述（包括产品用途、功能、组成、主要技术指标、应用情况、技术状态控制情况等）；

4）评价内容（现场评价情况、闭环和跟踪处理情况）；

5）评价结果；

6）优点与不足；

7）产品配套文件；

8）附件（现场评价意见汇总表、评价专家签字表、闭环事项复核确认表等）。

（2）产品成熟度等级提升

评价后的产品成熟度等级提升，由产品研制单位提出申请，按照产品成熟度评价相关标准重新组织较高级别的产品评价；若产品发生重大质量问题或重大质量事故需更改的，取消现有产品成熟度等级，并在实施改进后重新组织定级。产品成熟度提升的管理可以按照产品研制流程和产品研制属性进行表述，具体如下：

①按照产品研制流程进行管理

产品实现快速成熟的过程分为产品初次研制、产品重复生产和使用、状态固化和升级改进三个阶段。产品初次研制阶段包括 1、2、3 级成熟度，分别为原理样机产品、工程样机产品、飞行产品；产品重复生产和使用阶段包括 4、5 级，分别为一次飞行考核产品、多次飞行考核产品；状态固化和升级改进阶段包括 6、7、8 级，分别为技术状态固化产品、小批试产产品、批量生产产品。

②按照产品研制属性进行管理

产品按照研制属性一般分为新研产品和现有存量产品，其产品成熟度提升管理方式略有不同。一般情况，新研产品应按照产品成熟度评价标准由 1 级开始逐级提升和定级，现有存量产品应在首次评定成熟度等级的基础上逐级提升和定级。

（3）产品成熟度变更控制

当产品完成产品成熟度评价后，会被赋予相应的产品成熟度等级，产品的技术状态更改会对产品成熟度的等级产生影响。因此，需要分析和明确技术状态更改与产品成熟度等级变化的对应关系，以便于产品研制单位明确变化后的成熟度等级以及后续的产品成熟度提升目标和内容。

依据技术状态管理标准中Ⅰ、Ⅱ、Ⅲ类技术状态更改的描述，技术状态更改与产品成熟度等级（以单机产品为例）的具体对应关系如下：

1）Ⅲ类更改不涉及实物产品，所以发生Ⅲ类技术状态更改不影响产品成熟度等级；

2）Ⅱ类更改不涉及产品关键特性的更改，仅需要按照技术状态控制的要求完成相应的地面验证后，同时满足相应等级的条件，即可保持原有的产品成熟度等级；

3）Ⅰ类更改涉及产品关键特性的更改，即便是更改措施经过验证，但因产品成熟度等级标准中将单机作为一个整体来考虑，所以应以更改后技术状态的整机地面验证和飞行验证情况为准，从产品成熟度 3 级开始认定，更改前产品验证情况在后续等级评定中不做累积。

5.5　独立评估

独立评估是站在大系统层级的高度，以风险管理方法论为指导，以系统工程研制核心思想为基础，围绕产品关键技术突破情况、系统接口协调匹配情况和研制过程管理情况，发挥全行业权威专家资源优势，从识别风险的角度，对技术方案、产品设计、试验验证、可靠性、故障预案及关键技术突破情况等方面进行独立、客观、深入的专业评估。

5.5.1　基本原则与方法

北斗系统基于独立评估目标，确立了坚持"大胆质疑、小心求证、关注细节、眼见为实"的评估思路，通过构建高效运行的组织管理体系调配评估资源，制定完善的文件制度规范体系保障评估活动，建设权威独立的专家队伍体系保证评估效果，以产品研制任务书和研制过程技术文件为评估双方沟通交流基础，按照策划、实施、总结、闭环四个步骤，运用文件查阅、实物考证、交流质询和试验验证等多种形式，独立识别管控风险，达到有效管控系统级产品研制风险的核心目的。

独立评估活动一般通过听取汇报、查阅资料、考证实物、分析研究、交流质询、复核复算、试验验证等方式开展，主要有：

1）听取汇报：评估组听取研制方案、风险管控、试验验证等专题汇报，并与项目相关人员深入交流技术问题；

2）查阅资料：评估组查阅项目方提供的方案设计、生产、试验等相关技术文件，也可根据评估工作提出需查看的其他相关文件资料；

3）考证实物：评估组视情况可到现场对相关产品开展检查，了解项目完成情况；

4）分析研究：评估组根据被评估项目提供的技术资料等客观真实性材料，对重大风险项目进行分析与研究，综合考虑设计、试验和生产等方面的风险要素，梳理形成评估组关注问题清单；

5）交流质询：项目系统针对评估组提出的重点问题开展相关工作，将工作结果反馈给评估组，评估组就反馈情况与被评估研制单位进行沟通；

6）复核复算：评估组视情况对重要技术指标组织开展复核复算工作；

7）试验验证：评估组可要求项目系统做进一步试验验证，视情况可要求进行第三方试验验证。

5.5.2　确定风险项目

评估策划阶段的主要任务是紧密结合产品特点完成对评估委员会人选提名，组建评估办公室，同时与产品研制团队沟通，确定独立评估重大项目及组建对应专项评估组，制订独立评估工作计划，明确评估内容、工作分工和进度安排。

独立评估紧密围绕产品关键任务这条主线，在产品研制单位开展风险自评、识别产品任务中风险项目的基础上，由评估委员会和产品研制单位共同选取若干影响任务成功的重大风险项目，以提高评估的有效性和针对性。

识别风险项目清单的方法有：

1）从研制程序和产品分解结构两方面查找所有风险源。研制过程中由技术复杂程度、科研储备能力、研制人员的素质及科技管理水平等技术因素引发，导致不能实现产品研制目标的概率及后果。

2）从任务剖面、环境条件和工作模式等方面查找风险源。分析产品试验项目设置是否合理、试验内容是否充分、试验结果是否有效，确保地面试验验证与任务剖面一致，能够覆盖产品实际的工况和环境条件。

3）全面开展 FMEA 和系统级的 FTA 工作。通过查找 Ⅰ/Ⅱ 类故障模式、识别可靠性关键项目，确定产品中可能导致任务失败或重要功能、性能不能满足要求，造成重大经济损失和严重影响研制进度的风险源。

4）开展"九新"分析。"九新"分析是对产品研制过程中所涉及的"九新"问题，即对新技术、新材料、新工艺、新状态、新环境、新单位、新岗位、新人员、新设备等的深入分析，识别各类风险源。

5.5.3　实施专项评估

评估实施阶段的工作任务是按照各评估组关注的风险项目分工开展评估，帮助产品研制单位发现问题，提出解决问题的建议，梳理重点关注问题及风险点解决情况，总结评估任务完成情况，形成初步评估结论与建议。

独立评估工作将风险管理理念和方法贯穿到评估工作的全过程，以产品工程研制的专业角度，对影响任务成败的重大技术薄弱环节和潜在技术风险进行全面识别，和产品研制单位一起针对影响产品质量的重大技术薄弱环节和潜在技术风险开展识别分析，提出改进措施和建议。

评估专项组开展专项评估策划，按专业特点明确专项评估专家的分工，明确专项评估进度与计划，对产品研制单位开展调研，实施专项评估，落实待办事项。

各评估专项组主要通过现场调研、沟通交流、资料分析、专题研讨等方式开展评估工作。专项评估实施步骤如图5-3所示，分别是：研制情况汇报、专项资料调研、梳理评估重点问题、重点问题解答与落实、审查是否落实（或明确安排）、专项评估总结及形成待办事项。

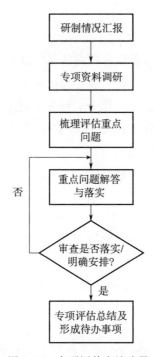

图5-3 专项评估实施步骤

第一步：研制情况汇报

产品研制单位对任务要求、技术方案、研制情况、可靠性、安全性及潜在风险分析与控制等方面进行介绍，使评估专项组对研制情况有初步的认识。

第二步：专项资料调研

评估专项组听取研制情况汇报后，通过对产品研制技术资料、实物产品开展调研，进一步深入了解产品研制情况。

第三步：梳理评估重点问题

评估专项组在查阅研制单位技术资料的基础上，梳理出影响任务成败的可靠性、安全性和潜在技术风险等方面的问题，作为专项评估的重点内容，以突出专项评估的针对性和有效性。例如，表5-4所示即为某分系统的重点评估问题。

表 5 - 4　某分系统的重点评估问题

序号	内容	说明		
1	设计方案正确性	分系统	分系统相关设计情况	
		单机、部组件	单机、部组件的设计情况	
2	技术指标实现情况	分系统及关键单机的关键功能及技术指标的实现		
3	技术状态变化受控情况	根据技术基线说明技术状态异同,包括元器件、原材料及工艺新增、改型及相应的保证措施等		
4	测试、试验验证充分性	系统级	系统测试、系统试验、归零措施验证	
		单机级	单机电性能测试、环境试验、鉴定试验、裕度试验、可靠性专项试验、整星应用验证	
		元器件	辐照试验	
5	过程控制有效性	关键项目控制		
		关重件质量控制		
		强制检验点控制		
		关键工艺控制		
6	可靠性、安全性设计分析情况	可靠性指标要求	系统级	系统指标落实情况
			单机级	单机指标符合情况
		可靠性设计分析	系统级	冗余设计
				余量和裕度设计
			单机	冗余设计
				余量和裕度设计
				抗力学环境设计
				继承性设计
		安全性设计		
7	质量问题归零情况	对初样和正样发生的质量问题归零情况进行汇总分析,对举一反三设计的更改控制情况进行汇总分析		
8	风险分析结果与控制措施	对重点风险的识别情况和控制措施进行说明		

第四步：重点问题解答与落实

被评产品研制单位根据评估专项组提出的重点问题，开展相关工作，并将答复或落实情况反馈给评估专项组。

第五步：审查是否落实（或明确安排）

评估专项组对反馈的答复或落实结果进行审查确认，确定所有问题都已解决或已有明确安排，所有风险都可接受。

第六步：专项评估总结及形成待办事项

评估专项组开展专项评估工作总结，形成专项评估结论和待办事项，编写专项评估报告。

5.5.4 总结与闭环跟踪

评估总结阶段，各专项评估组系统梳理评估工作成果，紧紧围绕评估组关注的风险点，回顾分析评估过程所提问题和产品系统对问题的书面答复，对风险的识别和管控措施有效性给出正式评估结论和评估建议，编制完成专项评估报告；在此基础上，汇总整理各专项评估组评估报告，初步编写完成独立评估工作总结报告。针对产品设计方案正确性、试验充分性、测试覆盖性等方面的最终评估结论和评估建议，提请评估委员会讨论通过。

评估跟踪是独立评估工作深入性的重要特点，由于独立评估工作早于产品发射或飞行结束，因此截至评估工作总结会结束时，会存在产品研制方仍未完成评估问题答复和评估建议未完全落实的情况，对此，评估办公室会持续与产品研制方沟通，跟踪问题答复和建议落实情况，督促产品研制团队负责形成报告或说明，完成风险识别管控工作闭环。

5.6 产品测试与认证

自我国北斗系统提供公开服务以来，北斗系统产品已在交通、海事、安监、气象、铁路等多个行业广泛应用，北斗系统射频芯片/模块、基带芯片/模块、射频基带一体化芯片/模块、各类导航终端、导航模拟器等产品应用已经达到相当规模。为配合北斗系统用户设备研制和产业化推广工作，北斗系统总体先后安排了多个轮次的产品比测与认证工作，涉及的产品包括各型用户设备、基础产品，推动了北斗系统产品的研制和市场化工作。

5.6.1 产品分类

北斗系统产品可以从多个维度上进行分类，从应用领域上，可以划分为导航型、测量型、定向型、授时型等；从用户类型上，可以分为手持型、车载型等；还可以根据产品在产业链上的位置分为芯片产品、组件产品、整机产品等。

从产品测试的角度，主要是从产品应用领域的不同来划分产品型谱，针对不同类型产品的不同特性要求，来发展不同的测试技术，构建测试系统。

（1）导航型产品

导航型产品是北斗产品中应用最为广泛的产品，覆盖了大众消费者，以及陆地水上交通、铁路、航空等行业用户，位置报告、地图导航是其核心功能，针对不同的用户需求，还可以有路径规划、电子围栏等功能。这类产品一般的定位精度在米级至十几米，近年来随着自动驾驶等高精度导航应用的发展，其定位精度在向分米级、厘米级发展，表5-5给出了不同定位精度的产品所采用的定位技术。

表 5 - 5　不同定位技术的定位精度

定位精度	采用的定位技术	应用领域
十几米	单点定位技术	大众导航、一般车载及船载导航
米级	星基增强技术（SBAS）、DGNSS 技术	航空导航、船载导航
分米级	DGNSS 技术、PPP 技术	车道级导航
厘米级	RTK 技术、PPP 技术	航空导航、自动驾驶

导航型产品包括接收机、板卡、芯片等产品形态，导航功能单元越来越多地与通信、自动驾驶等技术集成，形成具有复杂功能的应用系统。

在导航应用中，GNSS 技术越来越多地与其他导航技术融合，组成复杂的导航系统。目前应用较多的是卫星导航技术与惯性导航技术结合构成的 INS/GNSS 组合导航系统。

导航型产品的测试，可综合运用外场的静态坐标点位测试、运动载体测试，以及室内的信号模拟/回放等方式，对其静态和动态的定位、导航等指标进行测试。INS/GNSS 组合导航系统的测试，还需要在 GNSS 测试手段的基础上，集成运动转台、离心机等惯性器件测试手段。

（2）测量型产品

测量型产品采用载波相位差分技术，提供高精度定位、基线测量等功能，应用于测绘、形变监测等领域。从产品形态上，测量型产品最初是以集成了天线、电源等附件的成套接收机产品出现在市场上，后续也陆续出现了板卡和芯片级产品。测量型产品的主要测试方式是利用基线场完成对定位和基线测量等指标的测试。

（3）定向型产品

定向型产品集成了两个基于载波相位差分技术的测量型模块及其各自附带的天线，由两个天线形成的基线可以确定载体的两个姿态角。当两个天线沿载体主轴方向安装，则可以确定载体的偏航角和俯仰角。定向接收机可用于车辆等载体的航向测定，例如在驾考车辆上配置定向接收机来确定车辆的偏航角。

（4）授时型产品

授时型产品基于北斗系统提供的授时服务实现广域时间同步，广泛应用于通信、电力等行业，产品形式一般为接收机或授时板卡。其授时特性的核心指标包括授时准确度和授时稳定度。为测量授时特性，需要得到被测接设备输出的时间脉冲与标准时间频率源的时间脉冲间的时差，标准时间频率源一般需要通过 GNSS、光纤、互联网等方式与上级时间频率标准建立比对链路，以获取准确的 UTC 时间。

无论是面向大众用户还是面向行业用户的卫星导航用户设备，其核心技术指标都是类似的，表 5 - 6 给出了不同应用类型导航产品的核心技术指标。除这些指标外，不同用户也会有其他的指标要求，例如，定位终端还会要求有位置报告、电子围栏功能，导航型终端会要求有地图导航、路径规划功能，而航空和铁路等用户还会关注完好性要求等。

表 5 - 6　北斗系统产品核心技术指标

典型技术特性		导航型		授时型	测量型	定向型
		普通精度	高精度			
时间特性	冷启动首次定位时间	√	√	√	√	√
	热启动首次定位时间	√	√	√	√	√
	重捕获时间	√	√		○	√
	RTK 初始化时间	√	√		√	√
灵敏度	捕获灵敏度	√	√		√	√
	跟踪灵敏度	√	√			√
	重捕获灵敏度	√	√			
精度	单点定位精度	√	√	√	○	√
	DGNSS 定位精度	○	√		○	
	RTK 定位精度		√		○	√
	测速精度	√	√		√	
	伪距观测值精度		√		√	√
	载波相位观测值精度		√		√	√
	多普勒观测值精度		√		○	○
	静态基线测量精度		√		√	
	定向精度					√
	定时精度			√		
	频率准确度			√		
	频率稳定度			√		
天线相位中心稳定度					√	
内部噪声水平			√		√	√
动态范围		√	√	√		
数据更新率		√	√		√	√
功耗		√	√	√	√	√

注："√"为必选项;"○"为可选项。

5.6.2　产品比测

　　为了推动北斗系统产品的技术发展,开展了北斗系统产品的比测工作,涉及的产品种类包括基带芯片、射频芯片、导航模块、模拟器和高精度天线等,旨在鼓励相关研制生产单位提高对北斗系统产品的重视和投入,提高北斗自主技术的先进性和成熟度,扩大北斗系统产品的应用领域和市场规模。比测结果以目录形式公开发布,并以此为基础建立了北斗基础产品目录,促进了北斗产业链的健康良性发展。

　　北斗系统中导航产品比测工作的主要流程如图 5 - 4 所示。

　　北斗系统产品比测严格秉承"公平、公正、公开"的原则,保证测试过程公开透明,

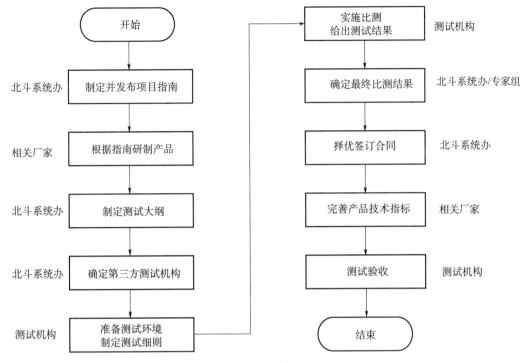

图 5-4　比测工作的主要流程

保证测试结果公平、公正，于竞争中体现合作，以科学的手段、严谨的态度处理学术争议，以各方协商的方式解决程序争议，力求程序公正。

随着北斗产品在不同行业的应用，部分机构也在采购招标前委托第三方测试机构进行比测，以被测成绩作为采购的依据。第三方测试机构经过多年摸索，积累了丰富的工程经验，已形成一套完善的测试流程管理模式和服务模式，成为北斗系统应用产品比测工作圆满完成的重要支撑。第三方测试机构主要工作流程如图 5-5 所示。

测试机构组织实施北斗产品比测，主要工作流程详细说明如下：

（1）编制测试细则

测试机构根据测试大纲，组织编制详细的测试细则，包括测试环境、测试标准设备、每个测试项目的测试设备参数设置、详细测试步骤和测试评估方法等，同时需要考虑被测产品的可测试性，对被测产品提出相关要求。

（2）测试细则评审

测试机构完成测试细则编制后，需要对测试细则进行评审，评审人员包括北斗系统办、相关领域专家、相关领域厂家代表等，对测试细则的科学性、合理性、可实施性等进行评审。评审通过并根据专家意见修改通过后，作为正式比测实施的测试依据。

（3）测试环境准备

测试机构根据测试项目和测试细则，准备测试环境。由于比测涉及多个厂家的多台设备，要兼顾考虑测试效率和测试公平性，合理布局测试环境。

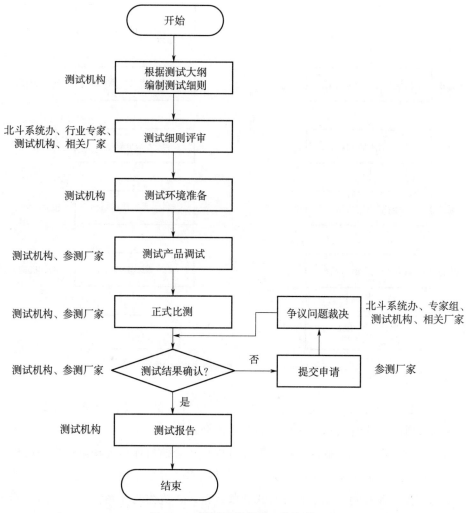

图 5 - 5　测试机构主要工作流程

（4）测试产品调试

在正式比测之前，应允许参测厂家在测试环境中进行产品调试，根据测试项目和测试时间安排，可进行全部项目或部分项目调试，以确保测试环境和被测产品可以相互适应，保证正式比测可以顺利实施。

（5）正式比测

正式比测的实施，要求测试过程应保证"公平、公正、公开"，可以相互监督，但是对各厂家的测试数据要相互保密。测试要严格按照测试细则进行，测试开始前请参测厂家对测试准备工作进行签字确认。正式测试后，除测试环境断电等意外情况，不允许重新测试，测试结束对测试结果进行记录。

（6）测试结果确认

测试项目结束后，参测厂家对测试结果进行签字确认。如果参测厂家对测试结果有异议，可在测试组内讨论处理方法，必要时可提请专家组进行评议决定处理方法。

5.6.3　产品认证

产品认证是目前国际通行的对产品质量进行评价、监督、管理的有效手段，对于促进产品质量的提高、保护消费者的合法权益、维护市场经济秩序等都起到十分重要的作用。很多国家把获得认证作为特殊行业市场准入和政府采购的必要条件。

（1）产品认证概念

国际标准化组织（ISO）将产品认证定义为由第三方通过检验评定企业的质量管理体系和样品型式试验，来确定企业的产品、过程或服务是否符合特定要求，是否具备持续稳定生产符合标准要求产品的能力，并给予书面证明的活动。

实施产品认证应具备五个基础条件：一是认证对象。按照国家标准、行业标准等生产，具有稳定的配套供应体系和能力，可以货架式采购的产品。二是认证标准。具备开展产品认证技术规范、标准和合格评定程序等。三是检测能力。具备产品认证所需的鉴定、检测、检验、试验等相关技术、设备、设施和人才队伍等。四是认证机构。具备与从事相关产品认证活动相适应的技术能力的第三方认证机构。五是认证规则。制定开展相关产品认证活动的程序，以及产品认证模式、申请和受理、抽样和送样、关键元器件或者原材料的确认（需要时）、标准检测、工厂检查、获证后跟踪检查、证书认证、获证产品认证标志标注等规则。

（2）产品认证实施程序

北斗基础产品认证采用"型式试验＋初始工厂检查＋认证结果评价与批准＋获证后监督"模式。型式试验由认证机构安排签约实验室实施，完成产品检测报告；初始工厂检查由认证机构实施，完成工厂检查报告；获证后监督由认证机构实施。实施程序如图5-6所示。

①型式试验

认证机构应根据认证委托资料确定型式试验方案，包括样品类别、检测标准等，并通知认证委托人按型式试验方案向检测机构提供样品。

认证委托人应保证提供的样品与实际生产的产品一致，必要时，认证机构可采用生产现场抽样的方式获得样品。如有特殊需要，认证委托人需按型式试验实施要求提供相应的说明文档及不影响测试结果的辅助设备。

检测机构应对型式试验全过程做出完整记录，并妥善管理、保存、保密相关资料，确保在认证有效期内检测结果可追溯。型式试验结束后，检测机构应及时向认证机构和认证委托人出具型式试验报告。

②初始工厂检查

产品型式试验合格后，认证机构应对认证委托产品的生产者和生产企业实施初始工厂检查，检查内容主要包括质量保证能力和产品一致性控制能力。

如发现被检查的生产者或生产企业存在欺骗、隐瞒信息、故意违反认证要求、不诚信等严重影响认证实施的行为时，检查不予通过。

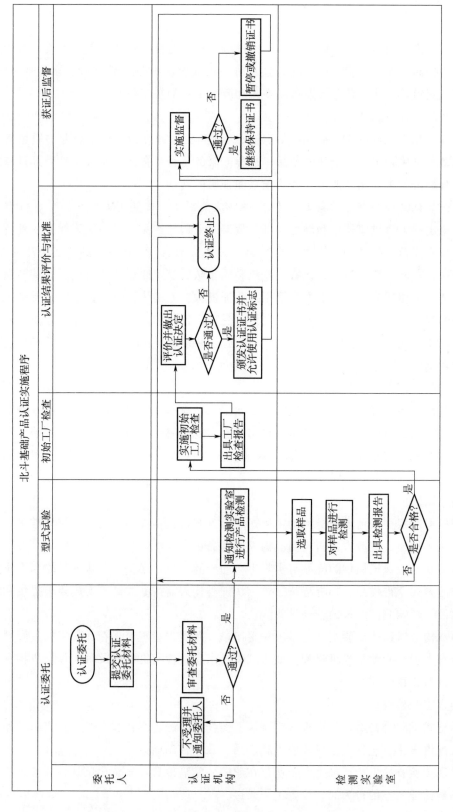

图 5 - 6　北斗基础产品认证实施程序

③认证结果评价与批准

认证机构对型式试验、初始工厂检查结论和相关资料信息进行综合评价，做出认证决定。对符合认证要求的，颁发认证证书并允许使用认证标志；对暂不符合认证要求的，可要求认证委托人限期整改，整改后仍不符合的，以书面形式通知认证委托人终止认证。

④获证后监督

1）监督的频次。认证机构应对认证有效期内的获证产品、生产者和生产企业进行持续监督，并合理确定监督频次。

2）监督的内容。获证后监督一般采用工厂检查的方式实施，必要时可在生产现场或市场抽样检测。

3）获证后监督结果的评价。认证机构对获证后监督结论和相关资料信息进行综合评价，评价通过的，可继续保持认证证书、使用认证标志；不通过的，认证机构应当根据相应情形做出暂停或者撤销认证证书的处理，并对外公告。

⑤认证时限

认证机构应对认证各环节的时限做出明确规定，并确保相关工作按时限要求完成。认证委托人须对认证活动予以积极配合。

（3）产品认证实施情况

为提升芯片、模块、天线、板卡等北斗基础产品质量，保障北斗系统在各领域和行业的广泛应用，国家市场监督总局对北斗基础产品实施国家统一推行的自愿性产品认证制度，北斗基础产品实施统一的认证目录、认证规则和认证标志（见图 5-7），由国家市场监督总局发布认证目录、认证规则和认证标志，并会同中国卫星导航系统管理办公室加大认证结果的采信度，营造有利于北斗基础产品发展的良好环境。

图 5-7 北斗基础产品认证标志

第一批发布的北斗基础产品认证目录见表 5-7。

表 5－7　北斗基础产品认证目录（第一批）

序号	产品类别	
1	芯片类产品	双频多系统高精度射频基带一体化芯片
2		RNSS 射频基带一体化芯片
3		多模多频宽带射频芯片
4		北斗系统短报文通信 SIM 卡
5	天线类产品	多模多频高精度天线
6	模块类产品	多模多频导航模块
7	板卡类产品	多模多频高精度板卡

第6章　北斗系统风险管理

北斗系统服务性能和可靠性指标要求高且公开透明、技术体制新、软件密集、快速组网发射、长期稳定运行可靠性保证难度大，同时，北斗系统参研单位众多、多线并举、进度紧迫，质量管控复杂，这些特点决定了北斗三号系统在组网建设过程和连续运行服务过程中均存在着很大的不确定性，风险挑战巨大。为防止出现体制性、结构性问题和风险，确保按期建成北斗三号系统，并连续稳定运行和提供高质量服务，工程全线高度重视风险分析与防控工作，持续开展了北斗三号工程组网阶段和运行阶段的风险分析与控制保障链工作，有效保障了北斗三号系统成功组网发射和稳定运行，确保了按期、保质向全球提供基本导航服务。

本章以北斗系统研制和运行过程中开展风险识别分析与控制保障链的工作背景为牵引，系统介绍了风险相关的基本概念与内涵、风险管理分类、北斗系统风险管理特点、风险管理程序、北斗系统风险管理方法等内容，并给出了北斗系统组网阶段和运行阶段"双链"实施风险管理的情况。

6.1　概述

6.1.1　基本概念和内涵

风险是指在规定的技术、费用和进度等约束条件下，对不能实现装备研制目标的可能性及所导致的后果严重性的度量。风险对任何项目都是固有的，在装备研制的任何阶段都可能产生，通常包括技术风险、费用风险和进度风险。

风险管理是在风险识别和风险分析的基础上，根据风险优先级，对资源进行系统的和反复的优化，针对发生可能性较高产生严重后果的技术风险制订应对计划，以降低风险发生的概率和风险事故发生带来的损失程度。

风险内涵包括以下方面：

1）风险是相对的。不同的目标、不同的方案、不同的项目团队，其风险不同。即使是同一方案，目标不同，风险也不一定相同。

2）风险是客观存在的。风险由其内部因素所决定，不以人的意志为转移，是独立于人的意识之外的。

3）风险是不确定的。发生时间、信息的不对称、影响因素的多少、影响程度的大小等的不确定，导致风险的发生及对风险的度量存在不确定性。

4）风险是多维的。对于项目管理，既存在进度风险、经费风险，也存在技术风险，各种风险并存，并且是相互影响制约的。

5）风险是动态变化的。同一个项目的不同阶段，由于客观条件的变化、环境状态的变化，风险也随之变化。

6）风险是可度量的。对于辨识到的风险，可以利用相应的方法和手段来分析、度量它的不确定性，并对风险实施应对。

7）风险是可控的。对于辨识到的风险，可以通过采取相应的措施使风险消除或降低到可接受范围内。

6.1.2　风险管理分类

为了有效地进行风险管理，对各种风险进行分类是必要的，只有这样才能对不同的风险采取不同的规避或消减措施，实现风险管理目标。按照不同的分类标准，风险分为以下几类：

（1）按风险的存在性质划分

1）客观风险：指实际结果与预测结果之间的相对差异和变动程度。这种差异和变动程度越大，风险就越大；反之，风险就越小。

2）主观风险：指由于认识或所获取信息的正确性所引起的不确定性，以及由精神和心理状态所引起的不确定性。

（2）按风险产生的主要因素划分

1）自然风险：指由于自然力的非规则运动所引起的自然现象或物理现象导致的风险，如风暴、火灾、洪水等所导致的物质损毁、人员伤亡的风险。

2）社会风险：指由于国家政治、经济、军事斗争形势等变化及社会需求、社会环境的变化所造成的风险。

3）经济风险：一般指在商品的生产和购销过程中，由于经费投入不足、经营管理不力、市场预测失误、价格变动或消费需求变化等因素导致经济损失的风险。

4）技术风险：一般指伴随着科学技术的发展、生产方式的改变而产生的风险，主要类型是技术不足风险、技术开发风险、技术保护风险、技术使用风险、技术取得和转让风险等。

（3）按风险的特性划分

1）静态风险：又称纯粹风险，这种风险只有损失的可能而无获利的可能。静态风险的产生一般与自然力的破坏或人们的行为失误有关。静态风险的变化比较有规律，可利用概率论中的大数法则预测风险频率，它是风险管理的主要对象。

2）动态风险：又称投机风险，指既有可能损失又有可能获利的风险。它所导致的结果包括有损失、无损失、获利三种。如股票买卖、股票行情的变化既可能给股票持有者带来盈利，也可能带来损失。动态风险常与经济、政治、科技及社会的运动密切相关，远比静态风险复杂，多为不规则的、多变的运动，很难用大数法则进行预测。

（4）按对风险的可承受程度划分

1）可接受的风险：指风险对目标实现所带来的危害，确认项目执行能够承受最大损失的程度，凡低于这一限度的风险称为可接受的风险。

2）不可接受的风险：指风险已经超过经济单位在研究自身承受能力、财务状况的基础上所确认的承受最大损失的限度，这种风险不可接受，与可接受的风险相对应。

（5）按风险的可验证性划分

1）可验证风险：指基于已有的经验和认知能力，利用科学的方法和手段来验证风险的可能性是否真实存在，以检验对风险是否可能存在的判断的正确性。

2）不可验证风险：与可验证风险相对应，指无法利用科学的方法和手段来验证风险是否可能存在，从而也无法检验对风险是否可能存在的判断的正确性。

航天产品及航天工程主要关注技术风险和管理风险。

技术风险主要包括设计风险、制造风险、试验风险、材料风险等。

1）设计风险是指由于设计方案不成熟、设计欠缺等造成研制过程中所面临的风险，主要包括：设计可靠性欠缺、设计接口不协调、未认知的新技术、设计文件差错、软件与软件或软件与硬件接口不协调、设计功（性）能错误、测试覆盖性不全、软件程序差错、软件可靠性和安全性设计不够、技术状态不受控、环境设计不充分、设计方案错误、软件技术状态不受控、软件需求不明确或欠妥、测试手段或测试方法欠妥、软件任务书不明确或欠妥、软件设计文档差错等。

2）制造风险是指由于工艺技术水平无法满足设计要求所造成的研制风险，主要包括：有多余物、工艺方案考虑不周、有未认知的新工艺、工艺规程编写不当、工装误差积累、生产准备不充分、工艺规程不明确、工艺能力不足、检验规程编写不当、工艺文件差错，以及生产制造过程的风险等。

3）试验风险是指由于试验不充分等造成的风险，主要包括：地面试验不充分、测试覆盖不到位、不可测试或地面无法充分验证、测试数据判读不细、错漏检、软件可靠性和安全性测试的充分性不够等。

4）材料（元器件）风险：由于航天产品上的材料（元器件）可靠性不高而造成的风险，主要包括：元器件本质失效、没有批准的超优选目录、原材料固有质量差、元器件选用失效、原材料选用不当等。

管理风险主要是由于管理风险引发的技术风险，主要包括规章不完善，规章制度不全，过程控制不到位，技术流程不合理，人为责任，有章不循，无章可循，"九新"（包括新技术、新材料、新工艺、新状态、新环境、新单位、新岗位、新人员、新设备等），设计、工艺、试验条件不足或装备到位预期滞后，产品质量与可靠性数据包管理规范性不够，外包管理类风险等。对于外包管理类风险项目主要包括：外协件不合格、外购件不合格、进货验收不严、外协文件差错、非正常渠道采购、外购文件差错、进货验收差错、产品和物资供应有断供。

6.1.3　北斗系统风险管理难点

北斗系统工程组网建设具有高强度研制生产、高密度组网发射、多任务交叉并行等特点，对组网建设进度管理、技术状态控制、质量管理、稳定运行服务等方面提出了极高要求，主要有以下问题：

1）系统研制建设周期紧张，环环相扣，牵一发动全身，风险突出。北斗系统卫星和火箭系统及地面系统研制时间紧、任务重，发射任务计划安排难度大，发射场任务保障困难等不确定因素多，有数万个元器件、零部件，几十万个焊点，涉及数百种专业和众多的研制、生产单位，在研制各阶段之间、各专业厂所之间的技术经济协作关系十分复杂。同时北斗星座组网对发射计划要求极为严格，时间一旦确定，必须严格遵守，基本没有调整余量，各项工作环环相扣，牵一发而动全身，研制过程管理和进度控制难度大，发射进度风险大大突出。

2）北斗系统建设过程中，关键单机产品在轨验证缺乏，产品研制风险大。北斗系统在项目研制过程中未知领域较多、创新点多、探索性强、产品技术状态新、研制单位新，产品研制风险大、不确定性大，部分关键单机产品的技术验证还需要加强。

3）系统关联的连锁故障引起的运行风险不可忽视。北斗三号系统运行是面向全球提供服务的，卫星中断将直接影响全球用户服务质量。随着北斗三号基本系统开通服务，发生了因太阳风暴造成的卫星中断事件，直接影响导航卫星下行信号连续性问题导致的服务中断问题。

北斗系统作为星地一体化网络大系统，未知因素多、影响面广，出现共因失效和连锁故障的概率明显增大。因此需要加强工程大总体和有关系统的运行风险分析评估与控制保障工作，以确保北斗系统提供连续稳定的运行服务。

6.2　风险管理程序

航天产品是涉及多学科、多专业综合集成的复杂的系统工程，具有高风险的特点，航天产品风险管理工作是航天产品研制项目管理工作的重要组成部分，是对风险进行识别、分析与评估、处置与控制、跟踪与改进的闭环过程。北斗系统风险识别与控制主要瞄准北斗系统研制生产任务和高密度组网发射工作及面向北斗系统稳定运行任务和控制保障需求，从全寿命、全系统、全要素方面基于全数据、全方位开展组网建设风险和稳定运行风险识别与控制，确定组网建设和运行服务阶段系统风险项目，对风险进行控制，降低风险等级，对风险进行评估跟踪，摸清风险演变的规律，落实风险控制保障措施，建立运行风险动态预警的长效机制，支撑北斗三号系统按期组网和运行服务，从而支撑北斗系统实现系统可用性、连续性和完好性指标。同时，通过对在轨卫星状态的再评估，有效识别卫星研制生产运行过程的薄弱环节，促进卫星"再设计、再分析、再验证"，推动北斗系统质量长远可持续发展。

风险管理贯穿于工程研制和运行全过程，是一个反复迭代的过程。技术风险管理是指按照预定的程序，采用适用的技术方法，识别工程技术风险项目，在分析技术风险可能性与严重性基础上综合确定风险等级，采取必要的应对措施，对应对措施进行验证并对风险管理效果进行评估。风险管理程序一般包括四个步骤，风险要求确定、风险识别与分析、风险控制与保障、风险评估与跟踪，如图6-1所示。

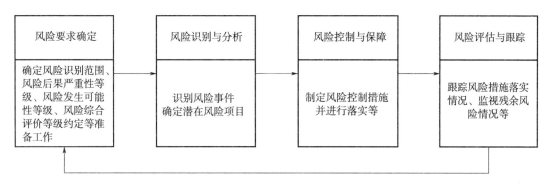

图 6-1　风险管理程序

6.2.1　风险要求确定

风险要求确定是通过划定风险分析的范围，确定风险识别分析的对象、范围、要求等，确定风险的后果严重性等级及风险发生可能性等级、风险综合评价等级等分类标准。结合北斗系统组网建设工程实践和特点，确定北斗系统风险识别的范围、风险后果严重性等级分类、风险发生可能性等级分类、风险综合评价矩阵和综合评级。

（1）确定北斗系统风险识别的范围

开展技术风险识别的范围、产品范围、研制阶段等需要提前确定，如对于一般生产厂家，更关注制造风险；对于技术研制单位，可能更加关注技术风险；但是对于用户方，可能技术、管理风险都要关注。对于单机产品和各大系统，关注的风险点也不同。对于北斗系统组网建设阶段和卫星在轨运行阶段，风险关注也不同，因此需要提前确定风险识别的范围。北斗系统风险识别的范围包括北斗大系统、各系统等。

（2）确定北斗系统风险后果严重性等级分类

风险项目识别完成后，需要对风险后果严重性等级进行分类。针对北斗系统运行风险特点，表 6-1 给出了北斗系统组网阶段风险后果严重性等级分类（示例）。

表 6-1　组网阶段风险后果严重性等级分类（示例）

程度	等级	风险严重性程度描述
轻微	A	基本不影响阶段任务目标实现
轻度	B	1)单星服务中断或降阶； 2)不影响进度安排的软件重注、重构、剥离事件
中等	C	1)系统服务指标降阶； 2)"研制零故障""发射场测试零故障""在轨运行零故障"要求未做到，但相关事故可以在××个月时间内解决； 3)阶段任务部分完成或仅达到部分任务目标，且未达到的目标是任务的主要考核目标
严重	D	1)系统服务短期中断； 2)阶段任务无法完成或达不到任务目标

续表

程度	等级	风险严重性程度描述
灾难	E	1)违反既定进度安排,打乱工程总体部署; 2)系统服务长期中断; 3)不能实现服务性能指标

针对北斗系统运行风险特点,表 6-2 给出了北斗系统运行阶段风险后果严重性等级分类(示例)。

表 6-2　运行阶段风险后果严重性等级分类(示例)

程度	等级	风险严重性程度描述
轻微	A	基本不影响系统运行或卫星安全
轻度	B	1)单星服务中断或降阶; 2)不影响运行服务的软件重注、重构、剥离事件
中等	C	1)运控主控站关键分系统故障、注入站或一类监测站整站运行中断; 2)卫星关键单点失效; 3)……
严重	D	1)RNSS 服务空间信号精度连续××分钟超出指标且持续恶化; 2)因波束中断导致某区域无法使用 RDSS 服务; 3)运控主控站整站运行中断、××个注入站同时运行中断; 4)……
灾难	E	系统服务长期中断,包括: 1)RNSS 基本导航服务不可用; 2)RNSS 星基增强服务不可用; 3)……

(3) 确定北斗系统风险发生可能性等级分类

针对已经识别的北斗系统风险项目,需要确定北斗系统风险发生可能性等级。针对系统运行风险特点,表 6-3 给出了北斗系统风险发生可能性等级分类(示例)。

表 6-3　风险发生可能性等级分类(示例)

程度	等级	风险可能性程度表述
极少	a	几乎不发生,发生概率 $P < 0.01\%$
很少	b	很少发生,发生概率 $0.01\% \leqslant P < 0.1\%$
少	c	偶尔发生,发生概率 $0.1\% \leqslant P < 1\%$
可能	d	频繁发生,发生概率 $1\% \leqslant P < 10\%$
很可能	e	很可能发生,发生概率 $P \geqslant 10\%$

(4) 确定北斗系统风险综合评价矩阵和综合评级

针对已经识别的北斗系统风险项目,需要确定北斗系统风险综合评价等级。针对北斗系统运行风险特点,表 6-4 给出了北斗系统风险综合评价矩阵(示例),表 6-5 给出了风险综合评级(示例)。

表 6 - 4　风险综合评价矩阵（示例）

风险后果严重性等级 / 风险发生可能性	A（轻微）	B（轻度）	C（中等）	D（严重）	E（灾难）
a（极少）	Aa	Ba	Ca	Da	Ea
b（很少）	Ab	Bb	Cb	Db	Eb
c（少）	Ac	Bc	Cc	Dc	Ec
d（可能）	Ad	Bd	Cd	Dd	Ed
e（很可能）	Ae	Be	Ce	De	Ee

表 6 - 5　风险综合评级（示例）

程度	综合等级	风险综合评价指数	级别
极低	Ⅰ	Aa、Ab、Ac、Ba、Bb、Ca	低风险
低	Ⅱ	Ad、Bc、Cb	低风险
中等	Ⅲ	Ae、Bd、Be、Cc、Cd、Da、Db、Dc、Ea、Eb	中风险
高	Ⅳ	Ce、Dd、Ec	高风险
极高	Ⅴ	De、Ed、Ee	高风险

6.2.2　风险识别与分析

风险识别与分析是运用一定的理论方法，判断影响系统的风险项目及各类潜在的技术风险过程。风险识别与分析是分析管理的一部分，主要是进行风险识别、风险发生可能性及后果严重性分析、风险排序的过程。可以通过记录查找、统计分析、调查研究、实地勘察、采访或参考有关资料，咨询相关专家或查阅相关法规等进行风险识别与分析。

风险识别分析过程的输入主要包括以下内容：

1）装备研制合同和/或研制任务书；

2）装备研制风险管理的目的和目标；

3）风险管理计划；

4）风险分析方法选择准则、风险排序准则和风险接受准则；

5）装备工作分解结构及研制阶段；

6）计划进度要求；

7）装备已有的可利用的信息和试验数据等。

风险识别与分析的过程如图 6 - 2 所示。

风险识别过程中，按照风险识别难易程度，技术风险还可以继续分为：显性风险、半显性风险、隐性风险。

显性风险是指风险点和风险后果都非常明确。针对显性风险，需采取明确的禁限措施或规避措施，消除风险的发生或降低风险等级。显性风险识别重点从以下方面进行考虑：

1）禁限用元器件、材料、工艺清单；

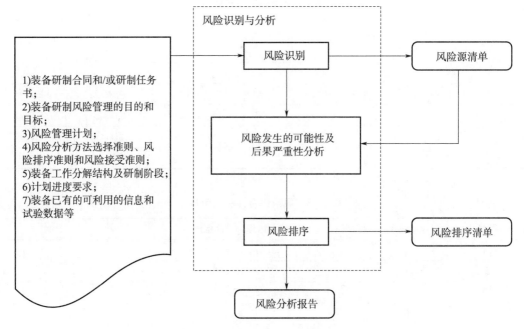

图 6 - 2　风险识别与分析的过程

2）元器件、材料等选用目录与应用规范；

3）元器件选用使用常见多发问题、材料选用使用常见多发问题、工艺常见多发问题检查确认要求等；

4）单点识别要求、裕度量化要求、安全间隙等控制要求故障树（FTA）、基于事件链的概率风险评估（PRA）；

5）召集不同专业专家进行集同评审；

6）通过研制性试验，识别产品特性和产品失效模式等。

半显性风险是指风险后果明确，但风险点是否存在并不明确。对于半显性风险，需针对潜在后果，按照一定的程序和方法进行专题分析或试验确认。半显性风险识别重点从以下方面进行考虑：

1）热、力、静电等应力失效模式分析；

2）空间环境效应、EMC、杂光、羽流等自然环境、诱导环境导致的其他不良后果分析等；

3）最坏情况分析、潜通分析等；

4）故障模式及影响分析（FMEA）等。

隐性风险是指风险点和风险后果都不明确。针对隐性风险，需要通过一套科学的程序和方法将未知风险"挖"出来。隐性风险识别重点从以下方面进行考虑：

1）采用故障树（FTA）、基于事件链的概率风险评估（PRA）等方法发觉未知风险；

2）召集不同专业专家进行集同评审；

3）通过研制性试验，识别产品特性和产品失效模式等。

依据上述风险线索，北斗系统综合采用质量交集分析法、风险矩阵评估法等方法，按照不同层次（大系统、系统、硬软件产品）进行自上而下和自下而上的多维度、全方位、全过程的风险识别与分析。既关注新技术、新产品带来的技术风险，也关注成熟产品存在的质量风险，同时强调进度和管理风险，针对与任务时序和产品可靠性紧密相关的风险，结合飞行事件保障链等工作，对北斗系统关键环节和过程进行风险识别分析。

6.2.3　风险控制与保障

技术风险控制与保障的关键和重点就是要利用复核复算、质量检查确认、建模仿真、测试试验、独立评估及技术评审等方法手段，采用定性和定量相结合的方法，对风险进行控制，给出残留风险清单，对风险进行转移控制。技术风险主要从两方面进行控制：

1）减少技术风险事件发生的概率。通过地面试验、可靠性增长、可靠性冗余、仿真分析与模拟、测试覆盖性分析、加大设计裕度、增强鲁棒性、钝化敏感因素等手段和方法，针对技术风险项目采取相应的控制措施，减少风险发生的概率。

2）减轻技术风险发生后的损失程度。减少风险的耦合作用，采取时间和空间隔离、重构与替代、局部放弃等方法，把危害减到最轻。例如，在应对北斗组网建设火箭高密度发射方面，采取了射前两小时无人值守方案等都是控制风险的有效措施。在技术风险识别和技术风险分析的基础上，根据排列的风险优先级，按照一定的方法和原则，针对发生可能性较高的技术风险及产生严重后果的技术风险制订技术风险应对计划，以降低风险发生的概率和风险事故发生带来的损失程度。

6.2.4　风险评估与跟踪

风险评估与跟踪是对已识别的系统风险，根据一定的行为准则和标准，衡量风险的程度，确定风险是否需要处理和处理的有限顺序及后续的预防处理措施，对已识别出来的技术风险进行评估和量化的过程，同时跟踪已识别的风险的发展与变化情况，及时调整风险应对技术，以便及早发现风险事件，从而将风险事件消灭在萌芽状态和减到最少，保证系统风险管理达成预期目标的过程。

通过全面、准确估计研制过程中风险项目的严重性和发生可能性，进而评估产品研制过程中的技术风险。技术风险管理是一个动态过程，随着产品研制进展的推进，需要对风险管理措施的实施效果不断进行评价、改进并决策，跟踪已识别的技术风险，监控残余风险和不断识别新的项目风险，保证技术风险得到有效控制。

技术风险评估与跟踪的重点就是要利用多种风险评价方法，从不同角度对北斗系统研制、发射、在轨阶段开展定性和定量评估，并对已经识别、控制的风险进行全面跟踪，识别新出现的风险，对新增风险或等级有变化的风险进行重点跟踪。对影响重大的风险提前进行风险预警。技术风险验证与评估是指对技术风险状态及应对措施实施效果的验证、分析与评价过程。

对于低风险项目（综合等级Ⅰ、Ⅱ类风险），工程系统应进行必要的监控，跟踪并记录其后续状态变化情况，防止其危害程度上升。对于中风险项目（综合等级Ⅲ类风险），工程系统应将其作为节点质量控制和里程碑评审的重点内容，在后续研制生产各环节中密切关注，并结合研制流程采取有效措施，保证在产品出厂前降低至可接受水平。对于高风险项目（综合等级Ⅳ、Ⅴ类风险），工程系统及相关单位制定消除或降低风险的应对措施，并落实在产品研制生产的各个环节中，采取计算、分析、试验等手段，验证风险控制措施的有效性，加强对实施效果的评估，并对采取措施后的项目重新进行风险综合评级。

通过持续开展风险监视跟踪，不断完善风险分析评估与控制程序方法，随时掌握工程风险演变情况，包括风险上升、下降和消除的情况，及早辨识新风险，对采取有效的防控和保障措施情况进行评估，工程大总体、工程各大系统对各自的风险项目、风险影响因素、应对措施和落实情况等进行持续跟踪，并进行风险监测跟踪和动态评估，对风险等级上升及新增风险，设立警戒线，进行风险预警，对每个风险项目的评估情况进行闭环反馈给相关责任单位，建设风险数据库与监测跟踪可视化平台，支持北斗系统稳定运行服务。风险综合评价重点从风险防控措施落实到位性、验证充分性、故障预案可行性等方面进行评估。图6-3给出了风险评价层次。

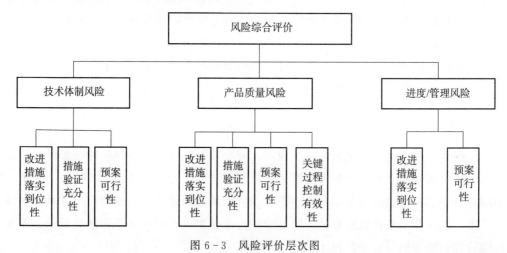

图6-3　风险评价层次图

根据图6-3的评价层次，对每个评价要素给出打分基本原则，为风险项目落实的综合评价提供支撑。结合被评价对象的各评价要素的取值情况与评分说明，通过专家给出各指标数据值，并将之汇总取其平均值，以得到各评价要素的标准化分值，再根据平均权重求得被评价对象的综合评价值，以此作为风险识别分析与控制保障链中每条风险的评估结果。表6-6给出了风险评价打分原则。

表 6-6　风险评价打分原则

评价要素	打分原则	评分细则	分值
改进措施落实到位性	已落实	提出的措施落实 90%~100%,根据落实的程度适当增减分	90~100
	大部分落实	提出的措施落实 70%~90%,以根据落实的程度适当增减分	75~89
	局部落实	提出的措施落实 50%~70%,根据落实的程度适当增减分	60~74
	未落实	提出的措施落实 50% 以下,根据落实的程度适当增减分	0~59
措施验证充分性	验证充分	措施验证 90%~100%,根据支撑材料充足性和严谨性适当增减分	90~100
	大部分验证	措施验证 70%~90%,根据支撑材料充足性和严谨性适当增减分	75~89
	局部验证	措施验证 50%~70%,根据支撑材料充足性和严谨性适当增减分	60~74
	未验证	措施验证 50% 以下,根据支撑材料充足性和严谨性适当增减分	0~59
预案可行性	预案可行性强	经过演练或者各方认可	90~100
	形成预案	未经实操演练或各方认可	75~89
	有部分预案	预案不完整,只有针对局部故障的预案内容	60~74
	没有预案	未形成预案	0~59
关键过程控制有效性	过程控制有效	设置了相关项目并落实到相关文件	90~100
	过程控制有效性不足	设置了相关项目未落实到相关文件	75~89
	过程控制部分有效	关键过程控制项目只落实了部分项目,并已落实到相关文件	60~74
	过程控制有效性严重不足	关键过程控制项目未落实或落实不好	0~59

以产品质量风险评估为例，表 6-7 给出了评估内容（建议）。

表 6-7　产品质量风险评估内容（建议）

序号	评估方面	评估内容	说明
1	改进措施的落实到位性	方案改进是否落实了全部风险点	如:包含技术体制改进、产品设计改进、工艺改进、进度改进等
2		技术状态是否更改落实	技术状态更改是否全部落实到执行文件
3		多方协作项目接口传递一致性、准确性	多方落实的项目,接口内容是否相互一致,是否准确传递,是否落实相关文件
4		相关要求是否落实	产保要求、整改要求、评测要求、重构要求等

续表

序号	评估方面	评估内容	说明
5	验证充分性	复核复算是否落实	有复核复算要求的
6		复查是否落实	有复查要求的
7		设计改进验证	有更改设计的
8		工艺验证	有工艺更改或改进的
9		专项试验验证	提出专项试验应对措施的
10		可靠性、寿命、健壮性等验证	对可靠性、寿命、健壮性等的验证
11		测试性	辅助测试设备
12			产品测试性分析;可测、不可测项目分析
13			测试方法和验证
14		软件测试验证	软件测试项目及测试充分性、覆盖性
15	预案可行性	形成相关预案,对预案实操性开展评价	冗余措施情况下的故障预案、软件重构预案、在轨故障预案等
16	过程控制	关键过程控制情况	关键项目控制、强制检验点控制、关键工艺控制、质量问题归零情况等

6.3　北斗系统风险管理方法

6.3.1　风险管理常用方法

在航天产品研制过程中,已经形成了一套自己特有的技术风险管理方法,在风险识别分析方面取得了很好的效果。这些航天产品风险管理方法在航天工程建设和运行过程中大多已经过长期实践检验,也是北斗系统在风险识别过程中采用的方法。表 6-8 给出了航天产品风险管理常用的方法。其中前面六项是航天产品开展风险识别分析的特色做法,北斗系统也采用了上述方法开展风险识别分析。

6.3.2　单点故障模式识别分析方法

单点故障指会引起系统故障,而且没有冗余或替代的操作程序作为补救的产品故障。单点产品一旦失效,就会引起系统故障,甚至会导致航天工程飞行试验失败或在轨无法正常运行,保证单点不失效是航天工程技术风险控制的重要工作目标。通常按照故障模式所产生后果的严重程度来界定单点故障模式的严酷度。

单点故障模式识别方法可以采用 FMEA 的识别方法,开展 FME(C)A 时,识别单点故障模式;进行 FME(C)A 时,按单机、分系统、系统逐级识别,分系统对所属单机、系统对所属分系统的单点故障模式开展确认、补充、删除等工作。

表 6 - 8 航天产品风险管理常用的方法

序号	名称	目的	应用时机	输入	过程	输出
1	单点故障模式识别分析与控制方法	通过开展产品功能、组成、原理、任务剖面工程等分析，分析产品故障模式是否会导致系统故障，产品内部是否有冗余或采取代替的操作程序作为补救，识别装备/分系统/设备各类单点故障模式	论证立项、工程研制、鉴定定型、生产制、使用阶段	1)产品的定义；2)产品功能框图；3)产品工作原理；4)产品边界条件及假设情况	通过梳理形成Ⅰ类、Ⅱ类单点故障模式，找出产品的潜在薄弱环节，并分级采取控制措施，实施闭环管理，提高有单点故障模式产品的固有可靠性	1)严酷度Ⅰ类、Ⅱ类单点故障模式识别分析与控制清单；2)单点故障模式识别分析与控制报告
2	飞行时序动作分析	应以飞行成败为聚焦点，以每个飞行时序动作为牵引，对执行飞行时序动作的产品输入条件、输出结果、指标实现情况及设计余量、环境及相关影响，试验验证或工程分析情况进行系统梳理和确认	从初样研制阶段开始按照飞行时序确认工作，开展飞行时序动作分析与确认工作；首飞出厂前对飞行时序动作分析与确认工作结果进行审查	飞行时序动作的产品：1)输入条件；2)输出结果；3)指标实现情况及设计余量；4)环境及相关影响；5)试验验证或工程分析情况	开展飞行时序动作分析与确认工作，应充分分析飞行时序动作各环节相互间的影响，从设计、生产和试验等环节落实具体风险控制措施，在研制过程中落实和保证，从而消除技术上可能存在的风险和隐患	1)功能性能实现情况确认；2)环境适应性分析；3)时序分析；4)空域及相关影响分析；5)设计(或工艺)保证措施确认
3	成功数据包络分析	成功数据包络分析比对当前产品数据与成功数据之间的"接近"程度，对于超出包络范围的数据，应当将其标记为风险源，进行严格排查，给出应对措施	工程研制阶段	关键产品及参数；历次飞行(或试验)成功的产品参数的实测值	通过将待分析产品数据与确定的包络范围进行比对，判定待分析产品数据是否落在包络范围内，得到待分析产品数据是否满足任务能力的分析方法	评估产品是否满足执行任务能力，逐一进行风险分析，根据分析结果，采取应对措施
4	"九新"分析	"九新"分析是对产品研制过程中所涉及的"九新"问题，即对"九新"中的九个方面分别对照系统、产品的具体情况进行深入分析，识别各类风险源	产品研制、生产各阶段	新技术、新材料、新工艺、新状态、新环境、新岗位、新人员、新设备情况	根据产品总体、分系统和单机产品基线，开展新技术、新材料、新工艺、新状态、新环境、新岗位、新人员、新设备（简称"九新"）分析，识别技术风险	"九新"的风险源

续表

序号	名称	目的	应用时机	输入	过程	输出
5	质量交集识别与分析法	开展技术状态变化的、单点失效的、质量有前科的、飞行试验前测试薄弱环节的质量分析,识别薄弱环节和质量风险	产品初样研制阶段、试(正)样研制阶段和定型/批生产阶段	技术状态变化的、质量有前科的、单点失效的、飞行试验前测试四个方面相关内容	1)质量问题统计分析;2)技术状态变化统计分析;3)测试覆盖度分析;4)单点失效分析;5)开展交集分析	风险工作项目
6	概率风险评估(PRA)	识别系统、分系统和设备的薄弱环节,为设计方案优化权衡、可靠性安全性关键项目确定、风险控制策略制定及风险跟踪提供量化依据和决策支持	方案阶段、产品研制阶段	任务剖面和系统配置、任务及系统功能准则、操作规程及工程经验	通过开展定性与定量综合集成风险评估(概率风险评价)和定量利用系统内外部、研制和运行全过程等多源多维数据,重点研究系统连锁故障/关联故障风险链传播与控制规律,对系统风险进行在线评估与预测,定期形成系统运行风险评估报告	后果状态不确定性及灵敏度;薄弱环节;风险后果状态发生可能性;风险后果排序等
7	初步危险分析(PHA)	在最后设计阶段,为设计师早期确定危险源提供指导	早期设计阶段,当只确定了系统的基本元素和原材料时	可获得的系统设计准则、部件,设备性能,原材料性能	检测设计特性,查明与原材料、系统设备、部件、界面、运行环境,运行维修过程有关的危险	危险数目表,并在最后设计中提供降低这些危险的措施
8	危险及可操作性研究	确定危险和可操作性问题,平衡系统能力,达到预定的生产率	后期设计阶段,当设计已基本确定,或对一个已有系统计划重新设计时	详细的系统描述(图、过程、流程图),使用和运行系统的知识	检查设备的原理图与运行流程,在每个关键点上确定潜在的运行偏差可能的后果和原因偏差的后果	危险数目表,运行问题表和来自预先确定的后果,潜在原因以及设计过程中建议修改的潜在偏差表
9	有关键项目表的故障模式及影响分析 FMEA/CIL	确定每个部件可能发生故障的所有方式,以及每个故障模式对系统的潜在影响	设计、运行阶段	系统设备表、设备和系统功能知识	收集有关设备的最新设计和与其余系统的函数关系,列出所有可设想的故障,描述这种故障对其他设备或系统中同和最终影响或其余设备的严重性,按每个故障模式影响确定最坏情况下的影响范围	潜在的失效模式和它们的影响,已存在的或要求的补偿或控制过程,对系统潜在的影响(包括单点失效时的最坏情况下的影响)

续表

序号	名称	目的	应用时机	输入	过程	输出
10	事件树分析（ETA）	通过对一件触发事件（设备故障、人为错误、过程可能的灾难）的"早期诊断"，确定可能的灾难	设计、运行阶段	触发事件、系统功能、安全系统的知识	建造一个决策树，显示故障，确定开始时间顺序间的相互关系，量化故障，确定最重要的风险	一个图形决策树，说明了一个故障通过系统传播的方式，解释了工作为分解过程的成功和故障两方面的安全功能
11	人的可靠性分析	确定人对硬件设计特性和操作过程作用的风险分布	设计、运行阶段	系统过程、装配、功能、任务、人的因素以及可认识的心理学等有关方面的知识	检验树形图和控制的事件，引起有关的工序，划分事件的概率，确定最重要事件的设备有关的事件的相互关系，看看事件是否与过程关键决策有关，查明系统能否从事件中修复	那些人的相互作用导致重大风险的事件表
12	共因故障、共模故障分析	应用独立的故障分析确定隐藏的接口故障	设计、运行阶段	对系统要求分析的更详细地理解	检验系统和部件之间物理的、环境的和过程的相互关系中是否存在一个因素（如供电、支持系统、润滑油、地震电势）、能引起多级部件和子系统失效	概率分布或公共原因重点事件表
13	故障树分析（FTA）	通过逐级分析，寻找顶事件故障发生的所有可能原因及其组合，并通过分析其逻辑关系确定装置、设备（或分系统和设备）潜在的设计缺陷，以便采取改进措施	方案、设计、运行阶段	1）设计方案、使用说明书；2）可靠性数据表及数据来源；3）原理图、功能框图、可靠性框图；4）运行规程、维修规程；5）FMECA 报告等	采用逻辑符号建立流程图，给出部件、原因和故障之间的逻辑关系	能导致特定失效的一系列设备和/或操作人员故障，并按严重定性确定其范围

单点故障模式识别也可以采用 FMEA 与 FTA 相结合的方法，以产品任务为剖面，在FMEA 已识别单点故障模式基础上，选取灾难性、成败型两类故障进一步开展 FTA 分析，按照从总体、分系统、单机直至单元的系统工作程序，找出一阶最小割集，识别单点故障模式，最终汇总形成单点故障模式清单。图 6-4 给出了单点故障模式识别流程。

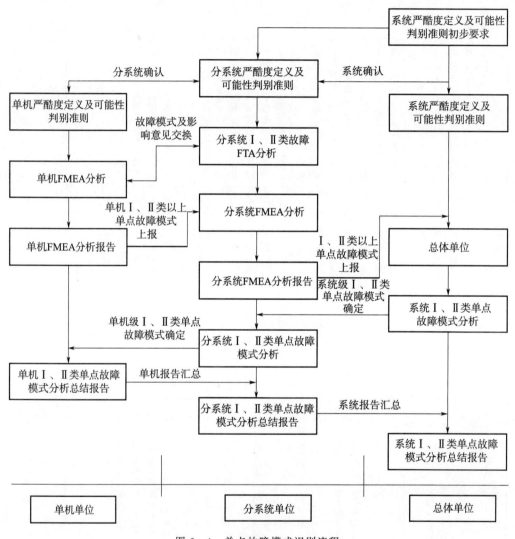

图 6-4　单点故障模式识别流程

单点故障模式识别流程如下：

1）总体提出严酷度定义及可能性判别准则。

2）系统确定严酷度定义及可能性判别准则，并经总体确认。

3）单机确定严酷度定义及可能性判别准则，并经系统确认。

4）单机 FMEA 分析，并筛选出Ⅰ、Ⅱ类以上的单机故障模式上报系统；系统根据单机 FMEA 中对上一级的影响开展分析系统级 FMEA/FTA 分析工作，同时结合系统级冗余功能，完成系统级 FMEA 报告并将Ⅱ类（含）以上系统故障模式和涉及系统间接口的Ⅰ、Ⅱ类以上故障模式上报总体。

5）系统根据总体分析和确认后反馈的Ⅰ、Ⅱ类故障模式进行系统级Ⅰ、Ⅱ类单点故障模式分析，并下发单机单位。

6）单机根据系统分析出的单机Ⅰ、Ⅱ类故障模式进行针对性的质量控制和三类关键特性梳理。

7）系统根据单机的总结报告进行汇总，形成最终的系统Ⅰ、Ⅱ类单点故障模式，并上报总体。

8）总体汇总形成Ⅰ、Ⅱ类单点故障模式清单。

根据单点故障模式清单，对所涉及的关键产品设计、工艺、过程三类关键特性进行自上而下的逐级量化分解和自下而上的逐级量化闭环确认，分析各种故障可能发生的原因，识别设计中的技术风险，为制定应对措施并实施改进提供有效支持。表 6 - 9 给出了（系统/分系统/单机）Ⅰ类和重点控制的Ⅱ类单点故障模式清单。

表 6 - 9　Ⅰ类和重点控制的Ⅱ类单点故障模式清单

序号	产品或功能标志	故障模式	任务阶段	严酷度	发生可能性	控制措施	验证结果①	说明

①验证结果在控制措施落实后填写。

单点故障模式控制主要采取以下方法：

1）尽量从设计上采取措施消除单点，不能消除的则采取措施降低其故障后果或发生可能性；

2）将单点故障清单中的产品列入可靠性关键项目清单，并严格进行管理，设置强制检验点进行控制。

3）制定针对性措施，验证措施的有效性，并将相关分析和控制结果纳入风险分析报告，结合评审验收加以确认。

4）仍不能将单点故障降低到可接受风险时，针对不可接受的残余风险制定应急预案，如果产品还要执行后续任务，针对后续任务制定持续改进措施。

6.3.3　飞行时序动作分析

飞行时序动作分析法是以产品飞行的时间轴（时序动作）为牵引而进行的分析，是一种正向思维的分析方法。该种方法主要是对产品已经开展的风险识别、分析、应对等工作进行检查、监督，并针对发现的新风险，制定风险应对措施，通过全面梳理技术风险，为航天任务实现的最终决策提供依据。

飞行时序动作分析与确认方法基于逻辑推演和仿真的思想，并检查实现的条件，从而达到消除风险的目的。通常以火箭发射准备、点火到飞行结束的飞行时序过程为出发点，以每一个飞行时序动作为牵引，对每个动作或影响成败的关键环节的输入条件、输出结果、设计指标及满足情况、设计余量、可靠性措施、环境及相关影响、试验验证或仿真、计算等工程分析情况进行系统梳理，进一步查找需要分析和确认的问题，从而消除技术上可能存在的风险和隐患，最终得出从设计要求、设计结果到飞行实现能够完整闭合的推演分析结论。

制定的具体分析原则如下：

（1）时域风险

1）时序设计是否协调匹配；

2）时序动作指令能否正确发出，设计上是否单点，有无备保；

3）关键指令或指令须多项环节（条件）串行的，各环节是否匹配，能否保证工作正常；

......

（2）空域风险

1）各类动作的空间行为是否对相关产品或动作产生影响；

2）在空域环境作用下，各类动作是否和地面模拟试验状态一致；

3）各类动作能否产生多余物及可能产生的多余物对周边产品的影响；

......

（3）差异性风险

1）飞行状态、环境与地面试验状态、环境是否存在差异；

2）技术状态与经飞行试验考核的状态相比有较大变化；

......

飞行时序动作分析与确认表详见表6-10。

表6-10 飞行时序动作分析与确认表

飞行时段	飞行动作或关键环节（项目）	输入条件和工作环境确认	输出（响应）结果	设计指标	指标实现情况	可靠性设计保证措施	产生的环境及其相关设备（系统）适应性分析	试验验证或仿真、计算分析结果	人员保证	确认人

6.3.4 成功数据包络分析

成功数据包络分析是指在产品特性识别的基础上，收集产品成功数据，利用合理技术方法构建成功数据包络范围，将待分析产品的数据与对应的成功数据包络范围进行比对，判定待分析产品数据是否落在包络范围内，得到待分析产品数据包络状况，评估产品是否满足执行任务要求的活动。

成功数据包络分析适用于航天工程各级产品，主要用于工程研制阶段。成功数据包络分析的对象是量化的产品特性数据，通常包括材料特性、工艺特性、性能特性三个方面的数据，以及与系统运行环境条件相关的数据。航天产品成功数据包络分析工作应运用数据分析方法，利用有限子样数据，识别可能影响任务成败的产品风险因素并进行评价。

方案研制阶段应初步识别出产品开展成功数据包络分析所需要的产品特性，并纳入相应的技术要求中。初样研制阶段应识别出需进行成功数据包络分析的材料特性、工艺特性、性能特性和环境条件的关键参数，进行地面试验并收集分析数据，开展初样研制阶段的成功数据包络分析工作。试样（正样）研制阶段应确定开展成功数据包络分析的材料特性、工艺特性、性能特性和环境条件的关键参数的清单，收集试验数据，开展试样（正样）研制阶段的成功数据包络分析工作。对于首飞产品，应合理运用地面试验数据及类似产品的成功数据开展试样（正样）研制阶段的成功数据包络分析工作。定型（鉴定）、批生产阶段及应用阶段应结合技术状态变化对材料特性、工艺特性、性能特性和环境条件的关键参数的清单进行调整，对产品开展成功数据包络分析工作。

成功数据包络分析比对当前产品数据与成功数据之间的"接近"程度，理论上认为，越接近，则成功的可能性越大，反之则风险越大。对于超出包络范围的数据，应当将其标记为风险源，进行严格排查，给出应对措施。

成功数据包络分析主要步骤如下：

1）确定关键产品及参数：根据产品特点和确定的产品特性，全面收集成功数据，组成成功数据包络分析样本数据集，并建立相应的数据库。根据产品技术状态、任务要求、试验条件、环境条件和使用状态等方面的不同，对产品数据进行预处理，剔除异常数据，避免由于量纲、均值公差等不一致造成对包络分析结果的影响。通过对任务的影响分析等工作，确定将开展包络分析的关键系统和产品及关键参数作为分析对象。

2）确定包络分析范围：根据关键特性的种类及数据子样的多少，构建成功数据包络范围。不能简单地将历次飞行试验或地面试验的产品数据最大值和最小值作为成功数据包络范围。通过统计历次飞行（或试验）成功的产品参数的实测值，利用统计方法等找出数据上、下边界，同时画出曲线，形成成功数据包络范围。

3）开展确认和分析，将参加任务产品的各项参数的实测值与成功数据包络范围进行逐一比对，画出曲线看趋势，分析数据是否在成功数据包络范围内，同时确认产品的质量表征趋势。包络分析结果分为四类：a）满足指标并在成功数据包络范围内为"合格/包络"；b）满足指标但不在成功数据包络范围内为"合格/不包络"；c）不满足指标但在成功数据包络范围内为"超差/包络"；d）不满足指标且不在成功数据包络范围内为"超差/不包络"。

4）应针对除"合格/包络"以外的各项产品关键特性参数，尤其是"超差、不包络"的数据，逐一进行风险分析，根据分析结果，采取应对措施。对于"合格/不包络"的数据，进行风险分析和评估，并根据分析结果采取措施；对于"超差/包络""超差/不包络"的数据，特别是"超差/不包络"的数据，围绕产品让步接收及产品质疑单办理、审批手续等情况进行检查确认，进行风险分析和评估，并根据分析结果采取措施；对于"合格/

不包络""超差/包络""超差/不包络"的数据，设计和生产单位应定期将一定数量的成功数据进行统计分析，对关键特性要求的合理性进行分析和评估，针对设计指标、设计工艺性等方面存在的隐患或问题，开展设计改进工作。针对产品合格率低、质量一致性差等方面存在的隐患或问题，开展工艺改进工作。

6.3.5 "九新"分析法

在产品研制生产各阶段，根据产品总体、分系统和单机产品基线，开展"九新"分析，识别技术风险。"九新"分析是对产品研制过程中所涉及的"九新"问题，即对"九新"中涉及的九个方面分别对照系统、产品的具体情况进行深入分析，识别各类风险源。

1）新技术是指产品在研制生产过程中，首次使用的设计方法、计算方法、测试技术等。新技术重点对未经过飞行验证的新技术进行梳理，对可靠性设计和地面试验验证的充分性进行复查和分析。

2）新材料是指产品在研制生产过程中，首次使用的材料（含器件）。新材料重点对未经过飞行验证的新材料（含器件）进行梳理，对选用合理性、验证充分性和使用正确性进行复查和分析。

3）新工艺是指产品在研制生产过程中，首次使用的加工工艺、装配工艺、调试工艺、测试工艺、检验工艺等。新工艺重点对承制单位首次采用的新工艺进行梳理，对工艺设计合理性、验证充分性、文件完备性、工艺稳定性进行复查和分析。

4）新状态是指产品在研制生产过程中，发生的所有Ⅱ类更改以上的技术状态更改。重点是根据本产品确定的技术状态基线，对出现的所有Ⅱ类更改以上的技术状态更改进行梳理，严格按照技术状态更改控制的要求进行复查，特别是对使用状态的变化进行识别、分析和验证。新状态的检查确认可与产品出厂前技术状态更改审查相结合，在技术状态专项审查中进行。

5）新环境是指产品在研制生产过程中，首次面临的生产环境、装配环境、测试环境、试验环境、电磁环境、热环境、贮存环境、使用环境、运输环境、载荷环境、飞行环境等。重点对在生产、装配、测试、试验、贮存、运输、飞行等环节中的新环境进行识别，并对其适应性进行分析，对验证充分性进行复查。

6）新单位是指未承担过航天产品任务的研制、生产、管理、运输等单位或者承担其他航天产品任务，但是首次承担本产品任务的研制、生产、管理、运输等单位。重点对未承担过本产品任务的新单位进行梳理。

7）新岗位是指产品进入总装测试以后，产品队伍中新增加的设计、工艺、生产、管理、运输、加注、发射等岗位。重点对新设岗位的职责、工作规范的完备性进行检查确认。

8）新人员是指新变化的设计、工艺、生产、管理、运输、加注、发射等人员。重点对首次上岗人员的责任意识、上岗培训等情况进行检查，特别对新人员在专业技术、岗位技能等方面进行分析确认。

9) 新设备是指产品在研制生产过程中，首次配套使用的设备，以及首次投入产品、涉及重大工艺变化，导致最终产品测试状态变化的制造、装配、测试、试验、运输、加注、发射等设备。

6.3.6　质量交集识别分析法

质量交集是指同时具备指定的影响产品质量特性因素的集合。质量交集识别分析是通过识别影响产品质量特性因素，确定产品质量交集，开展关联分析并明确关注度。开展质量交集的分析，是指对于技术状态变化的、质量有前科的、单点失效的、飞行试验前测试不到的四个方面问题进行分析，若发生上述两个及两个以上方面交集的，则风险很大，应该尽量避免使用该产品，坚决杜绝 4 交集的发生。

质量交集识别与分析工作以单机及以上产品为分析对象，同时涵盖软硬件产品，以及单机间和分系统间接口。

通常按照"总体→分系统→单机"自上而下明确要求和计划，自下而上逐级开展分析、确认。质量交集识别与分析工作中指定的影响产品质量特性因素除研制各阶段规定的以外，各产品应根据实际情况具体确定。质量交集识别与分析结果的关注度等级分为高、中、低。质量交集数量是 4 个及以上，其关注度等级为高。质量交集数量是 3 个，其关注度等级一般为中，若Ⅲ类技术状态变化和Ⅰ、Ⅱ类单点故障模式同时存在，其关注度等级为高。质量交集数量是 2 个，其关注度等级一般为中。只存在一个，其关注度等级为低。

质量交集识别与分析法分析步骤如下：

1) 质量问题统计分析。在产品研制本阶段，对产品发生过的所有质量问题进行汇总、统计和分析，形成产品问题库；并对其他产品质量问题在本产品进行的举一反三情况进行汇总、统计和分析。

2) 技术状态变化统计分析。以产品某个阶段确定的技术状态基线为基础，统计分析产品所有状态工程更改及落实情况，形成产品技术状态更改库。此外，对本阶段产品在研制和验收时的所有偏离、超差项也进行统计分析，形成偏离、超差项清单。

3) 测试覆盖性分析。在产品的技术设计中，对产品涉及的每一个功能性能指标进行测试覆盖性和验证充分性分析，在产品验收时进行检查。根据技术设计和产品验收检查结果，形成测试未覆盖产品项目（指标）清单。

4) 单点失效分析。应用 FME(C)A 对产品进行故障模式及影响分析，分析单点失效情况，重点关注单点失效将导致严酷度为Ⅰ类（灾难的）和Ⅱ类（致命的）故障模式。根据 FME(C)A 分析的结果，形成单点失效产品项目清单。

5) 开展交集分析。根据对产品上述 4 个方面的分析，形成产品交集项目统计表。凡是具有"质量有前科、技术状态有变化、测试覆盖不到、单点失效"情况中两种或两种以上情况的产品，即为存在质量交集的产品。同时具有两种情况即为 2 交集，交集数为 2；同时具有 3 种情况则为 3 交集，以此类推，同时存在"质量有前科、技术状态有变化、测试覆盖不到、单点失效"4 种情况则为 4 交集。单机按照产品要求，对配套产品进行识别与分析，形成单机产品质量交集识别与分析结果清单。分系统对单机产品质量交集识别与分析结果进行确认，从分系统角度对所属产品的组成、冗余等因素进行综合分析，并对分系统内各单机间接口进行识别与分析，形成分系统产品质量交集识别与分析结果清单。总体对分系统产品质量交集识别与分析结果进行确认，并从产品角度综合分析系统组成、冗余、任务剖面及分系统间接口关系等因素，形成产品质量交集识别与分析结果清单，详见表 6 - 11。

表 6 - 11　航天产品质量交集识别与分析结果清单

序号	分系统名称	单机名称	Ⅱ、Ⅲ类技术状态变化	存在Ⅰ、Ⅱ类单点故障模式	发生过质量问题	存在不可检测项目	关注度	备注
			填写:技术状态变化情况简要说明	填写:Ⅰ、Ⅱ类单点故障模式项目	填写:问题发生时间及问题名称、归零时间以及在本次任务产品的落实情况	填写:产品不可测的功能、性能参数名称;不可检项目名称	填写:高 或 中 或 低	

注:以对产品发生 Ⅱ、Ⅲ类技术状态变化,存在Ⅰ、Ⅱ类单点故障模式,发生过质量问题和存在不可检测项目等四方面进行质量交集识别与分析为例。

若通过质量交集识别与分析，某产品发生两个或两个以上方面交集的，则质量风险很大。通过进一步对该产品的质量和技术风险进行分析，明确风险是否可控，并提出下一步风险控制预案。

6.3.7　概率风险评价方法

概率风险评估技术作为最具系统性的定量风险评估方法，可以定量评估航天器的安全风险和任务风险，识别系统、分系统和设备的薄弱环节，为设计方案优化权衡、可靠性和安全性关键项目确定、风险控制策略制定及风险跟踪提供量化依据和决策支持。

通过开展定性与定量综合集成的风险评估，综合运用定性风险评估（风险矩阵评估）和定量风险评估（概率风险评价，PRA）技术，利用系统内外部、研制和运行全过程等多源多维数据，重点研究系统连锁故障/关联故障风险链传播与控制规律，对系统风险进行在线评估与预测，定期形成系统运行风险评估报告。概率风险评价的流程和方法如图 6 - 5 所示。

（1）事件链与故障建模

1）事件链建模。针对初因事件列表，根据任务剖面和系统配置、任务及系统成功准则、操作规程及工程经验，利用事件序列图和事件树方法，构建事件链模型。

2）故障建模。采用故障树等方法，对事件链上复杂的初因事件或中间事件进行解析，找出导致事故的集合。

工程大总体和卫星、运控、测控、星间链路系统，应针对本系统风险初因事件列表的重点项目，构建事件链模型，剖析事故连锁传播过程和层层防御环节，为及时切断连锁故障链条、消灭共因失效隐患，提供量化支撑。

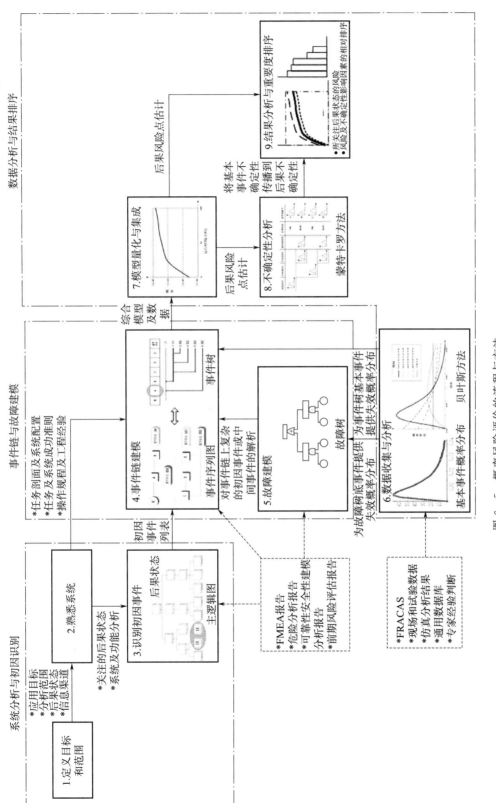

图 6 - 5　概率风险评价的流程与方法

（2）数据分析与结果排序

1）数据收集与分析。利用各系统故障报告与纠正措施系统（FRACAS）数据、现场和试验数据、仿真分析数据、在轨/飞行数据等多源信息，针对故障树和事件树各基本事件，进行失效概率统计分析，特别是共因/共模失效、人因差错分析。

2）模型量化与集成。开展事件链（事件树）模型和故障树模型的最小割集分析，找出关键故障路径。

3）不确定性分析。利用蒙特卡罗方法和不确定性传播技术，将基本事件不确定性传播到各后果状态不确定性，并开展灵敏度分析。

4）结果分析与重要度排序。明确各风险后果状态发生可能性，明确风险和不确定性影响因素的相对排序，量化分析薄弱环节，为风险决策控制提供支撑。

北斗系统工程大总体和卫星、运控、测控、星间链路系统，在事件链和故障模型基础上，充分利用工程各系统在线监控和支持系统，以及地面试验验证系统、iGMAS等资源，结合工程研制和运行全过程产生的多维度试验、测试、监测数据和质量问题信息，以及外部环境、外部评估等多源信息，开展量化风险评估和不确定性分析，有效避免共因失效和连锁故障。

6.4　北斗系统风险管理实施

6.4.1　北斗系统风险分析与控制保障链

北斗系统风险管理是指通过对北斗三号工程组网建设和运行服务过程中的不同层次（大系统、系统、硬软件产品）产品多维度、全方位、全过程的风险项目的识别，分析每项风险对北斗三号工程研制、组网成败、运行服务等方面的影响，通过对北斗三号工程组网建设和运行服务过程中的全部技术风险和干扰因素进行预防，评价所采取措施的合理性、有效性、充分性，最终确保各风险项目已经消除或采取所有可能采取的措施使风险降到最低，从而实现工作组网建设和运行服务的目标。

北斗系统风险管理是一个随各大系统尤其是卫星系统、火箭系统、地面系统的研制进展不断迭代、不断完善的闭环过程，贯穿于各系统设计、生产、试验及发射和在轨运行等全寿命周期，是一个动态管理的过程。北斗系统风险管理主要是全面准确地识别出大系统建设和运行的风险项目，摸清风险演变的规律，通过提升大系统风险管控措施的有效性和可操作性，形成风险动态预警长效机制，支撑北斗三号系统按期建成并实现系统可用性、连续性和完好性指标。本章主要是结合北斗系统特点和航天工程风险管理经验做法，从组网建设和稳定运行两个阶段开展风险管理。

北斗系统风险分析与控制保障链实施过程中采用组网建设、运行服务"双链"接力的模式开展，在风险实施过程中，特别强调责任链压紧落实，主要体现在以下两个方面：

（1）组网建设和运行服务阶段风险管控双链接力

北斗系统风险管理是按照"三步走"策略实施的。第一步，通过在组网阶段和运行服务阶段全面实施风险分析与控制保障链，全面准确识别风险；第二步是对已经识别的组网建设和运行服务阶段的风险工作项目，逐项落实有效管理措施，控制风险；第三步是在风险管理措施有效落实的基础上，对已经识别、控制的风险措施进行持续监控、预警，确认风险措施的有效性。

北斗系统风险管理是按照组网建设阶段和运行服务阶段"两条链"实施。面向组网建设，从大系统技术体制、硬件产品质量、软件及系统质量、进度及管理四个方面识别风险隐患，提出了风险分析与控制策略；面向稳定运行，在星地一体管控、平稳过渡、卫星长期运行等方面提出风险控制策略。

（2）风险实施过程责任链压紧落实

在北斗系统组网阶段和运行服务阶段风险识别与控制过程中，工程大总体、各大系统、关键单机产品等总体单位及各产品承研承制单位高度重视风险管理工作，建立产品全寿命周期的风险管理制度，制定开展产品风险管理的详细程序，将产品风险管理工作纳入科研生产计划，并配置相应的资源，实施风险识别分析与管控，由系统、分系统、单机对应的系统质量副总师、产品设计师、管理人员自下而上逐级开展风险识别分析，加强风险教育，确定风险控制措施，并督促落实。工程全线研制队伍充分认识风险管理的重要性，加强产品风险管理策划，明确相关负责人和职责，确定产品风险管理的程序、工具、方法等。工程总师及各系统总师系统对各系统、关键单机产品的风险保证措施落实情况进行督导，落实相关保障资源，确保风险措施落实责任链落到实处，产品风险管理工作能够有序、有效地开展。

6.4.2　组网阶段风险分析与控制保障

在组网阶段从各系统、不同产品层次、不同研制阶段全方位进行风险工作项目的识别分析，并通过采取建模仿真、复核复算、测试试验、独立评估和技术评审等技术手段，将组网阶段风险管理工作与产品系统、分系统、单机多层级的研制过程紧密结合，通过压实责任落实控制措施，实现组网阶段风险可识别、可控制，确保按时成功组网。

（1）风险识别与分析

针对北斗系统研制建设和运行特点，建立工程进度（北斗三号组网、北斗三号运行）、系统类别（工程大总体、卫星系统、运载火箭系统、运控系统、测控系统、发射场系统、星间链路运管系统）、风险类别（技术体制类风险、硬件产品质量风险、软件/系统质量风险、进度/管理风险）、风险范围（系统外部风险、系统内部风险）等 4 个视角，如图 6-6 所示，并在每个视角下采用线索分析法，开展工程大总体和各大系统风险识别工作。图 6-7 给出了北斗三号工程组网阶段风险树。

表 6-12 给出了北斗系统风险分析与控制保障链识别的风险项目和风险因素。

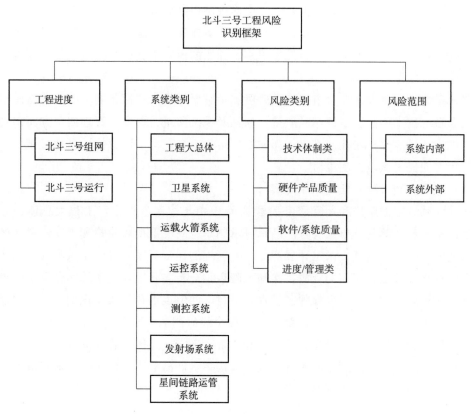

图 6-6　北斗三号工程风险识别框架

表 6-12　风险分析与控制保障链情况表

序号	分类	风险项目和风险因素
1		下行导航信号××风险
2		××导航风险
3	技术体制风险	星地一体××风险
4		星间链路××风险
5		…
6		××指标实现风险（信处系统等）
7		××模块可靠性风险
8		××软件可靠性及健壮性风险
9	软件/系统质量风险	××软件重构可靠性
10		××系统测试覆盖性/有效性风险
11		××软件与××硬件适配性风险
12		…

续表

序号	分类	风险项目和风险因素
13	硬件产品质量风险	氢钟××不充分
14		上面级发动机××风险
15		低温发动机××风险
16		××长期运行维护风险
17		Ka 相控阵天线××风险
18		…
19	进度/管理风险	组网进度风险
20		关键产品××风险
21		××生产交付风险
22		××资源保障风险
23		××系统建设进度风险
24		…

（2）风险控制与保障

对于低风险项目（综合等级 I、II 类风险）：工程系统应进行必要的监控，跟踪并记录其后续状态变化情况，防止其危害程度上升。

对于中风险项目（综合等级 III 类风险）：工程系统应将其作为节点质量控制和里程碑评审的重点内容，在后续研制生产各环节中密切关注，并结合研制流程采取有效措施，保证在产品出厂前降低至可接受水平。

对于高风险项目（综合等级 IV、V 类风险）：工程系统及相关单位必须制定消除或降低风险的应对措施，并落实在产品研制生产的各个环节中，采取计算、分析、试验等手段，验证风险控制措施的有效性，加强对实施效果的评估，并对采取措施后的项目重新进行风险综合评级。

对已经识别的组网阶段风险工作项目，分类分级制定针对性防控和保障措施。针对技术体制风险，主要采取明确要求、仿真计算、地面测试试验和在轨验证、预案研究与演练、独立评估等措施进行防控；对软件/系统质量风险，主要采取可靠性和安全性设计分析、仿真计算、软件重构、测试验证等方式进行防控；对硬件产品质量风险，主要采取过优化设计、加强可靠性与寿命试验、改进产品工艺等方式进行防控；对进度/管理风险，主要采取加强计划调度、优化工作流程、共享信息和规范、加强外协管理等方式进行防控。将工程大总体和各大系统风险自上而下传递，实施分级管控，切实落实责任单位和时间计划安排。表 6-13 给出了风险分析与控制保障链应对措施情况。

技术类风险主要包括技术体制类、软件/系统质量类、硬件产品质量类等风险。主要通过加强产品设计分析、仿真计算、试验验证（地面、在轨验证）、应急预案制定、系统内及系统间接口协调等方面加强控制和保障工作，降低和防控风险。

对于管理类风险，主要包括进度/管理相关风险。主要通过加强任务组织管理，明确

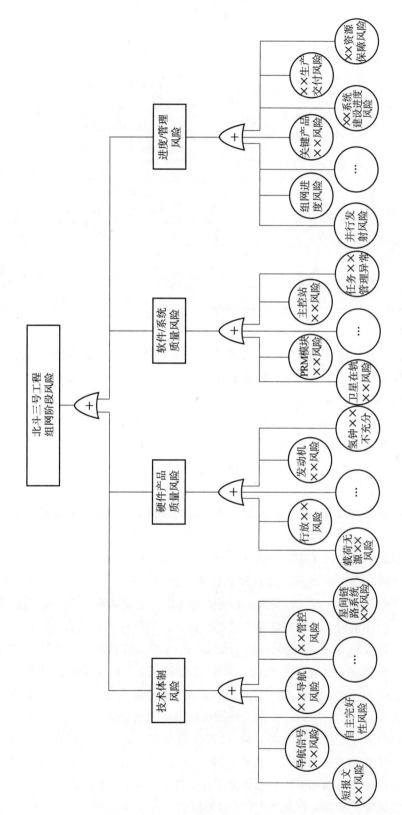

图 6 - 7 北斗三号工程组网阶段风险树

各级责任人，切实抓好责任主体单位和相关研制单位进度控制；通过加强监督与检查，严格落实时间节点计划，进一步加强对各承研单位的项目研制进度管控；优化工作流程，减少重复环节，压缩测试时间，提高工作效率，降低管理类风险。

表 6 - 13　风险分析与控制保障链应对措施情况

分类	风险类别	应对措施
技术类风险	技术体制风险	1）明确要求； 2）仿真计算； 3）加强地面测试试验； 4）加强在轨验证； 5）预案研究与演练； 6）独立评估； 7）…
	硬件产品质量风险	1）优化产品设计分析； 2）冗余设计、裕度设计； 3）仿真计算； 4）加强可靠性与寿命试验； 5）改进产品工艺； 6）加强筛选； 7）专题研究； 8）独立评估； 9）…
	软件/系统质量风险	1）可靠性设计分析； 2）仿真计算； 3）软件重构； 4）加强测试； 5）加强评审； 6）制定故障预案； 7）独立评估； 8）…
管理类风险	进度/管理风险	1）加强计划协调； 2）优化工作流程； 3）列出问题单位清单； 4）共享信息； 5）共享共性规范； 6）充足备份/备件； 7）加强外协管理； 8）…

（3）风险评估与跟踪

对工程大总体、工程各大系统的各类风险项目、风险影响因素、应对措施和落实情况等持续开展风险监视和跟踪，建立风险动态跟踪、分析评估与报告预警机制，建设工程大总体和各系统风险数据库和监控跟踪可视化平台，形成动态评估和闭环反馈，以便随时掌据工程风险演变情况，及早发现风险，提前采取有效的防控和保障措施。通过分级管控、分门别类制定针对性防控和保障措施，实现运行风险有效防控。根据运行风险动态评估结果，及时发布风险预警，更新大系统和各系统运行风险防控预案，制定可操作可检查的风险控制保障措施。

针对技术体制类风险、硬件产品质量风险、软件/系统质量风险、进度/管理风险，制定有效的风险应对措施，明确责任单位和配合单位，确保各项措施落实和验证到位。

针对管理流程与规划调度、技术状态管控、人员操作等风险，加强管理机制建设，优化操控流程，严控技术状态，加强外协和供应商管理，加强人员培训。

针对软硬件产品和环境风险，加强数据融合与分析平台建设，强化地面测试验证、在轨测试与运行验证，实施在线监测与健康评估，加强长期运行可靠性和保障性专题研究，制定有效的故障预案/风险预案并不断完善、滚动修订，组织合练。后续根据稳定运行任务进展，迭代开展风险监测跟踪，持续更新风险项目和控制措施。

下面是对于关键风险重点管控的内容：

1）工程大总体和工程各大系统风险可通过加强设计论证、强化系统验证、计划协调优化、安排专项专题研究等方式逐步缓解或消除。

2）针对高风险项目，已制定应对措施，建议通过专项安排专题研究加以落实。

3）硬件产品和软件/系统质量风险占比较大，需通过优化设计、开展可靠性与寿命试验验证、专项安排专题研究、单机多定点、建立问题单位清单等方式有效规避。

4）技术体制风险和进度/管理风险占比仅次于硬件产品和软件/系统质量风险，需引起足够关注，通过加强计划与流程管理、制定合理的过渡方案、建立应急预案等措施进行防范。

6.4.3　运行阶段风险评估与控制保障

伴随着组网发射任务的不断推进，北斗二号系统向北斗三号系统的平稳过渡及北斗三号系统稳定运行的要求日益迫切。在北斗系统稳定运行阶段，风险识别分析与控制工作的重点是将运行阶段风险管理工作与稳定运行过程中多方联保流程协调联动，准确、高效完成风险识别分析、风险综合评估、风险控制保障和风险监视跟踪工作，有效支撑北斗系统高质量组网建设和高稳定、高可靠、高安全、提供优质服务的"三高一优"模式运行。

运行阶段风险识别分析重点围绕影响大系统服务可用性、连续性、完好性指标实现的关键任务过程，从"运行服务顶层指标—关键任务—主要功能—涉及的系统/分系统和操作—风险项目"等层次，自上而下识别风险因素，结合各系统自下而上梳理的薄弱环节，确定北斗系统运行风险项目清单。同时，为更进一步识别和快速感知各类风险，充分利用数据感知融合技术，结合工程内部在研制和运行全过程产生的多维度试验、测试、监测数据和质量问题信息，以及地面试验验证系统、空间环境监测、iGMAS等多源信息，从管理流程与机制、技术状态管控、人员操作、软硬件产品质量、环境影响等方面进行风险分析，动态更新运行风险项目清单。

面向任务过程和融合多源数据，实现运行风险全面识别和动态感知。针对影响大系统可用性、连续性、完好性指标实现的关键任务过程，按照标准的概率风险评价程序规定的风险识别方法，从"服务性能指标—任务—功能—系统/操作—风险项目"自上而下识别风险因素，包括软硬件产品质量、空间和地面环境影响、人员操作、技术状态管控、管理流程与规划调度等，并结合各系统自下而上梳理的薄弱环节，综合确定风险项目。同时，利用数据感知融合技术，结合工程内部在研制和运行全过程产生的多维度试验、测试、监测数据和质量问题信息，以及外部环境和外部评估等多源信息，进一步识别和感知大系统运行风险因素，动态更新运行风险项目清单。

　　参考国际通用的"概率风险评估程序"规定的风险识别方法（主逻辑图，MLD），围绕影响大系统服务可用性、连续性、完好性指标实现的关键任务过程，从"运行服务顶层指标—关键任务—主要功能—涉及的系统/分系统和操作—风险项目"等层次，自上而下识别风险因素，结合各系统自下而上梳理的薄弱环节，确定北斗系统运行风险项目清单。风险识别过程如图 6-8 所示。

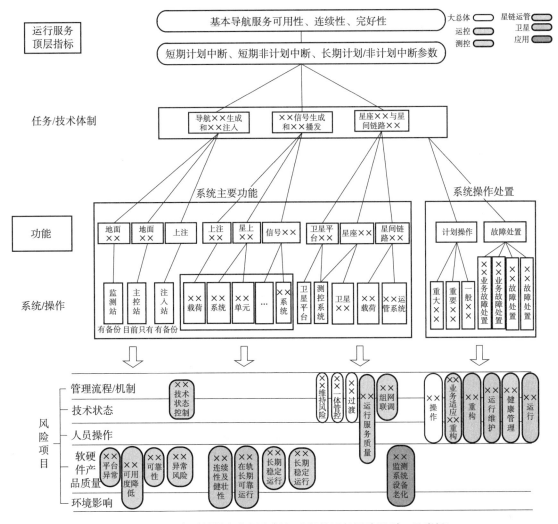

图 6-8　面向顶层服务指标和任务过程的运行风险识别（见彩插）

同时，为更进一步识别和快速感知各类风险，充分利用数据感知融合技术，结合工程内部在研制和运行全过程产生的多维度试验、测试、监测数据和质量问题信息，以及地面试验验证系统、空间环境监测、iGMAS 等多源信息，从管理流程与机制、技术状态管控、人员操作、软硬件产品质量、环境影响等方面进行风险分析，动态更新运行风险项目清单。运行阶段共梳理出风险 20 余项。其中没有高风险项目，全部是低风险和中等风险项目。

为提高运行风险评估准确性和及时性，开展定性与定量综合集成的风险评估，综合运用定性风险评估（风险矩阵评估）和定量风险评估［概率风险评价（PRA）］技术，利用系统内外部、研制和运行全过程等多源多维数据，重点研究系统连锁故障/关联故障风险链传播与控制规律，对北斗系统运行风险进行在线评估与预测，定期形成大系统和各系统运行风险评估报告。

工程大总体和卫星、运控、测控、星间链路系统，应在事件链和故障模型基础上，充分利用工程各系统在线监控和支持系统，以及地面试验验证系统、iGMAS 等资源，结合工程研制和运行全过程产生的多维度试验、测试、监测数据和质量问题信息，以及外部环境、外部评估等多源信息，开展量化风险评估和不确定性分析，为有效避免共因失效和连锁故障提供量化支撑。

针对运行风险分级管控，分门别类制定针对性防控和保障措施。

1）针对管理流程与规划调度、技术状态管控、人员操作等风险，加强管理机制建设，优化操控流程，严控技术状态，加强外协和供应商管理，加强人员培训。

2）针对软硬件产品和环境风险，加强数据融合与分析平台建设，强化地面测试验证、在轨测试与运行验证，实施在线监测与健康评估，加强长期运行可靠性和保障性专题研究，制定有效的故障预案/风险预案并不断完善、滚动修订，组织合练。

表 6-14 给出了北斗系统运行风险控制保障措施（示例）。

表 6-14 北斗系统运行风险控制保障措施（示例）

分类	风险项目	风险控制与保障措施
操作、状态、管理风险	管理机制建设	1）进一步加强接口设计、验证与协调工作； 2）建设北斗三号卫星在轨数据××机制； 3）…
	优化操控流程	1）不断优化在轨异常××流程，不断完善多方联保机制； 2）开发管理平台和软件工具，实现信息化管理； 3）…
	技术状态控制	1）严格控制联试过程中的技术状态； 2）专题联调试验，验证运控系统实现状态； 3）…
	外协管理	加强外协外购和供应商管理
	人员培训	1）加强设备自动化运行方面的工作； 2）请研制厂家提前对相关人员进行培训

续表

分类	风险项目	风险控制与保障措施
产品/ 环境 风险	数据融合与 分析平台建设	1) 建设卫星星上产品可靠性××分析平台。提前识别潜在的薄弱环节与风险点； 2) 构建在轨××支持能力,确保星座长期稳定运行； 3) …
	地面测试验证、 在轨测试与 运行验证	1) 重构软件开展充分的地面试验验证； 2) 结合联调联试开展××稳定性试验； 3) …
	在线监测与健康评估	1) 完善地面监测手段,并对在轨数据的××进行定期分析； 2) 开展多个维度的健康评估
	完善故障/ 风险预案	1) 制定××全过程卫星状态设置及故障预案； 2) 建立全寿命周期的××管理方案,完善长期××运行故障预案； 3) …
	长期运行可靠性研究	1) 开展××可靠性专项试验； 2) 开展××长期可靠性研究与试验； 3) …

通过持续开展北斗系统风险监视跟踪，不断完善风险分析评估与控制程序方法，随时掌握工程风险演变（风险上升、下降和消除）情况，及早辨识新风险，及时采取有效的防控和保障措施，主要工作有：工程大总体、工程各大系统对各自的风险项目、风险影响因素、应对措施和落实情况等，持续进行风险监测跟踪等，持续开展风险动态评估与预警，形成闭环反馈；建设风险数据库与监测跟踪可视化平台。

通过开展北斗系统组网阶段风险管理相关工作，有力支持了北斗三号工程组网发射任务，北斗三号工程组网阶段风险可控，全球系统的组网发射顺利成功。通过开展北斗系统运行阶段风险管理工作，梳理识别了当前阶段的稳定运行风险项目，分析研究了风险因素，评估了风险严重度和可能性，制定了风险控制保障措施。

第7章　北斗系统标准规范

北斗系统是迄今为止我国航天史上规模最大、技术最复杂、系统性最强、建设任务最繁重的系统工程之一，需要通过制定标准，固化北斗系统建设过程中的技术攻关和创新技术成果；需要通过实施标准，为众多参研单位和人员建立技术沟通和协同协作的共同语言和"桥梁"；需要通过实施标准，促进产业化活动和国际应用，进一步提升国际竞争力。因此，北斗系统的标准化工作对保证工程建设、促进卫星导航产业发展和提升北斗系统国际地位具有重要的现实意义和深远的历史意义。

本章首先介绍标准化的基本概念，标准体系的基本概念、构建原则、体系框架、标准明细和北斗系统标准化工作的组织架构、工作机制，北斗系统工程建设、运行维护、行业应用等方面的具体实践，以及北斗在国际民航组织（ICAO）和国际海事组织（IMO）的国际标准化工作情况。

7.1　概述

7.1.1　标准化

标准是通过标准化活动，按照规定的程序经协商一致制定，为各种活动或其结果提供规则、指南或特性，供共同使用和重复使用的文件。标准包括国家标准、行业标准、地方标准和企业标准、团体标准。

对需要在全国范围内统一的技术要求，可以制定国家标准，国家标准分为强制性标准和推荐性标准；对没有推荐性国家标准、需要在全国某个行业范围内统一的技术要求，可以制定行业标准；为满足地方自然条件、风俗习惯等特殊技术要求，可以制定地方标准；企业可以根据需要自行制定企业标准，或者与其他企业联合制定企业标准；学会、协会、商会、联合会、产业技术联盟等社会团体协调相关市场主体可以共同制定满足市场和创新需要的团体标准。其中，团体标准在 2017 年新颁布的标准化法中明确了其法律地位。制定团体标准应当遵循开放、透明、公平的原则，保证各参与主体获取相关信息，反映各参与主体的共同需求，并应当组织对标准相关事项进行调查分析、实验、论证。

标准化是为了在既定范围内获得最佳秩序，促进共同效益，对现实问题或潜在问题确立共同使用和重复使用的条款及编制、发布和应用文件的活动。标准化是人类在长期生产实践中逐渐摸索和创立起来的一门科学，是在经济、技术、科学及管理等社会实践中对重复性事务和概念归纳统一，通过制定、发布和实施标准以获得最佳秩序和社会效益。

标准化的任务是制定标准、实施标准，并对实施情况进行监督。标准化的各项任务相互联系，相互支持，制定标准是为了实施标准，是实施的准备和前提；实施标准是产生标准化效益的关键所在，标准是科学技术和经验的结晶，是科学技术的一种表现形式，是一种潜在的生产力。从经济学角度看，实施标准最本质和深刻的意义在于将标准这种特定形式的潜在生产力转化为现实的生产力；监督是为了保证和促进标准更好地实施，实施标准虽然可以带来经济效益、社会效益和技术效益，但实际上往往由于各种原因使标准不能及时、全面、准确地实施，因此有必要对标准的实施进行监督，做好标准实施监督工作可以及时发现和纠正不符合标准的现象，督促有关人员正确执行标准。

7.1.2　航天工程产品标准化

航天系统工程覆盖领域广泛、涉及内容繁杂，是一种系统规模庞大、系统构成复杂的特殊产品。在研制过程中涉及的管理层级复杂，参研参试单位多，具有较高的可靠性要求，质量控制难度大，需要多个专业领域前沿技术的综合运用。要实现系统工程管理，就离不开制定一整套技术规范和标准来控制质量和进度，可以说系统工程借助于标准化而得到贯彻，而标准化通过系统工程得以实现和发展。

"工程标准化"开展工程顶层的标准化工作，是整个工程标准化工作的源头，其主要任务是结合用户要求进行标准化设计，明确自上而下各层级标准化工作的流程，对下层级提出标准化要求、实施标准的要求、进行监督检查的要求。工程标准化设计要重点关注整个系统的标准体系和标准化大纲设计、大系统间接口等内容。

在航天行业，通常将系统级标准化工作称为"产品标准化"。产品标准化工作是以产品及其组成部分为主体对象而开展的标准化工作，是产品研制工程化、科学化管理并实现优化设计的主要手段，是确保产品研制使用获得最佳秩序、取得经济效益的有效途径。

航天产品标准化工作需要运用系统工程理论，与具体的产品研制任务相结合，综合考虑包括标准化方针政策和法律法规、国内标准化水平与现状、用户（或工程总体）要求、产品研制要求（含对外接口要求）等四个方面的因素，提出标准化工作总体要求及对工程所属各系统的标准化要求等，合理确定产品标准化工作目标。航天产品标准化工作的主要任务是建立标准化工作系统、明确产品研制各阶段标准化工作内容、编制产品标准化文件、实施标准等，对于基本型产品，一般还要建立标准体系。航天产品标准化工作的主要内容是制定并实施产品标准化大纲，提出标准化实施要求，提出产品通用化、系列化、组合化设计要求，提出接口和互换性要求，建立标准化文件体系要求，明确图样和技术文件要求，提出标准化工作范围和研制各阶段的主要工作及明确标准化工作协调管理要求等。航天产品标准化的主要目的是实现"按标准设计、依标准生产、凭标准放行、全过程受控"。航天产品标准化工作在实施过程中需要产品队伍全员参与，有序完成各项标准化工作，以更好地支撑产品研制。航天产品标准化工作实践主要包括运载火箭和航天器两个领域。

7.1.3　北斗系统标准化

随着技术的发展，系统复杂度不断提高，"系统的系统"（SOS，也称为体系工程）的概念开始出现、逐步建立并得到运用，北斗、高分、载人等航天领域专项工程就是典型的代表。其标准化工作是"工程系统级"的标准化，重点解决的是航天工程系统与其所属各系统间的标准化问题，其输出将作为各系统开展标准化工作的顶层输入和统一指导。

北斗系统是我国首次实现卫星组批生产、组网发射，构建星地一体、稳定运行的大型复杂卫星网络，具有星座复杂、建设周期长等突出特点。标准作为引领产业规范、快速、有序发展的重要技术手段和推动技术创新与科技进步、科技成果产业化的重要媒介，在北斗系统全领域、工程建设、应用推广和稳定运行各阶段发挥着重要的基础保障作用：一是通过制定和使用标准，作为众多参与单位及人员的沟通"桥梁"和"语言"，来规范和保证各环节各生产部门的活动，确保技术高度协调和统一；二是通过标准固化和规范北斗系统建设和应用推广过程中涌现出的新技术、新体制和新产品等创新性成果；三是通过标准促进北斗系统在大众、交通、通信、电力等领域的应用推广工作；四是通过标准国际化工作提升国际竞争力，促进多系统兼容互操作，重塑卫星导航国际竞争格局，支撑"世界的北斗"这一宏伟目标的实现。

北斗标准化工作是随着北斗系统事业的发展而发展，随着北斗系统建设三步走而逐步深入的，北斗标准化工作具有典型的"工程/产品标准化"特点，特别是系统建设工作充分继承了航天系统工程标准化的经验和成果，并适应北斗系统建设三步走不同阶段特点，以满足北斗系统建设和应用产业化推广的特定需求，并以解决急需问题、特定问题为出发点，不断进行丰富、迭代、完善和优化。从整体上看北斗标准化工作主要经历了以下三个阶段：

1）探索起步阶段。根据北斗一号工程建设需求，制定少量关键技术标准，支撑系统试验。从 1994 年开始，我国正式开启了北斗一号系统的工程建设工作，北斗一号的工作重点是用少量卫星利用地球同步静止轨道来完成实验任务，并为北斗系统建设积累技术经验、培养人才。该阶段的技术工作很多是探索性和开创性的，标准化工作也处于起步阶段，紧密围绕北斗双星定位系统建设工作，充分继承卫星和运载火箭工程已有的成熟标准，并着眼产品急需，梳理并补充制定了一些导航关键技术相关标准（如《卫星导航定位系统导航协议》《卫星导航定位系统授时协议》等），但该阶段尚未组建专门的标准化组织作为专项工作来开展。

2）重点突破阶段。导航工程标准初步齐备，支撑区域组网。从 2004 年开始，我国启动了北斗二号卫星导航系统的工程建设工作，在北斗试验系统成功运行的基础上，开展了一系列关键技术攻关，2012 年正式建成了由 14 颗卫星构成的北斗系统区域系统，可为亚太地区用户提供卫星定位、导航和授时服务。该阶段开始制定少量北斗专用的协议、模块和关键单机产品标准（如《北斗系统 RDSS 射频信号处理模块通用规范》《北斗系统 RDSS 基带信号处理模块通用规范》等），支撑工程建设。阶段后期，在主管部门的统一组织推动下，组建了"第二代卫星导航系统标准化专家组"，同步启动了北斗系统标准化总体方案研究论证和标准体系设计工作，开展了基础标准制定工作，北斗国际标准化工作也开始起步探索。

3）系统建设阶段。专项标准形成一定规模，支撑全球应用。2012 年以来，北斗三号系统正式立项，这一阶段的标准化工作开始作为专项任务全面推进。首先，在标准化专家组的基础上，获批成立了全国首家北斗系统标准化技术委员会（SAC/TC 544，简称"北斗标委会"），为北斗标准化工作中长期规划和实施提供了组织保障、专家队伍和交流平台。其次，正式启动了北斗系统标准体系的顶层设计和构建工作，并于 2015 年 11 月发布 1.0 版，实现了北斗系统标准制定的统一规划和统一部署，有效指导了北斗系统基础、工程、运维、应用等方面国家标准、行业标准和北斗专项标准的立项论证和制修订工作，为北斗在交通、航空、海事、通信、测绘、搜救等多个行业的应用及全球应用提供了基础支撑。2020 年 7 月 31 日，习近平总书记向世界宣布北斗三号全球卫星导航系统正式建成开通，中国北斗迈入服务全球、造福人类的新时代。北斗标准化工作也进入收获期，依据体系规划累计发布 30 余项国家标准、20 余项国家军用标准及 100 余项北斗专项标准，这些标准的发布实施解决了工程、应用领域急需标准的问题，有效规范了北斗基础产品的数据格式、指标体系和测试验证等工作，有效指导了北斗全球系统稳定运行和应用产业化工作。这一阶段，北斗国际标准化工作稳步推进并取得显著成效，国际民航组织（ICAO）认可北斗为四大 GNSS 核心星座之一，同意北斗系统逐步进入 ICAO 标准框架；国际海事组织（IMO）认可北斗系统为第三个世界无线电导航系统，批准发布了《船载北斗接收设备性能标准》；移动通信标准方面，第三代、第四代移动通信系统支持北斗 B1I 定位业务的多项标准已获得通过；接收机通用数据格式标准方面，全面启动了推动北斗进入国际海事无线电技术委员会（RTCM）等国际组织的接收机通用数据格式标准工作，推动成立北斗工作组；中俄卫星导航合作标准方面，开展了中俄联合标准组的筹建，提出了中俄联合标准的体系框架和联合标准的重点项目，探索了卫星导航标准的大国合作模式。

7.2　北斗系统标准体系

7.2.1　标准体系分类

标准体系是一定范围内的标准按其内在联系形成的科学的有机整体，将一个标准体系内的标准按照一定的形式排列起来的图表就是标准体系表。标准体系都应该是围绕实现某一特定的标准化目的而形成的，可以分为若干个层次，体系内的各种标准应互相补充、互相依存，共同构成一个完整整体。制定标准体系表，有利于了解一个系统内标准的全貌，从而指导系统内的标准化工作，提高标准化的科学性、全面性、系统性和预见性。

标准体系的分类方式有很多，按照其构建的主体和适用范围来看，一般可以分为三类：

第一类是以政府部门为主体构建的标准体系，这类标准体系一般面向全国或某个行业，由国家或行业主管部门统一发布，如国家标准体系、全军标准体系，以及各行业制定发布的标准体系表。这类标准体系适用范围较广，具有权威性，具有顶层指导意义。

第二类是以市场行为为主体构建的标准体系，这类标准体系一般面向协会组织或企业，由协会组织或企业自主制定发布，用于规范企业经营和管理，制定企业标准并在企业内实施，最终实现企业标准化目标。如中国航天科技集团有限公司制定发布了 CASC 标准体系，并依据该体系制定其企业标准。

第三类是面向专项工程任务的标准体系，这类标准体系面向航天专项工程，具有内部属性，一般由工程总体统一制定发布。以航天领域为例，北斗、高分、载人等工程任务均制定发布了各自领域的标准体系，用于规范和指导专项内各项标准化工作。这类体系表一般会规划适用于专项范围内的特定标准，专项标准仅适用于专项内，适用范围较窄，用于引导和规范专项工程建设等工作。

以上三类标准体系并不是完全割裂的，如企业标准体系、专项标准体系中，纳入的标准范围包括适用的政府标准、行业标准及团体标准。

7.2.2　标准体系构建原则

北斗系统标准体系作为典型的面向专项工程的标准体系，具有自主创新、开放融合、建用一体、面向产业的内在特点。其遵循的主要原则包括：

（1）系统性

标准体系按标准的功用和内容进行分类，恰当地将不同领域、不同适用范围的标准安排在不同的层次上，体现北斗标准体系的系统性，做到系统全面、层次合理、结构分明；在充分体现北斗系统特色的前提下，系统完整地覆盖卫星导航基础、管理、研制、生产、运行、应用等北斗产业链全寿命周期相关标准；体系应完整收录北斗各层级的相关标准，做到标准之间互相补充、互相依存、互相衔接、协调一致。

（2）完整性

标准体系运用系统工程的原理和方法，收录完整且已制定发布的北斗国家标准、军用标准、北斗专项标准和行业标准，并将其分门别类地纳入相应的类别中，使这些标准协调一致、互相配套，构成一个整体，避免重复和转换，节省资源；将一段时期内北斗系统应用技术与产业发展所需的标准列清，力求做到不遗漏，充分体现出标准之间互相衔接、互相补充的关系；通过标准体系明细表，能快速地找到所需的标准及其当前所处的状况，便于指导制定缺失标准。

（3）创新性

标准体系表充分考虑了各大系统间的关系，做到了国内外结合、行业结合，创新构建了科学合理的标准体系；标准体系充分体现了我国卫星导航技术及应用的先进水平，反映北斗系统建设及应用推广的创新成果，使标准体系表可以更好地指导北斗标准化工作和科研生产技术活动；通过管理模式创新，充分发挥产学研用多方立项，突出应用属性可以更好地体现"一流的北斗、世界的北斗"的先进理念。

（4）开放性

标准体系是一个开放的体系，体系构建时充分继承了原有相关标准体系中适用于北斗系统的国家标准和行业标准；北斗标准体系处于动态更新和持续迭代过程中，随着北斗系统工程建设的进展适时迭代补充新发布、新立项的北斗相关各级标准，特别是北斗标委会直接归口管理的北斗国家标准和北斗专项标准，保证体系的实时性和先进性；体系表在一定时期内相对稳定，并随着新技术的不断进步和落后技术的淘汰，标准体系可在一定范围内修改和完善，使体系的发展与技术的发展保持同步。

7.2.3　标准体系框架结构

由于标准化对象的复杂性，体系内不同的标准子系统的逻辑结构可能体现出不同的表现形式，北斗系统标准体系采用了层次结构设计，层次结构是表达标准化对象内部上级与下级、共性与个性等关系的良好的表达形式。层次结构类似树结构，父节点层次所在的标准相较子节点层次的标准，更能够反映标准化对象的抽象性和共性，反之，子节点层次的标准能更多地反映事物的具体性和个性。

从覆盖的产品层级看，北斗标准体系实现了从系统接口、天线、芯片、模块到应用终端的产业全链条覆盖。从专业领域上来看，北斗标准体系涉及基础标准、工程建设标准、运行维护标准和应用标准，"建用一体"是北斗体系构建的基本理念之一，在构建之初就明确了面向应用产业化的需求，把应用和工程建设放在了同等重要的位置上，突出了应用的重要性，设计原则保证了北斗标准体系的适用性和科学性。标准体系覆盖了北斗系统全寿命周期，从方案论证阶段、工程建设阶段、使用维护阶段到应用推广阶段，覆盖了北斗系统的各个发展阶段（见图 7-1）。

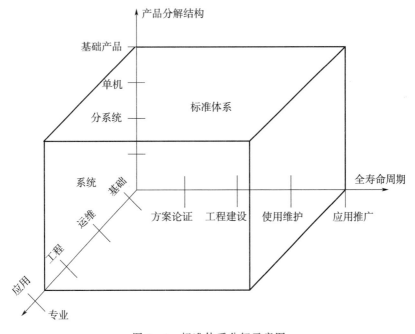

图 7-1　标准体系分解示意图

北斗系统标准体系基于北斗三号系统，面向全球应用，充分考虑到与国际接轨，兼容其他全球卫星导航系统，规划的标准与国际已有标准相协调，体现了"世界的北斗"的发展理念；在规划的专题应用标准中包含了北斗星基增强系统标准、北斗低轨增强系统标准、北斗卫星搜救系统标准、北斗短报文应用标准、北斗国际标准等分支，充分考虑了北斗全球系统建成后面向国际应用的属性，体现了北斗系统的特色服务以及应用的广泛性。

因此，北斗系统标准体系包括基础标准、工程建设标准、运行维护标准、应用标准等四个一级分支：

1）基础标准分支为卫星导航技术、工程和应用建立统一的基准和概念，规划卫星导航技术及应用中具有广泛适用范围的术语、时空基准及项目管理等标准，基础分支将紧密结合北斗工程建设和应用实践，适时地进行补充、修改、完善，以优良的完整性、配套性更好地指导北斗的标准化工作和基础标准的编制工作。

2）工程建设标准分支充分体现北斗标准体系"建"字的属性，北斗系统是我国航天工业史无前例的系统工程，不仅充分继承了国内已成熟的航天工业技术，还开创了新的体制（如扩频测控），增设了新的系统（如地面运控系统、新的发射场、新一代运载火箭、上面级等），改进了相关技术和平台，制定相应的标准来总结固化这些新技术、新平台、新系统，可以保障系统建设，为全球系统的维护提供依据和规范，为新产品、新大系统工程的研制建设提供借鉴和指导，确保系统高安全、高可靠及高性能的成功建设与运行。结合我国航天装备标准体系的顶层规划，按照北斗系统工程研制建设的特点和需求，体系构建突出了北斗系统的特点，将具备北斗创新性和技术特点的导航卫星系统、地面运控系统、星间链路系统三个分系统划分为单独的二级分支，这也是北斗相较于传统宇航工程的最大特色，而通用的运载系统、测控系统和发射系统则归入"相关支持保障系统"。

3）运行维护标准分支按照北斗系统全寿命周期运行、提供服务与维护管理的需要，对系统性能评估、安全保护、操作维护和故障处置进行细分，全寿命全周期保障北斗系统长期在轨安全正常运行，全面保障卫星导航服务的连续性。其中性能评估分支主要包括北斗系统大系统性能评估准则和评估方法，卫星及运控系统运行评估项目和方法类的标准；安全保护分支主要包括维护卫星导航系统信息安全、频率和轨位安全的要求和方法类的标准；操作维护分支主要包括系统星座维持和单星在轨管理操作规范，以及运控系统主控站、注入站和监测站主要系统、关键设备的操作规程和维护流程类的标准；故障处置分支主要包括卫星及运控系统各类故障的诊断准则和处理规程类的标准。

4）应用标准分支密切结合国家北斗系统应用推广与产业化发展的实际需要，综合考虑卫星导航应用领域的关键环节，规划北斗应用中的通用服务与接口、基础应用产品、专题应用、行业应用、特殊应用等二级分支。应用分支作为北斗系统标准体系分支表的一个重要分支，将围绕卫星导航产业发展和产业链建设需要，制定完整配套的反映标准项目类别和结构的标准体系分支表，对卫星导航应用领域所涉及的应用产品、运营服务、应用基础设施、质量检测与管理等产业链各环节进行规划，以实现在全国范围内卫星导航应用标准制定上的统一规划、统一组织和部署，引领并规范我国卫星导航应用产业化发展。体系还突出了"北斗＋"的融合特点，设置的行业应用标准分支体现了行业融合特点，设置的国际标准专题分支突出了北斗全球属性和国际融合特点，体系覆盖产业应用，体现了北斗应用融合的特点。

北斗系统标准体系框架如图7－2所示。

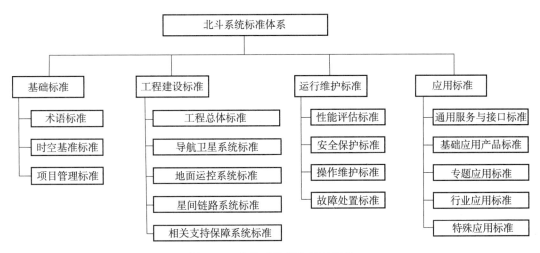

图 7-2 北斗系统标准体系框架

7.2.4 标准体系明细表

北斗标准体系明细表从收录的标准级别看，包括国家层面标准、行业层面标准、专项层面标准。国家层面主要规划了基础标准、接口规范等系统级标准、芯片天线终端等重点产品标准；行业层面主要包括工程建设相关的航天行业标准及电子、交通、测绘、通信等和卫星导航应用密切相关的行业标准；专项层面主要是收录和规划了大量北斗专项标准，北斗专项标准[①]是最能体现北斗系统特点的标准，固化了系统建设和应用推广的最新技术和最新成果，覆盖了基础、运行维护、应用等方面，充分体现了北斗专项的技术成果，已发布和已立项的北斗专项标准全部收录北斗标准体系中。北斗标准体系明细表示例见表 7-1。

表 7-1 北斗标准体系明细表示例

序号	体系编码	标准名称	标准号	主要内容	参考标准	级别	关系	状态
	10000	基础标准						
	11000	术语标准						
1	11000.1	北斗卫星导航术语	GB/T 39267—2020	规定了北斗系统通用基础、工程建设、运行管理和应用等方面的术语和定义	BD 110001—2015	GB	收录	更新
2	11000.2	导航术语	GB/T 9390—2017	规定了导航常用术语和定义，适用于导航专业范围内的各种标准的判定、各类技术文件的编制等方面		GB	收录	新增

表 7-1 中"体系编码"元素统一采用数字编码，基础、工程建设、运行维护和应用

---

① 北斗专项标准是指由中国卫星导航系统管理办公室批准发布的，适用于专项范围内的标准。

四个分支编码分别为 10000、20000、30000 和 40000，二级和三级分支顺序编排，体系编码的数字后加 "."，标准项目按照自然数字排列方式编排。

标准体系明细表中各要素含义为：

1）"标准号"中对于收录的已发布标准填写其标准号，对于收录的制定中标准填写其计划号，对于规划的拟制定标准不填写内容；

2）"主要内容"中填写标准规定的主要内容；

3）"参考标准"中填写与该标准内容相关的已发布标准的标准号；

4）"级别"中填写 GB（国家标准）、GJB（国家军用标准）、BD（北斗专项标准）或行业标准代号等；

5）"关系"中对于规划新制定的标准填写 "制定"；对于已发布或列入计划的标准填写 "收录"；对于拟修订的标准填写 "修订"；

6）"状态"中为相对北斗系统标准体系（1.0 版）的变化情况，未调整的标准填写 "保留"，信息有调整的填写 "更新"，增加的标准填写 "新增"。

北斗标准体系明细表从收录的标准类别看，包括基础标准、接口标准、方法标准、工艺标准、管理标准、产品标准等。在体系明细表规划过程中，充分继承了已有的航天工程标准以及相关行业标准，新制定的标准主要涉及运行维护和应用两大方向，按照标准应用范围重点规划了国家级标准和北斗专项标准。

7.3 北斗系统标准化工作体系

随着北斗系统标准化各项工作的开展，与之相配套的标准化工作体系逐步建立。特别是全国北斗系统标准化技术委员会（SAC/TC 544）正式成立后，工作体系进一步完善优化，逐步形成了系统完整、内外融合的标准化工作体系：以标委会为核心，统抓标准体系设计和共性标准制定，负责北斗领域国家标准、专项标准工作；以专项任务/专题领域工作团队为补充，结合工作推进相关领域标准/规范制定；以电力、交通等具有北斗应用场景和应用需求的国内外行业协会及相关标准化组织为外围，负责北斗在行业落地应用的具体行业标准的制定与推广，如图 7-3 所示。

图 7-3 北斗标准化组织关系图

7.3.1 全国北斗系统标准化技术委员会

全国北斗系统标准化技术委员会（SAC/TC 544，以下简称"标委会"）主要负责与北斗系统相关的基础（技术体制、术语、时空基准、技术管理等）、系统建设（工程总体、卫星系统、地面运控系统、运载火箭系统、发射场系统、测控系统等，不包括宇航通用技术）、运行维护（运行管理、评估、维修、退役等）和应用（产品、服务、应用基础设施、信息交换、质量与测试检验等）等领域的国家标准和国家军用标准制修订工作，北斗标委会和其他技术委员会相比，除承担制修订国家标准的职责外，还承担了国家军用标准的制修订工作。

根据国家标准化管理委员会《全国专业标准化技术委员会管理办法》的规定，技术委员会是在一定专业领域内，从事国家标准起草和技术审查等标准化工作的非法人技术组织，技术委员会应当科学合理、公开公正、规范透明地开展工作，主要承担以下工作职责：

1) 提出本专业领域标准化工作的政策和措施建议；

2) 编制本专业领域国家标准体系，根据社会各方需求提出本专业领域制修订国家标准项目建议；

3) 开展本专业领域国家标准的起草、征求意见、技术审查、复审及国家标准外文版的组织翻译和审查工作；

4) 开展本专业领域国家标准的宣贯培训及实施评估工作；

5) 开展本专业领域国内外标准一致性比对分析，以及国际标准化的发展趋势研究。

北斗标委会委员由北斗系统管理办公室、工信部、交通运输部等政府主管部门，航天科技集团、电子科技集团、兵器工业集团等系统建设和应用总体单位，标准、检测、认证单位及行业协会等第三方机构，以及北斗产业链上的相关企业及高校等组成。北斗标委会秘书处由中国卫星导航工程中心和中国航天标准化研究所联合承担。

考虑到北斗标准化工作一体化发展的需要，受中国卫星导航系统管理办公室的委托，北斗标委会负责北斗专项标准的组织制定和管理，实行统筹管理可以确保专项标准和国家标准的协调性。

7.3.2 卫星导航应用标准化工作组织

卫星导航应用涉及行业应用领域众多，因此为了推进行业乃至全球领域导航应用工作，在相关团体协会及国际标准化组织框架下也开展了导航标准化工作。中国卫星导航定位协会是我国卫星导航与位置服务领域唯一的全国性行业协会，成立于 1995 年，是经国家民政部批准的非营利社团组织，是中国科学技术协会团体会员。中国卫星导航定位协会业务涵盖卫星（卫星导航、卫星通信、卫星遥感等应用）、导航（泛在的室内外无缝导航）、定位（天地基定位和泛在的时间空间位置服务），致力于提高我国导航定位技术应用水平和管理水平。中国导航定位协会起步开展了卫星导航定位领域团体标准的组织制定工作，通信协会、遥感协会等组织也围绕室内辅助定位、通导遥融合等应用方向开展了团体标准的制定工作。团体标准作为国家标准、地方标准、行业标准、企业标准之外的第五类标准类型，充分发挥了市场的主体作用，是北斗领域标准的重要补充。

北斗系统标准国际化是促进全球卫星导航产业发展、推动卫星导航行业应用的重要方面。相关的国际组织制定发布了一系列的国际标准或标准化文件，已在民航、海事、移动通信、搜救、智能交通、农林机械等诸多行业领域中得到了广泛应用，发挥了重要的引领、指导和规范作用。涉及的主要国际组织及各国际组织负责的标准重点情况如下：

1）民航领域。包括国际民航组织（ICAO）、工业界航空无线电技术委员会（RTCA）、欧洲民用航空设备组织（EUROCAE）、航空电子工程委员会（AEEC）等相关国际组织，主要涉及信号和服务标准、飞行校验标准、核心星座标准、地基增强系统（GBAS）标准、星基增强系统（SBAS）标准、基于性能的导航（PBN）标准、广播式自动相关监视（ADS-B）标准、适航认证标准等。其中，ICAO主要负责制定GNSS层面的政策要求和标准，RTCA、EUROCAE等主要负责制定接收设备层面的要求和标准。

2）海事领域。包括国际海事组织（IMO）、国际航标协会（IALA）、国际电信联盟（ITU）、国际移动通信卫星组织（IMSO）等相关国际组织，主要涉及世界无线电导航系统（WWRNS）的最终认可、海事服务性能标准和导则、船载接收设备性能标准、船载接收设备检测标准、沿海差分及各类增强服务标准和指南、海事搜救服务应用标准等。其中，IMO主要负责制定GNSS层面的政策要求和标准。

3）船载检测设备。相关国际组织主要为国际电工委员会海上导航与无线电通信设备及系统技术委员会（IEC/TC80），主要涉及北斗接收设备、差分北斗接收设备、北斗全球海上遇险与安全系统（GMDSS）设备、组合导航、PNT系统及设备等相关检测标准。

4）国际搜救。相关国际组织主要为国际搜救卫星组织（COSPAS-SARSAT），主要涉及搜救载荷技术参数、搜救信标、返向链路等系统设备的标准。

5）移动通信。相关国际组织主要为第三代合作伙伴计划（3GPP），主要涉及基站辅助卫星导航技术标准、基站辅助卫星导航终端性能标准、基站辅助卫星导航终端和系统测试标准等。

6）接收机通用数据格式。相关国际组织主要为国际海事无线电技术委员会（RTCM）、美国国家海洋电子协会（NMEA）、国际GNSS服务组织（IGS）、美国国家大地测量局（NGS）等，主要涉及GNSS差分服务标准、数据接口标准、数据自主交换格式标准等。

7）国际标准化组织（ISO）。国际标准化组织主要涉及与卫星及卫星星座相关的设计、接口、试验标准，GNSS服务相关的接口控制规范、服务性能规范及空间信号检测等顶层应用标准，以及交通运输、林业、渔业、防灾减灾、特殊应用等领域应用标准。

7.3.3　标准化工作机制

北斗系统标准化工作，逐步形成了广泛协作、行业融合的标准化工作机制，确保了北斗标准制定需求明确、实施主体明确、应用场景明确，更具活力，更有效率。

一是广泛协作。逐步形成了政府引导、市场驱动、社会参与、产学研相结合的北斗标准化工作机制和模式。北斗标委会在主管部门的领导下，在标准立项过程中遵照"急用先行"的原则，充分考虑市场和企业应用的需求；在标准制定过程中广泛吸纳科研院所、企业、高校人员，确保过程公开透明；在标准应用实施过程中通过组织培训宣贯活动，促进标准落地。

二是行业融合。打通基于标准的检测认证通道，形成标准引领产业发展的机制。除标准制定之外，为了充分发挥标准的引领作用，逐步开展了基于标准的北斗产品检测认证工作，先期构建了北斗基础产品认证体系，通过标准文件指导基础产品的检测认证工作。为了推动北斗在各行业的广泛应用，发挥标准在产业发展中的引领作用，交通、电力等行业在北斗标准体系框架下开展了行业标准的制定工作，全国地理信息标准化技术委员会（SAC/TC 230）、全国导航设备标准化技术委员会（SAC/TC 43）等标准化组织也开展了导航应用方面的标准制定工作。

7.4　北斗系统标准制定及应用

作为引领产业规范、快速、有序发展的重要技术手段和推动技术创新和科技进步、科技成果产业化的重要媒介，北斗标准在系统的工程建设及应用推广领域发挥着重要的基础保障作用，重要标准对支撑北斗系统的高性能建设、支撑北斗系统应用产业化的高效益发展、支撑北斗系统全球应用的高质量推广具有广泛积极的意义。依托北斗标准体系，在北斗标委会的统筹安排下，重点围绕北斗工程建设和应用推广，按照需求为本、急用先行的立标制标原则，组织国内具有技术优势的科研院所、企业、高校和专业机构，统筹开展了北斗国家层面标准和专项标准的论证及制定工作，目的是将专项系统建设过程中的关键技术攻关和创新技术成果进行固化。

7.4.1　工程建设标准

国家标准层面，随着北斗标准体系的发布及北斗标委会的成立，北斗领域国家标准制定工作从无到有，取得了重要的成果，组织相关单位积极参与国家标准的立项论证和制修订工作，北斗领域已累计立项国家标准 54 项，其中 39 项已正式发布，包括少量地基增强系统相关的工程建设标准，如 GB/T 39772《北斗地基增强系统基准站建设和验收技术规范》。

北斗专项标准是北斗国家标准和国家军用标准的重要补充，在专项标准立项和制定过程中就明确了其属性，其中可公开的民用属性的北斗专项标准代号为"BD"，这类标准可适时升级为国家标准；内部属性的北斗专项标准代号为"BDJ"，这类按照内部文件程序传递，可适时升级。在北斗标委会的统筹组织下，依托北斗标准体系，有计划、有规划地开展了北斗专项标准的制定工作。按照体系规划，截至 2022 年 12 月，已经正式发布北斗专项标准 100 余项，其中工程建设方面标准 16 项，包括 BDJ 210002—2015《北斗系统星地设备时延测量方法》、BDJ 250008—2021《导航卫星与运载火箭上面级、基础级联合操作要求》等星、箭标准。

规范卫星和运载火箭研制过程相关的行业和企业标准，在北斗系统工程建设中也起到了重要的支撑作用，如行业标准《导航卫星有效载荷自主故障检测与修复设计方法》等，也直接收录进了北斗标准体系中。

7.4.2 运行维护标准

运行维护标准主要涉及评估方法、操作规程、处置规程等类型的标准，主要是为了规范导航卫星运行维护期间的操作流程和处置预案，指导系统运行维护及后续卫星的发射、入网以及退役卫星的离轨等操作，重点标准规划对象面向卫星组网、多星管理，同时重视整星和载荷在轨管理、性能评估、卫星补网、退役报废方面的标准，构建导航卫星运行维护标准体系，可以使北斗系统卫星组网、在轨管理、性能评估、卫星补网及卫星离轨等操作有章可循，为评估北斗系统服务性能、确保安全运行等提供标准化依据。

北斗标委会先后制定发布了 20 余项运行维护方面的北斗专项标准，其中 BD 310002—2019《北斗卫星导航系统 RNSS 公开服务性能评估方法》、BD 310019—2022《北斗卫星导航系统星基增强服务性能评估方法》等标准规定了系统服务性能评估项目、评估要求和评估方法，为服务性能开展系统级测试与监测评估提供标准依据；制定发布的导航卫星功率增强、在轨重构、在轨基线管理等运行维护标准进一步优化固化了导航卫星在轨支持工作，为北斗全球系统稳定运行提供了标准支撑。

7.4.3 应用标准

7.4.3.1 官方文件

由中国卫星导航系统管理办公室代表官方陆续发布的接口控制文件、性能服务规范、应用服务体系中英文版等标准化文件，是系统建设方和运营方提供给广大用户的基本承诺，是用户选择使用系统和评价系统性能的重要依据。其中性能服务规范是系统建设方和运营方提供给广大用户的基本承诺，核心内容包括系统为用户提供何种服务，服务性能参数的描述及指标等，是用户选择使用系统和评价系统性能的重要依据，是系统进入众多国际应用领域的"敲门砖"。按照北斗系统"先区域，后全球"的发展战略，各阶段系统服务能力的实现需要配套发布对应的性能规范，作为北斗系统推进国际民航、海事应用，以及参加其他国际化合作与交流的基础性文件。

因此，根据北斗系统各阶段建设和运行状态，结合其推广应用及国际合作等对服务规范的迫切需求，建立并持续优化了北斗系统服务指标体系，提出了适用于北斗区域/全球系统服务的指标评估方法，组织协调了国内外多领域的测试资源，针对服务性能指标开展了系统、全面的测试验证，分别针对北斗二号"5GEO＋5IGSO＋4MEO"区域星座、北斗二号和北斗三号"5GEO＋7IGSO＋21MEO"混合星座、北斗三号"3GEO＋3IGSO＋

24MEO"全球星座，完成了性能规范 1.0 版、2.0 版和 3.0 版的编制，内容从初版"基于北斗二号系统星座 B1I 信号的区域服务性能"最终升级为"基于北斗三号卫星星座多种信号体制的定位导航授时（RNSS）、精密单点定位（PPP）、区域短报文通信（RSMC）、国际搜救（SAR）和地基增强（GAS）的服务性能"。该文件直接促成北斗指标纳入国际海事组织、国际民航组织等应用，有效促进了北斗在交通、通信、电力等各领域的推广应用，并完成了从系统官方文件到北斗专项标准，再到国家标准的升级优化。

7.4.3.2　标准文件

北斗标委会组织制定的国家标准和北斗专项标准中应用标准占绝大多数（70% 左右），这些标准涵盖了数据格式、芯片、天线、模块、终端、模拟器、导航地图、导航软件、全球连续监测评估系统、地基增强系统、地面试验验证系统标准等多个重点领域，覆盖了卫星导航产业链。陆续制定发布实施后的北斗专项标准和国家标准取得了良好的应用，有效规范了北斗基础产品的数据格式、指标体系、测试方法，解决了目前北斗产业化和市场化发展对重点标准急需的问题，对北斗应用产业化发展起到了积极的支撑保障作用。

产品标准方面，基于北斗应用产业化工作成果制定而成，规范了天线、芯片、终端等产品的通用技术指标，在相关产品的生产、测试方面发挥了重要指导作用，为相关企业提供了标准支撑，有力促进了北斗产业的健康发展。如 2015 年发布的 BD 420005—2015《北斗/全球卫星导航系统（GNSS）导航单元性能要求及测试方法》等系列产品标准，国家方面制定了 GB/T 39399—2020《北斗卫星导航系统测量型接收机通用规范》、GB/T 39724—2020《铯原子钟技术要求及测试方法》等产品标准。

通用服务与接口标准方面，基于北斗系统建设和服务体系构建制定而成，是为用户应用北斗系统提供基础输入条件和服务承诺而制定的标准，包括 GB/T 39414—2020《北斗卫星导航系统空间信号接口规范》系列标准，GB/T 34966—2017《卫星导航增强信息互联网传输》系列标准及 GB/T 27606—2020《GNSS 兼容接收机数据自主交换格式》，都属于这类标准。

专题应用标准方面，涉及全球连续监测评估系统、地基增强系统、地面试验验证系统等专题板块，其中 BD 440027—2021《全球连续监测评估系统接入技术要求》系列专项标准和 GB/T 39396—2020《全球连续监测评估系统（iGMAS）质量要求》系列国家标准规范了全球连续监测评估系统建设、数据和产品格式等内容；GB/T 39772—2021《北斗地基增强系统基准站建设和验收技术规范》系列国家标准及 BD 440013—2017《北斗地基增强系统基准站建设技术规范》等专项标准对地基增强系统建设和维护给出了规定；BD 440032—2021《地面试验验证系统服务接口》等专项标准规范了地面试验验证系统总体设计、接口和试验等内容。

7.4.3.3　基础产品认证规范

自我国北斗系统提供公开服务以来，北斗系统产品已在交通、海事、安监、气象、铁路等多个行业广泛应用，北斗导航射频芯片/模块、基带芯片/模块、射频基带一体化芯片/模块、各类导航终端、导航模拟器等产品应用已经达到相当规模。为充分发挥质量认证在北斗导航用芯片、模块、天线、板卡等基础产品质量提升工作中的促进作用，国家市场监督总局会同北斗系统建设发展有关主管部门，组织开展了北斗基础产品认证工作，北斗基础产品实施统一的认证目录、认证规则和认证标志，由国家市场监督总局发布认证目录、认证规则和认证标志，并会同中国卫星导航系统管理办公室加大认证结果的采信度，营造有利于北斗基础产品发展的良好环境。

为了提供认证依据，制定了首批 4 类 7 项基础产品认证规范，形成了《北斗基础产品认证目录（第一批）》，覆盖芯片类、天线类、模块类、板卡类 4 大类产品，涉及双频多系统高精度射频基带一体化芯片、RNSS 射频基带一体化芯片、多模多频宽带射频芯片、北斗三号短报文通信 SIM 卡、多模多频高精度天线、多模多频导航模块、多模多频高精度板卡等 7 项产品。通过"型式试验＋初始工厂检查＋获证后监督"认证模式开展了认证工作，型式试验由认证机构安排签约实验室实施，完成产品检测报告，初始工厂检查由认证机构实施，完成工厂检查报告，获证后监督由认证机构实施。

7.4.4　行业应用标准

北斗系统作为国家重要的空间基础设施，是维护国家安全的根本命脉和促进经济社会发展的强大动力。随着北斗系统在越来越多的行业发挥作用，近年来，交通运输、建筑工程、农业生产、灾害监测、气象预报、公共安全、电网运行等领域也相继出台了有关北斗技术的行业标准，为北斗系统应用及产业化发展起到了有效的支撑及示范作用。北斗标准体系规划还引导交通行业、通信行业、测绘行业和电力行业等制定发布了北斗行业应用相关的国家标准和行业标准。

1）交通运输领域。作为北斗系统民用的主行业，推动北斗系统应用标准化工作是保障和推动北斗系统在交通运输行业的标准化和规范化应用，进而推动北斗系统在全行业实施、全面推广的关键举措。截至 2022 年 12 月，交通运输行业针对北斗应用直接相关的标准共 61 项，主要集中在高精度导航与位置服务、船用通信导航、应急预警和海上搜救、公路运输和高速公路收费、安全检测等领域，涵盖车载（船载）终端设备、车辆（船舶）监控管理平台、监管系统等应用型服务标准。2019 年 3 月，交通运输部又发布交通运输行业标准 JT/T 1254—2019《港口高精度卫星导航定位系统应用技术要求》，规范高精度卫星导航定位系统在港口应用的技术要求。

2）建筑工程领域。住建部在 2018 年 12 月发布国家标准《北斗导航综合监测系统工程技术标准》征求意见稿，以规范北斗导航系统在监测系统中的应用。

3）农业生产领域。农业部在 2019 年 4 月开始实施行业标准 DG/T 157—2019《农业用北斗终端（含渔船用）》，规范农业行业使用北斗定位终端的情况。

4）灾害监测领域。北京电信技术发展产业协会在 2017 年发布团体标准 T/TDIA 00006—2017《基于北斗＋窄带物联网的地质灾害监测应用技术规范》，将北斗技术应用到地质灾害监测系统中。

5）气象预报领域。中国气象局在 2018 年发布行业标准 QX/T 417—2018《北斗卫星导航系统气象信息传输规范》，规范了应用北斗系统的短报文功能进行气象信息传输的机制。

6）公共安全领域。公安部在 2018 年发布三部有关北斗系统的行业标准，即 GA/T 1481.2—2018《北斗/全球卫星导航系统公安应用　第 2 部分：终端定位技术要求》、GA/T 1481.5—2018《北斗/全球卫星导航系统公安应用　第 5 部分：车载定位终端》和 GA/T 1481.6—2018《北斗/全球卫星导航系统公安应用　第 6 部分：定位信息通信协议及数据格式》，规范北斗系统在公安系统内的应用。

7）电网运行领域。国家市场监督管理总局、中国国家标准化管理委员会在 2019 年 8 月分别发布 GB/T 37911.1—2019《电力系统北斗卫星授时应用接口　第 1 部分：技术规范》、GB/T 37911.2—2019《电力系统北斗卫星授时应用接口　第 2 部分：检测规范》，明确了电力系统对北斗卫星授时应用接口的技术要求和检测方法。电力行业是北斗系统深入应用的典型领域，北斗系统已在电力资源管理、安全应急、北斗授时等方面取得了一系列成果，相关单位在北斗标准体系的基础上，结合行业应用实际，制定了北斗标准白皮书及电力北斗标准体系，规范和引导北斗电力行业应用。

7.5　北斗系统标准国际化实践

7.5.1　标准国际化重点领域

作为"中国的北斗，世界的北斗，一流的北斗"，北斗国际化应用需求十分迫切，加强国际交流与合作，走出国门、走向全球市场是北斗发展的必然趋势。而根据国际相关公约或惯例，联合国下属的相关行业领域政府间组织或具有全球重要影响力的组织/机构认可北斗系统，并制定发布满足该行业领域应用需求的一系列国际标准，是北斗在该国际行业领域应用的前提条件。在全面深入分析卫星导航及其应用领域的主要标准制定组织的基础上，结合北斗导航系统建设和应用发展实践，遴选国际民航、国际海事两个领域作为北斗国际标准化工作的重要突破口，涉及的主要国际组织为国际民航组织（ICAO）和国际海事组织（IMO）。

ICAO 是联合国系统中负责处理国际民航事务的专门机构，其主要活动是研究国际民用航空的问题，制定民用航空的国际标准和规章，鼓励使用安全措施、统一业务规章和简化国际边界手续。ICAO 由大会、理事会和秘书处三级框架组成。理事会下设的空中航行委员会（ANC）负责制定国际民航技术标准和其他规范，就空中航行问题向理事会提供咨询意见，负责对《国际民用航空公约》附件、航行服务程序的修订进行审议并建议理事会予以通过或批准，这其中就包括与卫星导航相关的标准和建议性措施（SARPs）的制修订工作。

IMO 是联合国负责海上安全和防止船舶造成海洋污染及其法律问题的专门机构，其主要职责和工作是制定和修改有关海上安全、防止海洋受船舶污染、便利海上运输、提高航行效率及与之有关的海事责任方面的公约，交流上述有关方面的实际经验和海事报告等。IMO 由大会、理事会、五个委员会、九个分技术委员会和秘书处等组成。其中，与卫星导航应用紧密相关的是海上安全委员会（MSC），主要职责是研究本组织范围内有关助航设备、海上安全及负责审议与海上安全有关的海安会决议（MSC Resolution）、通函（MSC/Circ.）等。

通过对 ICAO 和 IMO 概况、全球卫星导航系统（GNSS）国际标准现状等开展深入的调研，分析国际民航、国际海事标准制修订程序及工作过程，稳步推进了北斗国际标准立项、系统认可和标准制定工作，创新了以点带面、重点突出的国际标准化新格局，也为后续北斗进一步拓展到国际移动通信、搜救卫星、接收机通用数据格式及 ISO、IEC 等新领域提供了重要参考和借鉴，有力促进了北斗产业化、国际化步伐。

7.5.2　国际民航组织 ICAO

7.5.2.1　ICAO 卫星导航国际标准情况

（1）ICAO 中的卫星导航国际标准现状

ICAO 制定了一系列有关国际航行的技术规范，包括《国际民用航空公约》及其附件、航行服务程序、地区补充程序及指导性材料等。《国际民用航空公约》是指导国际航行的最高法律文件，共有附件 18 个，其中 16 个与航行有关，这些附件主要包含标准、建议措施两方面内容，因此也通常被简称为标准与建议措施（SARPs），SARPs 是实施《国际民用航空公约》所述原则的具体规定，是指导国际航行的基本文件。附件中与卫星导航应用相关的 SARPs 主要为附件 10 中的卷 I。

从卫星导航系统被 ICAO 认可来说，主要需完成国际民航公约附件 10 卷 I 相关内容的修订，主要包括：一是应允许服务提供商停止提供某 GNSS 卫星服务，但终止前应至少提前六年通知；二是各全球卫星导航系统和增强系统提供民航服务的性能指标、信号射频特征等基本描述；三是各全球卫星导航系统和增强系统提供民航服务信号的射频、电文结构、电文内容、用户解算方法等的具体描述；四是 GNSS 民航实施的指导材料，包括对正文部分所提性能的详细定义和说明。美国的 GPS 和俄罗斯的 GLONASS 已被纳入 ICAO GNSS 标准框架，欧盟的 Galileo SARPs 尚在制定过程中。

（2）ICAO SARPs 制修订程序

卫星导航系统进入 ICAO 标准框架，就是将该卫星导航系统与民用航空应用相关的技术写入 ICAO 的 SARPs 中，同时对技术手册中与 GNSS 相关的部分予以修订，使卫星导航系统成为 ICAO 认可的在国际民航领域使用的 GNSS 元素之一。通过分析 GPS、GLONASS 和 Galileo 加入 ICAO 标准框架的经验，以及 ICAO 制修订 SARPs 的流程，可知卫星导航系统加入 ICAO 标准框架的步骤，分为立项、制定、发布三个阶段：

1）立项阶段。要将该卫星导航系统列入导航系统专家组（NSP）的工作计划，必须使 ANC 将该卫星导航系统列入总的工作计划中，实现这一目标有两种途径：一是一名 NSP 成员要求 NSP 开始针对该卫星导航系统的工作，NSP 对此同意针对该卫星导航系统的工作是必要的，并要求 ANC 将该卫星导航系统列入 NSP 工作计划，ANC 接受 NSP 的要求，并将针对该卫星导航系统的工作列入 NSP 工作计划。二是一名 ANC 成员提交材料，ANC 决定将该卫星导航系统列入 NSP 工作计划。

2）制定阶段。NSP 的工作通常都是基于该卫星导航系统所属国家的 NSP 成员提交的系统性能需求介绍、信号接口控制文件、与其他卫星导航系统的兼容性等材料来进行。其他 NSP 成员的参与通常是提出建议，以保证该标准在技术上是正确、完整和成熟的。当专家组达成共识，认为标准正确、完整、成熟，并且没有互用性和兼容性问题时，专家组建议 ANC 将该卫星导航系统标准纳入附件 10。ANC 将初步审查，然后提交给所有 ICAO 成员国征求意见。在收到意见后，ANC 将对标准进行最终审查。如果 ANC 支持该标准，那么 ANC 会将该标准提交给 ICAO 理事会审批发布。

3）发布阶段。ICAO 理事会将对标准的技术完整性、航空安全要求的符合性，以及卫星导航系统互用性、兼容性问题等进行最终审查，达成一致意见后，ICAO 理事会将批准发布该国际标准。

7.5.2.2　北斗在 ICAO 的立项

2011 年 1 月，经过与 ICAO ANC 委员会一年多的会谈、沟通、协调，ICAO 理事会最终以决议的形式，支持北斗系统逐步纳入 ICAO 标准框架。此后，中国专家再次利用 NSP 全体工作组会议审议和修订《GNSS 手册》的机会，向 ICAO 提交相关会议工作文件，将北斗频率写入 GNSS 频率图表中，并向 NSP 提交工作文件《为中国北斗系统制定 SARPs 以支持其加入全球框架》，详细阐述了北斗系统建设进展、公开服务性能要求以及为国际航空提供服务的意愿，正式启动了 NSP 技术层面北斗加入国际民航标准框架的工作，标志着完成北斗在 ICAO 的立项。

7.5.2.3　北斗 SARPs 制定

（1）北斗 SARPs 的起草

北斗写入 ICAO 附件 10 卷 I 中 SARPs 内容主要包括正文、附录 B 和附篇 D 三部分，主要支撑性材料为公开发布且完备的 ICD 文件和性能规范文件、北斗接收机天线性能要求、北斗频率干扰情况分析报告，以及北斗系统在不同区域、不同环境条件下的实际性能测试数据。按照 NSP 确定的 SARPs 制定原则，以 Galileo 公开服务的 SARPs 结构为模板，开展北斗 SARPs 的制定工作。基于此，中方分析构建了北斗制修订 SARPs 文件体例与技术参数体系，研究起草了 ICAO 附件 10 卷 I 正文部分北斗修订草案和 ICAO 附件 10 卷 I 正文部分北斗修订草案验证矩阵，其主要内容为以 ICD 文件测试版、B1I 信号全球设计指标等为基础，提出附件 10 正文部分北斗可修订的内容，给出章节号安排建议，并提交 NSP 专家组会议。此后，后续北斗 SARPs 草案及其验证矩阵经历了多轮次的讨论、修改和完善。

（2）北斗 SARPs 草案通过技术审议

按照 ICAO NSP 工作计划，需提供充分的论证材料，完成北斗 SARPs 所有技术指标的验证工作，并得到其他三个核心星座一致认可后方能通过验证。目前，中方已成功推进北斗三号全球卫星导航系统全部性能指标完成专家技术验证，标志着将北斗系统正式写入国际民航组织标准中最核心、最主要的工作已经完成。自北斗 SARPs 草案验证工作启动以来，中方共提交百余份、千余页文件，参与 50 余次 NSP 工作组会议、验证工作组会议、网络电话会议以及专题技术讨论会，先后答复 2000 多个问题，最终完成了 189 项指标的验证工作。

ICAO NSP 把北斗 SARPs 草案报 ANC 审议。ANC 审议通过后，ICAO 就标准草案征求各国意见，确认后正式向全球发布，2023 年 11 月，北斗系统正式加入国际民航组织标准。

国际民航是卫星导航应用的高端领域，是将卫星导航系统推广应用到其他各领域必须攻克的制高点。北斗 SARPs 制定发布后，意味着北斗在国际民航领域获得认可和实质性应用，这具有典型的行业示范作用，对北斗系统建设发展以及基于北斗系统的卫星导航应用具有重大意义，将有力推动北斗规模化应用市场化、产业化、国际化。

7.5.3　国际海事组织 IMO

7.5.3.1　IMO 卫星导航国际标准情况

（1）IMO 中的卫星导航国际标准现状

IMO 文件体系由各类公约及其修正案和议定书、规则、决议、通函等组成，它们的内容互相交叉补充，需要一一对应遵守。IMO 公约主要涉及海事安全、海事污染、责任义务与赔偿及其他领域，共发布公约 30 项。其中，最重要的公约是《1974 年国际海上人命安全公约（SOLAS 1974）》及其修正案，与卫星导航应用紧密相关。此外，与卫星导航应用有关的标准文件还有全球无线电导航系统（WWRNS）研究报告、GNSS 政策和要求、船载卫星导航接收设备性能标准（MSC 决议）。

现行有效的 1974 年 SOLAS 公约及其 1988 年议定书附则由 12 章和 1 个附录组成，其中，与卫星导航关系密切的是第 V 章（航行安全），包括 35 个条款和 1 个附录。需要着重关注的是其第 18 条 "航行系统和设备以及航行数据记录仪的认可、检验和性能标准" 和第 19 条 "船载航行系统和设备的配备要求"。其中，第 18 条列出了 GNSS 接收设备应满足的 IMO 通过的性能标准，第 19 条对 GNSS 接收设备的配备进行了规定。

WWRNS 研究报告被视为 IMO 关于承认和接受某一无线电导航系统应用于国际海事领域方面的政策。最新 WWRNS 政策的 A.1046（27）号决议，对 IMO 认可 WWRNS 的相关程序、系统提供者和运行者（政府或机构）的职责、船载接收设备要求以及 WWRNS 运行要求等方面进行了规定。

GNSS 政策和要求主要对 GNSS 未来在通用导航、系统运行、制度性管理以及过渡期等四方面的要求予以了规定，以期为全世界的船舶提供港口、进港航道及限制水域的导航定位服务，包括简介、现状、未来，GNSS 的海事要求，应采取的行动和时间进度 4 章，给出了 GNSS 未来通用导航最低要求。

IMO 主要对卫星导航系统及设备提出要求，因此，IMO 制定的是卫星导航系统的性能标准。IMO 先后已制修订了 GPS、GLONASS、DGPS 和 DGLONASS、组合型 GPS/

GLONASS、Galileo 等 GNSS 接收设备性能标准。其中，除 Galileo 性能标准外，其他 4 项已进行了修订。GNSS 接收设备性能标准主要对卫星导航系统接收设备及其性能要求、完整性核查、故障警告和状态指示及保护等方面进行规定。

（2）IMO 卫星导航文件制修订程序

卫星导航系统进入 IMO 标准框架，其实质就是制定该卫星导航系统船载接收设备性能标准的制定以及认可其为 WWRNS 组成部分。通过分析 GPS、GLONASS 和 Galileo 加入 IMO 标准框架的经验，以及 IMO 制修订船载接收设备性能标准流程，可知卫星导航系统加入 IMO 标准框架的步骤，分为立项、制定和发布三个阶段：

1）立项阶段。要将该卫星导航系统列入航行安全分委会（NAV）的工作计划，首先需要 IMO 成员国提交将该卫星导航系统列入 MSC 计划外新增议题的提案，IMO 对提案进行初始评估，并将初始评估意见提交至 MSC 审议和批准。其次，MSC 在其大会上将对该计划外新议题提案进行全面的、细致的综合评估，若决定将该议题及其完成时间进度写入下一两年期议程，则需要同时决定将该议题添加到其下属机构 NAV 的工作计划中。

2）制定阶段。NAV 的工作通常都是基于该卫星导航系统所属国家提交的标准草案及相关验证材料来进行。其他 NAV 成员的参与通常是提出建议，以保证该标准在技术上是正确、完整和成熟的。在 NAV 对于该卫星导航系统标准的审查中，重点关注的是技术内容是否满足航海安全要求以及是否与 IMO 相关公约、协议、标准等相协调。当 NAV 成员达成共识，认为标准正确、完整、成熟，符合航海安全要求，并且没有互用性和兼容性问题时，将建议提交 MSC 审批发布。

3）发布阶段。MSC 将对标准的技术完整性、航海安全要求的符合性等进行最终审查，达成一致意见后，MSC 将以海安会决议（MSC Resolution）的形式发布该国际标准。

7.5.3.2　北斗在 IMO 的立项

船载卫星导航接收设备性能标准的制定及卫星导航系统 WWRNS 组成部分的认可皆在 MSC、NAV 机构中进行，其中，MSC 主要负责制定方针政策，NAV 主要负责讨论、审议技术细节。根据 IMO 国际标准制修订流程和计划外议题提案的要求，我们研究起草并提交了 MSC91/19/5《关于北斗应用于国际海事领域的议题》计划外提案，重点阐述了北斗系统建设进展、与 IMO 组织目标和战略规划的符合性、对国际航海带来的益处等内容，MSC 在其第 91 次会议通过了该提案，同意将北斗在海事领域应用的标准制定工作列入 NAV 最近两年度工作计划，标志着完成了北斗在 IMO 的立项。

7.5.3.3　船载北斗接收设备标准制定

（1）船载北斗接收设备国际标准的起草

根据先期研究成果以及对国外 GNSS 船载接收设备性能标准制修订情况进行的细致分析，并在充分结合北斗系统建设和应用实践的基础上，参照 IMO 通过的《船载 GALILEO 接收设备性能标准》、MSC.233（82）号决议，起草了《船载北斗接收设备性能标准（草案）》。《船载北斗接收设备性能标准（草案）》主要内容包括用户定位精度因子（PDOP）、船载北斗接收设备定位精度和授时精度、船载北斗接收设备捕获的卫星信号电平、北斗时间基准与坐标框架、船载北斗接收设备重捕获时间等。同时，针对北斗WWRNS 组成部分认可事宜，研究、编制了《北斗系统初始评论》。

（2）船载北斗接收设备国际标准通过技术审议

IMO 航行安全分委会第 59 次会议（NAV 59）在审议《船载北斗接收设备性能标准（草案）》时质疑北斗系统评估提案中的测速精度为优于 0.2 m/s 不满足 IMO A.824（19）号决议中船载接收设备测速精度应不低于 0.1 m/s 的要求。中方代表和专家沉着应对，明确北斗给出的测速精度优于 0.2 m/s 是综合考虑了各类接收设备、各种应用场景下的最低性能指标，利用多普勒平滑伪距、卡尔曼滤波等算法优化处理后，北斗接收设备测速性能将能够满足 A.824（19）标准中关于测速性能的要求。最终北斗标准草案顺利通过全会技术审议，写入 NAV 向 MSC 提交的报告中。

（3）船载接收设备国际标准的发布

在北斗标准草案通过 NAV 技术审议后，根据 IMO 标准制修订流程，需提交 MSC 会议讨论通过即可发布。MSC 第 93 次全会上对北斗标准草案进行了审议，最终以 MSC.379（91）决议的形式，正式批准发布了《船载北斗接收设备性能标准》。

这是 IMO 发布的第一项北斗海事国际标准，确立了北斗系统在国际海事领域应用的合法地位，为北斗在国际海事船载设备中的应用提供了基本依据，也为在 IEC 制定船载北斗接收设备检测国际标准奠定了基础，对全面推进北斗在国际海事领域的应用具有重要意义。

第8章　卫星系统可靠性设计与验证

导航卫星构成了卫星导航系统的空间段部分，其可靠性是卫星导航系统稳定运行的决定性因素。全球导航卫星具有技术跨度大、可靠性/可用性及寿命指标高、国产化要求高、批量研制等显著特点，其可靠性设计与验证是提高卫星固有可靠性、保证星座服务可靠性的核心要素。

本章首先概述了卫星系统可靠性工作的特点和各阶段工作情况，然后按照指标、设计、分析、验证、在轨评估与改进的工程实施过程介绍了卫星系统开展的可靠性具体工作。指标是可靠性定量设计的基础，8.2 节介绍了可靠性/可用性建模、指标分配与预计工作。基于可靠性设计准则/可用性设计要素，8.3 节和 8.4 节分别阐述了可靠性设计、可用性设计的主要内容。可靠性/可用性分析是与可靠性/可用性设计迭代的过程，8.5 节介绍了 FMEA、FTA 和中断分析工作。实施可靠性专项是北斗系统的特色，贯穿了试验星到组网星的研制过程，8.6 节重点介绍了卫星研制阶段的可靠性专项内容与成果。验证是对卫星系统可靠性设计是否满足设计要求的符合性检验，也是产品试验、分析、改进过程的重要环节，8.7 节介绍了导航卫星可靠性/可用性验证的方法与结果。北斗导航卫星已稳定服务 3 年以上，本章最后概述了卫星运维过程中可靠性/可用性的分析改进工作。

8.1　概述

导航卫星与其他航天器相比，突出表现为可用性、连续性要求高和批产带来的可靠性设计与验证的特殊性。

首先，为实现卫星导航系统高精度、全天时、全天候的导航、定位和授时，必须确保导航信号连续不间断。可用性和连续性决定了卫星导航系统的实际服务能力。导航信号的连续性和可用性都与导航卫星的中断密切相关。为此，导航卫星特别提出平均中断间隔时间、平均中断修复时间等可用性指标，与此相适应，导航卫星必须在可用性设计方面开展创新性工作。

其次，批量研制对导航卫星产品可靠性的设计和实现提出了更高要求。一方面，由于设计缺陷的危害范围更广，必须从严要求可靠性设计；由于多颗卫星的任务剖面、全寿命期工况、设备选型选厂不尽相同，可靠性设计与分析必须按最大包络原则进行；批产自身特点及大系统约束也影响可靠性设计的最终状态，如元器件的选择必须考虑批产可获得性。另一方面，过程控制和验证工作必须与卫星并行研制、组批测试的研制流程相匹配，同时覆盖所有使用状态；批量研制产生的大量测试数据、试验数据、在轨飞行数据，也为开展数据一致性比对和可靠性验证提供了更好条件。

结合导航卫星的任务特点和研制特点，为保证卫星系统可靠性满足要求，确保卫星导航系统提供连续稳定的服务，卫星系统在工程各研制阶段策划与实施了一系列可靠性设计、分析和验证工作。

在方案设计阶段，卫星系统开展了全寿命周期的可靠性工作策划，制定了可靠性保证大纲、可靠性工作计划及配套顶层文件，从工程特点入手，组织专业力量研究制定了星上产品抗力学环境设计分析要求、热分析技术要求、中断分析要求、空间环境防护设计分析要求、降额设计分析要求、电磁兼容设计分析要求、冗余有效性分析要求等指导性技术文件和可靠性设计准则，确保各类产品按照可靠性设计准则进行设计，按照统一的分析要求完成设计分析和试验验证工作。初步开展了可靠性建模、分配、预计、FMEA，开展了冗余设计、抗力学环境设计、热设计、EMC 设计、静电防护设计、空间环境防护设计等设计工作，初步明确了关键项目及控制措施。

在初样研制阶段，卫星系统深入开展了各项可靠性设计分析，并结合电性星、结构热控星进行了相关测试及试验验证。针对产品技术新、状态新、国产化单机多且可靠性/寿命要求高等特点，完成了鉴定件研制和力学、热、EMC 等设计验证，策划开展了数十项可靠性与寿命试验。通过各阶段各级可靠性设计、分析和试验，验证了可靠性设计的合理性和正确性，并为正样设计状态的最终确定提供了可靠依据。结合试验星研制，开展了中断分析和可用性设计，有效识别了影响导航卫星可用性连续性的薄弱环节，并开展了单粒子效应防护设计等工作。

在正样研制阶段，卫星系统针对正样相对于初样的技术状态变化，更新、完善了可靠性设计与分析，包括空间环境防护设计、结构可靠性设计、抗力学环境设计、热设计、EMC 设计、裕度设计等，特别是针对 0.4 次/年的单星中断指标要求，开展了可用性建模和分析验证，并在组网星组批生产过程中，不断完善了单粒子效应防护设计、软件健壮性设计、在轨故障自主处理设计等。在整星大型试验和各阶段测试中，通过力学试验、热真空试验、EMC 试验验证了卫星可靠性和环境适应性设计的实现情况。同时，卫星系统完成了关键产品的可靠性试验和寿命试验，通过数据分析和评估，验证了关键产品的可靠性和寿命。

在组网运行阶段，卫星系统针对在轨测试和系统运行期间发生的异常进行了原因分析、在轨纠正和举一反三，持续提升软件健壮性和优化系统服务性能，定期开展在轨健康评估。

8.2　可靠性/可用性建模、分配与预计

导航卫星的显著特点是要求信号连续可用，其可靠性要求不仅包括传统的在轨工作寿命和寿命末期可靠度指标，还包括面向短期中断的平均间隔时间、平均修复时间指标（反映可用性要求）。导航卫星的主要可靠性/可用性指标如下：

1）寿命末期单星可靠度；

2）下行信号短期非计划中断平均间隔时间；

3）下行信号短期非计划中断平均修复时间；

4）接收上注信息的短期非计划中断平均间隔时间；

5）接收上注信息的短期非计划中断平均修复时间。

8.2.1　可靠性建模

可靠性模型是对系统内各单元之间可靠性关系的描述，包括系统可靠性逻辑关系及其数学模型。其目的是描述各单元之间的可靠性逻辑关系，用于可靠性预计和评估系统可靠性及辅助可靠性设计。针对卫星任务可靠性，导航卫星建立了可靠性框图模型。导航卫星产品相关的可靠性框图模型包括串联模型、并联模型、表决系统模型、环备份模型等。

可靠性建模工作一般需遵循如下原则：

1）建立可靠性模型之前应进行任务剖面分析和功能分析，梳理产品任务期间所经历的全部事件、任务时间和环境剖面；

2）可靠性模型应随着研制阶段进展、产品技术状态等方面的变化和基础数据更新而动态更新；

3）可靠性框图应能正确反映单元之间的可靠性关系，与功能框图和技术状态相一致；

4）系统、分系统可靠性模型应建至设备级或独立的功能单元，设备可靠性模型至少应建至模块电路或部件级，必要时建至元器件或零件级。

下面以某导航卫星为对象，介绍导航卫星系统级可靠性建模的过程。

（1）任务分析

根据可靠性定义，首先需明确系统的任务要求。例如，GEO 组网星包括两类任务：RNSS 与星地时间同步/上行注入任务、RDSS 与数据传输/时间同步任务。

（2）功能分析

根据功能分析，建立了导航卫星功能树，并明确了不同级别功能与卫星分系统和设备间的关系。卫星 1、2 级功能树的示例如图 8-1 所示。以功能分析为输入，将 1 级功能（近似为分系统功能）作为模型单元而不是将各分系统作为模型单元。例如，测控上下行通道均有两个通道互为备份，但这两个通道均独立地由两个分系统的设备构成。如果以分系统为单元进行建模，则系统可靠性逻辑关系是不准确的。

（3）任务剖面

根据飞行程序，以 GEO 卫星为例，其在入轨段仅有部分单机工作，且工作时间很短，因此，考虑工程分析方便又保证任务时间包络，将主动段、转移轨道段和准同步轨道段作为第一个任务阶段，称之为"入轨段"，任务时间定为 200 个小时。卫星完成定点位置捕获后开通有效载荷，进入长期工作阶段，包括在轨测试和在轨应用两个阶段，将此阶段作为第二个任务阶段，称之为"在轨工作段"，任务时间定为 12 年。

在不同任务阶段和对应不同的飞行事件，卫星可能由不同的设备完成不同的功能，表

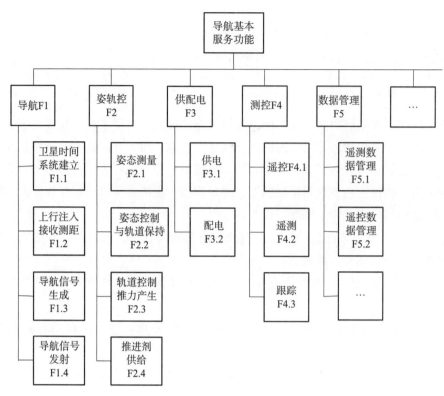

图 8-1　导航卫星功能树示例

现为不同的系统配置和不同的工作模式，且经历不同的空间环境和工作时间，在可靠性建模时给予对应的考虑。

（4）可靠性模型

综上可知，以 GEO 卫星为例，按任务阶段可分为入轨段和在轨工作段两个阶段，按任务可分为 RNSS 载荷、RDSS 载荷两类任务。任何一个分系统功能的丧失都会引起整星任务失败，在各任务阶段，GEO 卫星按分系统串联的模型如图 8-2～图 8-4 所示。

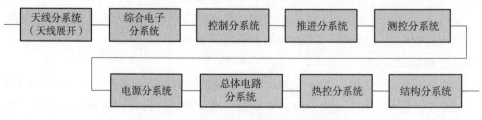

图 8-2　GEO 卫星入轨段可靠性框图

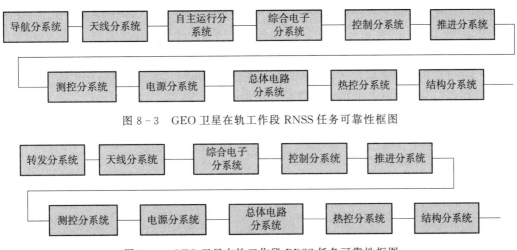

图 8-3　GEO 卫星在轨工作段 RNSS 任务可靠性框图

图 8-4　GEO 卫星在轨工作段 RDSS 任务可靠性框图

8.2.2　可靠性分配

卫星系统可靠性分配是指系统可靠性指标确定后，按照一定的原则和方法将指标分配到规定的层次（分系统、设备/部件等）。其目的在于将可靠性的定量要求分配到规定的较低产品层次，使各级设计师明确可靠性设计要求，采取可靠性设计措施，最终保证系统可靠性要求的实现。

可靠性分配应结合产品可靠性模型、研制经验选择合适的方法。一般原则是：复杂度高的产品，分配较低的可靠性指标；技术上成熟、继承性好的产品，分配较高的可靠性指标；处于较恶劣环境的产品，分配较低的可靠性指标；重要度高的产品，分配较高的可靠性指标；各级产品往下分配可靠性指标时，必须留有一定的余量。

可靠性分配与可靠性预计相互迭代，不断完善。可靠性预计结果可作为进行下一阶段可靠性分配的参考。可靠性分配的步骤为：

1）产品设计或设计更改情况。

2）确定需要分配的系统可靠性指标量值。

3）根据分配的需要建立系统可靠性模型，或根据设计更改修正可靠性模型。

4）选用合适的分配方法，逐级将指标分配到各分系统、设备等产品层次。常用的可靠性分配方法包括加权分配法、专家评分分配法、比例组合法、最小工作量法等。

5）得到不同层次产品的可靠性分配结果。

6）将可靠性分配值与使用要求进行分析对比。若满足要求，则分配工作结束；否则，进行再分配，直至满足要求。

导航卫星在进行可靠性指标分配时，给出了任务阶段、任务时间、故障的明确定义、验证可靠性要求的方法。

方案阶段，导航卫星可靠性分配依据可靠性模型并与可靠性预计结合进行。系统通过可靠性分配确定分系统的可靠性定量要求，并在分配可靠性指标时留有一定的余量；分系统再将其可靠性要求分配到设备或部（组）件。可靠性分配值列入相应的合同（任务书）或技术要求中。

初样阶段，随着设计的深入和完善及可靠性模型和可靠性预计结果的变化对可靠性分配值进行调整，但应按技术状态更改控制程序进行管理。

正样阶段，对可靠性分配值落实情况进行检查。

结合图 8-2～图 8-4 可靠性模型，某导航卫星可靠性指标分配结果（示例）见表 8-1。

表 8-1　某导航卫星可靠性指标分配结果（示例）

序号	分系统名称	入轨段（任务时间 1）	工作轨道段（12 年）	
			RNSS 任务	RDSS 任务
有效载荷				
1	导航分系统	—	0.90	—
2	天线分系统	天线展开：0.99	0.995（平时模式） 0.980（增强模式）	0.96
3	转发分系统	—	—	0.85
平台				
1	综合电子分系统	0.995	0.920	
2	控制分系统	0.999	0.945	
3	...	...	...	
	平台合计	0.98	0.7	0.8
	整星合计	0.97	0.626	0.652

8.2.3　可靠性预计

导航卫星系统可靠性预计通常进行任务可靠性预计。单元可靠性预计方法包括元器件计数法和应力分析法。

卫星系统可靠性预计的一般步骤如下：

1）建立系统任务可靠性模型；

2）预计单元的失效率或寿命分布；

3）确定单元工作时间；

4）根据可靠性模型计算系统任务可靠度。

导航卫星所有电子产品和有失效率数据的非电部件都要进行可靠性预计，其他如结构装配件和压力容器等非电产品按断裂控制要求设计，主要通过保证安全余量来保证可靠性，可不进行可靠性预计。导航卫星系统在可靠性预计中，元器件失效率数据的选用依据是：

1）承研方统计的元器件在轨失效率；

2）国产元器件使用相关国家军用标准数据；

3）国外元器件使用 MIL-HDBK-217F 数据；

　　4）机构、火工品、管阀件等非电产品的失效率数据使用可靠性评估数据；

　　5）生产厂家数据。

　　可靠性预计相关内容至少包括可靠性框图与数学模型、元器件信息（质量等级、数量及失效率）、数据来源、预计结果分析、主要的薄弱环节设计改进措施和建议，以及对可靠性分配结果的改进建议等。

　　所有单机预计完成后，将可靠性预计的结果与可靠性分配的指标进行比较、分析。对于单机可靠性预计结果不满足要求的，可以根据情况采取以下措施：

　　1）如果该单机为卫星关键产品，则必须通过提高元器件质量等级、增加内部冗余模块、改进设计方案或者可靠性增长试验等方法来提高可靠性，保证可靠性能达到分配值；

　　2）不是关键产品的，可根据星上有无备份等实际情况，决定是否采取措施更改设计或让步接收；

　　3）在采取以上措施时，优先采用提高元器件等级的办法，如果不能通过提高元器件等级来实现，再考虑其他办法；

　　4）产品在设计更改后重新进行可靠性建模和预计。

8.2.4　可用性建模

　　针对卫星中断指标，导航卫星采用类似故障树分析的方法，提出并建立了中断树模型，从而确定引起卫星导航任务中断的薄弱环节。

　　导航卫星在轨运行期间，其中断具有随机性、可修复的特点。引起中断的主要故障原因包括：

　　1）使用了大规模 FPGA 等逻辑器件并和导航功能相关的设备，由于单粒子事件导致功能中断或异常，继而造成导航信号不可用。如导航任务处理 FPGA 发生单粒子翻转后，通常需要进行复位或整机加断电，从而引起信号连续性损失。

　　2）由于软件错误导致导航信号中断。如导航信号生成、处理、播发相关的软件，由于软件设计缺陷造成运行出错、复位，也可能导致导航信号不可用，从而出现中断。

　　3）与导航下行信号生成与播发直接相关的设备，发生故障后切机造成功能中断，进而导致导航信号不可用。如导航信号播发通道的主份行波管放大器故障后，需要切换到备份行波管放大器，这一过程中相应频率的导航信号将处于不可用状态。

　　以上 3 类原因中，单粒子事件和硬件故障在设计上是不能彻底消除的，软件设计缺陷只要在轨纠正就不会重复发生，因此导航卫星中断频次分析通常只考虑单粒子事件和硬件故障。

　　为了提高分析效率并节约成本，可以结合功能分析、信息流分析，利用相关性分析方法，自上而下快速缩小分析范围，最终建立中断树，即可用性模型，建模步骤如下：

　　1）获取卫星所有分系统的组成、功能和冗余设计信息；

　　2）分析各分系统与导航信号生成与播发的关系，明确中断影响；

　　3）针对可能导致导航卫星中断的分系统，分析各设备和导航信号生成与播发的关系，确定可能导致导航卫星中断的底层故障。

4）依据底层中断事件的分析结果，建立以"导航卫星信号中断"为顶事件的中断树。导航卫星可用性建模流程如图 8 - 5 所示，某导航卫星中断树示意图如图 8 - 6 所示。

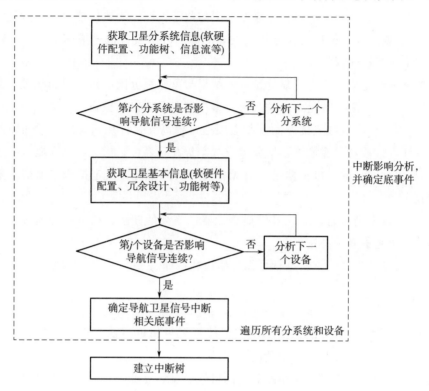

图 8 - 5　导航卫星可用性建模流程

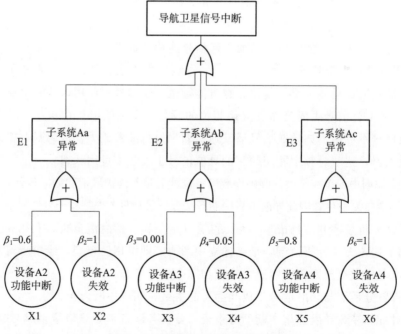

图 8 - 6　某导航卫星中断树示意图

8.2.5　可用性分配

根据图 8-6 中导航卫星中断树确定影响导航任务的设备与所属分系统。系统级短期非计划中断指标分配将整星中断指标（包括上行/下行短期非计划平均中断间隔时间和上行/下行短期非计划平均修复时间）分配到相关分系统，某卫星短期非计划中断指标分配结果（示例）见表 8-2。

表 8-2　某卫星短期非计划中断指标分配结果（示例）

序号	分系统	任务类型	中断频次要求		修复时间要求
			年均次数 N	平均中断间隔时间 MTBO/h	平均修复时间 MTTOR/h
1	分系统 Aa	下行信号	2	4 380	1
		接收上注信息	5	1 752	0.5
2	分系统 Ab	下行信号	0.5	17 520	1
		接收上注信息	2	4 380	1
3	分系统 Ac	接收上注信息	3	2 920	1

8.2.6　可用性预计

根据导航卫星下行/上行中断树及各底事件的基础数据，预计短期非计划中断的平均间隔时间和平均修复时间，从而对短期非计划中断指标实现情况进行分析验证。

以导航下行信号的短期非计划中断指标预计为例，根据卫星下行信号中断的故障树，导航下行信号中断频次可按下式计算：

$$P_{\text{下行}} = \sum_{i=1}^{i} P_{xi} = \sum_{i=1}^{i} \frac{1}{\text{MTBF}_i}$$

导航下行信号中断平均修复时间按下式计算：

$$\text{MTTR}_{\text{下行}} = \frac{\sum_{i=1}^{i} (P_{xi} \cdot \text{MTTR}_i)}{P_{\text{下行}}}$$

考虑修复时间有一定的不确定性（取一个时间范围），因此，为获得更准确结果，卫星系统采用了蒙特卡罗仿真算法获得短期非计划中断修复时间。

根据工程设计与在轨数据分析，确定各底事件 P_{xi} 取值和修复时间数据，基础数据见表 8-3。

表 8-3　导航下行信号中断的基础数据

序号	底事件名称	基础数据	MTBF_i/h $\left(= \dfrac{1}{\lambda}\right)$	P_{xi}（年） $\left(= \dfrac{8\ 760}{\text{MTBF}_i}\right)$	平均修复时间/min
1	设备 A2 软故障	中断间隔时间为 2 000 天	48 000	0.182 5	5
…	…	…	…	…	…
…	设备 A2 硬故障	$\lambda = 1\ 000$ fit	10^6	0.008 76	20

根据以上基础数据和导航卫星中断频次、中断修复时间计算公式，即可得到整星中断指标。导航卫星的中断频次预计低于 0.4 次/年，中断平均修复时间低于 2 h。

8.3　可靠性设计

8.3.1　可靠性设计准则

可靠性设计准则是落实可靠性要求、开展可靠性设计的依据，也是开展可靠性设计评审和设计验证的依据。可靠性设计准则根据产品可靠性要求、以往产品的研制经验（包括国内外相似产品）、以往产品的故障纠正情况（包括国内外相似产品），以及相关标准、规范和要求等编制。

导航卫星从方案设计阶段开始，组织开展了系统、分系统和设备可靠性设计准则的编制工作，形成了卫星系统可靠性设计准则规范文件及导航、热控、综合电子等分系统可靠性设计准则规范文件。

卫星系统可靠性设计准则包括一般原则、总体构型布局准则、机械设计准则、电气设计准则、热设计准则、信息流设计准则、可靠性建模、可靠性分析等 8 个方面的内容。其一般原则如下：

（1）系统优化设计

合理进行总体布局，尽量避免某一组件的故障或损坏而导致其他系统的故障；分系统或组件的设计不能牺牲系统可靠性利益去实现非必要的性能要求，局部设计的优化不能对整星可靠性有不利影响，在满足总体技术性能指标要求的前提下，不能片面追求高、精、尖。

（2）继承设计

优先选用在实际任务环境中经过考验、验证、技术成熟的技术方案、硬件和软件，充分考虑产品设计的继承性；支持对提高产品可靠性有利的技术进步，但新技术、新器材必须经过充分论证、试验和鉴定，方能引入新产品设计。

（3）简化设计

在满足技术要求的前提下尽量简化设计方案和系统配置，减少硬件和软件的数量、品种和规模，力争研制的卫星成为满足使用性能的最简系统。

（4）"三化"（通用化、系列化、组合化）设计

在设计中注重标准化和规范化，采用标准的零部件、元器件、组装件和接口，重视通用化、系列化和组合化要求。

（5）冗余与容错设计

采用充分、合理的硬件和软件的冗余，对于影响任务成功和安全性的关键部件原则上不应有单点故障模式；对无法通过设计消除的单点故障模式，应采取有效措施使其出现的可能性减小到可接受的程度；实施故障检测、隔离和修复，允许用专门的飞行和地面措施对故障做适当的处理，并考虑在最坏情况下与故障传播时间相关的故障检测或系统重构时

间；冗余设计应利用独立的工作通道或信息通道，并在发生间歇故障时也能有效地保证任务成功；所有的冗余设计应是可测试的。

（6）裕度设计

对机械产品开展裕度设计；重视机械部件的应力－强度分析，并根据具体情况，采用提高平均强度、降低平均应力、避免应力集中、减少强度散布等基本方法，找出应力与强度的最佳匹配，提高设计可靠性。

（7）余量设计

导航卫星的能源、推进剂、重量、测控信道、温控等应留有余量，以满足寿命末期需求或保持良好的性能。

（8）降额设计

电子元器件、导线等应依据相关标准进行降额设计。

（9）热设计

控制卫星内、外热交换，使卫星产品的温度、温度差、温度稳定性等指标满足总体技术要求；通过调节元器件、零部件散热路径和热阻，使元器件、零部件温度控制在规定的范围内，满足温度降额要求；卫星系统热设计执行相关标准。

（10）环境影响分析和防护设计

实施环境影响分析，充分识别产品全寿命期内（包括地面加工与装配、测试与试验、包装、贮存、运输、装卸、维修、发射、空间运行等）所经历的各种环境与效应，进行环境防护设计，以满足使用环境的要求。

典型的环境与效应包括过载、振动、冲击、噪声、气动力、低气压、真空、高低温、微重力、地磁、空间带电粒子、太阳光压、紫外线辐射、电磁干扰或耦合、非金属材料放气、材料应力腐蚀、发动机羽流、密封压力容器气液排放或泄漏、星体自旋与加速、星箭结构动力学耦合、低气压电晕、静电放电、空间带电粒子的累积效应和单粒子效应、真空冷焊、水汽和可凝聚挥发物对光学表面的污染等。

（11）业务连续性设计

导航卫星的一重故障应保证业务连续，设备主备份切换不影响业务连续。尽可能采用在轨自主方式及时有效进行故障处置，人为操作因素的故障不能引起灾难性后果。

8.3.2　冗余设计

冗余设计是消除卫星系统单点失效，提高任务可靠性的有效手段。冗余方式有硬件冗余、供电线路冗余、信道冗余、指令冗余、数据冗余等，在冗余设计时要综合权衡任务需求、性能、功耗、复杂度、重量、体积和费用等因素，采取合理的冗余方式，提高产品的任务可靠性。

在进行冗余设计时，须重视冗余设计的三个核心单元：隔离保护单元、交叉连接切换单元和故障检测管理单元。这三个单元也有可能成为单点，在冗余设计中要高度重视，避免在减少原有单点失效模式的同时，引入新的单点失效模式。三个核心单元的可靠性应远高于冗余部分的可靠性，其失效率至少应低一个数量级。

冗余设计分为系统级、分系统级和设备级三个层次，卫星系统级主要开展了关键功能和故障安全方面的冗余设计，分系统主要进行了关键功能和设备冗余方面的冗余设计，设备主要开展了硬件模块的冗余设计。

卫星系统级的典型冗余措施有：

1）卫星正常功能与应急模式下遥控、遥测、能源、热控等的部分功能互为备份；

2）上下行遥控遥测通道备份；

3）星间链路可多种路径重构通信链路；

4）卫星自主控制与遥控互为备份等。

卫星分系统的冗余措施有：

1）卫星姿轨控系统的姿态测量采用陀螺、太阳敏感器等多种测量设备互为备份，同时每种测量设备采用冷备、热备等方式进行冗余；

2）推进系统的推力器采用 A、B 组设计，具有交叉重组能力；

3）加热控制方式采用自控及遥控方式，可互为备份；

4）供电单元双机备份，太阳电池阵分阵配置冗余等。

卫星设备的冗余措施有：

1）功能模块冗余；

2）输入、输出信号冗余；

3）重要数据冗余等。

在冗余设计基础上，卫星系统组织开展了冗余有效性分析，包括冗余切换分析、共模/共因故障分析等，及早发现冗余设计的薄弱环节加以改进。

卫星系统在初样和正样研制期间，在设备测试、分系统联试、整星各阶段测试中，分别对各级冗余措施的正确性和可实现性进行了测试验证。针对某些设备的冗余能力开展了验证试验，如对蓄电池组开展了开路和短路状态下冗余措施有效性的试验，获得了 1 个蓄电池单体模块发生开路或短路时蓄电池组的供电能力变化情况，为在轨运维提供了数据支持。

8.3.3 裕度设计

裕度是为适应卫星产品工作边界条件、工程实现误差及其他不确定因素，在设计上相对于指标要求预留的设计余量。

卫星系统开展裕度设计的主要过程如下：

1）在功能分析、FMEA 等基础上识别影响卫星任务成败和寿命的系统关键特性和关键参数，逐一梳理确定裕度设计项目；

2）合理确定裕度量化要求，可依据规范性文件、专用技术文件等，结合产品任务特点确定，如整星寿命末期功率余量一般不小于整星平均功耗的 10%；

3）根据裕度量化要求，结合裕度设计要求值，明确设计值，在综合资源约束、工艺实现复杂度与研制成本等各方面因素权衡下，开展产品设计；

4）统计各种资源的使用情况，分析实际裕度（余量），对于不满足裕度要求的情况，进行设计完善。

卫星系统从整星结构强度、结构刚度、太阳翼展开静力矩裕度、太阳翼展开冲击裕度、天线强度裕度、天线展开力矩裕度、压力容器安全裕度、推进剂余量、功率裕度、蓄电池最大放电深度、温控余量、微放电余量、功率耐受余量、测控链路余量等方面开展了裕度设计工作。

经测试和试验验证，导航卫星典型裕度设计验证结果见表 8 - 4。

表 8 - 4　导航卫星典型裕度设计验证结果

序号	项目	验证结果
1	机械设计	整星结构强度、结构刚度、吊点强度裕度、太阳翼展开静力矩裕度、太阳翼展开对 SADA 冲击弯矩、天线强度裕度、天线展开力矩裕度、推进压力容器与组件设计裕度等均满足要求
2	推进剂	推进剂用于卫星姿态和轨道控制任务（包括卫星的入轨姿控、初轨修正、相位捕获、相位保持、相位调整和末期离轨机动等）的裕度满足要求
3	功率	在最恶劣工况下（太阳电池阵一路失效，夏至最大遮挡；蓄电池一节单体失效），太阳电池阵的功率裕度、蓄电池最大放电深度均满足要求
4	热设计	星上所有设备的温控余量在 6 ℃以上
5	微放电和功率耐受	微放电余量满足鉴定级≥6 dB、验收级≥3 dB 的要求，功率耐受余量≥10%
6	数据通信及处理	满足软件及 FPGA 设计要求

8.3.4　抗力学环境设计

抗力学环境设计的目的是防止或减少各种力学环境对卫星本身及星上产品造成不利影响，保证产品的可靠性。卫星抗力学环境设计是运用合理的技术和方法，通过卫星构型、接口、强度、刚度、精度、动力学特性等设计，控制卫星所受力学环境（地面运输力学环境、地面试验力学环境、发射阶段力学环境、飞行阶段力学环境等）的响应，满足运载火箭的力学环境要求，并为卫星设备及部组件提供良好的工作环境。力学分析和力学试验是验证产品适应力学环境的有效方法，力学分析和力学试验结果是产品设计确认的重要依据。

8.3.4.1　卫星力学环境

导航卫星在研制生产、发射和在轨服务的全寿命周期中，需经历总装测试与试验、运输、运载火箭发射、空间飞行等不同环境，特别是在运载火箭发射飞行过程中，要经受复杂和严酷的力学环境，其诱因主要有运载火箭发动机推力引起的近似稳态的加速度过载环境，运载火箭发动机工作及液体火箭飞行中纵向耦合振动效应产生的低频振动环境，运载火箭发动机点火、关机和级间分离产生的瞬态振动环境，火工装置和其他分离装置产生的高频瞬态冲击环境，以及气动噪声通过结构传递的高频随机振动环境等。

卫星发射前环境包括地面自然环境、生产制造环境、操作环境、储存环境、运输环境和地面试验环境等。

卫星在运载火箭发射过程中，伴随火箭起飞、发动机分离、一级火箭点火、二级火箭点火、整流罩分离等事件，将承受准静态载荷、瞬态低频振动载荷、噪声载荷和高频冲击载荷的作用。

卫星入轨后，抗力学环境设计需要重点考虑舱外大型部组件产品（如太阳翼）展开锁定冲击载荷、卫星轨控发动机点火、动量轮等活动部件工作时产生的微振环境，以及推进剂液体晃动产生的力学环境。

8.3.4.2　设计措施

为保证产品抗力学环境设计满足工程要求，卫星系统通过制定卫星建造规范、卫星环境条件、试验验证矩阵等总体技术要求和技术规范，分别提出卫星总体结构、设备和部组件的力学环境设计要求，防止由于抗力学环境设计不合理而引起结构共振、结构损坏、器件失效、引脚或焊点损伤、开裂等问题。

导航卫星抗力学环境设计的具体工作包括：

1）卫星构型设计；

2）接口设计（机械接口、电接口、星地接口、热接口等）；

3）强度设计；

4）刚度设计；

5）精度及精度保持设计；

6）动力学特性设计。

在整星抗力学环境设计中采取的主要措施包括：

1）在构型设计时考虑传力路径的简单、直接，防止应力集中；

2）尽可能降低卫星质心，缩短传力路径，遵循构型开敞性和结构可制造性等原则，合理选择结构构型和主承力结构方案，为星上设备提供良好的力学环境条件；

3）整星一阶模态频率满足运载火箭的要求，并留有设计余量，保证卫星工作的力学环境；

4）整星结构刚度、强度设计满足相应的安全裕度设计原则，防止结构失稳或破坏；

5）合理选择安装精度高和对振动敏感设备的安装位置，保证相应设备工作的可靠性；

6）对火工品解锁冲击和展开锁定冲击敏感的设备（如含晶振、继电器等产品）采取冲击隔离措施；

7）关键结构、关键部件和关键连接节点的强度设计留有裕度，避免应力集中，防止结构损伤或破坏，并应进行相应的试验验证；

8）卫星上较大部组件（如太阳翼、阵面天线等）满足总体的刚度要求，并留有一定的设计余量，防止整星在飞行和试验过程中发生组件和整星动力耦合现象；

9）展开组件发射状态外形的静态和动态包络与整流罩相适应，其他可动组件发射状态外形的静态和动态包络与相邻设备相适应；

10）采用线膨胀系数较小的材料，减小卫星的热变形和热应力。

8.3.4.3　设计结果

针对导航卫星抗力学环境设计状态，开展了整星模态分析、静力分析、频率响应分析等，对主承力结构的强度和刚度进行了分析验证。卫星模态分析表明，整星横向基频、纵向频率均满足总体提出的刚度要求。准静态设计载荷各种工况、起吊工况、运输工况等的静力分析表明，结构各处满足强度要求，安全裕度满足设计要求。稳定性分析结果表明，结构在发射载荷下具有足够的安全裕度，不会发生整体失稳破坏。频率响应分析结果表明，在正弦振动环境条件下，太阳翼、天线和集中质量设备连接点承载能力满足使用要求。

在卫星初样研制阶段，研制了卫星初样结构星，开展了满箱和空箱状态下的鉴定级正弦振动试验和噪声试验，验证了整星抗力学环境能力，通过试验数据分析，确定了试验星的结构设计状态。在试验星阶段，开展了整星准鉴定正弦振动试验、噪声试验和星箭对接与分离试验。历次力学试验的结果表明，试验前后卫星功能、性能没有发生变化，星上组件均方根加速度响应未超过组件验收级随机振动条件，试验前后卫星动态特性一致，星上产品响应特性一致。

在组网星研制阶段，卫星根据整星配置及布局适应性修改，建立有限元模型，在给定的准静态载荷下对整星结构、星上各设备的安装埋件进行强度校核，完成了组网星结构力学分析工作，经验证卫星抗力学环境设计满足要求。开展了验收级正弦振动和噪声试验，各卫星的力学试验结果表明，试验前后卫星动态特性一致，星上产品响应特性一致，卫星功能、性能没有发生变化，抗力学环境设计满足工程要求。

8.3.5　热设计

8.3.5.1　卫星热环境

导航卫星在整个寿命周期中要经历地面、发射、在轨工作过程中复杂的热环境，这些热环境包括：

1）地面产品研制、装配、测试、试验、转运及运输条件下的温度变化，此类环境一般与卫星产品装配房间、总装测试厂房、产品运输包装箱等有直接关系；

2）发射过程中从地面到空间真空下的温度变化、转移轨道段的温度变化，以及寿命期内在轨热环境。要求星上热控分系统通过采取主动、被动控制措施，保证卫星及星上产品的工作温度范围在规定的环境条件内，并具有一定的余量。

导航卫星进入工作轨道并长期在轨正常运行期间，随着季节变化和热控涂层性能退化，将经历高温和低温工况的考验。在寿命初期，卫星表面热控涂层的太阳吸收比均较低，蓄电池组的效率较高，而春分和秋分卫星会出现最长阴影期，因此卫星本体在寿命初期的春、秋分出现低温工况。在寿命末期，卫星散热面的热控涂层性能退化，太阳吸收比将升高，随着蓄电池组放电效率的下降，其热耗也将增大，这些都导致卫星的温度升高，因此卫星本体在寿命末期的冬至或夏至将出现高温工况。

8.3.5.2　设计措施

整星热设计是保证卫星舱内、舱外设备可靠工作的重要设计措施，高温或低温对设备和部组件的工作可靠性往往是致命的影响因素，因此热控设计的目的是保证产品在规定的热环境下工作，并尽可能提供良好的热环境，降低产品的失效率，保证产品的可靠性。

导航卫星热设计的措施包括：

1）考虑在轨各阶段的环境影响、极端高温工况、极端低温工况、设计余量等要求，确定整星热控系统构架，力求方案简化，以被动热控技术为主，主动热控技术为辅，提高热控系统的可靠性；

2）降低热量排放通道对周围产品的影响（电子设备、发动机、天线），合理布局设备，总体构型布局工作中，尽可能使热源分布合理、传热路径较短；

3）识别关键项目和单点故障，尽可能避免出现单点故障；

4）开展整星温度余量设计和热控加热器余量设计，考虑热控材料性能退化、高低温工况的影响，保证寿命末期仍能满足热控要求；

5）尽量使用经过飞行试验验证的热控材料、部件和技术；

6）提高卫星的自主控温能力，减少地面操作，保证任务可靠性；

7）采用分舱热控设计，各舱采用等温化设计，既化简热控系统的设计，又保证遇到故障时阻断故障的传播；

8）每一加热回路设置"使能"和"禁止"功能，防止误开关或必要时故障隔离；

9）识别姿态敏感器及天线视场对星表热控材料的要求，防止热控材料对敏感设备造成释气污染；

10）关键部件（如蓄电池组、原子钟、推力器等）的加热器和温控部件均采用交叉连接的备份设计；

11）重要热控部件，如热管、电加热器等，采用了不同方式的备份设计；

12）电加热器由多个加热元件组成，在回路设计上尽可能采用并联或串并联的方式，避免因串联的某一加热元件失效而引起电加热器失效。

8.3.5.3　设计结果

为了确保卫星热设计的合理性，按照导航卫星总体布局，建立了热分析模型，对卫星位于转移轨道上面级及卫星在正常工作轨道两种情况进行了分析计算。热分析计算包含了最长地影低温工况、−X面高温工况、−Y面高温工况、+Y面高温工况等四种工况。计算结果表明：卫星热设计能保证载荷舱和平台设备在高低温工况下满足指标要求且有足够的余量。

在整星热分析基础上，开展了整星热平衡试验。热平衡试验设置了卫星在准工作轨道和工作轨道的多个工况，包括：准工作轨道巡航姿态，低温工况；寿命初期夏至，工作轨道稳态工况；寿命末期冬至，工作轨道稳态工况等。试验结果表明：各工况下，平台所有设备、载荷舱设备、行波管、锂离子蓄电池等均在工作温度范围内，卫星热设计合理、正确。

在卫星出厂前，整星开展了真空烘烤和热真空试验。试验完成了试验大纲及电测大纲中规定的试验项目，卫星星上设备经受了规定的压力和热循环应力环境的考核，试验中各个分系统性能正常，无异常现象发生。

8.3.6　电磁兼容设计

8.3.6.1　卫星 EMC 环境

电磁兼容（EMC）是导航卫星正常工作的基本要求，包括系统内（星内设备和电缆网等）兼容和系统间（卫星与运载火箭、卫星与发射场等）兼容两方面。导航卫星包括多种频段的射频信号，既有大功率发射设备，又有小信号接收设备，各设备的本振信号均不相同，所产生的谐波分量错综复杂，有些强信号、大功率设备易发射干扰，而有些弱信号、高灵敏度设备易受到干扰，不同信号间的 EMC 直接关系到卫星各相关分系统是否能正常工作。

卫星 EMC 设计的目的是通过采取控制措施，实现卫星系统内部和外部 EMC 指标，确保卫星在特定的电磁环境中完成飞行任务。

8.3.6.2　设计措施

为满足整星 EMC 要求，导航卫星依据相关标准，结合不同卫星特点，制定了 MEO 卫星、IGSO 卫星和 GEO 卫星的 EMC 规范，开展了 EMC 设计，并主要采取了以下措施：

（1）接地和搭接设计

接地就是两点之间建立导电通道，其中一点通常是系统的电气元件，另一点则是参考点。接地一般有浮地、单点接地和多点接地三种方式，卫星一般选用混合接地方式，即 1 MHz 以下低频设备单点接地，10 MHz 以上高频设备多点接地，1～10 MHz 时酌情选用。导航卫星按照接地要求，建立卫星系统级接地，实现星箭之间、舱段之间、舱板之间、舱板与设备之间、结构件与星体之间、星表多层与结构之间等电位。

搭接是指在两金属表面之间建立低阻通道。为了确保卫星不受故障电流冲击和静电放电（ESD）的影响，通过实施可靠的电气搭接，提供故障电流泄流通路。为降低搭接电阻，卫星结构的零部件尽量通过直接搭接连成整体，设备与星体结构间采取直接搭接或通过搭接条间接搭接。

（2）电缆网布局和走向设计

电缆网走向设计考虑了火工品电缆、太阳帆板驱动机构（SADA）到电源控制器供电电缆等单独走向设计，以减少大电流电缆对周边电缆的设计影响。

（3）星内设备布局设计

设备工作频率和功率进行分区设计。考虑工作频率因素，上行设备如接收天线、接收机等根据链路最优以及减少损耗要求，靠近布局。根据频率隔离要求，在星内设备布局上将不同频率的设备安装在卫星不同舱板上，减少频率之间的相互干扰。考虑设备功率因素，大功率设备和小功率设备分开布局。

（4）星外天线布局设计

根据天线空间隔离度要求进行上行和下行天线布局设计。根据上行注入天线和下行导航天线 EMC 试验结果，在整星布局上，保证上行注入天线和下行导航天线距离足够远，以满足空间隔离度需求。在满足天线视场基础上，根据天线工作服务区要求，测控天线、上行注入天线以及导航天线可能存在多径，通过调整天线布局，减少天线之间对性能的影响，减少可能存在的多径效应。

8.3.6.3　设计结果

为验证整星 EMC 设计是否满足要求，导航卫星在设计阶段进行了系统级 EMC 分析及天线隔离度分析。

（1）频率分析

频率分析主要确认发射设备与接收设备之间是否存在可能的干扰对。频率分析主要涉及发射机的晶振、本振、发射频率、带宽，发射链路上产生的中间频率，接收机的接收频率、本振、带宽等，然后判断收发设备之间是否存在各种干扰。经分析确认，卫星 20 阶以内谐波、7 阶以内互调和组合频率等的干扰可能性非常小。

（2）多径分析

根据卫星布局，分析卫星发射和接收的射频信号经过多次反射后与直射信号合成而引入的多径效应，包括干扰路径及多径信号相对强度，并重点对可能受多径影响大的天线进行分析。分析结果表明，可能的多径信号对天线信号质量的干扰不影响设备正常工作。

（3）天线隔离度分析

通过频率分析结果，根据卫星布局，对干扰发射天线和敏感接收天线之间的隔离度进行分析，结果表明各频段导航天线、测控天线、星间链路天线等之间的空间隔离度不会影响设备工作。

依据 EMC 试验大纲，导航卫星在电性星、试验星和组网星阶段均开展了整星电磁兼容性试验，包括与运载的电磁兼容性试验、卫星射频泄漏度测试、卫星天线隔离度测试和卫星自兼容性试验等。通过 EMC 试验，对整星潜在不兼容情况、射频通路的设计及安装情况进行了确认；获取了星载设备实际工作的电磁环境；获取了卫星在上升段 EMC 测试数据；验证了星上各分系统之间的 EMC 性能。各项试验结果表明，星上 L、S、Ka 各频段电磁自兼容性良好，未发生电磁干扰问题。卫星满足运载的电场辐射敏感度要求；在发射阶段、在轨运行阶段，卫星各个设备间的工作状态良好。

8.3.7　空间环境防护设计

8.3.7.1　卫星空间环境

导航卫星在轨运行期间，面临各类空间环境要素，包括太阳电磁辐射、空间带电粒子辐射、等离子体、地球磁场、真空等，这些空间环境要素作用于卫星上的元器件、材料及组件甚至整星等不同对象，可产生复杂多样的后果，即产生各种空间环境效应，包括带电粒子辐射损伤、充放电效应、真空环境影响、太阳紫外辐射损伤、地球磁场影响等。

（1）太阳紫外辐射及其影响

太阳紫外辐射对材料具有损伤作用。其破坏结果是使材料变脆，产生表面裂纹、皱缩等，使机械性能下降。紫外辐照还使聚合物基体严重变色，影响其光学性能。

（2）带电粒子辐射及其影响

空间带电粒子包括电子、质子、重离子，它们对导航卫星电子设备及材料可能产生多种影响，典型如电离总剂量效应、单粒子效应、位移损伤效应、表面充放电效应、内带电效应。

MEO 卫星运行于轨道高度为 20 000 km 左右、轨道倾角为 55° 的圆轨道上，此轨道处于外辐射带的中心区域，因此 MEO 卫星面临的带电粒子辐射环境比较恶劣。GEO/IGSO 卫星运行轨道高度为 35 786 km，位于地球外辐射带外边缘附近，在轨期间将持续遭遇外辐射带的捕获粒子环境。

图 8-7 中分别给出了 MEO/GEO/IGSO 上的捕获电子日累积积分通量。整体而言，导航 MEO 卫星面临的带电粒子辐射环境状况要比 GEO 和 IGSO 卫星恶劣，而 GEO 卫星和 IGSO 卫星的带电粒子辐射环境状况比较接近，IGSO 卫星略低于 GEO 卫星。

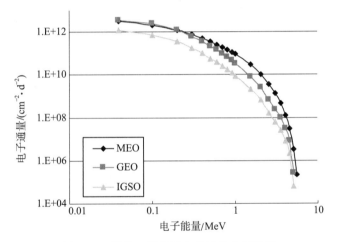

图 8-7　导航三类轨道上的捕获电子能谱

电离总剂量效应可导致航天器上各种电子元器件和功能材料的性能漂移、功能衰退，严重时会完全失效或损坏。

单粒子效应的作用对象是电子元器件，是单个高能质子或重离子入射到电子器件上所引发的辐射效应，根据效应机理的不同，可分为单粒子翻转（SEU）、单粒子锁定（SEL）、单粒子烧毁（SEB）、单粒子栅击穿（SEGR）等多种类型，具体见表 8-5。

表 8-5　不同工艺和类型的器件可能出现的单粒子效应

器件类型	工艺	功能	SEU	SEL	SEB	SEGR	SET
晶体管	功率 MOS				√	√*	

续表

器件类型	工艺	功能	SEU	SEL	SEB	SEGR	SET
集成电路	CMOS BiCMOS SOI	SRAM	√	√ *			
		DRAM/SDRAM	√	√ *			
		FPGA	√	√ *			
		EEPROM 闪存 EEPROM		√ *			
		模/数转换器	√	√ *			√
		数/模转换器	√	√ *			√
		微处理器/微控制器	√	√ *			√
	双极		√				√
光电器件		光耦					√
		CCD					√

注 * : SOI 和 SOS 工艺器件除外。

位移损伤效应是一种由能量粒子引发的长期累积损伤效应，会对光电器件、双极器件和太阳电池片等少数载流子器件的性能产生影响。

卫星表面不同材料间或表面材料与结构地间形成相对电位差，当其超过材料击穿阈值时产生静电放电（ESD）。卫星表面 ESD 可能会产生具有瞬时高压和强电流特征的电磁脉冲，导致星上敏感电子元器件及组件损坏或误动作，干扰卫星与地面通讯通信，甚至造成卫星任务的失败。

当出现大的辐射环境扰动事件时，如太阳耀斑爆发、太阳日冕物质抛射、地磁暴或地磁亚暴等，大量的高能电子使得地球辐射带中能量大于 1 MeV 的电子通量大幅度增加。当高能电子连续不断地入射，嵌入绝缘材料中并快速地堆积电荷时，一旦电荷累积速率超过绝缘材料的自然放电率，便可造成绝缘材料击穿，引起深层 ESD，直接对电子系统产生干扰，严重时可造成导航卫星故障。

（3）地球磁场及其影响

地球磁场对导航卫星的影响主要表现在卫星的磁矩和空间磁场相互作用产生干扰力矩，影响卫星的姿态和轨道。

（4）真空及其影响

导航卫星在轨还面临真空环境影响，包括微放电、材料出气和污染、真空干摩擦和冷焊等。

微放电是在施加微波功率信号的两个电极之间产生二次电子倍增的现象。微放电的发生将导致系统的性能恶化，甚至完全失效。

在低于 10^{-2} Pa 的气压环境下，卫星材料表面会释放出气体。这些气体来源有：材料表面吸附的气体，溶解于材料内部的气体，渗透于固体材料表面的气体。由于材料的质量损失和放气，其挥发物将会污染星上的敏感表面，如光学镜头、热控涂层、继电器触点等，使其功能降低甚至失效。由于活动部件表面吸附的气体分子会逃逸到空间中去，使活动部件驱动力矩加大，逐渐发展到接触面粘接或焊死（冷焊），使活动部件失效。

当导航卫星处于超高真空环境时，卫星运动部件的表面处于原子清洁状态，而清洁、无污染金属接触面间原子键结合造成的粘接现象会使活动部件驱动力矩加大，甚至有可能发生接触面粘接或焊死。

8.3.7.2　设计措施及结果

（1）太阳紫外辐射效应防护设计

在选择直接受太阳光照的表面材料（包括有机材料、高分子材料、光学材料、薄膜材料、粘接剂和涂层等）时，根据总体的太阳紫外辐射总量分析结果，可选择具有足够紫外辐射耐受能力的外表面材料。

（2）电离总剂量效应防护设计

太阳宁静期间，卫星所遭遇的电离总剂量来自地球辐射带捕获电子和捕获质子；在太阳耀斑爆发期间，将会产生由于太阳耀斑质子造成的总剂量。

卫星在方案设计阶段开展了基于一维实心球屏蔽模型的空间辐射电离总剂量分析，作为单机设备电离总剂量效应防护设计的依据。在详细设计阶段，卫星根据总体布局设计，对整星辐射剂量进行了详细分析，给出了基于正样设备布局的整星分区辐射剂量分析数据。

卫星的电离总剂量效应防护设计主要是保证足够的辐射设计余量（RDM），通常要求 RDM 不小于 2，RDM 的定义为

$$\mathrm{RDM} = \frac{D_{失效}}{D_{环境}}$$

式中，$D_{失效}$ 为产品中元器件或材料自身的辐射失效剂量；$D_{环境}$ 为产品中元器件或材料实际使用位置处的剂量。

在整星辐射屏蔽和布局设计基础上，设备通过高等级抗辐射元器件选用、布局设计、抗辐射加固设计等，确保了所有器件的 RDM 满足要求。

（3）单粒子效应防护设计

导航卫星采用的中大规模 CMOS 集成电路、存储器、CPU 等易受单粒子效应影响。针对单粒子效应引起的单粒子翻转（SEU）、单粒子锁定（SEL）和单粒子烧毁（SEB）这三种故障类型采取了如下措施：

1）SEU 多为瞬时故障，引起比特位翻转，主要发生在工作状态的存储器中，单粒子翻转在星上多数可自行修复。a）硬件设计加固：采用 EDAC 电路，可有效地解决存储器的单粒子翻转故障；采用独立于微控制器之外的看门狗电路，一旦 CPU 因 SEU 引起程序走死、走飞，进行狗咬复位。b）软件设计加固：对于关键单机-计算机的存储器，主要采取将与卫星平台安全、有效载荷安全、飞行成败有关的程序和数据放在 ROM 区，将具有灵活功能的软件放在 RAM 区；软件运行的配置参数在运行过程中定时刷新；重要数据多次存储，用三取二表决程序选出正确的数据等措施。

2）SEL 可使单机功能锁定。重要单机采用双机冷备份工作方式，当设备在轨出现 SEL 时，通过遥控指令对锁定单机断电后重新加电或者备份加电，即可解除闩锁；对中小规模

CMOS 电路，选择无闩锁器件，对大规模集成电路，选择 LET 阈值大于 75 MeV·cm^2/mg 的高抗闩锁能力的器件；输入闲置管脚串联电阻后接电源或地，无悬空输入管脚。

3）对电源模块进行限流设计，有效防护 SEB。在器件电源输入端加限流电阻，电阻阻值的选取能够保证器件及设备正常工作，且发生锁定的时候元器件不受损伤，同时考虑器件加电过程中浪涌电流在电阻上的压降对器件与设备的性能影响。

（4）位移效应防护设计

导航卫星使用三结 GaAs 太阳电池，通过分析在轨 10 年单结 GaAs 太阳电池的等效 1 MeV 电子损伤通量，确定了设计依据。辐照性能试验结果表明太阳电池在 1.0 MeV、1×10^{15} e/cm^2 辐照剂量下的电性能衰减满足卫星末期功率要求。

进行整星寿命末期功率预算时，考虑了太阳电池阵在寿命期内等效 1 MeV 电子损伤通量下的开路电压、短路电流和最大功率的衰减情况，通过计算确定是否满足卫星长期运行要求。

（5）表面充放电效应防护设计

重点针对星表组件开展，通过星表材料电阻率控制、接地方式控制、屏蔽及分析和试验验证等多项措施来实现。设计的具体实施依据整星空间环境工程规范进行。

（6）内带电效应防护设计

卫星内带电效应防护设计重点针对星内介质材料及孤立导体开展，采取了结构屏蔽、通过接地设计为注入电流提供泄放通路、选择具有足够电荷泄放能力的材料等措施。

（7）磁场环境适应性设计

在综合考虑材料物理性能及使用要求的基础上，尽量选用磁化率低的材料。在特性参数同等情况下尽量选用低磁或无磁的元器件。通过合理布线使电流回路面积减到最小。

（8）真空环境设计

针对星上大功率微波组件采取防护措施，确保通过微放电或功率耐受试验的考核。在不产生微放电的阈值基础上，正样产品要经过 +3 dB 的考核试验，鉴定件产品要通过 +6 dB 的考核试验。

对星上有相对运动的金属组件在超高真空环境中的动作能力进行确认，无法确认的通过真空干摩擦和冷焊试验予以测定。针对太阳翼关节轴承、展开弹簧、天线机构锁定组件、驱动组件等，采用以 MoS$_2$ 为主要成分的防冷焊润滑膜进行润滑。

8.3.8　静电放电防护设计

导航卫星在轨运行期间，沉浸在空间等离子体中，等离子体与卫星表面材料相互作用，使卫星表面不同程度的带电。由于卫星外表面材料的介电特性、光照条件、几何形状等情况不同，使得卫星相邻表面之间、表面与深层之间、表面与地之间产生电位差，甚至可高达上万伏。此外，内带电效应可能造成绝缘击穿，引起深层静电放电，严重时可造成卫星故障和灾难。

除空间环境引起的 ESD 外，元器件、电路板和电子设备在生产、检验、储存、调试、试验、运输和使用过程中，都可能遭受不同程度的静电放电，严重时会导致静电敏感器件的失效。

因此，必须采用适当的设计，在满足规定的技术指标前提条件下，为产品在全寿命周期内提供连续的抗给定电压值的 ESD 防护；同时对产品生产、使用全过程提出特殊的、有针对性的 ESD 控制要求和措施，避免产品受到 ESD 损伤。

卫星系统按照相关标准开展 ESD 防护设计，并在设计过程中落实防护要求。对 ESD 防护设计和 AIT 过程静电防护实施情况进行审查。

在技术层面，采用严格的电接地设计措施，防止静电的积累，避免静电放电危害，在建造规范中明确整星及组件接地设计要求，以及整星及组件搭接设计要求。在整星结构设计中，按照整星设计规范的要求，卫星的各个部分，包括电气/电子设备、机构、结构、热控等都应实现有效的电气搭接，组成结构接地系统，使其尽可能成为等电位体，成为完整的电子系统。通过增加 ESD 隔离、屏蔽、衰减、旁路、限幅、阻尼等外部防护网络和设施，提升元器件的防护能力，确保加固后满足产品 ESD 敏感度和抗扰度要求。

在方案设计阶段，制定产品全寿命周期内 ESD 防护设计计划，并分析产品在全寿命周期中各个阶段（如生产准备、组件电装、组件调试、组装、整机测试、联试、环境试验、分系统及整器试验、发射和在轨运行等）所处的 ESD 环境，找出薄弱环节，提出改进要求。明确元器件的 ESD 敏感度等级。明确 ESD 防护设计和控制重点。提出可能采取的 ESD 设计措施和过程控制措施，确定 ESD 防护后的目标。

在初样研制过程中，项目办对重点外协单位进行了静电防护体系及资质检查，重点审查了有关设备的专项复查报告、单板/单机调试细则和记录、ESD 防护设计、共因失效模式的分析及其措施、产品装联现场 ESD 防护措施。设备以 ESD 损伤防护、加固设计为核心，全面落实方案设计阶段制定的 ESD 防护设计计划，考虑全寿命周期中各个阶段 ESD 防护设计的合理性和有效性。

正样研制阶段，完成了整星电接地设计、整星搭接设计、整星结构接地设计等 ESD 相关设计工作，完成了卫星整星正样供电关系图册，并在 AIT 过程中完成了接地与搭接相关实施工作。在设备正式投产前，进行生产准备检查，对责任单位的 ESD 控制的各个环节进行了确认。

8.4 可用性设计

8.4.1 可用性设计要素

为了避免导航信号中断、降低各类中断发生的概率、降低中断修复对可用性的影响，国内外卫星导航系统在工程研制中，均提出了可用性设计指标，指导、约束卫星产品开展可用性定量设计工作。导航卫星可用性设计就是以导航卫星顶层的可用性指标为目标，针对各类中断原因开展针对性设计工作，相关的设计要素见表 8-6。

表 8 - 6　导航卫星各类中断原因及相关设计要素

中断类型	影响因素或中断原因	可用性设计目标	可用性设计要素
长期计划中断	卫星工作到规定寿命或超期服役已经不能满足规定性能要求	保证卫星规定的设计寿命	单星寿命设计
		快速接替退役卫星	单轨位快速接替设计
长期非计划中断	卫星在轨发生永久性故障，不能再提供可用、连续的导航信号	保证单星高可靠性	单星可靠性设计
		快速接替故障卫星	单轨位快速接替设计
短期计划中断	短期计划中断是指导航卫星在轨运行期间，为了维持既定的几何构型，而进行的各种计划性维护操作造成导航下行信号中断的情况。MEO、IGSO 的相位保持和 GEO 的位置保持是短期计划中断的主要原因，根据导航卫星的设计不同，也可能存在其他短期计划中断事件，例如漂星或设备维护等	优化卫星在轨计划性维护操作，从轨道设计等方面保证卫星自身的固有设计允许更长时间不进行维护，并缩短维护性操作时间（即不可用时间）	1）星座构型保持设计 2）单星在轨计划性维护设计
			轨控快速修复设计
短期非计划中断	短期非计划中断，一般由卫星出现可修复故障导致。可修复故障大多和空间环境效应（单粒子、静电放电等）、空间信号干扰（自身 EMC 或外部信号干扰）、软件健壮性、产品性能稳定性等密切相关。短期非计划中断的主要原因包括：1）使用了大规模 FPGA 等逻辑器件的设备，由于单粒子事件导致功能中断，继而造成导航下行信号中断 2）由于软件跑飞或运行异常，导致导航下行信号中断 3）与导航下行信号生成与播发直接相关的设备，由于硬故障而切机导致功能中断，继而造成导航下行信号中断	降低短期非计划中断的次数，具体如严格控制由于 SEU 等引起导航信号中断的概率、由于软件错误引起导航信号中断的概率	1）单粒子软错误防护设计 2）软件健壮性设计 3）硬件可靠性设计
		尽可能最小化在轨故障修复时间	FDIR 等故障修复策略设计

由表 8 - 6，可将导航卫星可用性设计要素分为三类：

1）卫星长寿命高可靠设计：卫星自身的可靠性和寿命直接影响导航星座长期运行条件下的可用性，卫星越可靠，发生硬件故障的概率越低，造成导航信号短期不可用的可能性就越低；卫星越长寿，在轨服役时间就越长，导航星座保持连续提供导航信号服务的时间就越长，可用性就越高。

2）卫星在轨工作连续性设计：中断导致单星在轨工作不连续和可用性损失，单星在轨工作连续性设计的核心就是通过设计对卫星在轨中断的原因进行控制和预防。导航卫星在轨发生中断的主要原因包括：单粒子软错误、软件缺陷、计划内轨道保持。

3）中断快速修复设计：可用性不仅取决于中断发生的次数，也取决于中断修复所耗用的时间。如果卫星在轨多次发生中断，但每次中断修复的时间很短（如在几分钟甚至几秒钟以内），则卫星仍具有很高的可用性。如果卫星在轨极少发生中断，但每次中断修复的时间很长（如数小时甚至 1 天以上），则卫星可用性可能更差。因此，为保证导航卫星高可用性，还需要通过设计缩短中断修复时间，包括卫星发生长期中断后的单轨位快速接替设计、卫星发生短期中断后的快速修复设计等。

本章重点介绍卫星在轨工作连续性设计和中断快速修复设计的相关要素。

8.4.2 单粒子软错误防护设计

8.4.2.1 器件/设备级防护

所谓单粒子软错误是指未造成器件物理损伤，可通过一些干预措施如重加载、刷新、复位重写等予以修复的单粒子效应类型，包括单粒子翻转（SEU）、单粒子瞬态（SET）、单粒子功能中断（SEFI）。器件/设备的单粒子软错误防护是导航卫星避免单粒子事件引发在轨中断的主要要素。

单粒子软错误防护设计方法主要包括：

1）检错纠错（EDAC）。EDAC 的基本实现方法是在信息发送端将要传输的信息附上一些监督码元，这些多余的码元与信息码元之间以某种确定的规则相互关联，系统接收端则按照既定的规则校验信息码元与监督码元之间的关系，一旦传输发生差错，则信息码元与监督码元的关系就被破坏，从而接收端可以发现错误直至纠正错误。

2）三模冗余（TMR）。三个模块同时执行相同的操作，以多数输出作为表决系统的正确输出，通常称为三取二。三个模块中只要没有两个以上模块同时出错，就能掩蔽掉故障模块的错误，保证系统正确的输出。

3）刷新。典型的抗辐射加固设计技术，按照特定的时序将 FPGA 的配置信息从特定的 FPGA 接口中写入 FPGA 的配置锁存器中，对 FPGA 的相应配置寄存器进行相应的配置，该过程不需要中断用户的功能。通过刷新操作可以清除单粒子软错误，消除单粒子软错误的累积。

4）监控定时器（WDT）。WDT 主要是判断功能电路是否正常，通过计数器，定时地向功能电路发送监视信号，功能电路接收到监视信号后返回一个响应信号给 WDT，若未收到响应信号，或响应信号有误，则说明功能电路发生单粒子软错误，从而达到检错的目的。

导航卫星在研制过程中，针对星上各个 FPGA 配置项，结合 FPGA 的功能要求、故障影响和资源情况，采取了多种设计防护措施。例如：

1）卫星星载计算机的随机存取存储器（RAM）综合采用了 EDAC、TMR 和定时刷新措施。在器件选用上，选用具有 EDAC 功能的器件。针对关键数据，在 RAM 中将关键数据放在物理分开的三个工作区，使用时对用到的数据根据需要按字或位进行三取二表决，纠正三个字中某字或某位的错误，同时对三个区的数据实行周期性刷新，避免存储器数据错误的累积。

2）对于采用大容量 SRAM 型 FPGA 的收发单元，对用户组合、时序逻辑、布线资源及 I/O 端口等模块采用 TMR 设计，大幅降低 FPGA 器件的单粒子效应敏感度，对用户逻辑设计中的寄存器、存储器等资源进行定时刷新，消除多位错误积累，有效地纠正配置区的翻转问题，从固有设计上保证单粒子事件几乎不发生。

8.4.2.2 整星单粒子软错误防护

导航卫星将综合电子平台作为数据管理平台。综合电子本身采用了模块化分级设计，由中心管理单元作为中枢完成整星的事务管理，其他模块也具有一定的处理能力。因此，整星单粒子软错误防护使用了团队式控制结构。

在具体设计上，采取分级分层次的设计思想，以充分发挥综合电子分系统的核心作用和各智能设备的处理能力。卫星各防护级别采用的典型单粒子软错误防护方案见表 8-7。

表 8-7　导航卫星典型单粒子软错误防护方案

防护级别	子级别	防护方法	卫星应用示例
分系统级防护	非控制推进设备的单粒子软错误故障的防护	1）扩频应答机、上注接收机等设备定时复位 2）设备的冗余切换	1）卫星能够对重要功能相关的 FPGA、DSP 进行监测和自主复位 2）卫星时频子系统能够自主对输入的两路时频信号进行监测，当使用的一路时频信号发生功能性能不符合要求的情况时，自动切换到另一路时频信号
	针对 1553B、RS422 总线通信功能发生单粒子软错误故障的防护	1）1553B 双总线冗余切换 2）1553B 总线控制芯片的冗余切换 3）RS422 双总线冗余切换	1）星上 1553B 总线网络采用双总线冗余，当某条总线异常时，自主切换到备份的物理总线进行通信 2）星上具备对 RS422 总线通信功能的自主监测，当消息发送一定时间未收到响应或出错时，切换到备份的通路
	针对控制推进部件和控制单元发生单粒子软错误故障的防护	1）控制推进分系统设备的冗余切换 2）控制推进分系统的功能冗余备份	1）卫星控制推进系统的同类敏感器可实现备份，如推进线路盒的主备切换，地球敏感器的主备切换等 2）卫星控制推进系统的不同类敏感器可实现相互备份，如陀螺和太阳敏感器
中心计算机和信息通道备份防护	—	1）计算机容错模块对计算机进行复位以及切换处理 2）程序在轨可维护 3）通道之间信息传输的相互备份	1）卫星的计算机容错模块可实现对计算机 A、计算机 B 和应急计算机的三机管理 2）卫星计算机一般具备程序在轨维护功能，通过上行指令注入的方式，替换 SRAM 中的某个程序模块，可实现软件的在轨修改 3）卫星具备多个频段的上下行通道，几个通道之间传输的上下行信息可通过卫星上的处理模块实现相互备份
系统级防护	—	1）自主告警 2）整星安全模式	1）卫星能源下降到特定值时，将产生系统自主告警 2）卫星具备对地定向安全模式、对日定向安全模式

应用整星单粒子软错误防护设计方法，导航卫星建立了分系统级、中心计算机级和卫星系统级三个层次，并以中心计算机为核心的整星系统单粒子软错误防护体系架构，实现了基于 FDIR 的整星系统单粒子软错误防护，从而有力保证了导航信号的连续稳定。

8.4.3　软件健壮性设计

卫星导航信号的生成、处理、播发等过程均离不开星载软件的支持。如果导航任务相关的软件存在设计缺陷，在轨运行过程中就可能产生错误，导致导航单元等设备工作异常，从而引发导航信号中断。因此，为保证导航卫星可用性，必须使导航软件具有高可靠性、高容错性，即具有足够的健壮性。

以提高软件可靠性和容错能力、保持导航信号连续为目标，根据软件工程化的原则和软件可靠性设计的有关规范，导航卫星软件健壮性设计的主要原则包括：

1）软件的体系结构、程序结构、数据结构、模块设计编程等尽量采用标准的、可靠的、简明的，尤其是已经过飞行试验考核的成熟技术。

2）采用避错设计，保证最小复杂度、最小特权结构、设计层次清晰。

3）进行模块化设计，提高软件模块内聚度，降低模块间耦合。

4）机时、存储空间和信息等留有充分的余量。

5）进行容错设计，提高软件受外部输入干扰和各种可能发生的硬件故障等影响的预防能力。例如，软件对采集的敏感器数据有剔野或者滤波功能，防止信号瞬间干扰。

6）重点软件对应硬件设置看门狗电路，由软件负责对看门狗进行管理，防止由于SEU、电磁干扰等原因造成程序跑飞或进入死循环导致系统的崩溃。

7）强实时系统中，控制中断嵌套层次，处理好中断源之间的冲突及中断响应不及时等问题。

8）进行时序设计、数据有效性判断设计、数据访问冲突分析与设计。

9）进行在轨维护设计，关键软件具备在轨维护功能，可修改和完善并按照新需求执行新的任务。

导航卫星软件健壮性设计的典型示例如下：

（1）重要数据的保护与修复

对影响整星正常运行稳定性和安全性的重要数据采用基于主总线网络的分布式冗余存储的方式，将重要数据存储在星上两个或多个计算机或非易失性的存储介质中。发生部分信息异常或者采集通道异常时，通过网络请求、索取重要数据、校验正确后进行系统的修复。例如，星务数据存储在多个远置单元中，备份数据均加有数据头和校验和，保证重要数据可修复，并避免修复错误数据。

（2）系统关键软件的在轨重构设计

为了处理卫星在轨可能发生的故障，修复软件的缺陷或满足新的需求，充分发挥软件的作用，中心管理单元、姿轨控计算机等导航软件具有软件或数据在轨注入的能力。卫星设计了通过程序注入实现整个配置项或模块在轨重构的措施，提供了卫星入轨后软件重构的途径，从而确保卫星稳定运行。星上重构软件可通过两种上行链路发送到星上，互为备份。

（3）软件自主复位/修复设计

软件能够对自身状态进行周期性自检测，在监测到异常后可进行复位或者重新加载，并具备修复至异常出现之前状态的能力。对于关键功能或者关键参数，采取三取二或者分区存储的方式，防止出现异常时对其他关键参数误操作造成更大的危害。

8.4.4　轨控中断频次设计

导航卫星短期计划中断主要来自卫星轨道保持。为了尽可能地减少轨道控制对卫星可用性的影响，需要在早期设计阶段和系统运行维护阶段围绕"如何减少轨控频次，延长轨控周期"这一原则开展轨道控制设计和优化。主要设计原则如下：

1）在满足系统覆盖服务性能指标、安全运行的前提下，按轨道控制周期最大化的原则，分析设计合适的轨道控制指标要求。当卫星的轨道类型确定后，卫星的轨道控制周期与轨道控制指标密切相关。通常，轨道控制指标范围越大时，允许轨道参数偏离标称参数的范围越大，轨控的周期相对越长，轨控引起的短期计划中断就越少。例如，为了尽可能降低 GEO 卫星南北保持中断频次，考虑到 GEO 倾角摄动特点，提出对 GEO 卫星轨道倾角进行一定的偏置策略，同时对目标轨道的升交点赤经进行合理确定的联合优化设计，将卫星首次南北保持的时间延长为 6 年以上，使卫星整个寿命期间的南北控制次数大幅减少，大大提高系统的可用性。

2）在姿轨控方案设计时，姿态控制的执行机构应选择对轨道无影响的部件或设备，避免在正常提供服务期间卫星姿态控制引起轨道变化，导致地面无法进行高精密定轨，进而影响系统的服务性能。例如，GEO 卫星工作轨道正常模式下采用 4 个反作用轮进行卫星姿态控制，由于反作用轮会在轨吸收太阳光压干扰力矩，导致反作用轮转速增加，转速饱和后，反作用轮就无法进行姿态控制，此时需要对反作用轮进行卸载。当反作用轮需要卸载时，选用磁力矩器作为卸载执行机构或者利用轨道维持时产生的力矩对反作用轮进行卸载，避免轮子卸载对轨道产生影响。

3）同一轨道面内的多颗卫星应尽量避免出现两颗或两颗以上的卫星同时进行轨控。导航星座的服务性能与星座的几何构型密切相关，同一轨道面内的两颗或两颗以上卫星同时出现不可用时，导航星座的几何构型将严重变差，系统的服务性能将大幅下降。因此，在轨运行期间应尽量避免出现两颗或两颗以上的卫星同时进行轨控。

4）卫星轨道控制期间，卫星运行维护方应采取快速修复措施，尽可能减少轨控引起的中断时间。一般采取的快速修复措施主要包括：提前制定轨控策略；轨控结束后地面根据轨控策略，并结合历史经验，采用快速定轨方法，尽快修复地面定轨精度；优化卫星轨控后的快速修复接入系统流程等。

8.4.5　计划中断快速修复设计

8.4.5.1　漂星策略优化设计

导航星座构型决定了星座中卫星的标称轨道位置（站位）。星座构型不同，则星座中卫星的标称轨道位置（站位）不同。对于基本星座构型为 Walker24/3/1 的 MEO 全球导航星座，不同轨道面的卫星不能实现接替，因此卫星故障或到寿后的快速修复包括单轨位备份卫星的快速接替及备份卫星的再次发射，并需要考虑星座性能修复时间是否满足要求，卫星轨道机动能力是否满足构型重组对卫星轨道机动能力的要求等。

在卫星系统平稳过渡期间或卫星失效替换时，存在漂星操作。漂星期间卫星将置为不可用。影响漂星时间的因素是漂星经度范围和漂星速度，其中漂星速度与卫星半长轴的抬高或降低量密切相关，漂星速度越快，需要消耗的推进剂越多。因此在假定漂星速度不变的情况下，从漂星经度范围上进行优化。

考虑卫星在轨运行期间以标称定点位置或交点位置为中心，在一定宽度的漂移环内运行。目前在漂星策略的制定上主要以定点中心位置为设计目标，该策略可以满足任务的实施。但是在策略的制定上尚未充分利用在轨运行特点，以最大程度减少中断对服务的影响，为此提出基于在轨轨道摄动特性的中断最短漂星策略优化，具体优化内容如下：

1）启漂时卫星可以在距离目标较近的位置开始，减少漂移的经度；

2）刹车时可以根据漂移环设计，在考虑轨控误差精度的情况下，选择合适的刹车位置和轨道高度，确保控后卫星的参数按最大漂移环运行，避免漂星后卫星很快就需要轨控导致中断。

假设接替星的漂移率为 λ_1，轨位 A 距离接替轨位 dA，则不可用时间约为 dA/λ_1 与整星评估所需时间之和。为使不可用时间最少，接替星的漂移率需尽可能大。漂移率越大，漂星与重新定点需要的推进剂越多，因此，需要在整星推进剂允许的情况下，选择合适的漂移率，尽可能缩短漂移时间，以将不可用时间降至最低。

北斗二号某 GEO 卫星 A 接替 GEO 卫星 B 按照上述方法设计，先实施 GEO 卫星 B 在推进剂和工程其他约束的合理速度下离开，紧接着再实施 GEO 卫星 A 快速向接替轨位漂移，并在接近接替位置时分步刹车，实现推进剂最优约束下的精确入位，此时 GEO 卫星 B 已到达待命轨位，进行刹车操作，以此达到综合约束的最优。

8.4.5.2　轨控快速修复设计

导航卫星轨道控制引起短期计划中断的持续时间由以下几部分组成：轨道机动开始到结束时间、轨道精确确定时间、卫星工作状态参数设置时间。

（1）轨道机动开始到结束时间

轨道机动开始到结束时间的设计输入包括：本次机动的控制量、可以选择的控制模式、涉及的操作事件。

根据最短时间要求和设计输入，按以下原则进行设计：

1）选择完成本次机动的最少操作事件的组合；

2）操作事件的排序尽量紧凑；

3）卫星不可用时间的标识严格控制在机动操作的点火时刻。

（2）轨道精确确定时间

轨道精确确定和卫星地面控制段直接相关，主要受制于地面系统。卫星自身需考虑在非轨道控制期间，姿态控制及其他自主操作的实施不得引起轨道位置的改变。

（3）卫星工作状态参数设置时间

卫星工作状态参数的设置应简化操作过程，缩短卫星状态设置的时间。

8.4.6　在轨故障自主修复设计

与导航信号生成、播发直接相关的设备的短期故障，如导航任务单元故障、行波管故障等，通常会引起导航信号中断。这些在轨故障的处理将直接影响中断修复时间，最终体现为对导航信号可用性的影响。故障修复策略包括自主复位、自主切机、重启、加断电、遥控复位/切机等多种方式，每种方式的修复时间不同，针对故障的具体原因选用恰当的修复策略，将有效缩短修复时间，改善导航信号可用性。采取在轨故障自主修复策略，可以显著缩短中断修复时间。相关的设计原则如下：

1）利用 FTA 方法，以"导航下行信号中断"为顶事件，分析引起导航信号中断的故障原因，得到有关设备及其故障模式清单（底事件清单）。

2）针对有关设备及其故障模式，明确是采用在轨自主修复策略还是地面操作修复策略。在技术可行的条件下，尽量采取不需要地面干预的自主修复方式。

3）进行 FDIR 设计，卫星自主诊断修复序列以影响服务时间最短为目标。

4）重要数据和时间信息应进行备份，确保在设备复位或加电后可以快速修复到故障前状态或快速初始化。

卫星系统以"导航下行信号中断"为顶事件，排查了 20 余项底事件，确定了影响导航信号可用性的故障模式清单。针对这些故障模式，除由于加断电或切机导致一些数据必须由地面进行修复之外，大部分故障模式进行了自主检测和自主修复设计，有效缩短了故障处置时间。以导航单元为例，早期设计方案是导航单元的快变遥测异常时，需要地面发送复位指令。改进设计方案是由综合电子监测导航单元的快变遥测的连续性，当数据连续异常时，由综合电子自主发送"导航单元复位指令"。导航单元复位后，工作参数、时间计数、导航电文与之前保持一致。改进方案使故障修复时间由小于 4 小时缩短到小于 10 分钟。

8.5 可靠性/可用性分析

8.5.1 故障模式及影响分析（FMEA）

根据卫星飞行程序，卫星系统建立了 MEO 卫星、IGSO 卫星、GEO 卫星自发射至寿命末期的任务剖面。根据整星功能要求及分解，建立了各阶段的卫星功能树。在任务剖面、功能树、冗余设计基础上，针对卫星设计状态，由项目办组织完成了整星 FMEA 工作。

针对工程配套研制单位多、各单位航天产品研制经验有差异的特点，为保证产品可靠性设计满足导航卫星的使用要求，从制定顶层规范入手，项目办在方案阶段组织制定了《单机产品 FMEA 分析要求》，明确了单机故障模式与影响分析的方法，对单机的功能分析、约定层次划分、故障模式分析的依据和描述、故障等级的划分、故障发生可能性的确定、故障原因、地面预防与纠正措施、在轨补偿措施提出了具体的要求。

整星 FMEA 采用以功能法为主、功能法与硬件法相结合的方法，将系统功能逐层向下划分，直到最低约定层次的单机或功能模块。在整星 FMEA 中，首先开展了功能分析，明确了整星功能与各单机之间的层次关系，然后依据整星工作模式、冗余逻辑、总体总装布局等开展了故障模式及影响分析工作。

通过实施 FMEA，有效识别了整星的可靠性薄弱环节和单点失效环节，验证了卫星系统设计。卫星单点故障模式归纳后包括：

1) 导航下行输出性能恶化；

2) 推进系统泄漏；

3) 整星功率严重损失等。

在 FMEA 基础上，将单点故障模式相关的射频组件、推进组件、太阳翼展开机构等作为可靠性关键项目进行控制。针对确定的可靠性关键项目，分别从设计、工艺、元器件、原材料、装配、试验、验收、测试、使用、管理等 10 个方面，制定详细的过程控制措施，并将关键项目及其控制措施纳入产品研制技术和计划流程进行管理。

依据单点故障模式清单，各责任单位将有关控制措施分解、纳入生产过程控制文件，在研制过程中有针对性落实各项控制措施要求。在单机交付验收时，验收组对产品数据包进行了全面检查。在卫星出厂前，各责任单位对单点故障控制措施落实情况、单点产品过程质量控制情况进行了复查，形成质量复查报告。

8.5.2　故障树分析（FTA）

为更有效地识别导航卫星不期望事件的影响因素，发现根本原因和采取针对性措施，导航卫星利用 FTA 方法，识别系统和单机设备的可靠性薄弱环节，进行可靠性设计改进。

以导航卫星在轨运行的典型不期望事件"播发信号中断"为顶事件，以卫星功能分析、FMEA、可靠性框图等为输入，建立了如图 8-8 所示的故障树。其中，"系统进入安全模式"是"播发信号中断"的中间事件。

图 8-8 中有 3 个底事件和 3 个未展开事件。3 个底事件均是一阶最小割集，即任何一个独立发生均可导致"播发信号中断"。3 个未展开事件择机做进一步分析。

根据 FTA 结果，卫星的"时间频率异常"将导致"播发信号中断"，因此，需要开展针对性设计工作，保持时间频率的连续稳定。

导航时间频率子系统产生、保持和校正卫星的基准频率，由时钟单元、频标分配单元和频率合成单元组成，如图 8-9 所示。

时钟单元产生频率 1 信号，频标分配单元对时钟单元输入的频率 1 信号进行选择和分路，送给频率合成单元；频率合成单元使用当班时钟单元的频率 1 信号产生频率 2 信号，并将频率 2 信号送给频标分配单元；频标分配单元进行分路并输出频率 1 和频率 2 信号供星上设备使用。

为保证频率 1 信号和频率 2 信号的正确性和连续性，导航卫星设计了自主故障诊断和处理措施，由频率合成单元对频率 1 信号进行实时监测，若发现异常，则通过卫星测控管理单元向频标分配单元自主发送指令，将频率 1 信号自主切换到备份时钟单元，进而保证输出频率 2 信号的正确性和连续性。

8.5.3　中断分析

针对导航卫星可用性、连续性要求高的显著特点，为识别可用性薄弱环节及关键设

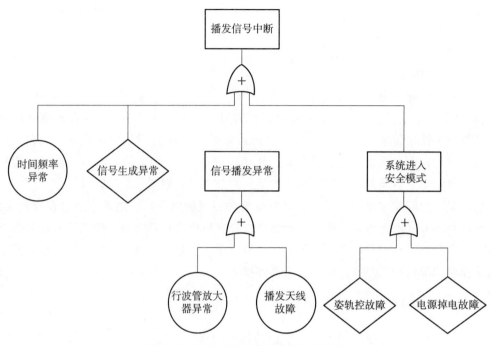

图 8-8　卫星"播发信号中断"故障树

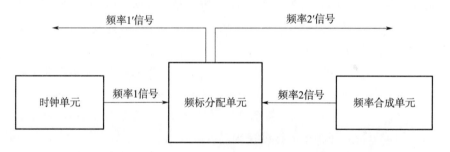

图 8-9　卫星时间频率子系统组成框图

备，卫星系统开展了中断分析工作。中断分析从引起卫星信号异常或中断的原因出发，聚焦于导航上下行信号直接相关的大规模逻辑器件、软件。为提高分析效率，采取了自上而下的分析方法，首先通过分析各系统功能对卫星可用性、连续性的影响确定关键功能，然后根据分系统软硬件配置情况确定关键产品，在此基础上由相关软硬件再做具体分析。

根据卫星系统设计，不同系统功能的中断对卫星可用性、连续性的影响见表 8-8。

表 8-8　卫星系统功能中断影响分析

系统功能	功能中断可能性	功能中断影响	结论	
			上行	下行
上行注入接收测距	使用了大规模 FPGA 器件，会发生功能中断	影响单星上注接收连续性；短期不影响单星下行信号连续性	√	×

续表

系统功能	功能中断可能性	功能中断影响	结论	
			上行	下行
导航信号生成与播发	使用了大规模 FPGA 器件,会发生功能中断	影响单星下行信号连续性	×	√
姿轨控	敏感器、执行机构均有备份,采用冷备份的单机,主份故障可能由于切机造成功能中断	切机不会使整星进入安全模式,对姿轨控任务无影响,也不会影响单星上下行信号连续性	×	×
…	…	…	…	…
测控	使用了大规模 FPGA 器件,会发生功能中断	测控上下行功能和导航上下行功能独立,不影响单星上下行信号连续性	×	×

注:√表示导航信号上行或下行受此功能中断影响,×表示导航信号上行或下行不受此功能中断影响。

经分析,卫星系统导航信号连续性直接受导航信号生成与播发功能影响,上注接收连续性直接受上行注入接收测距功能、星间链路与自主运行功能的影响。

根据导航分系统、综合电子分系统、自主运行分系统软硬件配置情况和大规模FPGA、ASIC 等逻辑器件的使用情况,对与导航信号连续性、上注接收连续性有关的单机分析见表 8 - 9。

表 8 - 9　导航信号连续性、上注接收连续性相关单机分析

分系统	单机	故障类型		中断影响		说明
		软故障	硬故障	上行	下行	
导航	上行注入单元	√	√	√	×	1)采用大规模 FPGA,单粒子效应敏感 2)软故障和硬故障均可能导致上行中断
	导航单元	√	√	×	√	1)导航信号生成 FPGA、卫星下行 FPGA、卫星下行监测 FPGA、导航信号监测 FPGA 均采用大规模 FPGA,单粒子效应敏感 2)软故障和硬故障均可能导致下行中断
	行波管放大器	×	√	×	√	1)单粒子效应敏感度低,可只考虑硬故障 2)故障可能导致某一路下行中断
	时间基准单元	×	√	√	√	1)单粒子效应敏感度低,可只考虑硬故障 2)故障可能导致上下行中断
…	…			…		
综合电子	综合单元	√	√	√	×	1)星间链路处理 FPGA 采用大规模 FPGA,单粒子效应敏感 2)软故障和硬故障均可能导致上行数据接收中断

在此基础上,卫星系统针对关键设备利用中断分析表进行中断影响分析,进一步确认中断事件、中断原因、中断影响、中断频次等。示例见表 8 - 10。

表 8 - 10　卫星中断影响分析表

序号	项目名称和功能	可能的中断事件	原因	对任务/功能连续性的影响			严重度	防护措施	中断频次	修复策略	中断修复时间	危害时间	备注
				设备	分系统	整星							
1	导航单元	数据异常	软故障	—	导航信号处理功能暂时丧失	导航信号中断	Ⅱ类	单粒子防护设计等	0.15次/年	复位	1 h	0.12 h/年	

经分析发现，影响导航下行信号连续性的关键环节是导航单元，影响接收上注信息连续性的关键环节是上行注入单元、综合单元等。从导航功能实现角度，由于接收上注信息没有严格的实时性要求，因此，卫星系统可用性、连续性的最重要环节是下行信号连续性及导航单元的可用性。

在此基础上，针对导航单元等关键产品，分析了器件级的故障模式及中断事件，对单粒子翻转、常见软件缺陷等进行了设计强化，保证了卫星系统在轨运行后导航信号的连续稳定。

8.6　可靠性专项实施

8.6.1　实施方案

北斗三号卫星应用于北斗全球卫星导航系统，具有服务性能和可靠性指标要求更高且公开透明、技术体制新、软件密集、国产化要求高、新研单机应用风险大、批产过程控制要求高、参研单位众多、质量管控难度大等特点，对系统研制建设提出了诸多新的、更高的要求。因此，在北斗三号卫星工程研制阶段，为确保全球系统连续组网成功和稳定运行服务，分批论证和开展了北斗三号卫星可靠性专项工作。

北斗三号卫星可靠性专项针对全球系统特点和需求，围绕系统可靠性设计与风险管控、系统及软件可靠性测试验证、设备及部组件可靠性增长等方面，论证提出重点工作内容。

（1）系统级可靠性/可用性设计与验证

卫星自身的可靠性/可用性是导航系统精度、可用性、连续性和完好性指标的根本保证，是影响星座稳定运行的核心环节。系统级的工作重点包括整星任务安全性分析验证，整星信息流仿真分析验证，各级可靠性/可用性指标的分解、建模，可靠性/可用性设计验证等。

（2）国产化关键产品和导航关键软件高可靠长寿命验证

通过 FMEA、中断分析、关键特性分析、可靠性预计、安全性分析等工作，系统识别影响星座成功组网、连续稳定运行的可靠性关键产品和高风险项目，按照"国产化新研设备""影响导航业务和整星安全的关键项目""可靠性验证基础薄弱"等原则进一步梳理，选择、确定关键设备和关键软件，深入开展国产化关键产品极限试验和故障模拟试验，摸清单机在空间环境条件下的设计裕度，发现深层次的薄弱环节并改进；开展 1 ∶ 1 寿命试验或加速寿命试验，验证产品寿命的满足程度；针对关键软件进行可靠性分析与可靠性测试验证。

工作重点包括：行波管放大器寿命试验和极限试验；固态放大器加速寿命试验；氢钟寿命试验；天线转动机构加速寿命试验；数据处理单元软件可靠性、安全性测试验证；自主运行软件可靠性、健壮性测试验证等。

（3）批产过程控制

组批生产、密集发射对北斗三号卫星产品质量的稳定性和高可靠性提出更大挑战。与北斗二号卫星相比，北斗三号卫星产品数量成倍增加，新产品、新状态、新过程更多，产品工艺与过程控制中的潜在风险增加，对整个工程的影响更大。因此，需要尽早识别设备和整星过程控制风险，开展工艺可靠性、批产一致性稳定性等专项研究。

工作重点包括：行波管放大器关键过程可靠性改进；固态放大器生产一致性提升等。

（4）北斗全球系统运行评估和健康管理

实现提供服务后的长期稳定运行是对北斗全球系统的更大挑战。面向星座长期运行和维护需求，需要开展在轨卫星和地面关键设备的实时健康监视评估、故障诊断和寿命预测，科学制定在轨维护保障措施，消除或有效控制故障影响；完善在轨故障处置流程，健全在轨故障快速响应机制，缩短故障处理和系统维护时间，提升系统可用性和连续性。

工作重点包括：关键设备的在轨监测、预测和使用策略优化，在轨健康管理及支持系统建设等。

在项目安排上，根据项目需求迫切程度、风险影响程度、经费支持程度等，分批立项实施，分批验收应用。考虑部分产品有多个承研单位，需要统筹规划各单位的具体工作内容，既避免重复，又保证专项工作的充分性和覆盖性。

8.6.2　成果成效

针对北斗三号卫星高可用性、连续性要求，可靠性专项开展了导航关键软件的单粒子防护设计验证和软件可靠性验证，提出并具体实施了单粒子软错误防护、系统重构、故障自主检测和修复等多项可用性设计技术，为北斗三号卫星可用性、连续性指标的实现提供了坚实保障。针对影响整星任务和寿命的关键单机，可靠性专项开展了行波管放大器、固态放大器、氢钟等关键产品的可靠性与寿命研究及验证，完成多项设计优化或工艺改进，获得了较充分的验证数据，有效提升了产品的可靠性和质量稳定性。

例如，在"自主导航软件可靠性及健壮性验证"中，项目组构建了面向长期任务工况的星载自主导航软件验证剖面，模拟软件在不同任务工况下，连续长期运行过程中的数据传递、功能执行、功能转移、设备交互等实际使用方式。基于所构建的长期任务工况剖面，通过对星座级软件失效机理充分分析，提出了从星间交互、时序约束、组网架构、星座重构四个维度进行星座级软件异常模式分析的方法，进行软件可靠性测试用例设计。在此基础上，结合软件外部环境、设备资源等信息，识别软件运行过程中的各类压力强度环境信息，包括满负荷运行、资源占用率过高、连续长期运行等。在所识别的异常输入模式和压力强度环境信息基础上，进行健壮性测试用例设计。通过系统软件健壮性测试、验证工作，实现了自主导航软件逻辑分支全覆盖验证，根据健壮性用例及执行结果记录，梳理形成了自主导航软件运行中的薄弱环节和风险点，开展了星座服务可靠性长期验证和评估，为全网高可靠自主运行的精准管理提供支撑。

又如，在"空间行波管放大器可靠性薄弱环节改进与验证"中，项目组研究提高了灌封工艺质量与可靠性，提出群时延跳变抑制、阳压上升寿命控制、带外杂波抑制等方法，项目成果相继应用在北斗三号卫星行波管放大器产品中，有效提高了产品群时延、杂波、螺流等性能指标，提高了行波管放大器螺流、阳压的长期一致性和稳定性，验证了产品寿命与可靠性设计。自北斗三号卫星组网发射以来，行波管放大器已累计在轨工作数十万小时，在轨遥测持续健康稳定。项目成果还进一步应用于通信、遥感等其他卫星领域和其他频段的行波管放大器产品。

再如，在"大型可展开天线机构可靠性与寿命研究及验证"中，通过优选的润滑方式提升了机构性能和使用可靠性，项目成果应用于北斗三号卫星 10 余副正样天线产品，在GEO 卫星和 IGSO 卫星发射任务中取得圆满成功。项目形成的产品规范和其他成果在通信、遥感等其他领域产品中得到推广，促进了同类产品质量和可靠性的整体提升。

通过可靠性专项实施，有效解决了卫星国产化关键产品的可靠性短板和共性技术瓶颈，提升了产品可靠性和质量基础能力，降低和控制了卫星全球组网的风险，有力保障了北斗全球系统的成功组网和稳定运行。

8.7　可靠性/可用性验证

可靠性/可用性验证的目的是通过分析或试验证明产品的可靠性/可用性是否达到了规定的要求。可靠性/可用性验证分为定量验证和定性验证，定量验证是指验证产品可靠性/可用性是否达到指标要求，除此之外的可靠性/可用性验证为定性验证。

卫星产品的定量验证一般是通过可靠性/可用性预计进行指标符合性验证。导航卫星产品在积累足够多的在轨飞行数据后，可进一步通过评估进行可靠性/可用性定量验证。定性验证一般是利用检查、演示、分析、试验等方法，对整星、分系统和单机设备的可靠性/可用性设计措施有效性进行验证。卫星出厂前，还需通过应力筛选等手段对制造过程是否引入新的缺陷进行验证。

8.7.1　可靠性/可用性定量验证

8.7.1.1　验证方法

针对导航卫星的不同可靠性/可用性指标要求，卫星系统提出的验证方法如下：

1）工作寿命，可在正样研制阶段通过功率、能源分析和综合有限寿命产品验证数据进行定量验证，在组网发射阶段可补充在轨数据进行分析验证。

2）寿命末期可靠度，可在正样研制阶段和组网发射阶段通过可靠性预计进行定量验证。须建立整星可靠性模型，单元数据选用可靠性预计数据或评估数据（如果有）。

3）平均中断间隔时间，可在正样研制阶段综合利用单机单粒子辐照试验数据、相似产品在轨异常频次数据和单机可靠性预计数据，建立模型进行分析验证，可在组网发射阶段利用在轨数据修正分析验证结果。

4）平均中断修复时间，可在正样研制阶段综合利用地面测试数据、经验数据，建立模型进行分析验证，可在组网发射阶段利用在轨数据进行评估验证。

8.7.1.2 验证情况

（1）仿真验证

卫星系统通过建立以信号中断为顶事件的故障树，确定了可能导致导航信号中断的底事件，利用单机软故障概率、单机硬故障概率和单机故障修复时间等基础数据，计算得到平均中断间隔时间和平均中断修复时间。经分析，平均中断间隔时间满足任务指标要求，平均中断修复时间在设计上有较大余量。

（2）地面测试验证

针对可能造成导航信号中断的各个底事件的修复时间，在卫星地面测试过程中，通过模拟测试、切机等，验证了各单机复位或切机修复时间的实际结果与设计结果一致。

（3）在轨验证

北斗三号导航卫星首发星于 2017 年 11 月发射，2019 年 9 月第 12 组 MEO 卫星发射，完成全球导航卫星完整系统配置。2020 年 7 月，北斗全球导航卫星系统正式开通服务。截至 2023 年 8 月，在轨 24 颗 MEO 卫星已累计飞行约 117 星年，卫星运行稳定。所有卫星整体统计空间信号可用性优于 99.78%，满足大于或等于 98.0% 的指标要求。

8.7.2 可靠性/可用性定性验证

8.7.2.1 验证方法

可靠性/可用性定性验证主要针对导航卫星的可靠性/可用性设计要求、设计措施，对应不同的设计要素，其验证的内容与方法见表 8-11。

表 8-11 导航卫星可靠性/可用性定性验证方法

设计要素	验证方法
可用性设计	在研制过程中可通过整星功能性能测试、故障注入模拟测试、系统重构验证测试等进行测试验证 卫星发射后可利用在轨飞行数据进行实际使用验证
冗余设计	在研制过程中可通过冗余有效性分析进行定性分析验证，利用整星电测进行测试验证 卫星发射后可利用在轨飞行数据进行实际使用验证
裕度设计	机械设计裕度、功率裕度、推进剂余量、热设计余量、测控链路余量、导航上下行链路余量等均可通过分析计算验证。验证所需的基础数据可来源于仿真分析、试验、测试

续表

设计要素	验证方法
抗力学环境设计	在研制过程中可通过整星力学分析进行分析验证,利用整星力学鉴定试验进行试验验证 卫星发射后可利用在轨飞行数据进行实际使用验证
热设计	在研制过程中可通过整星热分析进行分析验证,利用整星热平衡试验进行试验验证 卫星发射后可利用在轨飞行数据进行实际使用验证
电磁兼容设计	在研制过程中可通过整星 EMC 分析进行分析验证,利用整星 EMC 试验进行试验验证 卫星发射后可利用在轨飞行数据进行实际使用验证
空间环境防护设计	在研制过程中,抗电离总剂量防护设计可通过元器件辐射剂量余量分析进行分析验证 单粒子效应防护设计可通过元器件单粒子效应阈值数据进行分析验证,通过重离子辐照试验进行防护措施有效性验证 表面充放电、内带电等措施可通过设计准则符合性检查等进行分析验证 卫星发射后可利用在轨飞行数据进行实际使用验证
静电放电防护设计	在研制过程中可利用整星接地分析、静电放电防护设计准则符合性等进行分析验证,通过过程实施结果检查进行检查验证

8.7.2.2　验证情况

导航卫星在研制过程中,利用各阶段测试,系统和组件的鉴定试验、仿真等手段,对可靠性/可用性设计的措施有效性进行了验证。

例如,在导航上下行模块集成和仿真中,开展了真实工况下时序验证、异常工况下健壮性测试等工作,确保测试验证充分、有效。在单机设备的配置集成和确认测试工作中,开展面向用户实际使用条件的测试,通过实物平台、仿真平台等,开展软件硬件适配性分析与确认、配置项间接口分析与确认,确保时序、逻辑、功能协调一致,满足功能、性能需求。故障自主监测、隔离、诊断与识别、修复等功能经过组网星电测验证,功能正常。

8.7.3　可靠性试验

8.7.3.1　可靠性研制/增长试验

可靠性研制/增长试验的目的是通过试验发现和改进产品薄弱环节,实现可靠性增长;剔除早期失效;验证产品可靠性或寿命是否满足要求。其中,可靠性试验侧重于采用加严应力暴露产品薄弱环节、验证设计余量,寿命试验侧重于通过长期考核验证产品长期工作的能力,注重连续监测和阶段性分析。

针对导航卫星新研单机多、国产化单机多、技术难度大等显著特点,为了充分验证星上关键产品的可靠性和寿命,卫星系统在方案阶段组织完成了关键单机可靠性试验策划和试验规范编制工作。考虑同一种单机设备可能多家单位研制,由总体对同一种单机提出统一的试验要求。

在批量研制背景下,导航卫星具备投入更多子样进行寿命试验的条件,从而获得更高置信度的试验结果。由于卫星组批生产、发射周期较长,因此,允许安排较长的寿命试验时间。

在初样研制阶段，卫星系统开展了蓄电池组、电源控制器、行波管放大器、固放、构架天线转动机构、相控阵天线等关键产品的可靠性与寿命试验。卫星组批发射前，各类关键单机的可靠性与寿命试验基本完成，主要情况如下：

1）锂离子蓄电池组完成了全日照搁置试验、充放电循环试验、充电倍率试验、不同充电电压寿命试验、单体差异对寿命影响试验、开路故障试验、短路故障试验，验证了产品设计余量及故障情况下的工作能力。通过寿命试验验证了规定工作寿命。

2）电源控制器完成了备份设计功能验证试验、峰值电流限制验证试验、输入欠压保护验证试验、输出限流保护验证试验、充放电模块加速寿命试验，验证了产品设计余量及故障情况下的工作能力，验证了产品寿命。

3）行波管累计完成上百万小时的阴极寿命试验，经验证，阴极寿命可达 15 年以上；行波管及行波管放大器整机持续开展寿命试验，通过测试数据趋势分析，行波管放大器寿命满足卫星寿命要求。

4）测控固放、构架天线转动机构等完成了加速寿命试验，验证其等效在轨寿命满足要求。

5）相控阵天线完成了辐射单元组件抗电离总剂量试验、抗单粒子效应试验、功率放大器高温寿命试验、T/R 模块加速寿命试验等，验证了产品设计余量、性能极限下的工作能力和寿命。

6）铷钟完成了芯片空间环境适应性试验、物理部分辐照试验、整机电路部分温度极限试验等，验证了产品设计余量及极限性能。完成了铷灯寿命试验和晶振寿命试验，并持续开展整机寿命试验。

7）氢钟完成了吸附泵、钛泵加速寿命试验，电离泡、储存泡老化试验，持续开展整机寿命试验。

可靠性与寿命试验的开展取得了良好的效果。通过极限拉偏试验、故障模拟试验等可靠性试验，摸清了行波管放大器、电源控制器等设备在空间环境条件下的极限能力和设计裕度。通过蓄电池组循环寿命试验、行波管阴极寿命试验、行波管及行波管放大器整机寿命试验、原子钟寿命试验、测控固放寿命试验等，验证了卫星关键产品的寿命满足要求并有较大余量。

8.7.3.2 环境应力筛选

环境应力筛选的目的是通过对产品施加规定的环境应力，发现和剔除产品制造过程中引入的质量缺陷，排除早期失效因素，提高产品的使用可靠性。依据《卫星组件环境试验矩阵》，卫星各单机设备在交付整星前均完成并通过了环境应力筛选相关试验。各单机组件分不同批次进行了验收，总体对单机环境试验数据包进行了检查，各单机组件的环境试验情况已反映到各分系统验收总结报告中，对试验中试验条件的偏离和超差进行了及时的处理。

根据检查结果，卫星正样组件验收级环境试验项目和试验条件均按照总体试验文件的要求完成，试验前后、试验中单机性能指标正常。

根据《卫星热真空试验大纲》要求，导航卫星出厂前均完成了热真空试验。热真空试验完成了试验大纲及电测大纲中规定的试验项目，卫星星上设备经受了规定的压力和热循环应力环境的考核，试验中各个分系统性能正常，无异常现象发生。

按照《卫星正弦振动和噪声试验大纲》要求，导航卫星出厂前均完成了验收级正弦振动和噪声试验。卫星正弦振动和噪声试验加载正确，下凹控制效果良好，试验设备性能符合要求，试验数据有效，试验前后数据比对表明卫星结构动态特性没有发生变化。试验后太阳翼展开正常。力学环境试验前后，精测、检漏指标正常，卫星各分系统工作正常，状态没有发生变化。整星力学试验验证了组网卫星承受运载火箭主动段力学环境的能力，考核了组网卫星在正弦振动和噪声环境下的性能满足要求。

8.8　可靠性/可用性在轨分析改进

自 2017 年 11 月首次发射北斗三号组网卫星至 2023 年 8 月，我国先后发射了 24 颗 MEO 卫星、3 颗 IGSO 卫星和 4 颗 GEO 卫星，卫星累计在轨飞行时间达 141 星年，积累了大量飞行数据，既初步反映了产品的可靠性水平，也为深入开展趋势分析和进行可靠性评估提供了可能。依据在轨飞行数据，卫星定期开展健康评估和趋势分析、异常统计工作，对在轨飞行中暴露的异常问题通过在轨重构手段进行纠正，持续提高卫星可靠性和可用性。

8.8.1　在轨健康评估

通过在轨健康评估，从分系统和关键单机角度评价在轨卫星的健康状态、性能变化趋势，包括分系统关键参数分析、设计指标验证等，特别是对单机关键特性参数及随时间变化的参数进行趋势分析。

将所有遥测参数按重要性等级进行分类，明确各参数的判读方法，对于需要根据不同条件进行判读的参数，对判读条件和参数正常值范围进行量化。所有参数按 3 级报警门限录入自动监视判读系统，进行 24 小时连续判读。重要参数每个月进行一次趋势判读分析。核心参数每天进行趋势判读分析。

为规避单一参数判读可能导致误判或漏判，建立并逐渐完善专家知识库，从多个层面提高判读能力，包括单个参数的历史变化趋势与同类星参数变化趋势的对比分析；关联参数的变化趋势分析；参数变化与空间环境的关联分析等。

在此基础上，定期实施导航卫星健康评估：

1) 关注在轨状态实时监控的周报分级评估。根据在轨卫星的工作状态，卫星各分系统对重点项目进行分析，卫星在轨管理主任设计师负责编制，并分级编写。

2) 关注星座性能的月健康评估。每月对在轨卫星的异常及健康状态进行统计分析，评估异常对单星可用性、连续性等系统性能的影响。

3）关注产品特性及趋势分析的半年健康评估，每半年对卫星的全面健康状况进行诊断，对每半年的健康趋势进行分析，并完成健康评估报告。

4）每年更新一次卫星在轨状态报告和故障预案。每年根据卫星在轨表现进行年度评估，对在轨处理方法进行补充，完善在轨故障预案。

5）每一期的健康评估都对上一期的问题及措施落实情况进行复查确认，确保每个在轨现象或在轨异常闭环，实现指针式在轨管理。

例如，卫星定期更新行波管放大器在轨螺流和阳压的变化曲线，利用数据拟合和外推的方法判断行波管放大器关键性能变化趋势。

8.8.2　异常统计与处置

统计给定时间段内的异常情况，对异常数据逐一进行分析、说明，包括问题名称、相关产品名称、故障等级、问题发生时间、问题描述、问题定位、纠正措施等。

按分系统、产品、故障原因等对异常进行归类，统计相关异常次数，探讨发现深层次的设计、工艺、元器件等问题，为后续产品改进提供输入。

1）异常处置细化分级。为了实现异常快速处置，缩短中断时间，进一步细化异常处置分级分类管理，将重复发生的 1 类异常授权由地面系统直接处置；2 类异常授权由卫星值班人员处置。通过异常处置分级，90%以上重复异常的处置时间由最初的 30 分钟以上缩短到 10 分钟以内，有效地减少了卫星不可用时间，为在轨故障及时处理、星座稳定运行提供了有力的保障。

2）故障预案和专家知识库动态更新。针对在轨异常情况，更新完善故障预案，确保了故障预案的有效性和可操作性。根据故障预案，依托在轨支持系统，北斗三号卫星形成电子化的简单知识数万条、多条件联合诊断知识数千条，支撑了支持系统在轨异常自动诊断。

3）提升境外异常处置能力。为解决北斗全球系统境外卫星处置能力问题，由工程大总体牵头，卫星系统对境外异常监测情况进行了专题分析，形成卫星境外异常快速处置专题分析报告，提出缩短境外异常处置时间的具体措施。

8.8.3　在轨重构与升级

针对卫星在轨暴露出的 FPGA 和软件的质量问题进行重构与升级，是持续提高系统健壮性和卫星可用性的必备手段。以 FPGA 在轨重构为例，典型实施过程如下：

1）根据任务要求重新设计 FPGA，并在地面测试系统上完成测试验证。

2）将修改后的 FPGA 程序加工成符合卫星遥控上注的格式化数据。

3）将目标 FPGA 工作状态设置为重构程序写入模式，准备接收新程序。此过程仅对配置存储器进行数据更新，此时目标 FPGA 工作可不中断。

4）由地面将经过验证的 FPGA 程序通过遥控注入星上，星上接收后，通过星上处理器完成解析、校验，存到设备内的重构程序存储器内。

5）停止目标 FPGA 的工作，启动配置模式，将需要重构的逻辑加载至目标 FPGA，检查重构后的健康状态，并通知地面。

6）重新启动设备，检查软硬件运行状态并通知地面。将设备转入 FPGA 刷新模式，启动在线实时刷新，消除 FPGA 在轨 SEU 故障，确保卫星稳定工作。

针对近几年已完成的软件配置项，进行常态化的重构效果跟踪评估。结果表明：重构后有效地降低了异常发生的概率。

第9章　运载火箭系统可靠性设计与验证

9.1　概述

北斗三号全球卫星导航系统采用较为成熟的基础级火箭和全新研制的上面级执行组网发射任务，共需要在三年内完成 30 颗北斗三号卫星组网发射（其中由基础级火箭一箭一星发射 GEO 卫星 3 次 3 颗、IGSO 卫星 3 次 3 颗，由基础级火箭＋上面级发射 MEO 卫星 12 次 24 颗），具有发射次数多、任务密集、零窗口发射、可靠性要求高、卫星状态多、上面级飞行时间长等特点。

基础级火箭为三级半构型，一箭一星发射任务剖面主要包括点火起飞、一级飞行、助推器分离、一二级分离、二级飞行、整流罩分离、二三级分离、三级一次工作、滑行、三级二次工作、末速修正、调姿、星箭分离等过程，历时 1 500 多秒。基础级火箭技术状态、飞行时间、环境条件等均已经过以往成功的发射任务考核验证，但其可靠性水平离工程总体要求还有一定差距，仍需提升。

基础级火箭＋上面级为四级半构型，一箭双星发射任务剖面主要包括点火起飞、一级飞行、助推器分离、一二级分离、二级飞行、整流罩分离、二三级分离、三级飞行、基础级与上面级分离、上面级一次滑行、一次工作、二次滑行、二次工作、末速修正、调姿、星箭分离等过程，历时约 3.5 小时，具有构型复杂、飞行时间长、空间环境严酷等特点，未经过类似发射任务的成功验证，上面级成为可靠性设计与验证工作的重点和难点。

为保证运载火箭系统高可靠性，一方面充分应用可靠性成熟技术，另一方面针对基础级、上面级各自特点，创新性开展了可靠性设计与验证工作：

1）针对相对成熟的基础级火箭，在可靠性专项支持下，以提升可靠性为目标，从设计、生产、使用等方面查找可靠性薄弱环节，采取了针对性的可靠性改进措施。

2）针对全新研制的上面级，以实现高可靠性要求为目标，以可靠性设计为核心，以可靠性定量指标的分配、预计、试验与评估为主线，充分结合故障模式的识别、预防与控制，按照研制程序，在不同研制阶段开展了相应的可靠性工作：

a）在方案阶段，以相关顶层标准为依据，开展全寿命周期可靠性工作策划，制定发布可靠性大纲；结合上面级飞行时间长、空间环境严酷等特点，制定针对性的可靠性设计准则、空间环境防护设计准则和空间环境条件；开展可靠性建模、分配、预计和初步FMEA，在系统、分系统、单机设计方案中，合理采用继承性设计、简化设计、冗余设计、空间环境防护设计等可靠性设计措施。

b）转入初样阶段后，深入开展详细的 FMEA 与可靠性设计，并在单机、分系统、系统层面，按照"单机试验与系统试验相结合""可靠性增长与可靠性验证相结合"的思路，开展单机可靠性强化试验、单机可靠性增长试验、系统可靠性验证试验，暴露可靠性设计薄弱环节，进行可靠性设计改进，对可靠性设计的正确性和有效性进行验证，为确定试样技术状态打下扎实的基础。

c）转入试样阶段后，针对本产品及其他产品质量问题进行举一反三，针对技术状态变化项目开展可靠性影响分析和可靠性设计；充分应用环境应力筛选等方法，对各级产品生产质量实施有效控制；收集整理地面试验和飞行试验数据，从单机、分系统到系统，自底向上开展可靠性评估，闭环验证可靠性指标。

通过采取上述措施，运载火箭系统达到了工程总体提出的可靠性指标要求，三年之内成功完成 18 次 30 颗北斗三号卫星组网发射任务，成功率 100％，实践证明基础级可靠性提升和上面级可靠性设计与验证工作取得了良好效果。

9.2　可靠性建模、分配与预计

在上面级研制之初，将工程总体提出的发射可靠性、飞行可靠性指标，从系统、分系统到单机"自顶向下"进行可靠性建模和可靠性分配，作为上面级各级产品开展可靠性设计和验证的依据；从单机、分系统到系统，"自底向上"进行可靠性预计，从理论分析上完成可靠性定量指标的第一轮"闭环"。此后，随着工程研制工作的推进，根据技术状态、任务剖面等变化情况，迭代进行可靠性建模、分配与预计。

9.2.1　可靠性建模

可靠性建模的目的是构建产品可靠性模型，为开展可靠性分配、可靠性预计和可靠性评估等工作奠定基础。可靠性模型是产品组成单元之间的可靠性逻辑关系，一般包括可靠性框图和相应的数学模型。

可靠性建模一般包括以下步骤：

1）定义产品；

2）确定建模基本规则和假设；

3）绘制可靠性框图；

4）确定可靠性数学模型。

常用的可靠性模型一般包括串联模型、并联模型、串并联模型、并串联模型和表决模型等。

（1）串联模型

由 n 个单元组成的产品，只要任意一个组成单元发生故障时该产品就发生故障，则该产品的可靠性模型为串联模型，其可靠性框图如图 9-1 所示。

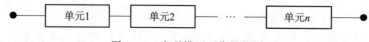

图 9-1　串联模型可靠性框图

其可靠性数学表达式为：

$$R_s = R_1 \cdot R_2 \cdot \cdots \cdot R_n = \prod_{i=1}^{n} R_i \qquad (9-1)$$

式中，R_s 为产品可靠度；R_i 为产品组成单元可靠度；n 为产品组成单元个数。

（2）并联模型

由 n 个单元组成的产品，当所有组成单元发生故障时该产品才发生故障，则该产品的可靠性模型为并联模型，其可靠性框图如图 9-2 所示。

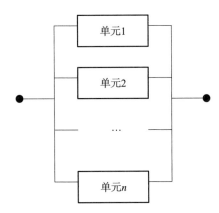

图 9-2　并联模型可靠性框图

其可靠性数学表达式为：

$$R_s = 1 - (1-R_1)(1-R_2)\cdots(1-R_n) = 1 - \prod_{i=1}^{n}(1-R_i) \qquad (9-2)$$

（3）串并联模型

典型串并联模型可靠性框图如图 9-3 所示。

图 9-3　串并联模型可靠性框图

其可靠性数学表达式为：

$$R_s = 1 - (1-R_1 R_2 \cdots R_n)^2 = 1 - (1 - \prod_{i=1}^{n} R_i)^2 \qquad (9-3)$$

（4）并串联模型

典型并串联模型可靠性框图如图 9-4 所示。

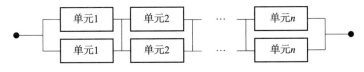

图 9-4　并串联系统可靠性框图

其可靠性数学表达式为：

$$R_s = [1-(1-R_1)^2]\ [1-(1-R_2)^2]\ \cdots\ [1-(1-R_n)^2] = \prod_{i=1}^{n} [1-(1-R_i)^2]$$

$$(9-4)$$

（5）表决模型（亦称 n 取 k 模型）

由 n 个单元组成的产品，当其中 k 个组成单元正常工作时产品就能正常工作，则该产品的可靠性模型为表决模型，其可靠性框图如图 9-5 所示。

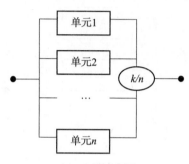

图 9-5　表决模型可靠性框图

当 n 个单元的可靠度均为 R、表决器可靠度为 1 时，其可靠性数学表达式为：

$$R_s = \sum_{i=k}^{n} \binom{n}{i} R^i\ (1-R)^{\,n-i}$$

$$(9-5)$$

其中

$$\binom{n}{i} = \frac{n!}{i!\ (n-i)!}$$

在上面级可靠性建模工作中，遵循以下要点：

1）应建立任务可靠性模型，必要时建立基本可靠性模型。

2）应针对每一任务阶段，分析产品各项功能或工作模式，并根据产品组成清单，逐项分析产品各项功能或工作模式涉及的单元。

3）应针对每一单元，分析其潜在的故障模式，并分析各个单元之间各故障模式之间的相关性。

4）应按照相关标准规定的程序和方法，绘制可靠性框图，确定可靠性数学模型；可靠性框图应以产品功能框图、原理图、工程图等为依据且相互协调。

5）可靠性模型应随着产品技术状态、工作模式、任务剖面等的变化而做适应性修改。

上面级任务阶段主要包括发射准备阶段和飞行阶段：

1）发射准备阶段：从基础级火箭液氧加注开始到点火起飞；

2）飞行阶段：从基础级火箭起飞到卫星与上面级分离。

按照上述可靠性建模的步骤和要点，分别绘制了上面级发射准备阶段和飞行阶段可靠性框图（见图 9-6、图 9-7），并确定了发射可靠性数学模型和飞行可靠性数学模型（公式略）。

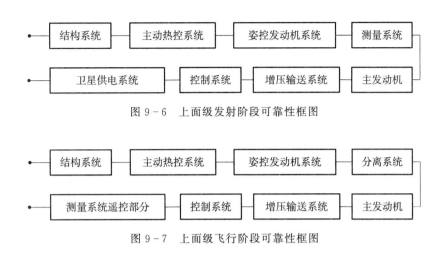

图 9-6　上面级发射阶段可靠性框图

图 9-7　上面级飞行阶段可靠性框图

9.2.2　可靠性分配

可靠性分配的目的是将上面级可靠性定量指标分配到最低可验证单元，作为开展各级产品可靠性量化设计和量化验证的依据。

按照从系统、分系统到单机的顺序，"自上而下"逐级进行可靠性分配，可靠性分配一般包括以下步骤：

1）定义产品；

2）建立可靠性模型；

3）选择可靠性分配方法；

4）将可靠性指标分配给各单元；

5）可靠性校核。

上面级常用的可靠性分配方法为评分分配法，一般遵循以下原则：

1）对于影响安全和任务成功的产品，分配相对高的可靠性指标；

2）对于实现高可靠性有困难的产品，分配相对低的可靠性指标。实现高可靠性有困难的产品一般包括：

a）设计或生产工艺上不成熟的产品；

b）组成复杂的产品；

c）处于恶劣环境条件下工作的产品；

d）工作时间长的产品。

评分分配法主要考虑关键程度、成熟度、复杂度、工作环境、工作时间等因素，评分规则如下：

1）关键程度：评分取值范围为 1～10，产品越关键，取值越大；

2）成熟度：评分取值范围为 1～10，产品成熟度或继承性越好，取值越大；

3）复杂度：评分取值范围为 1～10，产品越简单，取值越大；

4）工作环境：评分取值范围为 1～10，产品工作环境越好，取值越大；

5）工作时间：评分取值范围为 1～10，产品工作时间越短，取值越大。

在上面级可靠性分配中遵循以下要点：

1）面向任务：围绕产品的不同任务阶段，基于各任务可靠性框图进行分配。

2）对象齐全：可靠性模型中的单元均应分配可靠性指标，不能遗漏。

3）指标全面：可靠性分配要分配规定值，用于指导可靠性设计；同时要分配首飞最低可接受值，用于指导可靠性增长试验。

4）合理可行：可靠性分配要可实现、可验证、代价小。

5）传递到位：可靠性分配值应列入各组成单元的任务书或技术规范。

上面级发射准备阶段、飞行阶段任务可靠性指标包括：

1）发射可靠度（定义为从基础级火箭开始加注液氧起，上面级在规定的发射环境条件下和规定的时间内，按规定的要求正常完成发射程序的概率）。

2）飞行可靠度（定义为从基础级火箭起飞时刻起，上面级在规定的飞行环境条件下和规定的时间内，按规定的要求将卫星送入预定轨道的概率）。

采用评分分配法进行分配，分配结果见表 9-1。

表 9-1　上面级可靠性分配

序号	系统名称	发射可靠度		飞行可靠度	
		规定值	首飞最低可接受值	规定值	首飞最低可接受值
1	结构系统	0.999 9	0.999 9	0.999 9	0.999 9
2	分离系统	—	—	0.999 8	0.999 8
3	…	…	…	…	…

完成可靠性分配后，将分配的可靠性指标纳入总体对结构系统、分离系统等分系统设计任务书，实现分配结果有效传递；为了保证设计任务书中的可靠性指标与可靠性分配结果一致，还建立了可靠性会签制度。

9.2.3　可靠性预计

开展可靠性预计的主要目的是在产品研制早期还没有产品实物试验数据的情况下，通过理论预示产品能够达到的可靠性水平，分析评价设计方案能否满足规定的可靠性指标要求，为确定设计方案提供决策信息，同时也可以为多个设计方案的相互比较和综合权衡提供参考。

可靠性预计一般按照从单机、分系统到系统"自底向上"的顺序进行，各级产品可靠性预计步骤一般包括：

1）确定基本前提和假设；

2）定义产品；

3）确定可靠性预计方法；

4）确定可靠性预计数据来源；

5）计算各单元的可靠性；

6）根据可靠性模型和单元可靠性计算产品的可靠性。

上面级各级产品常用的可靠性预计方法见表 9 - 2。

表 9 - 2　常用可靠性预计方法

序号	预计方法	适用对象	适用阶段
1	相似产品法	各类产品	方案设计
2	元件计数法	电子、电气、机电类产品	方案设计
3	元件应力分析法	电子、电气、机电类产品	初样、试样

上面级可靠性预计遵循以下要点：

1）电子产品可靠性预计应按相关标准提供的方法和元器件失效率数据进行；

2）非电产品可靠性预计可采用相似产品法或其他适合的方法进行，但应经任务提出方认可；

3）可靠性预计值应高于可靠性规定值。

在上面级方案阶段，从单机、分系统到系统逐级开展了可靠性预计，其中：

1）电子产品主要采用相关标准中的元件计数法和应力分析法，各类元器件失效率数据主要来源于相关标准、元器件厂家数据及元器件使用数据；

2）非电产品主要采用相似产品法，结构产品采用基于应力-强度干涉模型的概率计算法；

3）在单机可靠性预计结果基础上，对分系统的发射可靠性和飞行可靠性进行预计；

4）在分系统可靠性预计结果基础上，对上面级系统的发射可靠性和飞行可靠性进行预计。

经预计，各级产品可靠性预计结果满足可靠性指标要求。

9.3　可靠性分析与设计

在基础级火箭可靠性提升、上面级研制过程中，通过开展故障模式及影响分析（FMEA）、故障树分析（FTA）等可靠性分析工作，全面识别产品的潜在故障模式、故障原因、故障影响。在此基础上，制定可靠性设计准则或提出可靠性设计要求，从设计上采取措施，层层建立防线，有效减少潜在故障模式的数量或降低故障模式发生的可能性，并做到一旦发生故障，能够有效降低后果的严重程度。

9.3.1　故障模式及影响分析（FMEA）

开展 FMEA 的主要目的是提前全面辨识产品潜在故障模式，分析故障原因和影响，评估风险水平，并提出改进措施，从而实现故障的有效预防、检测和应对。

FMEA 方法提供了一套系统化的分析框架，应用于不同对象、不同过程，可以形成不同类型的 FMEA，如设计 FMEA、工艺 FMEA、软件 FMEA 等。在运载火箭研制过程中，各级硬件产品全面开展了设计 FMEA，针对一些特殊过程开展了工艺 FMEA，针对 A、B 级软件开展了软件 FMEA。

运载火箭设计 FMEA 工作一般按照从系统、分系统到单机"自顶向下"采用功能分析法，从单机、分系统到系统"自底向上"采用硬件分析法相结合的方式进行。设计 FMEA 一般遵循以下步骤：

1）确定基本规则与假设；

2）产品定义；

3）故障模式分析；

4）故障原因分析；

5）故障影响分析；

6）风险评估；

7）形成报告。

运载火箭设计 FMEA 一般采用填表法进行。在现有标准基础上，结合运载火箭科研生产模式及产品特点，制定了适用于功能分析法的 FMEA 表格和适用于硬件分析法的 FMEA 表格，分别见表 9-3、表 9-4。这两种表格实际上是定性的 FMECA 表，在方案阶段早期允许适当简化。

表 9-3　功能 FMEA 表格

代码	功能标志	功能	任务阶段	故障模式	故障检测方法	故障原因	设计预防措施	局部影响	高一层次影响	最终影响	故障应对措施	严酷度	发生可能性	风险指数	改进措施	是否单点	备注
A	B	C	D	E	F	G	H	I1	I2	I3	J	K	L	M	N	O	P

注：1. F、L、M、N、O 列方案阶段可不填写，初样阶段及后续阶段应填写。
　　2. I1、I2、I3 可合并为 I 列"故障影响"。

表 9-4　硬件 FMEA 表格

代码	产品名称	功能	任务阶段	故障模式	故障检测方法	故障原因	设计预防措施	局部影响	高一层次影响	最终影响	故障应对措施	严酷度	发生可能性	风险指数	改进措施	是否单点	备注
A	B	C	D	E	F	G	H	I1	I2	I3	J	K	L	M	N	O	P

注：1. F、L、M、N、O 列方案阶段可不填写，初样阶段及后续阶段应填写。
　　2. I1、I2、I3 可合并为 I 列"故障影响"。

为实现 FMEA 预期目标，开展运载火箭各级产品设计 FMEA 过程中需遵循以下要点：

（1）FMEA 技术"五项要点"

1）对象齐全：就是要对照分析对象的功能清单、组成清单或时序动作清单进行分析，一个都不能少；

2）模式全面：就是要从动作、输出、结构完整性、状（姿）态等维度分析潜在故障模式，另外，发生过的历史故障不能遗漏；

3）原因清楚：就是要围绕设计、生产、使用等环节，向内、向下找设计原因，可利用故障树分析（FTA）方法；

4）措施有效：就是要针对故障原因、故障模式、故障影响，建立三道防线，措施要具体、可操作、可检查、量化、有效；

5）落实到位：就是要将措施具体落实到设计方案、图样、技术条件、使用说明、测试细则和应急预案等技术文件中，并发挥作用。

（2）FMEA 管理"五项要点"

1）计划周全：团队负责人要带领计划管理人员，全面梳理需开展 FMEA 的产品，分阶段迭代进行；制订和下达 FMEA 计划，计划及时合理。

2）培训到位：要组织 FMEA 技术培训，使设计师掌握 FMEA 方法，以及历史故障、FMEA 范例等。

3）讨论充分：团队技术负责人要主持 FMEA 讨论，邀请上下游设计、工艺、可靠性等方面代表参加。

4）审签严格：在开展 FMEA 工作过程中，团队技术负责人要注意发挥团队人员的集体作用，三级审签要严格；系统、分系统、新研复杂关键单机 FMEA 要增加可靠性专兼职人员会签。

5）管理闭环：要明确 FMEA 分析提出的改进措施的完成时间、责任人，形成待办事项，闭环落实到位。

以上面级为例，为做好 FMEA 工作，在现行有效的 FMEA 标准规范基础上，制定了上面级 FMEA 实施指南，对 FMEA 的对象、任务阶段、严酷度分类、FMEA 报告模板等进行了详细规定。

方案阶段按照从系统、分系统到单机"自顶向下"的流程逐级进行初步 FMEA。总体以飞行时序动作为线索，充分参考借鉴国内外相似产品故障案例，分析了上面级系统层面的潜在故障模式、故障原因、故障影响，从总体设计上采取了针对性的措施，并对相关分系统提出明确的设计要求。其 FMEA 表格（示例）见表 9-5。

表 9-5　上面级系统初步 FMEA 表格（示例）

序号	功能标志	功能	故障模式	故障原因	设计预防措施	故障影响	严酷度	备注
1	主发动机点火	主发动机点火起动，产生规定的推力	发动机未点火	推进剂未沉底	1）采取间歇式推进剂管理方案 2）…	飞行失败	Ⅱ	
2			…	…	…			
3		…	…	…	…	…	…	
4	…	…	…	…	…	…	…	

初样阶段按照从单机、分系统到系统"自底向上"的流程逐级进行详细设计 FMEA。总体在上面级系统初步 FMEA 基础上，开展了详细的上面级系统 FMEA，对故障模式、故障原因、故障影响进行了全面分析，针对设计、生产、使用等环节，采取了一系列针对性措施。FMEA 表格（示例）见表 9-6。

表 9-6　上面级系统 FMEA 表格（示例）

序号	功能标志	功能	任务阶段	故障模式	故障检测方法	故障原因	设计预防措施	故障影响	故障应对措施	严酷度	可能性	风险指数	改进措施	备注
						…	…							
1	主发动机点火	主发动机点火起动，产生规定的推力	上面级飞行	发动机未点火	遥测（发动机转速、壁温、压力等）	控制系统输出电流不满足发动机点火要求	1）向控制系统明确发动机阀门、阀门控制器、电爆管电气参数，并留有适当余量 2）明确控制系统与主发动机连接器电气接口，并实现冗余传输	飞行失败	无	Ⅱ	D	10	构建上面级一次点火故障重构方案	
2	…	…	…	…	…	…	…	…	…	…	…	…	…	…
3	…	…	…	…	…	…	…	…	…	…	…	…	…	…

9.3.2　故障树分析（FTA）

在 FMEA 工作基础上，进一步开展 FTA 的主要目的是解决 FMEA 容易出现故障原因分析不全面、不深入的问题，全面识别故障原因和单点故障模式，为查找和改进设计、生产、使用等方面存在的薄弱环节提供参考。

在运载火箭研制过程中，FTA 作为一个选做项目，主要针对典型故障模式进行。其一般步骤为：

1）对象定义；

2）确定顶事件；

3）建造故障树；

4）故障树规范化、简化和模块分解；

5）定性分析；

6）定量分析；

7）形成报告。

FTA 过程中主要采用相关标准中提供的方法。

以上面级为例，在初样研制阶段，从系统、分系统到单机"自顶向下"开展了 FTA，主要做法为：

1）系统总体开展系统 FTA，以"上面级任务失败"为顶事件，围绕该顶事件，基于发射流程、飞行时序，梳理出主要故障事件（图 9-8），针对主要故障事件，进一步梳理出系统设计、生产、使用等方面原因。

2）分系统以系统 FTA 识别出的主要故障事件为顶事件，开展分系统 FTA 工作，梳理出分系统设计、生产、使用等方面原因及单机故障模式。

3）单机以分系统 FTA 识别出的单机故障模式为顶事件，开展单机 FTA 工作，梳理出单机设计、生产、使用等方面的原因，作为故障树底事件。

4）系统与分系统、分系统与单机就 FTA 结果进行沟通、讨论、交流。

5）分析形成上面级故障树一阶最小割集，并对已采取的控制措施全面性、有效性进行分析确认，针对薄弱环节提出改进措施，包括完善冗余设计、裕度设计，纳入关重件管理，设置强制检验点，完善故障预案等。

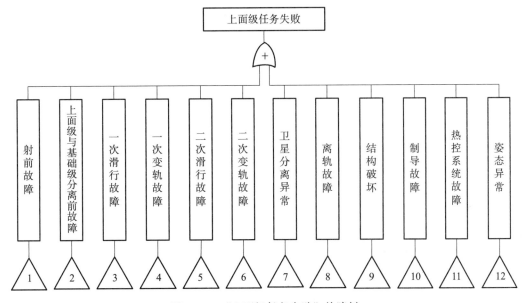

图 9-8　"上面级任务失败"故障树

9.3.3　可靠性设计

可靠性设计是可靠性工程的核心，决定了产品能够达到的可靠性最高水平。早在 20 世纪 70 年代末期，长征系列运载火箭研制单位就总结提出了"可靠性是设计出来的、生产出来的、管理出来的"著名论断。在上面级研制过程中，根据历史故障及 FMEA、FTA 识别出的潜在故障，围绕故障的预防、检测和应对，总结提炼相应的可靠性设计准则，并在系统、分系统、单机设计中贯彻落实，从设计源头赋予上面级各级产品高可靠的良好"基因"。

9.3.3.1　制定可靠性设计准则

制定可靠性设计准则的主要目的是充分吸收借鉴以往成功的设计经验，避免历史上可靠性设计缺陷导致的故障重复发生，避免 FMEA、FTA 识别出的可靠性薄弱环节失控发展为真实的故障进而造成严重的后果。

在上面级方案阶段就制定可靠性设计准则，并在后续阶段动态完善，其步骤为：

1）资料收集与整理；

2）提出可靠性设计准则；

3）技术审查（批）；

4）发布与培训；

5）动态完善。

对于已有现行有效的可靠性设计标准规范（含可靠性设计准则）的专业（产品），可在系统文件中直接引用，并进行适当的裁剪和补充。

上面级各级各类产品故障模式、故障原因、故障影响有相同也有不同，相应地，可靠性设计准则包括各级各类专业（产品）都需要遵守的通用准则和仅限某类专业（产品）需要遵守的专用准则。

（1）上面级可靠性设计通用准则

1）继承性设计准则；

2）简化设计准则；

3）冗余设计准则；

4）裕度设计准则；

5）降额设计准则；

6）环境适应性设计准则；

7）防差错设计准则；

8）容错设计准则。

（2）上面级可靠性设计专用准则

1）总体可靠性设计准则；

2）箭体结构、分离系统、发动机系统、增压输送系统、控制系统、测量系统等分系统可靠性设计准则；

3）伺服机构、阀门、管路、气瓶、贮箱、壳段、电子设备、火工品及分离装置等单机可靠性设计准则；

4）软件可靠性设计准则。

9.3.3.2　继承性设计

上面级继承性设计准则主要包括：

1）应合理继承成熟技术，在经过飞行试验考核验证过的技术方案基础上进行改进和创新，并进行极限情况下的验证；

2）采用新技术应具有预先研究基础，正式飞行试验前应完成技术攻关和工程试验，证明其可靠性满足飞行试验要求；

3）应优先选用经过飞行试验考核验证、可靠性满足要求的单机、软件、元器件、材料，同时应进行适应性分析和必要的试验验证，确保所选用的产品满足使用要求。

在上面级各级产品设计中贯彻了继承性设计准则，例如：

1）增压输送系统的过滤器、加泄阀、排气阀、增压单向阀、测压单向阀、充气手开关等产品的主要部件和技术借鉴了基础级火箭成熟产品和技术；

2）主发动机部分组件借用了现有发动机以及其他产品的成熟技术或产品；

3）姿控发动机系统所用的充气阀、加注阀、电磁阀均借用了定型系统的成熟产品；电爆阀、减压阀、安全阀借用载人运载火箭成熟产品。

9.3.3.3　简化设计

上面级简化设计准则主要包括：

1）在满足规定的功能性能要求基础上，应简化技术方案和系统组成，避免增加系统复杂性；

2）应减少产品种类、规格和数量，尽量采用标准件、通用件，减少特殊定制的零部件或元器件种类、规格和数量；

3）应减少电路、气路、液路和机械接口，简化接口关系；

4）应简化工艺路线，减少不同地域或厂家间的工序流转，减少手工操作、人工抄录、目视检查等受人为因素影响大、量化控制程度低的操作和检测项目。

在上面级各级产品设计中贯彻了简化设计准则，例如：

1）上面级推进剂贮箱取消安装保险阀，消除了因保险阀"关不上"导致推进剂泄漏的任务失败风险，经过充分的理论分析与仿真计算，能够保证飞行全程贮箱内压不超过设计载荷；

2）上面级增压输送系统管路接口统一采用全位置焊接工艺，简化了管路连接，并降低了"泄漏"故障概率，提高了密封可靠性；

3）在技术阵地完成上面级垂直状态转载、装配、测试检查、加注充气、星箭联合操作、合整流罩，在发射阵地与基础级对接、联合总检查测试后进入发射程序，此测发方案减少了在发射阵地的操作项目，降低了发射阵地故障概率。

9.3.3.4　冗余设计

上面级冗余设计准则主要包括：

1）当影响成败的单点故障环节难以满足可靠性要求时，应通过合理采用两种或两种以上技术手段实现冗余设计，消除单点故障环节。

2）应采用简单可靠的冗余设计以满足可靠性要求，优先采用较低层次产品的冗余设计，通过多个小规模的冗余设计组成高可靠的整机或系统。

3）影响成败的电路、接插件、气路、液路、零部件、元器件应适当采用冗余设计，避免故障导致任务失败，但也应避免过度冗余。

4）当需要使用转换器件、故障检测装置或其他外部器件来保证冗余功能时，应保证这些器件或装置具有高可靠性；采用表决或切换式冗余方案时，应全面分析和确定判据，保证表决或判定和切换电路的可靠性。

5）应避免冗余产品之间的相互影响或共因故障导致冗余失效。

6）供电线路和重要信号传输线路应采用双点双线、多点多线或环形线路。

7）冗余部分的工作状态在出厂测试或射前测试中应可测试到（破坏性测试除外）。

在上面级各级产品设计中合理采用了冗余设计措施，例如：

1）采用非电传爆系统实现星箭分离用低冲击分离装置的冗余点火，且低冲击分离装置装有两个隔板点火器，两个隔板点火器分别与非电传爆组件连接，两者互为冗余，消除了单点故障模式；

2）增压输送系统电磁阀、增压电爆阀和隔离电爆阀采用冗余方案，供电电缆均采用双点双线冗余设计；

3）控制系统以双通道 1553B 总线、十表制冗余激光惯组、可自主断电重启三冗余箭载计算机、可受控修复三冗余控制器为基础，结合遥控指令上行技术，通过对系统级冗余技术和故障诊断修复技术的综合集成应用，构建了适应长时间自主飞行的上面级控制系统架构；

4）测量系统中心程序器双路 PCM 冗余输出，S 频段应答机采用双机热备份，功放单元采用双机冷备份等；

5）主动热控和卫星供电系统对于推进剂输送管上重要控温区间采用两路控制，测温点和控制回路实现双冗余设计，电缆网采用双点双线等；

6）地面液氢加注系统阀门进行冗余改进，氮配气台单向阀采用常开手动截止阀，消除无法打开或卡滞的单点故障风险。

9.3.3.5　裕度设计

上面级裕度设计准则主要包括：

1）存在 I、II 类单点故障模式的产品和产品间接口，应结合任务需求和功能特点，针对故障模式和故障原因，采取裕度设计措施（如强度、刚度、寿命、密封、防热、时序或间隙裕度等）保证高可靠性；

2）在设计各级产品参数，以及在选用下一级产品、零部件、元器件、原材料时，应考虑各种影响因素的可能偏差，通过裕度设计，使产品工作在极限环境条件、工作输入条件及产品自身的结构或性能参数出现偏差时，依然可以完成规定的功能；

3）应注意同一产品的不同功能裕度之间的协调匹配，防止一种裕度过大而导致另外一种裕度过小（如分离火工品的强度裕度过大可能导致解锁裕度偏小，火工品供电时间过长可能导致电池电压下降过大）；

4）应对不同批（发）次产品，收集各种影响因素的实际情况并进行统计分析，根据分析结果合理优化裕度设计，条件具备时应将可靠性指标与裕度系数建立定量关系，通过裕度设计给出满足可靠性定量要求的特征量设计值。

在上面级各级各类产品设计中合理采用了裕度设计措施，降低单点故障模式的发生概率，例如：

1）推进剂加注量留有一定安全余量；

2）飞行时序留有适当裕度；

3）壳段结构设计安全系数不小于 1.4，贮箱设计安全系数不小于 1.25，剩余强度系数不小于 1.0；

4）管路元件设计安全系数不小于 1.5；

5）主发动机对推进剂入口压力偏差容忍能力具有一定裕度，结构及连接部分具有足够的静强度、动强度和刚度；

6）姿控发动机贮箱、气瓶、阀门、压力传感器安全系数不小于 2.0；

7）控制系统各级姿态角偏差和姿态角速度偏差指标余量均不小于 10%；

8）电子产品、机电产品对供电电压范围具有足够的耐受裕度，接口电路在脉宽和时序关系上都留有合适的余量。

9.3.3.6 降额设计

上面级降额设计准则主要包括：

1）应按照元器件选用目录选择元器件，对电子元器件和导线开展降额设计，降低承受的温度应力和电应力；

2）应根据各类产品的具体特点，采取针对性的降额设计措施，降额等级要求如下：

a）影响飞行成败的箭上产品、影响发射可靠性的地面设备应采取Ⅰ级降额；

b）不影响飞行成败的箭上单点产品可采取Ⅰ、Ⅱ级降额；

c）其他地面设备可采取Ⅱ、Ⅲ级降额。

在上面级电子、机电产品设计中对选用的各类元器件进行了降额设计，经分析、计算，影响飞行成败的箭上产品和影响发射可靠性的地面设备均满足Ⅰ级降额要求。

9.3.3.7 环境适应性设计

上面级环境适应性设计准则主要包括：

1）环境适应性设计应"自顶向下"逐级明确环境条件，"自底向上"逐级开展环境适应性设计和验证；

2）应全面识别产品在全寿命周期所承受的振动、冲击、噪声、过载等力学环境条件，根据产品特点，采取针对性的减振、抗（耐）振、错开频率、降冲击、降噪、抗过载、避免应力集中等设计措施；

3）应全面识别产品在全寿命周期所承受的高温、低温、温度循环、温度冲击、热流等热环境条件，根据产品特点，按照相关标准，采取针对性的防热、散热、抗（耐）热等设计措施；

4）应全面识别产品在全寿命周期所面临的电磁环境条件，按照相关标准，采取屏蔽、接地、滤波、隔离等措施；

5）应全面识别产品在全寿命周期所面临的自然环境条件（包括大气环境、真空环境等），分析产品敏感的环境因素，按照相关标准，采取防雨、防潮、防盐雾、防霉菌、防低气压等设计措施；

6）应降低产品工作产生的振动、冲击、热量、电磁场等诱发环境对自身及周围产品的影响；

7）产品布局安装应远离冲击、高温等作用源，并做好隔离与防护；

8）螺纹连接应采取可靠的防松措施。

在上面级研制过程中，针对力学环境、热环境、电磁环境、自然环境（包括大气环境、真空环境）等，从总体、分系统到单机，相互协调配合，从环境条件设计与传递、环境适应性设计与验证两方面采取了措施：

（1）环境条件设计与传递

1）为保证力学环境、热环境条件的可靠性，总体在制定上面级力学环境条件和热环境条件时，考虑了全寿命周期的极限工况，按照一定的置信度和一定的概率给出环境试验条件，确保能够覆盖地面和飞行力学环境；

2）总体根据上面级轨道高度、在轨飞行时间等因素，给出上面级空间环境，主要包括：

a）原子氧环境；

b）电离层环境；

c）地球辐射带环境（主要包括总剂量效应、单粒子事件效应、表面充放电效应以及太阳电池损伤）。

（2）环境适应性设计与验证

1）根据总体给出的力学环境条件，针对上面级各类单机产品开展了耐力学环境设计和试验，例如：

a）电子设备采用整机减振或硅橡胶整体紧固抗振等方法；

b）增压管路材料采用高温合金钢，将弹垫防松改为自锁螺母防松；

c）阀门产品合理设计圆角、倒角，减小应力集中，提高耐振动能力；

d）开展了单机产品定频振动、正弦扫描、随机振动、噪声、冲击、离心加速度等试验，考核验证了产品的力学环境适应性。

2）针对上面级在轨飞行时间长、热环境恶劣，采用了被动热控与主动热控相结合的热控方案，为各系统单机正常工作创造较好的温度环境；对位于发动机舱的仪器、电缆，采取了整体热防护措施。

3）为提高单机产品对热环境的耐受能力，针对各类单机产品特点，合理采用了耐热环境设计措施，例如：

a）结构件选用耐热环境材料。

b）数字电路选用功耗低、发热量小、热敏感度低的 CMOS 器件，功率器件加散热器；机箱采用凹形导槽设计及表面涂敷工艺和密封设计。

c）电机驱动器采用整体铝板散热代替散热片局部散热。

d）在功耗较大的发射机及电源结构设计上采取措施提高电源模块、功放模块的散热能力，大功率三极管装在与壳体相连的散热片上，加大散热面积。

e）开展了高温、低温、温度冲击、低气压、热真空等试验考核。

　　4）从总体设计上采取整体防护设计措施，增厚外层防护板；对暴露于上面级结构外部的电缆进行防护等。

　　5）为提高单机产品空间环境耐受能力，对空间环境敏感的关键产品采取了针对性的设计措施。针对单粒子效应，按以下步骤开展工作：

　　a）从元器件、单机到系统，逐级开展单粒子效应（SEE）影响分析；

　　b）尽量选取对 SEE 不敏感的元器件；

　　c）单粒子翻转的防护设计；

　　d）单粒子锁定的防护设计。

　　6）针对产品内部、系统间及大系统间的干扰问题，开展了电磁兼容设计，逐级采取技术措施，保证系统内各分系统设备之间相互电磁兼容，保证上面级与基础级火箭系统间电磁兼容，保证上面级与发射场、卫星、测控系统等大系统间电磁兼容。例如：

　　a）在单机设计中，采取线路中的各种滤波、去耦及屏蔽措施，提高在有线传导方面的电磁兼容性和抗开关电路的射频辐射能力；

　　b）在系统设计中，对较敏感的信号传输线进行屏蔽；

　　c）通过综合试验、匹配试验、发火试验、出厂测试、发射场测试，验证电气系统各仪器互相兼容，分系统间、系统间和大系统间互相兼容。

9.3.3.8　防差错设计

　　上面级防差错设计准则主要包括：

　　1）应全面识别在产品全寿命周期内，有关人员对产品进行安装、连（插）接、更换、测试或操作等过程中的易错因素，有针对性地采取防操作差错设计措施：

　　a）避免接口相同或相似的设备、电缆或管路布局过近；

　　b）从结构设计上防止装错、装反或接反；

　　c）相邻连接器、管接头一般应选用不同的产品或规格；

　　d）相邻管路、电缆、插头或插座应标记清晰、易分辨；

　　e）对操作人员的技能要求应合理。

　　2）应对易错项目设计有效的检测方法和检测手段，提出明确的检测要求，并闭环检查。

　　在上面级研制过程中进行了防差错设计，例如：

　　1）优先使用结构形式防差错设计，功能相同、位置相近、外形相似、容易安装错的零部件、组件等，从结构上加以区别和限制；

　　2）对于安装方向、极性有要求的产品采用非对称的接口设计；

　　3）采用提示与标识设计，避免在结构安装、接口连接或操作工艺流程上的人为操作差错。

9.3.3.9　容错设计

　　上面级容错设计准则主要包括：

　　1）设计时应全面分析难以防范的人为错误或典型故障，采取容错设计措施，降低人为错误或典型故障对产品功能的影响；

2）容错设计措施应充分利用产品的剩余能量。

在上面级设计上采取了容错设计措施，例如：

1）在基础级火箭入轨偏差较大的情况下，通过上行遥控可以实施上面级在轨弹道重规划，降低卫星不能入轨的风险；

2）针对低轨任务主发动机点火故障，采取了制导控制重构技术，可以有效增强上面级故障应对能力，提高低轨两次变轨任务的飞行可靠性；

3）采用姿控极性故障诊断和控制重构方案，可以增强上面级对姿控发动机一度故障的应对能力，确保故障情况下姿态稳定。

9.3.4　可靠性提升

开展基础级火箭可靠性提升的主要目的是不断识别和消除可靠性薄弱环节，提升系统固有可靠性，以满足工程总体提出的可靠性要求。

基础级火箭可靠性提升工作包括以下步骤：

1）确定可靠性提升项目；

2）制定可靠性改进措施；

3）实施可靠性改进；

4）评估可靠性提升效果；

5）可靠性提升成果应用。

为满足北斗三号发射任务圆满成功的要求，在可靠性专项支持下，基础级火箭从系统、分系统及单机层面，分别采取了多项可靠性改进措施。

（1）系统可靠性提升

1）根据历次飞行二级尾舱热流遥测数据统计分析结果，完善了热真空试验条件，对二级尾舱热防护进行了改进；

2）对一级尾舱排水方案进行了改进，优化了排水口的位置和尺寸；

3）将常规推进剂插入式测温改为贮箱外壁测温，消除了推进剂泄漏隐患；

4）对二三级级间爆炸螺栓进行改进，提高了级间连接可靠性。

（2）分系统可靠性提升

1）为防止多余物造成泄漏、卡滞等故障，三子级氢箱增压系统、氧箱增压系统、冷氦气瓶充气管路均增加了过滤器，地面发射支持系统在冷氦连接器入口处增加了多层烧结滤网过滤器；

2）为防止单向阀"关不上"，在地面增压路与箭地接口间采用增压单向阀串联安装，消除"关不上"的单点故障模式；

3）姿控动力系统增加加温系统，提高姿控喷管工作的可靠性；

4）低温加注系统对液氢阀和液氧阀进行了并联冗余设计，消除了"打不开"的单点故障模式。

（3）单机、软件可靠性提升

1）氢氧发动机进行了齿轮轴等材料改进、推进剂利用阀推杆防松改进、转速线圈冗余改进等；

2）控制系统箭上电缆网和箭上电池进行了改进，提高了电池加温的可靠性；

3）姿控动力系统电磁阀进行了设计改进；

4）侧推火箭分体式支架改为一体式支架，提高了支架及固体火箭工作的可靠性。

9.4　可靠性试验与评估

在基础级可靠性提升、上面级研制过程中，通过开展环境应力筛选、单机可靠性强化试验、可靠性增长试验和系统可靠性验证等，激发可靠性薄弱环节，验证可靠性措施的有效性；通过收集地面试验和飞行试验信息，从单机、分系统到系统，"自底向上"开展可靠性评估，定量分析各级产品是否满足可靠性指标要求，做到"用数据说话"，完成可靠性定量指标的第二轮"闭环"。

9.4.1　环境应力筛选

对电子产品开展环境应力筛选的主要目的是有效剔除元器件和工艺早期缺陷，保证交付使用的产品具有高的固有可靠性水平。

运载火箭系统电子产品环境应力筛选主要参考相关标准进行。环境应力筛选条件以"既不漏过有缺陷的产品，也不损坏无缺陷的产品"为原则。

基础级、上面级箭上电子产品环境应力筛选按单板、整机分级进行，单板、整机筛选包括缺陷剔除和无故障检验两个阶段，主要采用随机振动和温度循环两种环境应力。

（1）随机振动筛选条件

随机振动筛选条件如图 9 - 9 所示。

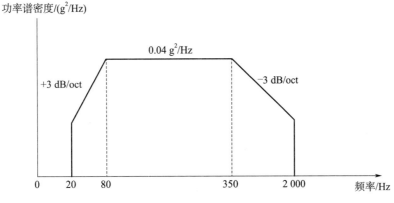

图 9 - 9　随机振动筛选条件示意图

（2）温度循环筛选条件

温度循环应力条件如图 9-10 所示。

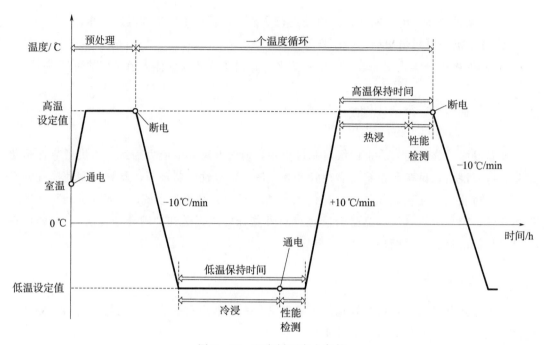

图 9-10　温度循环应力条件

9.4.2　单机可靠性强化试验

利用工程样机开展可靠性强化试验的主要目的是通过系统地施加逐步加大的环境应力和工作应力，高效激发产品设计和工艺薄弱环节，摸清产品裕度，尽快确定正式产品技术状态，缩短产品研制周期，提高试验效益。

在上面级电子产品研制过程中应用了可靠性强化试验技术，结合工程实际情况，合理确定了试验项目、试验条件，试验项目包括：

1）低温步进试验；

2）高温步进试验；

3）随机振动步进试验；

4）温循-振动复合试验。

箭载计算机、换流转接器、中心程序器、安全控制器、安全指令接收机、S 波段功放单元、S 频段应答机、压力传感器等设备开展了可靠性强化试验，包括低温步进试验、高温步进试验、随机振动步进试验、温循-振动复合试验，试验剖面如图 9-11～图 9-13 所示，其中压力传感器低温步进试验截止温度为－70 ℃、高温步进试验截止温度为125 ℃，换流转接器、中心程序器低温步进试验截止温度为－55 ℃、高温步进试验截止温度为75 ℃。

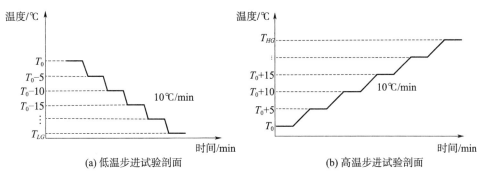

图 9 - 11　温度步进试验剖面

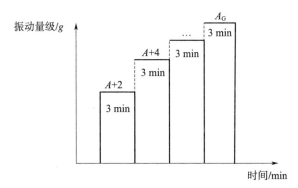

图 9 - 12　随机振动步进试验剖面

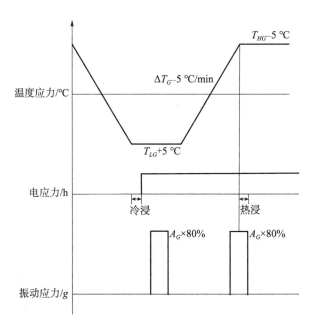

图 9 - 13　温循-振动复合试验剖面

9.4.3 单机可靠性增长试验

开展可靠性增长试验的主要目的是对产品施加模拟真实使用工况的环境应力和工作应力，激发产品可靠性薄弱环节，为改进设计和工艺提供依据，实现可靠性增长，并为评估产品能达到的可靠性水平积累子样。

在基础级火箭可靠性提升、上面级研制过程中，开展了单机产品可靠性增长试验，试验对象包括：

1) 新设计的重要产品；

2) 有重大更改设计的重要产品；

3) 未达到可靠性指标要求的借用产品。

结合运载火箭单机产品小子样的特点，可靠性增长试验采用无增长模型的试验方案。对于电子产品，可靠性增长试验主要施加温度、湿度、随机振动和电应力条件，试验中通电工作时间根据可靠性定量指标、置信度、任务时间、子样数等，按定时截尾方案，采用指数分布进行计算得到，见公式（9-6）。

$$T_{通电} = \frac{1}{n} \cdot \left[-\frac{\chi^2_{\gamma, 2r+2}}{2\ln R_L} t_{t0} \right] \tag{9-6}$$

式中，$T_{通电}$ 为试验中产品通电工作总时间；R_L 为可靠性增长试验目标值；γ 为置信度；r 为失效数，按 0 考虑；$\chi^2_{\gamma, 2r+2}$ 为置信度为 γ 的 χ^2 分布下侧分位点，如 $\chi^2_{0.7, 2} = 2.41$；t_{t0} 为产品温度循环任务时间；n 为参试产品数。

对于非电产品，可靠性增长试验主要根据其故障模式、对应的可靠性特征量及分布类型，按威布尔分布或正态分布等计算试验参数。

以上面级为例，根据单机产品 FMEA 结果，参考相关标准，初样阶段策划并开展了可靠性增长试验，见表 9-7。

表 9-7　单机产品可靠性增长试验方案

序号	产品类型	主要故障模式	可靠性特征量	可靠性特征量分布类型	试验项目
1	电子产品	功能失效、性能超差、漏电	故障时间	指数分布	可靠性增长试验
2	机电产品	功能失效、性能超差、卡滞	故障时间	威布尔分布	可靠性增长试验
3	机构产品	功能失效、性能超差、卡滞	故障时间	威布尔分布	可靠性增长试验
4	结构产品	强度破坏、失稳	破坏载荷	正态分布	静力试验
5	火工装置	功能失效、性能超差、破坏	破坏载荷、装药量、间隙等	正态分布等	最大熵试验、强度试验等
6	液体火箭发动机	性能超差、泄漏、爆炸等	故障时间	威布尔分布	可靠性试车

针对上面级飞行时间长带来的可靠性增长试验时间过长、实施难度大问题，在不改变故障机理的前提下，研究采取了加速试验方案。基于 Arrhenius 模型的产品加速应力与正常应力水平下的加速因子见公式（9-7）：

$$A_{Fs} = \frac{\eta(T_0)}{\eta(T_s)} = \exp\left[\frac{E_a}{K}\left(\frac{1}{T_0} - \frac{1}{T_s}\right)\right] \qquad (9-7)$$

式中，T_0 为正常温度水平（绝对温度）；T_s 为加速温度水平（绝对温度）；E_a 为激活能；K 为玻耳兹曼常数。

上面级新研电子产品均开展了可靠性增长试验，针对试验中暴露的薄弱环节进行了改进，改进后进行了再试验。S 频段应答机、箭载计算机等部分产品因技术状态变化或可靠性增长试验数据不足，在可靠性专项支持下，后续又补充开展了可靠性增长试验。

上面级非电产品均结合产品特点开展了可靠性增长试验：

1）结构部段通过轴压、轴拉、极限承载等静力试验和刚度试验，模态试验，破坏试验等项目来考核产品的可靠性；

2）管路、气瓶和阀门开展了可靠性增长试验；

3）主发动机首飞前完成了多次单机热试车、双机并联热试车，同时研制过程中进行了多次拉偏工况、拉偏混合比和长程可靠性试车；

4）姿控动力系统气瓶、贮箱、推力室、电磁阀等单机产品开展了可靠性增长试验。

9.4.4　系统可靠性验证

运载火箭系统规模庞大、组成复杂，系统级可靠性研制试验难度高、代价大、周期长，工程中基本不可行，因此，主要是在单机可靠性研制试验基础上，通过各类分系统试验和总体大型地面试验，对分系统、系统可靠性设计措施的有效性及单机之间、分系统之间接口的可靠性进行考核。

在上面级研制过程中，主要结合分系统研制试验和总体大型地面试验进行系统可靠性验证，例如：

1）控制系统、测量系统、卫星供电系统、主动热控系统等开展了综合试验、电磁兼容试验等，在对功能、性能、接口等进行考核的同时，也对可靠性设计措施的有效性进行了验证；开展了姿态控制系统数学仿真，验证了额定、上限和下限状态下的姿控稳定性。

2）姿控动力系统开展了全系统试车和全系统振动试验，考核了分系统可靠性设计的有效性及单机产品接口的可靠性。

3）总体策划开展了多项大型地面试验，包括电气系统匹配试验、电气系统电磁兼容性试验、火工品电路发火试验、推进剂管理装置落塔试验、双星分离试验、系统级低频振动试验、系统级噪声试验、全系统热平衡试验、全系统试车、星箭机械接口对接试验、星箭电气接口对接试验、铁路运输试验等，对系统可靠性设计措施的有效性和分系统间接口、与外系统接口的可靠性进行了考核。

9.4.5　可靠性评估

开展可靠性评估的主要目的是充分利用工程样机地面试验信息、正式产品飞行试验信息等，客观评估产品达到的可靠性水平，为能否参加飞行、能否通过定型鉴定等提供决策依据；识别不满足可靠性指标要求的具体产品，为开展设计改进和补充验证等工作提供指导。

运载火箭首飞前，按照从单机、分系统到系统的顺序，"自底向上"进行可靠性预评估；在后续执行各次发射任务前，动态进行可靠性评估。可靠性（预）评估步骤一般包括：

1）系统定义；

2）确定可靠性评估指标；

3）建立可靠性模型；

4）确定可靠性特征量及分布类型；

5）数据收集与处理；

6）选取可靠性评估方法；

7）单元可靠性定量评估；

8）系统可靠性定量评估。

运载火箭各级产品中，单元可靠性定量评估主要包括四类单元：

（1）成败型单元

设成败型单元产品的试验数据为 (n, f)，即共试验 n 次，其中有 f 次失败，则在置信度为 γ 时的可靠度置信下限 R_L 的计算公式如式（9-8）所示。

$$\sum_{x=0}^{f} \binom{n}{x} R_L^{n-x} (1-R_L)^x = 1-\gamma \qquad (9-8)$$

式中，R_L 是参数 $(n-1, f+1)$ 的 β 分布的 $1-\gamma$ 分位数，根据 β 分布与 F 分布的关系，计算如式（9-9）所示。

$$R_L = \left(1 + \frac{f+1}{n-f} F_{2(f+1), 2(n-f), \gamma}\right)^{-1} \qquad (9-9)$$

（2）指数分布型单元

设指数分布型单元产品的试验数据为 (n, r, T)，即共投入 n 个产品进行试验，试验中共有 r 个产品失效，试验总时间（所有产品试验时间总和）为 T，则在置信度为 γ 时的可靠度置信下限 R_L 的计算公式如式（9-10）所示。

$$R_L = \exp\left(-\frac{\chi^2_{(2z, \gamma)}}{2T} t_0\right) \qquad (9-10)$$

式中，$\chi^2_{(2z, \gamma)}$ 为自由度为 $2z$ 的 χ^2 分布的 γ 分位数；t_0 为任务时间。

当试验为定数截尾或定时有替换试验时，$z = r$；当试验为定时截尾无替换试验时，$z = r+1$。

（3）威布尔分布型单元

设威布尔分布型（双参数）单元产品的试验数据为 $(n,\ r,\ t_1 \leqslant \cdots \leqslant t_n)$，即共投入 n 个产品进行试验，试验中共有 r 个产品失效，则单元产品可靠度置信下限 R_L 的计算公式如式（9-11）所示。

$$R_L(t_0) = \exp\left[-\frac{t_0^m \chi_\gamma^2(2r+2)}{2\sum\limits_{i=1}^{n} t_i^m}\right] \tag{9-11}$$

式中，m 为形状参数，是衡量寿命分散性的尺度，一般 $m > 1$，具体值应根据试验数据估计而得或工程经验判定。

（4）正态分布型单元

产品结构载荷、强度、输出性能等一般服从正态分布，可基于应力-强度干涉模型，进行可靠性定量计算。

设单元产品结构强度 $X \sim N(\mu,\ \sigma^2)$，加在产品上的应力 $Y \sim N(\mu_1,\ \sigma_1^2)$，结构可靠性定义如式（9-12）所示。

$$R = P(X - Y > 0) \tag{9-12}$$

运载火箭系统主要采用 L - M（Lindstron - Maddens）法进行系统可靠性综合评估。该方法是基于串联系统可靠性取决于组成系统的最薄弱环节这一事实，利用各组成单元的成败型试验数据对串联系统的可靠性进行综合评定。设系统可靠性模型为串联模型，组成该系统的各单元的成败型试验数据为 $(n_i,\ f_i)$，$i = 1, 2, \cdots, L$，则系统等效试验数与等效失败数分别为

$$n^* = \min(n_i, \cdots, n_L) \tag{9-13}$$

$$f^* = n^*\left(1 - \prod_{i=1}^{L} \frac{n_i - f_i}{n_i}\right) \tag{9-14}$$

按成败型试验数据 $(n^*,\ [f^*]+1)$、$(n^*,\ [f^*])$，由以下方程求得系统可靠性精确置信下限 R_1、R_2。

$$\left. \begin{aligned} \sum_{x=0}^{[f^*]+1} \binom{n^*}{x} R_1^{n^*-x}(1-R_1)^x &= 1 - \gamma \\ \sum_{x=0}^{[f^*]} \binom{n^*}{x} R_2^{n^*-x}(1-R_2)^x &= 1 - \gamma \end{aligned} \right\} \tag{9-15}$$

式中，$[f^*]$ 为不超过 f^* 的整数部分；γ 为置信度。

按 f^* 值在 $[R_1,\ R_2]$ 中线性内插，得到相应的系统可靠性下限的近似值 R_L 如下所示

$$R_L = R_2 + (f^* - [f^*])(R_1 - R_2) \tag{9-16}$$

运载火箭系统在执行各次北斗三号卫星发射任务前，均"自底向上"逐级动态开展了可靠性评估：

1）根据单机产品可靠性特征量分布类型、试验数据、置信度、任务时间等，进行单机发射可靠性、飞行可靠性定量评估，并将试验数据转换为等效试验数、等效失败数；

2）根据分系统可靠性模型、可靠性模型中各单元的等效试验数、等效失败数，进行

分系统的发射可靠性、飞行可靠性评估，并计算等效试验数、等效失败数；

3）根据系统可靠性模型、可靠性模型中各单元的等效试验数、等效失败数，进行系统发射可靠性、飞行可靠性评估。

经评估，运载火箭系统基础级、上面级可靠性满足工程总体下达的可靠性指标要求。

此外，在正式执行试验卫星发射任务前，参照 GB/T 29075—2012《航天器概率风险评估程序》，开展了上面级概率风险评估（Probabilistic Risk Analysis，PRA），根据任务成功准则的不同后果状态，给出了任务圆满成功的可靠性评估结果和重要度排序结果。

第10章 地面系统可靠性设计与验证

10.1 概述

北斗系统地面运控和测控系统（以下简称"地面系统"）是导航、定位、授时等业务正常运转的核心，要求地面系统可靠、安全、高效地运行，能在系统运行过程中连续地监控系统的运行状态，并及时完成对相关导航电文、遥控指令的生成与注入，导航信号及遥测信息的监测传输等工作。地面系统可靠性水平的高低直接关系到北斗系统服务性能的优劣和在轨卫星的安全，地面系统的工作特点决定了需对其可靠性进行细致的设计与验证。本章内容主要包括地面系统组成、地面系统可靠性设计、地面系统任务可靠性分析、地面系统物理层可靠性分析和地面系统可靠性评估等。

10.1.1 地面系统组成与功能

地面系统主要包括运控系统和测控系统（见图 10-1）。运控系统主要执行导航信号监测、导航电文生成与注入等任务；测控系统主要执行导航卫星遥测信号监测、控制指令上注等任务，两者都采用"总-分"建设模式，即在总节点（主控站或测控中心）进行信息解算、处理，在分节点通过分布的监测站、注入站进行信息的获取和注入。

地面运控系统主要由主控站、注入站、监测站组成。主控站是地面运控系统的中枢，并与其他地面站进行站间观测与数据传输，同时具备注入站和监测站功能，主控站完成对星座内全部卫星导航信号完好性的计算，信号传播时延修正与预报，站内设有高性能原子钟，并建立系统时间基准，维持全系统的时间同步，通过已知站获得的高精度卫星观测数据，建立并维持系统坐标基准。注入站同时具备监测站功能，注入站按照最大弧度上行注入可视的要求最大空域分布，完成对卫星历书、星历、钟差、控制参数、电离层校正参数和导航信号完好性参数注入。监测站通过多频段监测接收机和地面卫星遥测遥控设备接收处理卫星导航信号、遥测信号，获得精密定轨数据与完好性判定数据，并送主控站进行综合处理。

测控系统主要由测控中心、注入站、监测站组成。测控中心完成对星座内全部卫星遥测信号汇集与分析，计算和生成变轨、星上设备运行等信息。注入站完成对变轨、设备开关机等遥测指令的注入。监测站通过地面卫星遥测遥控设备接收卫星遥测信号，并送测控中心进行综合处理。

10.1.2 地面系统业务特点

地面系统的主要业务特点如下：

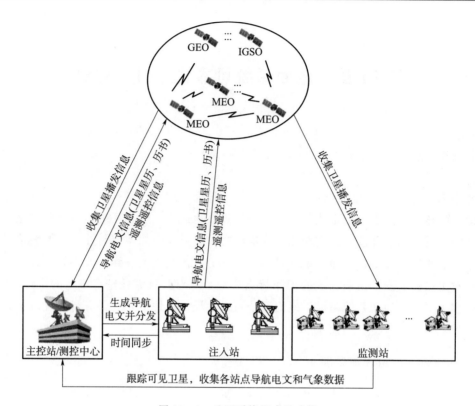

图 10-1　地面系统组成及功能

　　一是地面系统管理的设备众多。地面系统涉及几十颗卫星、几十个地面站、上千个核心设备的管理调度和运行控制，对系统稳定性要求高，运控主控站和测控中心需要根据星地可见性、设备工作状态、工作参数、链路资源等条件，对卫星、地面站、设备资源等进行业务规划和管理调度，实现合理高效的业务规划。

　　二是地面系统内外接口关系复杂。地面系统外部需要对接卫星系统、星间链路系统等，内部需实现运控主控站与测控中心、主控站/测控中心与注入站、主控站/测控中心与监测站以及各类地面站内部分系统之间接口。信号方面包括 L 频段、S 频段、C 频段、Ka 频段及激光等信号。信息包括基本导航、星基增强、自主导航，以及星上设备监测参数等信息，这些信息通过星地、站间等链路进行交互，涉及各类站点及星地之间的接口协议。

　　三是地面系统运行实时性要求高。地面系统涉及几十颗卫星轨道、星载原子钟、姿态、设备状态等参数的处理，对精度和实时性要求高，而且北斗系统提供 RDSS、SBAS 等强实时服务，地面系统需要快速处理，及时播发并服务用户，确保服务的实时性。

　　四是地面系统运行维护需常态化开展。地面系统一般按照自动化流程进行，各项业务并行开展，且系统组成复杂、设备种类多、设备数量大。由于设备老化、环境异常或人为干扰等原因，系统之间接口及系统或设备本身出现故障或异常情况在所难免，地面操作人员必须能够独立或借助专家系统对发生故障进行排查，对异常情况进行评估分析，形成解决方案，通常情况下会涉及系统重启、软件异常修复、故障设备维修替换等。

10.1.3　信息物理系统特点

在信息物理系统中，通常呈现出基础硬件和设备种类多、网络层软硬件交互频繁等特点，信息空间从物理空间中的对象、环境、活动进行数据采集、存储、建模、分析、挖掘、评估，并对对象的设计、测试和运行性能表征相结合，产生与物理空间深度融合、实时交互、互相耦合、互相更新的信息空间。同时，信息空间知识的综合利用指导物理空间的具体活动，实现数据和知识的积累与应用。

地面系统具备显著的信息物理系统的特征，在物理空间和信息空间进行信息交互，开展测量、通信、处理、控制、监测业务过程。

在物理空间，地面系统通信网络、上注天线、接收机等众多设备在云平台上统一调度、协同运行，通过采用云平台技术提升设备调用和运转效率，集成先进的感知、计算、通信等信息技术手段，构建了包括主控站/测控中心、注入站、监测站等硬件设备的物理空间，硬件设备通过传感器监测感知外界的信号，同时能够由执行器接收控制指令对物理设备进行控制。

在信息空间，多业务信息流基于物理设备快速流转、穿插并行，物理空间和信息空间频繁交互。地面系统在运行过程中构建了由导航业务信息流、数据处理信息流、设备控制信息流等数据信息构成的信息空间，地面监测站网信息汇聚、地面资源管控、导航信息解算等业务在云平台上执行，呈现出数据联通、边缘计算、协同控制等功能，数据资源在信息空间中动态流动。

10.2　地面系统可靠性设计

10.2.1　信息层可靠性设计

地面系统信息复杂度及软件规模大，良好的信息可靠性设计是系统稳定运行的重要保证。在地面系统信息可靠性设计方面，主要采取了集群冗余部署设计、数据信息分布式存储设计、信息表决设计等。

信息冗余设计主要采用了集群部署技术，当一台节点服务器发生故障时，其上运行的应用程序将被另一个节点服务器自动接管，以提高系统可靠性。以地面运控系统为例，其将各类信息处理业务部署在云平台上，便于进行业务共享和迁移。在云平台上虚拟了多台服务器，将服务分别部署在不同机柜物理节点的服务器上，当其中一台服务器出现故障时，系统会自动切换到另一台服务器运行。由于备份节点部署于不同物理机柜中，当某一机柜网络出现问题时，仍能保证该服务可正常运行，实现了对虚拟机的故障隔离和自动处理。在故障处理时，支持对故障服务器进行隔离，避免业务消息发到故障服务器，确保故障不影响系统正常运行和业务正常使用，降低了故障危害。同时，云计算平台管理系统采用冗余备份机制，主系统故障可自动切换到从系统提供服务。当系统冗余度降低时，可利用云平台的 HA 机制修复其冗余度，从而保证在长时间免维护情况下系统的不间断应用。

　　数据信息分布式存储（见图 10 - 2）通过采用 HBase 分布式数据库实现。数据信息存储底层基于分布式文件系统 HDFS 构建，利用分布式文件系统存储多个副本的源信息和 Zookeeper 的选举机制实现管理节点的多机备份；利用分布式文件系统存储数据表的多个副本，实现数据的冗余存储；数据库表到达一定规模后会根据 Key 值自动分裂，分布到多个节点，实现负载均衡。HBase 分布式数据库在数据修复方面实现了数据库镜像机制，创建镜像时，数据库能够保存源信息的副本，并对源信息指向的全部底层文件进行保护，防止文件在后续操作中被删除或移动。通过镜像机制，能够在数据库损坏时修复到某一时刻的状态。

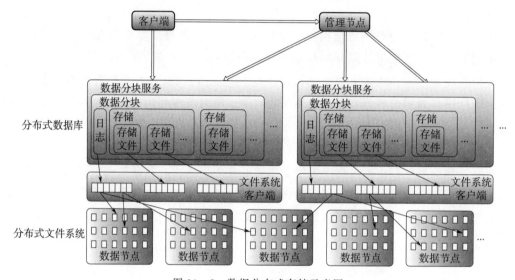

图 10 - 2　数据分布式存储示意图

　　信息表决设计是通过设计出多个模块或不同版本，对信息流获取过程进行可靠性设计。对于同一地点监测参数等相同初始条件信息，实行多数表决，防止因其中某一路信息的异常而提供错误服务，对系统中关键节点进行容错设计，以消除关键信息节点的单点故障。

10.2.2　网络层可靠性设计

　　网络层是信息系统和硬件系统之间的链接纽带，网络链路故障可能会使业务处理中断或造成较高的丢包率，信息传输质量将受到严重影响，因此网络层设计过程中需要确保网络的可靠性，在信息系统和硬件系统节点之间应设计多条并行链路，避免单点故障导致的网络中断。不同的信息可以通过网络层进行相互连接和信息共享，其主要设计包括网络拓扑优化设计、接口协议多级容错设计等。

　　1）网络拓扑优化设计。预设与信息系统和硬件系统的接口，以保证系统的稳定性和可靠性，满足系统规模拓展时不对现有系统运行性能造成不良影响。同时，约束数据在通信链路的跳转次数，控制网络时延，保证通信可靠性。

2）接口协议多级容错设计。在分析信息物理系统中通信网络的服务质量、延迟时，设计清晰可靠的内部通信带宽和内部通信协议，通过信息校验方法识别硬件系统和信息系统中的交互错误，在接口协议中制定信息重发机制和重发次数，采用冗余信息掩盖失效信息；若持续失败，则推送硬件设备故障告警，快速利用其他器件替代，也可隔离失效器件，通过消除错误效应修复网络层运行。

10.2.3　硬件层可靠性设计

地面系统硬件系统设备种类多、规模大，在系统设计和建设时采取简化设计、冗余设计、降额设计等方法，提高地面系统硬件的可靠性。

1）简化设计。在主控站/测控中心、注入站、监测站设计过程中，对站点/产品功能进行分析权衡，合并相同或相似功能，在满足规定的信号采集、处理、上注功能性能要求的条件下，使其设计简单，尽可能减少产品层次和组成单元的数量。最大限度地采用通用的组件、零部件、元器件，优先选用标准化程度高的零部件、紧固件与连接件、管线、缆线等，并尽量减少其品种，使故障率高、容易损坏、关键性的单元具有良好的互换性和通用性，配套厂家生产的相同产品成品件能安装互换和功能互换。

2）冗余设计。冗余设计是提升系统可靠性的通用方法，在地面系统设计过程中充分采用了冗余设计，不同的站点进行了并址建设，充分进行了功能冗余。此外，运控系统主控站建立了第二主控站，进行了异地灾备，注入站和监测站在地域允许范围内进行了多达几十个站点的冗余，站内天线等设备也进行了功能冗余和数量冗余，如多波束天线和抛物面天线联合配置，多套抛物面天线对准单颗 GEO 卫星等。

3）降额设计。在地面系统设计与运行过程中，保证实际施加于系统/设备的环境应力条件低于允许限额，系统/设备将更可靠地运行。在地面系统主控站云平台中，针对每台虚拟机对硬盘、负载、内存进行分配，运行过程中进行负载均衡，使硬盘使用率、CPU 使用率、内存使用率均维持较低水平（远低于设计值），确保信息处理和管理控制可靠进行。

10.3　地面系统任务可靠性分析

10.3.1　系统任务过程

通过分析地面运控系统执行基本导航、星基增强、短报文任务过程中的信息流和涉及的监测接收终端、天线、时频统一、管理控制、测量通信、信息处理等物理设备，按照所涉及的硬件设备和信息流梳理任务过程，如图 10-3 所示。

主要涉及的硬件设备包括监测接收机、时间统一设备、测量通信设备、信息处理设备等，各种设备为不同业务的进行提供硬件基础。

基本导航业务是为面向全球的基本导航服务提供信号观测、时间同步、基本导航电文生成、规划调度、管理控制、电文注入等，任务执行过程中，信息流涉及执行期间的软件、信息、接口，其任务信息流包括导航信号观测、基本导航业务处理、星地数据上下

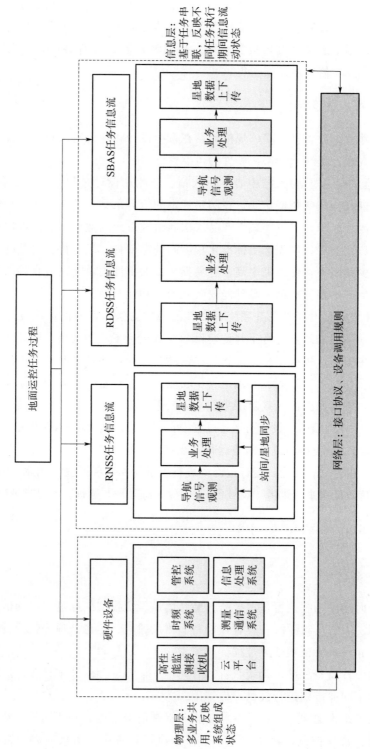

图 10 – 3 运控系统任务过程

传、站间/星地同步 4 项；短报文通信业务是为面向全球的短报文服务提供短报文信号收发、短报文业务处理等，其任务信息流包括短报文信号上下传、短报文业务处理两项；星基增强业务是为面向重点区域的星基增强服务提供信号观测、星基增强电文生成、规划调度、管理控制、电文注入等，其任务信息流包括导航信号观测、星基增强业务处理、星地数据上下传 3 项。

分析测控系统执行卫星测控任务过程中的信息流和涉及的物理设备，任务过程如图 10 - 4 所示。

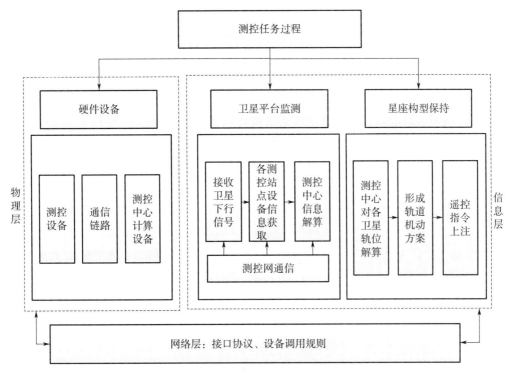

图 10 - 4　测控系统任务过程

主要涉及的硬件设备包括测控设备、通信链路、测控中心计算设备等。卫星平台监测任务通过测控设备接收卫星下行信号，由测控中心进行信息解算，获得卫星平台各设备的遥测数据，并对设备状态进行监测；星座构型保持任务通过测控中心对卫星轨位进行解算，结合卫星平台状态，判断是否需进行轨道机动或姿态调整，并通过测控设备进行遥控指令上注。

通过对地面系统任务过程进行分析，建立基于信息流的任务可靠性模型，可将物理层设备以及各类服务执行过程中的信息传递过程融合起来，准确反映地面系统信息物理系统特点，并结合运行阶段数据进行可靠性验证和评估。

10.3.2　基本导航任务可靠性建模

（1）RNSS 任务剖面分析

RNSS 星地一体化任务过程包括卫星系统和地面系统的测量通信和业务处理过程。地面系统在 RNSS 任务过程中大致完成四项基本业务流程：信号观测、信息传输、信息处理、信息上注等。

RNSS 任务过程中，地面系统完成对北斗 RNSS 导航信号的观测和星间链路等信息接收，经过信息传输汇集至主控站并完成信息处理，生成导航信息，最后完成对卫星系统的信息注入。RNSS 星地一体化任务过程中地面系统的信号观测、信息传输、信息处理、信息上注四项基本业务流程如图 10-5 所示。

1）信号观测任务过程。信息内容包括 RNSS 导航信号观测数据、星间链路数据、星地链路数据和站间时间同步数据等；信息接收包括：RNSS 导航信号观测数据的接收由监测站完成，星间链路数据、星地链路数据的接收由注入站 Ka、L/S 链路完成，站间时间同步数据的接收由主控站、注入站的站间数传与测量分系统完成。

2）信息传输任务过程。将监测站、注入站收集的各类信息传输至主控站。

3）信息处理任务过程。信息处理任务由主控站完成，首先基于接收到的各类数据，对系统状态进行监视和控制，对各分系统业务数据进行处理分析，然后将数据汇总并进行分发。主控站完成基本导航任务处理并形成电文，进行处理编排后准备上注。

4）信息上注任务过程。主控站通过上行链路完成星间链路和基本导航信息数据的上行注入或将信息分发给注入站，由注入站完成星间链路和基本导航信息数据的上行注入。

（2）RNSS 任务可靠性建模过程

根据对基本导航任务过程的分析，采用 Petri 网建立基本导航服务可靠性模型如图 10-6 所示。地面系统的基本导航任务的可靠性由上行注入（含基本导航和星间链路）任务和基本导航业务处理决定，基本导航业务处理又受到各站信号观测和传输任务的制约。

采用着色 Petri 网对地面系统导航业务处理信息流进行建模，模型分为四个部分：卫星（SV）、主控站（GCC）、监测站（GSS）、注入站（MUS）。模型详细描述卫星星座、主控站、监测站、上行注入站等相关设备级性能和可靠性参数与系统可靠性的关系，模拟 RNSS、RDSS 和 SBAS 等导航业务中信息流在系统中的流动情况。

①主控站部分

主控站 Petri 网模型主要用于描述主控站的功能，在北斗系统中，主控站主要任务是收集各个监测站的观测数据，进行数据处理，生成卫星导航电文和差分完好性信息，完成任务规划与调度，实现系统运行管理和控制等。

在主控站 Petri 网模型中包括 7 个子模型，即主控站数据模型、主控站平台子系统模型、完好性处理系统模型、时间同步与轨道处理系统模型、精密时间设备模型、任务控制设备模型和信息产生设备模型。主控站 Petri 网模型如图 10-7 所示。

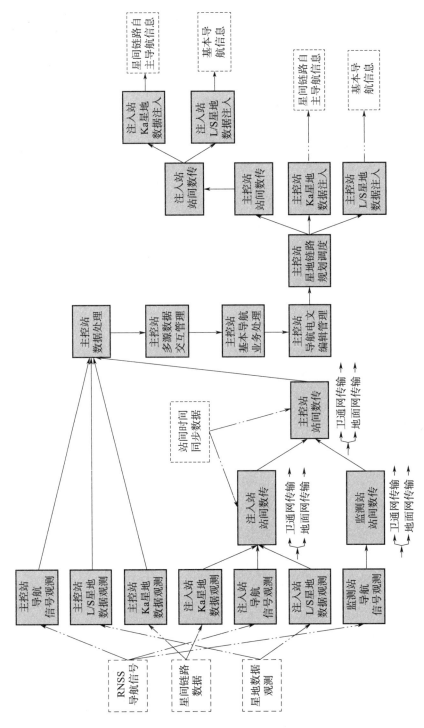

图 10 - 5　地面系统 RNSS 星地一体化任务过程

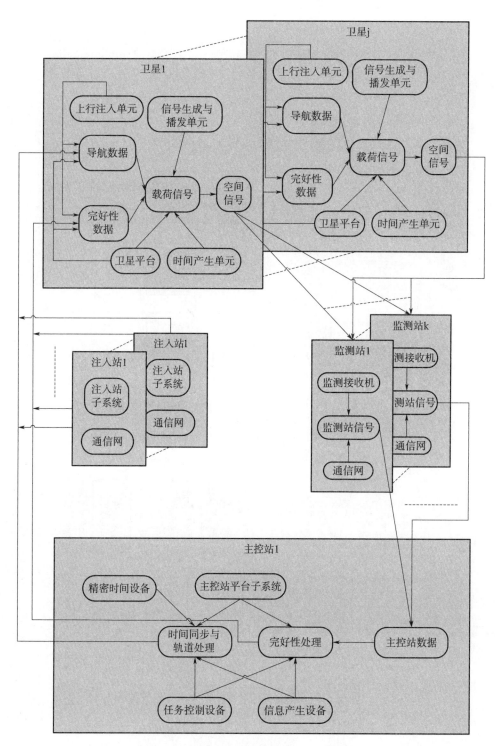

图 10-6 大系统的顶层输入输出关系图

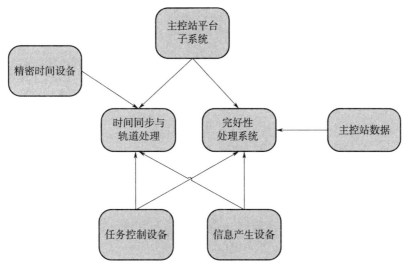

图 10 - 7　主控站 Petri 网模型

主控站数据模型表示从监测站传输过来的卫星监测数据，包括卫星播发的空间信号质量、导航信息质量、完好性信息可用性和完好性信息等，从监测站获取的监测数据模型如图 10 - 8 所示。

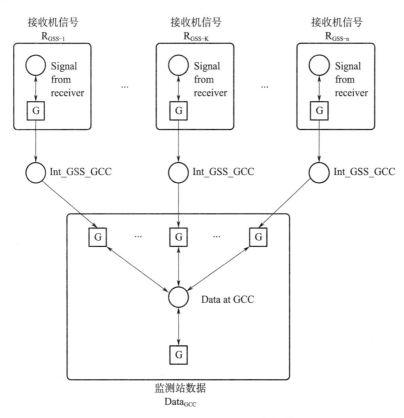

图 10 - 8　从监测站获取的监测数据模型

主控站云平台子系统（见图 10-9）考虑所有其相关的供配电系统、内部网系统等，相关业务软件在云平台上运行，且平台具有较高的冗余度，云平台状态在"正常"和"异常"之间变迁。

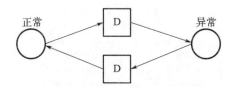

图 10-9 主控站平台子系统模型

精密时间设备模型（见图 10-10）表示主控站精密授时设施的工作状态。精密时间设备模型有三种状态：正常（输出正确）、故障（输出不正确）和失效，状态间切换服从指数分布。

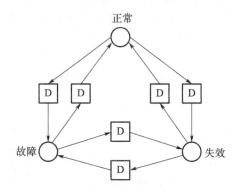

图 10-10 主控站精密时间设备的 Petri 网子模型

轨道与同步处理系统模型反映基于轨道与同步处理系统、精密时间设备和主控站平台子系统确定轨道的过程，外部输入弧如图 10-11 所示。

任务控制设备模型（见图 10-12）描述导航信息和完好性信息注入计划，包括上注信息编排、上注资源调度等。

信息产生设备模型（见图 10-13）反映上注信息计算的获取过程，信息生成设施的正常状态（即能够正确产生上行注入信息）和异常状态（设备不能产生信息），两种不同状态之间的转换服从指数分布。

②注入站部分

注入站子系统模型（见图 10-14）表示注入站的工作状态和所有的技术系统。注入站子系统分为两种状态：正常状态（Nominal）和异常状态（Down）。两种不同状态之间的转换服从指数分布，模型不考虑因注入站引起的数据故障，注入站故障是指不能跟踪卫星，且不能将导航信息注入卫星。

③监测站部分

监测站广泛分布于全国各地，监测接收机布设在监测站内，接收卫星播发的导航信号，并通过站网向主控站发送和汇集，如图 10 - 15 所示。监测接收机模型颜色类型定义和卫星空间信号到监测接收机接口子网颜色类型分别见表 10 - 1 和表 10 - 2。

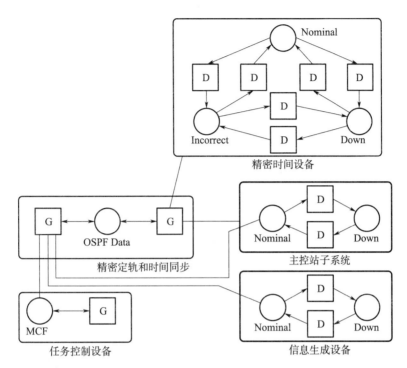

图 10 - 11　轨道与同步处理系统模型的外部输入弧模型接口图

图 10 - 12　任务控制设备的 Petri 网子模型

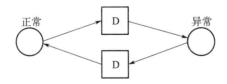

图 10 - 13　信息产生设备的 Petri 网子模型

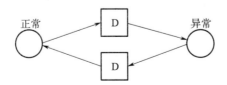

图 10 - 14　注入站子系统的 Petri 网子模型

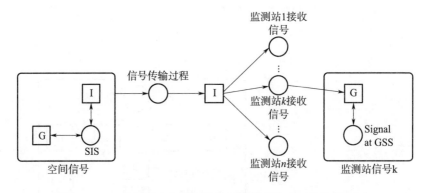

图 10-15　监测接收机模型的监测站外部输入弧接口模型图

表 10-1　监测接收机模型的颜色类型

序号	类型	名称	状态空间	说明
1	监测接收机信号	Q_Sis	{OK,NOT}	信号可用性
		Q_Nav	{OK,NOK,NOT}	导航信息质量
		Q_Int	{OK,NOT}	完好性信息可用性
		I_Int	$\{OK,NOK,NM,NOT\}^{nj}$	完好性信息内容

表 10-2　卫星的空间信号到监测接收机接口子网的颜色类型

序号	类型	名称	状态空间	说明
1	空间信号传输	Q_Sis	{OK,NOT}	信号可用性
		Q_Nav	{OK,NOK,NOT}	导航信息质量
		Q_Int	{OK,NOT}	完好性信息可用性
		I_Int	$\{OK,NOK,NM,NOT\}^{nj}$	完好性信息内容
		t_Delay	R	SV 到 GSS 时间
2	监测接收机信号	Q_Sis	{OK,NOT}	信号可用性
		Q_Nav	{OK,NOK,NOT}	导航信息质量
		Q_Int	{OK,NOT}	完好性信息可用性
		I_Int	$\{OK,NOK,NM,NOT\}^{nj}$	完好性信息内容

　　监测站信号模型表示从监测站传输到主控站的卫星信号。如果监测站出现故障，那么该监测站监测到的所有卫星信号都会受到影响。监测站信号模型的输入弧接口模型如图 10-16 所示，监测站信号模型的初始标识见表 10-3。

表 10-3　监测站信号模型的初始标识

库所	初始标识数	初始颜色
监测站信号	1	$Q\_Sis=\{NOT\}^{nj}$ $Q\_Nav=\{NOT\}^{nj}$ $Q\_Int=\{NOT\}^{nj}$ $I\_Int=\{NOT\}^{njXnj}$

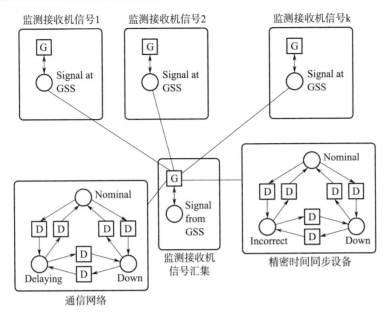

图 10 - 16 监测站信号模型的输入弧接口模型

10.3.3 短报文任务可靠性建模

（1）RDSS 任务剖面分析

RDSS 作为卫星无线电测定业务，用户的位置确定不由用户独立完成，而是由外部系统进行距离测量和位置计算，再通知用户，其主要特点是在定位的同时完成位置报告。RDSS 定位原理是三球交会测量定位，采用两颗地球静止轨道卫星实现对载体的精确定位。地面主控站通过卫星发射用于询问的标准时间信号，当用户接收到该信号时，发射响应信号，经卫星分别返回到主控站。因此 RDSS 任务流程是由主控站、卫星转发器及定位用户机完成。

RDSS 任务是面向全球/区域用户提供定位报告服务，主要任务过程主要包括 RDSS 出站信号生成发射、RDSS 入站信号接收测距、RDSS 信息处理等三项基本业务流程。

RDSS 任务过程中，地面系统生成 RDSS 出站信号，调制 RDSS 出站信息，向卫星连续发射，对卫星 RDSS 入站信号进行跟踪测距，解调 RDSS 入站信息，根据用户服务申请完成对用户的定位授时、报文通信等处理，再生成 RDSS 出站信号，向卫星发射。同时完成对 RDSS 用户的信息管理和状态监视。

在 RDSS 任务过程中，地面系统的 RDSS 出入站信号收集、信息处理和发送三项基本业务，地面 RDSS 任务流程如图 10 - 17 所示。

其中，天线为收发天线；上、下变频信道，发射、接收终端均属于测通系统，接收终端处理包括基带解调、信息处理、分发等功能，发射终端处理主要完成信息的组帧、打包、调制、功放等功能。

1）RDSS 定位授时处理过程。根据 RDSS 用户服务申请，进行快速处理、双向授时处

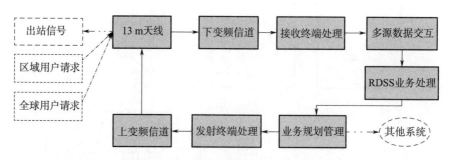

图 10-17　地面系统 RDSS 任务过程

理等，并将处理结果通过出站信号发送给用户。

2）RDSS 报文通信处理过程。根据 RDSS 用户服务申请，进行报文通信转发、通信广播/组播、定位与通信查询等业务处理。

3）RDSS 用户信息管理过程。对 RDSS 用户进行入网注册、身份认证、账号注销等，对集团用户内部隶属关系进行分层分组管理与动态配置。

4）RDSS 用户状态监视过程。对 RDSS 用户位置信息、短报文信息、用户分布等状态进行监视。

（2）RDSS 任务可靠性建模过程

RDSS 任务主要基于用户与卫星通信、主控站与卫星通信网两个部分。用户接收机模型分为三种状态：正常状态（Nominal）、错误状态（Incorrect）和故障状态（Down），三种不同状态之间的转换服从指数分布，如图 10-18 所示。

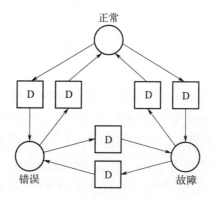

图 10-18　与卫星通信网的 Petri 网子模型

通信网络模型表示卫星和主控站之间的通信。通信网络模型分为三种状态：正常状态（Nominal）、错误状态（Incorrect）和故障状态（Down），如图 10-19 所示。三种不同状态之间的转换服从指数分布，卫星和主控站之间通信的备份体现在三种状态的转换概率上，数据按照预先设定的速度传输。

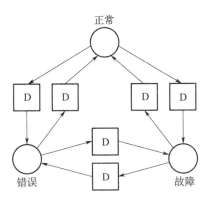

图 10-19　监测站通信网络的 Petri 网子模型

10.3.4　星基增强任务可靠性建模

（1）星基增强任务剖面分析

星基增强任务是面向重点区域用户提供广域差分完好性服务。主要任务是对区域可见卫星进行连续多重监测，任务过程包括卫星系统和地面系统的测量通信和业务处理，与 RNSS 任务过程大致相同，即完成四项基本业务流程：信号观测、信息传输、信息处理、信息上注等。

星基增强任务过程中，地面系统完成对多系统 GNSS 导航信号的观测接收，经过信息传输汇集至主控站完成对信息处理生成广域差分及完好性信息，最后完成对卫星系统的信息注入。

在星基增强任务过程中，地面系统的信号观测、信息传输、信息处理、信息上注四项基本业务流程如图 10-20 所示。

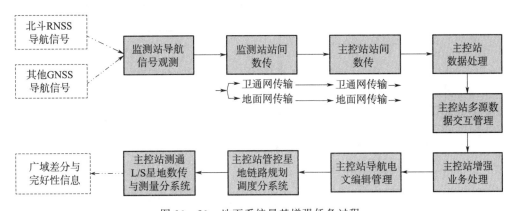

图 10-20　地面系统星基增强任务过程

1）信号观测任务过程。由监测站完成对北斗 RNSS 导航信号观测数据和其他 GNSS 导航信号的接收。

2）信息传输任务过程。监测站收集的各类卫星导航观测信息分别通过各站的站间数传（卫通网和地面网互为备份的方式）传输至主控站。

3）信息处理任务过程。信息处理任务完全由主控站完成，首先对接收到的各类数据进行监视和控制，对业务数据进行处理分析；然后将数据分类汇集，完成观测数据分发；接着开展信息处理，进行上注电文的编排，并结合星地链路规划调度计划，将上行注入，完成卫通传输信息编排与数据发送。

4）信息上注任务过程。根据上行注入任务规划信息和数据，通过上行链路完成对GEO卫星的星基增强信息（广域差分与完好性信息）的上行注入。

（2）星基增强任务可靠性建模过程

根据对星基增强任务过程的分析，地面系统的星基增强任务的可靠性由精密轨道处理、完好性处理和精密时间同步决定，精密轨道处理模型信息见表 10-4。星基增强业务轨道与同步处理系统模型外部输入弧模型接口图如图 10-21 所示。

表 10-4 精密轨道处理模型信息

序号	类型	名称	状态空间	说明
1	TOSPF	T_Update	R	OSPF 更新
		OSPF Data	$\{OK, NOK, NOT\}^{nj}$	所有卫星的导航数据

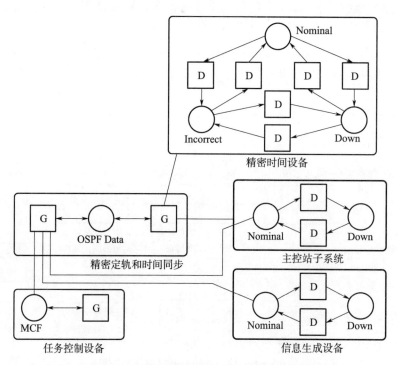

图 10-21 轨道与同步处理系统模型的外部输入弧模型接口图

完好性处理系统模型表示主控站完好性处理设施的工作状态。完好性处理设施表示与完好性信息确定相关的所有技术功能系统。外部输入弧如图 10-22 所示。

精密时间同步模型表示主控站精密授时设施的工作状态。精密时间设备模型有三种状

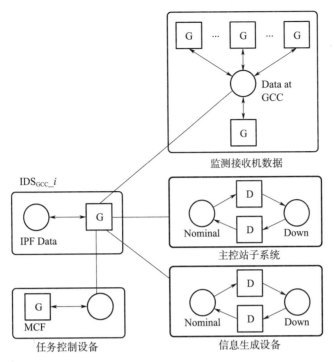

图 10-22　完好性处理系统子模型外部输入弧接口模型图

态：正常（输出正确），故障（输出不正确）和失效，状态间切换服从指数分布，如图 10-23 所示。

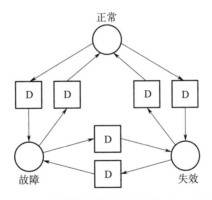

图 10-23　星基增强精密时间设备的 Petri 网子模型

10.4　地面系统物理层可靠性分析

10.4.1　硬件系统可靠性分配

　　地面系统采用层次分析法进行可靠性分配，首先，确定影响系统可靠性的因素，然后确定判断尺度（见表 10-5），主要是对主控站设备、测控中心设备、注入站设备和监测站设备在不同业务流程中的重要度两两比较并进行打分。

表 10-5　判断尺度定义

判断尺度	定义
1/3	A_i 明显不如 A_j 重要
1/2	A_i 不如 A_j 重要
1	A_i 和 A_j 同样重要
2	A_i 比 A_j 重要
3	A_i 比 A_j 明显重要

最后建立影响因素相对系统的两两比较结果矩阵 $\boldsymbol{P}_A$

$$\boldsymbol{P}_A = \begin{matrix} & A_1 & A_2 & \cdots & A_j & A_k \\ A_1 \\ A_2 \\ A_i \\ \cdots \\ A_k \end{matrix} \begin{bmatrix} 1 & a_{12} & \cdots & a_{1j} & a_{1k} \\ 1/a_{12} & 1 & \cdots & a_{2j} & a_{2k} \\ 1/a_{1i} & 1/a_{2i} & \cdots & a_{ij} & a_{ik} \\ \cdots & \cdots & \cdots & \cdots & \cdots \\ 1/a_{1k} & 1/a_{2k} & \cdots & 1/a_{jk} & 1 \end{bmatrix}$$

式中，A_i，A_j 为第 i，j 个影响因素；i，$j=1$，2，$\cdots$，k；a_{ij} 为根据判断尺度，第 i 个影响因素与第 j 个影响因素相对系统的重要程度。

计算主控站、测控中心、注入站和监测站相对各任务影响因素的权重向量后，把这些权重向量组成权重矩阵 $\boldsymbol{P}_C$

$$\boldsymbol{P}_C = \begin{bmatrix} \omega_{B1} \\ \omega_{B2} \\ \cdots \\ \omega_{Bm} \\ \cdots \\ \omega_{Bk} \end{bmatrix}$$

使用下式计算不同类型的站点设备相对任务的权重 ω

$$\omega = \omega_A \times \boldsymbol{P}_C$$

使用下式计算不同类型的站点设备分配结果

$$\lambda_i^* = \omega_i \lambda_s^*$$

式中，λ_i^* 为第 i 个站点设备的故障率分配值，$i=1$，2，$\cdots$，n；ω_i 为第 i 个站点设备的权重；λ_s^* 为初步迭代确认的故障率指标。

10.4.2　硬件系统可靠性预计

根据地面系统组成特点，硬件基础系统可采用元器件计算法进行可靠性预计。参照相关标准、产品设计手册及实际运行过程中的统计数据进行失效率估算。

$$\lambda_{GS} = \sum_{i=1}^n N_i (\lambda_{Gi} \pi_{Qi})$$

式中，λ_{GS} 为系统总失效率（$10^{-6}/h$）；λ_{Gi} 为第 i 种设备的通用失效率（$10^{-6}/h$）；π_{Qi} 为质量系数；N_i 为第 i 种设备数量；n 为所用设备的种类。

主控站、测控中心的设备主要包括各类口径的天线、高性能监测接收机、时频设备、信息处理设备等；注入站设备主要包括 L/S/Ka 上注天线、时频设备等；监测站设备主要包括高性能监测接收机、地面通信设备、卫通通信设备。通过查表方法计算获得各类单机设备的可靠性预计值，从而对主控站、注入站、监测站的可靠性进行预计。

10.4.3　地面系统物理层故障模式与影响分析

地面系统物理层的故障模式、影响及应对分析是地面系统为了实现自身的功能和性能指标，支撑信息层信息在硬件平台上流转，在系统设计阶段即开始进行的故障因素、故障影响及故障应对的分析研究。地面系统物理层的 FMEA 应尽可能分析所有可能的故障模式及其产生的影响，并按每个故障模式产生影响的严重程度进行分类。

地面系统物理层的故障模式、影响及应对分析对所有影响主控站、时间同步/注入站和监测站实现上述地面系统功能和性能指标的潜在因素进行识别分析，对故障进行编号，研判故障可能发生的任务阶段，分析故障是否为单点故障，故障影响的严酷程度，故障的检测方式，研究故障的应对措施，并将这些分析研判结果以表格的形式进行记录，便于进一步分析研究。

根据故障影响的严酷程度进行分类，地面系统的严酷度分类见表 10 - 6。

表 10 - 6　地面系统的严酷度分类

严酷度类别		故障影响
Ⅰ	灾难的	系统功能完全丧失,造成系统巨大损害,或使人员伤亡
Ⅱ	严重的	系统功能丧失,任务失败,造成系统严重损坏,对人员伤害有严重威胁
Ⅲ	中度的	系统功能明显下降,对系统造成一定的损害,对人员伤害有轻度威胁,甚至无威胁
Ⅳ	轻微的	系统功能有轻度下降,对系统未造成损害,对人员完全无害

在对地面系统开展系统级可靠性分析时，需要站在整个系统角度考虑影响系统核心任务的因素，包括机房环境、重要设备使用环境、系统供电、上注（监测）过程人的因素、人为操作、设备间的线缆连接、管理等方面因素是否会导致系统故障。在故障模式分析的基础上，需要对每项故障模式进行详细分析原因，并进行细化，便于根据故障原因提出解决措施。

10.4.4　地面系统监测站网硬件系统可靠性分析

10.4.4.1　单站可靠性分析

地面系统监测站属于动态可维修系统，可采用马尔科夫链对其进行可靠性建模。根据设备工况信息，将其分为运行和故障两种状态。由于各监测站维修保障能力各异，故当发生设备故障时，可能对该设备进行即时修复，也可能调用邻近监测站设备或返厂修复。前者修复时间较短，后者修复时间较长。因此，将设备故障和修复时间分为两类：短期非计划平均故障间隔时间（MTBF1）和短期非计划平均修复时间（MTTR1）；长期非计划平均故障间隔时间（MTBF2）和长期非计划平均修复时间（MTTR2）。

综合考虑设备短期、长期两类非计划故障，得到设备总体故障率与修复率为

$$\lambda = \lambda_1 + \lambda_2$$

$$\mu = \frac{\lambda_1 + \lambda_2}{\dfrac{\lambda_1}{\mu_1} + \dfrac{\lambda_2}{\mu_2}}$$

设备瞬时可靠性 $R_e(t)$ 为

$$R_e(t) = \frac{\mu}{\lambda + \mu} + \frac{\mu}{\lambda + \mu} e^{-(\lambda + \mu)t}$$

随着时间累积，可靠性趋于常值，称为稳态可靠性，表示为

$$R_e(\infty) = \frac{\mu}{\lambda + \mu} = \frac{\mathrm{MTBF}}{\mathrm{MTBF} + \mathrm{MTTR}}$$

完好性监测过程中，监测站实时捕获独立观测视场内每颗卫星的导航信号，根据卫星播发的信号，解算出各导航卫星到监测站的伪距、载波相位、多普勒观测量，进而确定包括轨道精度、卫星钟差等关系到完好性监测水平的重要参数。一般而言，监测站由 3 台高性能监测接收机、变频设备组、数据处理服务器组、原子钟组、监控计算机组、供电设备组、环境数据检测服务器组等组成，如图 10-24 所示。

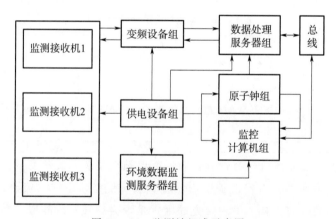

图 10-24　监测站组成示意图

利用贝叶斯网络构建监测站可靠性模型（见图 10-25）。设备可靠性作为贝叶斯网络的边缘节点，设备间的逻辑关系表征为贝叶斯网络的条件概率表（CPT）。

结合设备可靠性及设备数量与备份关系，利用贝叶斯网络确定各监测站的可靠性。选择布设的 18 个监测站（编号为 M1～M18）组成监测站网。

站上设备均为电子设备，可靠性和维修性服从指数分布。表 10-7 为设备的故障率、修复率、设备数量以及备份情况。

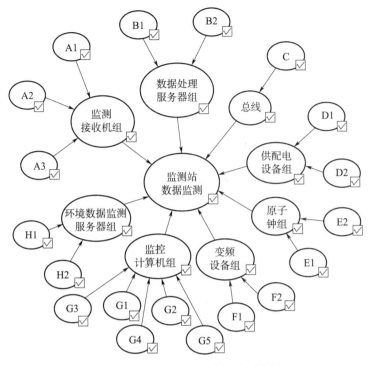

图 10 - 25　监测站贝叶斯网络示意图

表 10 - 7　设备的故障率、修复率、设备数量以及备份情况

设备	故障率/$(10^{-6}/\text{h})$	修复率/h^{-1}	设备数量	备份情况
监测接收机	125	1	5	3/5
数据处理服务器	38	0.5	2	1/2
变频设备	11.5	1	2	1/2
供配电设备	14	1.8	2	1/2
……	……	……	……	……

　　由于设备工作环境、监测站分布及修复时间等因素影响，各监测站可靠性不尽相同，通过计算可获得各监测站长时间工作后的稳态可靠性，均达到 0.967 以上。

10.4.4.2　站网故障诊断

　　采用应力-强度算法将 SISMA 转换成贝叶斯网络输入数值，设 $g(\delta) = \delta^2_{\text{SISEest}}$ 为服从正态分布的应力函数，$f(\delta)$ 为服从某正态分布的强度函数。由于应力函数、强度函数均随时间变化，故 SISMA$_{\text{BN}}$ 也是时间变化的函数，表示为 SISMA$_{\text{BN}}$（t），则强度大于应力的概率（即可靠性）为

$$R_{\text{SISMA}} = P(\sigma < \delta) = \int_{-\infty}^{+\infty} \left[\int_{\sigma}^{+\infty} f(\delta)\,\mathrm{d}\delta \right] g(\sigma)\,\mathrm{d}\sigma$$

　　构建基于贝叶斯网络的系统级完好性监测模型，如图 10 - 26 所示。图中"监测站 1"～"监测站 n"的输入值为各监测站可靠性 R_{SISMA}。根据贝叶斯网络的链式规则，确定系统

级完好性监测的可靠性。

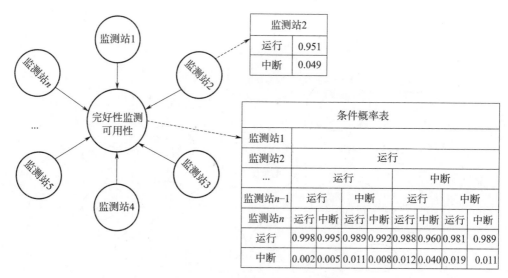

图 10 - 26　监测站网可靠性分析模型

可对系统级完好性监测模型进行故障诊断。在 GEO 卫星发生卫星系统级完好性监测故障的条件下，监测站 M_1 的故障概率表示为

$$P(M_1 = 1 \mid A_{\mathrm{GEO}} = 1) = \frac{P(M_1 = 1 \mid A_{\mathrm{GEO}} = 1)P(M_1 = 1)}{P(A_{\mathrm{GEO}} = 1)}$$

可分别确定 IGSO、MEO 在同类故障的条件下各监测站的故障概率。故障概率反映了各类监测站的重要度排序（见图 10 - 27）。

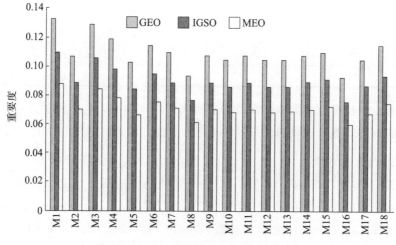

图 10 - 27　地面站网重要度统计结果

在 GEO、IGSO、MEO 三类卫星分别发生完好性监测故障的条件下，重要度排序与监测站可靠性排序相逆，即可靠性越小的监测站重要度越高。由于监测网的区域分布较为密集，各监测站中断对监测网逻辑关系的影响程度不足以抵消自身变化程度对系统级完好

性监测的影响，因此，在区域监测网中，监测站可靠性高低在进行重要度确定过程的作用更为突出。

10.5　地面系统可靠性评估

10.5.1　地面系统任务可靠性评估数据采集

可靠性设计和运行状态的基础数据包括主控站、测控中心、注入站、监测站单机/设备/分系统/系统可靠性数据，数据收集模板见表 10-8。

表 10-8　各站关键任务单机/设备/分系统可靠性数据需求

序号	单机/设备/分系统名称	设计值			运行数据		
		$MTBF_{设计}/h$	$MTTR_{设计}/h$	$A_{设计}$	时间	状态参数	$A_{运行}$
1							

表格中相关参数含义为：

1）MTBF：平均故障间隔时间；

2）MTTR：平均故障修复时间；

3）A：可用性，由公式 $A = MTBF/(MTBF+MTTR)$ 计算得到。

可依据表 10-8 统计地面系统自运行以来基本导航服务时间和中断时间、星基增强服务时间和中断时间、短报文服务时间和中断时间，从而完成任务可靠性评估数据采集。

10.5.2　地面系统云平台可靠性评估

地面系统云平台面向各类地面站提供跨区域、跨系统的共享数据服务支持，对于定位导航业务多、地面站数量多带来的大数据量特点，传统的服务器集群、资源虚拟化、中心软件监控管理的架构模式难以满足要求。

云计算技术近年来飞速发展，是诸多计算机技术的聚合与延伸，支持以资源池化方式管理网络、存储和计算等物理资源，随使用需求动态自动分配。云平台技术重塑了传统软硬件资源集成和管理模式，为用户透明访问、便捷使用和统一管理提供了支撑手段，使大系统运维和管理更加经济和高效。

基于以上考虑，地面系统使用了云平台架构，如图 10-28 所示。在基础组成和服务方面，云平台技术主要依托于虚拟机技术和容器技术实现各项资源的池化管理，云平台以独立方式调度管理计算存储资源和各类计算服务，如地面站状态监控管理、各类服务导航电文管控、时频统一、数据存储等，并将自身系统运行状态信息向云平台运行中心节点反馈，受中心节点云管理系统监控。通过层次化的节点划分，以及集中监控和分布式调度管理的结合应用，形成了统一监控、分散管理、受控融合的云平台管控格局。

云平台承担了地面系统计算和存储等重要功能，为提升可靠性能力，在轨技术支持系统除常用的双机热备可靠性部署模式外，还应用了集群负载均衡可靠性部署模式。在双机热备模式下包含两个模块，主模块 A 工作时备份模块 B 不工作，处于监听状态，一旦主

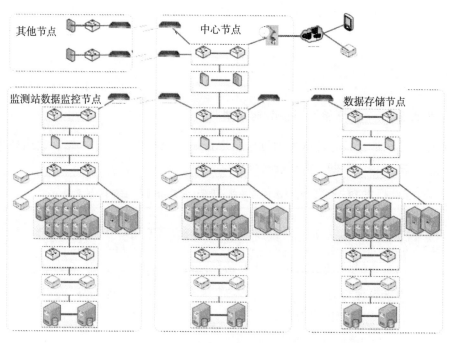

图 10-28　云平台架构

模块 A 失效，备份模块 B 接管主模块 A 全部工作。在集群负载均衡模式下则包含三个模块，模块 A、模块 B 和模块 C 同时工作，工作负载由三个模块均匀分担，任意模块失效后，剩余健康模块将接管失效模块工作负载，在做可靠性备份的同时起到均衡负载的作用。

采用 Markov 转移过程对云平台典型负载均衡冗余架构进行可靠性评估，如图 10-29 所示。

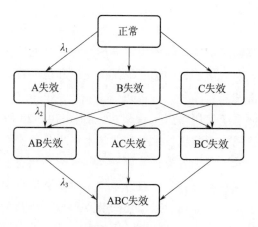

图 10-29　云平台典型负载均衡冗余架构可靠性评估模型

图 10-29 中包含八个状态，分别为正常（状态 1）、单组件 A 失效（状态 2）、单组件 B 失效（状态 3）、单组件 C 失效（状态 4）、双组件 AB 失效（状态 5）、双组件 AC 失效

（状态 6）、双组件 BC 失效（状态 7）、三组件完全失效（状态 8）。考虑到集群负载均衡模式下每个组件均匀分担负载，故同一层组件失效概率相同。设第一层单组件失效概率为 λ_1，第二层双组件失效概率为 λ_2，第三层完全失效概率为 λ_3。

云平台设备为电子产品，认为失效率服从指数分布，则各个状态间矩阵为

$$
\boldsymbol{P}_{ij} = \begin{bmatrix}
1-3\lambda_1 & \lambda_1 & \lambda_1 & \lambda_1 & 0 & 0 & 0 & 0 \\
0 & 1-2\lambda_2 & 0 & 0 & \lambda_2 & \lambda_2 & 0 & 0 \\
0 & 0 & 1-2\lambda_2 & 0 & \lambda_2 & 0 & \lambda_2 & 0 \\
0 & 0 & 0 & 1-2\lambda_2 & 0 & \lambda_2 & \lambda_2 & 0 \\
0 & 0 & 0 & 0 & 1-\lambda_3 & 0 & 0 & \lambda_3 \\
0 & 0 & 0 & 0 & 0 & 1-\lambda_3 & 0 & \lambda_3 \\
0 & 0 & 0 & 0 & 0 & 0 & 1-\lambda_3 & \lambda_3 \\
0 & 0 & 0 & 0 & 0 & 0 & 0 & 1
\end{bmatrix}
$$

计算可得

$$P_1 = e^{-3\lambda_1 t}$$

$$P_2 = P_3 = P_4 = \frac{\lambda_1}{3\lambda_1 - 2\lambda_2}(e^{-3\lambda_1 t} - e^{-2\lambda_2 t})$$

$$P_5 = P_6 = P_7$$

$$= \frac{\lambda_1\lambda_2(3\lambda_1 e^{-\lambda_2 t} - 3\lambda_1 e^{-2\lambda_3 t} - 2\lambda_2 e^{-\lambda_1 t} + 2\lambda_2 e^{-3\lambda_3 t}) - \lambda_1\lambda_2\lambda_3(e^{-\lambda_1 t} - \lambda_2 e^{-2\lambda_2 t})}{(3\lambda_1 - \lambda_2)(3\lambda_1 - \lambda_3)(2\lambda_2 - \lambda_3)}$$

目前云平台提供服务已有 3 年，该架构下云平台系统可靠性为

$$R = \sum_{i=1}^{7} P_i$$

结合通用云平台基础设施数据和实际云平台运行情况，评估当前地面系统云平台系统的可靠性为 0.999 1。

10.5.3　地面系统任务可靠性评估

10.5.3.1　基本导航服务

按照前文提出的可靠性模型，输入各站分系统的关键任务可靠性设计指标，进行评估分析，基本导航服务满足对基本导航任务可靠度优于指标分配要求。

对星座中所有卫星累积不可用（由地面系统引起的）时间和入网总服务时间进行统计分析，基本导航任务可靠度优于指标分配要求。

模型预计结果如图 10 - 30 所示。

10.5.3.2　短报文服务

按照前文提出的可靠性模型，输入各站分系统的关键任务可靠性设计指标，RDSS 任务可靠度优于指标分配要求，模型预计结果如图 10 - 31 所示。

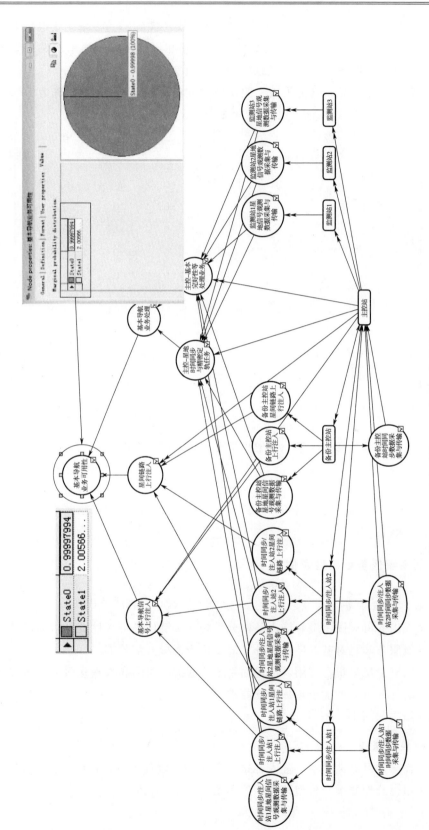

图 10-30　地面系统 RNSS 任务可靠性预计结果

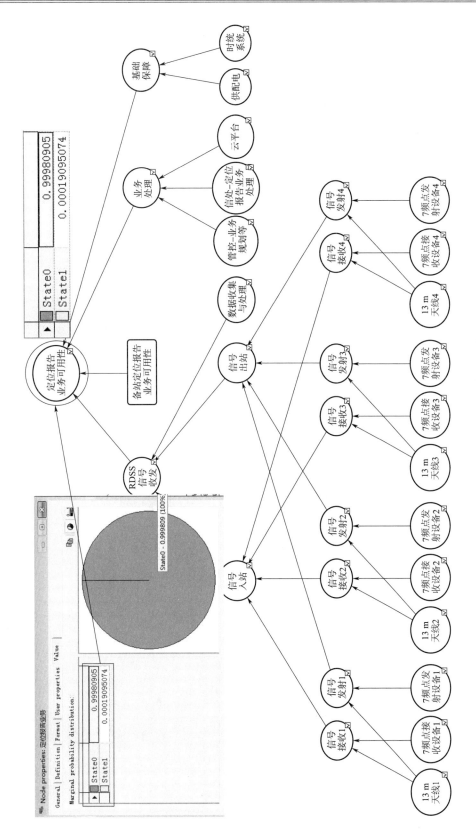

图 10 – 31　地面系统 RDSS 任务可靠性预计结果

10.5.3.3　星基增强服务

按照前文提出的可靠性模型，输入各站分系统的关键任务可靠性设计指标，星基增强任务可靠度满足指标分配要求。模型预计结果如图 10 - 32 所示。

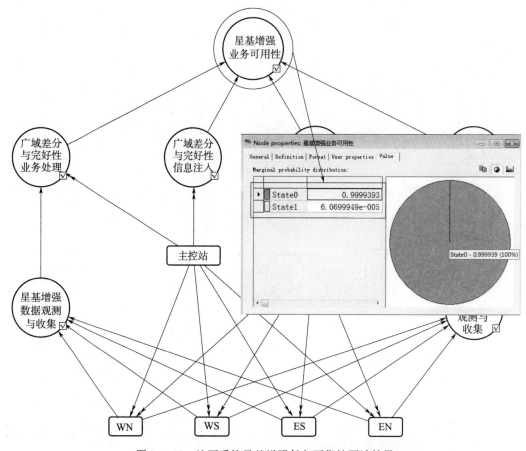

图 10 - 32　地面系统星基增强任务可靠性预计结果

第 11 章　发射场可靠性保证与质量风险管控

发射场系统是北斗系统的重要组成部分，是卫星、火箭总装测试、加注和发射所必需的场所，承担运载火箭和卫星的测试、发射任务，并提供地面技术支持与勤务保障。

本章根据导航卫星组网发射需求，介绍了发射场系统功能与组成、设施设备特点、基本测试发射流程，可靠性分析、可靠性改进、可靠性评估的基本思路和方法，零窗口发射的相关制约因素、技术途径和发射策略，以及发射任务质量风险控制。

11.1　发射场基本情况

11.1.1　发射场系统功能与组成

发射场系统是完成航天器及运载火箭测试发射任务的发射场相关地面设施、设备组成的系统，一般包括技术区、发射区等。

1）技术区指的是运载火箭和航天器进入发射区前进行装配、检测和试验等技术准备的特定区域，包括运载火箭总装测试厂房、航天器总装测试及加注厂房、火工品贮存测试区及配套工程设施等。

2）发射区指的是发射场内实施运载火箭、航天器发射的特定区域，一般包括发射工位，运载火箭加注设施及供气、供电、给排水、消防、空调通风、防雷接地、电视监控、通信、废气废液处理系统等。

发射区主要设施设备有：

a）发射塔：其主要任务是吊装、起竖运载火箭、卫星及其他设备，通过敷设在塔架上的电缆、气管、液管，实现地面与卫星、运载火箭上电、气、液之间的联系，并支承相应的插头、连接器；为检查测试提供合适的工作平台和工艺房间；敷设加注管路，对火箭推进剂进行加注和泄出；发射不成功时进行消防和撤收工作。

b）固定式地面发射塔：主要由塔架主体、吊车、活动工作平台（含回转平台和升降平台）、工艺测试间、电缆摆杆、加注供气系统、塔上管线、消防系统、电梯以及电气控制、配电和照明等部分组成。

c）发射台：支承运载火箭及卫星，并可分别通过千斤顶和回转部对运载火箭进行垂直度调整及方位粗瞄。通过离台触点座和安装在时统支架上的时统接头，分别为箭上和地面提供起飞零秒信号。通过固定在气浮支架上的气管给箭上的气浮平台供气。发射台通常分为固定发射台、活动发射台。

d）导流槽：其功用是支承发射台并将运载火箭发射时喷出的高温高压高速气流以一定的方向导向发射场坪外，以保证火箭发射顺利进行，保护发射勤务塔架及场坪上设施的安全。

e）加注系统：完成铁路槽车向固定储罐转注推进剂；储存运载火箭所使用的推进剂；对推进剂进行升温和降温；进行火箭的模拟加注；向运载火箭加注和泄回推进剂。由加注储罐、加注泵、流量计、相关管线和阀门、控制设备组成，配套升降温交换子系统、标校子系统以及相应的监控系统。

f）技术勤务系统：卫星测试厂房给卫星提供测试、组装场地，提供洁净空间，提供配套的水、暖、电保障。火箭测试厂房给运载火箭提供测试场地及配套的水、暖、电保障。

g）C^3I 系统：又称测发指挥监控系统，指在发射场内，为测试发射提供指挥、通信、监视和地面勤务设备远程控制等功能的指挥保障系统。

11.1.2　发射场设施设备特点

航天发射场地面设施设备是完成航天发射任务的重要基础，其特殊的工作环境和工作要求，决定了其与一般的工业设备相比具有显著的特点：

1）设施设备种类多，组成复杂，松耦合。航天发射场地面设施设备种类繁多，涉及机械、化工、电子、电力、通信、软件等多个技术领域，从产品组成来看，包括供配电设备、机械结构、液压执行机构、控制机构和软件，以及较多数量的执行元件，传感元件和继电器、开关、电源、线路等控制元件，数量庞大，分布范围广，且设备之间并无紧密的耦合关系。

2）服役时间长，技术水平参差不齐。航天发射场地面设施设备在其寿命周期内需要完成多次测试发射任务，设备服役时间长达一二十年。服役时间长的设备受环境、使用以及设备自身老化、磨损等因素的影响，其工作可靠性逐渐下降，以致不能满足使用要求，对设备的维护要求高。同时，设施设备的来源十分广泛，还有相当数量的非标准设备，技术水平和质量参差不齐，给设施设备的维修保障带来了很大的困难。

3）工作环境和自然环境严酷。一方面，航天发射场设施设备大多数工作在室外环境，长期受强光照、大温差和风沙等影响，设施设备的寿命降低，可靠性问题十分突出；另一方面，火箭推进剂的腐蚀性、发射过程中的高温高速燃气流的振动和冲击给设施设备的寿命造成了显著影响。再者，发射场位于多雷雨地区，地面设备常年受潮受腐，夏季温度高直接影响设备的使用寿命和设备系统的可靠性。

4）阶段性强。发射场设施设备的工作围绕火箭卫星进场、单元测试、转载转运、吊装、分系统测试和匹配、星箭对接、总检查、加注、临射检查、发射的阶段进行，有较强的工作阶段性，对设施设备的可靠性有不同的要求。如起重机完成火箭卫星吊装工作后，则基本不再使用，要么开展后续发射任务的维护准备，要么在特殊情况下应对星箭逆流程。

5）具有典型的间断性使用特性，个别系统不可维修。调试和停放时间较长，任务中真正用于任务保障的开机时间较短（数秒至数分钟不等），设备故障分布大多集中在由存放状态转为待用状态的检测检修期间。根据任务的不同进程和可推迟发射的时间，多数系统具备一定的可维修性（如常规推进剂加注系统）。对于可靠性要求也是不同的，个别系统则不具备可维修性（如电缆摆杆系统）。

11.1.3　发射任务特点

航天发射任务有如下特点：

1）系统复杂。航天发射任务涉及运载火箭、航天器、发射场设施设备，也和发射场所处的地形、地貌、气候环境紧密相关。参加发射任务的人员众多，岗位众多，系统和设备众多，要求星箭技术状态正确，各系统接口协调匹配，指挥操作协同，充分体现万人一杆枪的特点。

2）以测试发射流程为主线。测试发射流程，是确定运载火箭和航天器从进入发射场至发射的工作项目、先后次序、物流方向、技术状态、实施场所及时间安排等内容的过程。星箭进场后，以测试发射流程为主线开展工作。

3）发射安全可靠性要求高。运载火箭由控制、动力、结构、遥测、外测、推进剂利用等系统构成有机整体，起飞前贮箱加注大量推进剂，通过测发控系统实施地面点火。测试发射过程中风险高，一旦发生推进剂泄漏、起火、爆炸，后果不堪设想。测试发射活动对星箭、地面设施设备的防雷接地、防雨防潮措施、气象预报保障、火工品测试、推进剂加注等方面提出了高可靠、高安全等要求。

4）高密度发射需求。北斗系统在组网发射过程中的高密度发射需求，要求发射场设施设备能够实现卫星并行测试加注、火箭并行测试、不同发射工位交叉使用，且设施设备高可靠。需提前谋划发射场设施设备技术改造、维护保养、应急处置，推进剂及时补充，塔架状态转换与射后修复等工作。不断进行流程优化，保障好每一次发射。此外，首次进行直接入轨发射，利用上面级轨道机动能力，直接将 MEO 卫星送入预定轨道。

11.1.4　基本测试发射流程

卫星和运载火箭在发射场通常遵循相对固定的流程，按照卫星和运载火箭两条主线分别实施。卫星和运载火箭对接后，合并为一条主线。这种流程通常和测发模式相关，发射北斗导航卫星的运载火箭采用典型的一平两垂模式，以铁路运输方式进场，在技术区运载火箭总装测试厂房转载间进行卸车，然后转运至水平厂房停放并进行测试。火箭在技术区仅进行单元测试，然后分级以水平状态运往发射区进行起竖对接，开展分系统测试、卫星/上面级/整流罩组合体与火箭对接、总检查测试，最后进行推进剂加注与发射。

火箭发射场测试流程框图如图 11-1 所示。

卫星运抵发射场后，在卫星测试加注厂房进行并行测试、串行加注后，转运至上面级测试加注厂房，与上面级、整流罩进行联合操作形成卫星/上面级/整流罩组合体，组合体运抵发射区进行星箭对接。卫星在发射区参加第二次总检查、补充充电、发射等工作。

上面级和分配器采用铁路运输方式进场，在技术区火箭厂房转载间进行卸车，卸车后通过公路运输至上面级厂房进行测试加注，加注后与卫星、整流罩等进行联合操作形成卫星/上面级/整流罩组合体。组合体转运至发射区与火箭对接。

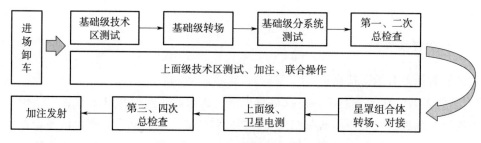

图 11-1　火箭发射场测试流程框图

如果发射中出现点火不成功的状况，上面级的应急处置按照卫星反流程样式实施。组合体下塔后在技术区上面级厂房拆除整流罩，并拆分上面级与卫星组合体。

11.2　发射场系统可靠性分析与改进

发射场系统的可靠性是指火箭及卫星进入发射场直至点火发射的时期内，发射场系统或分系统在规定的时间内和规定的条件下完成规定功能的能力。由于火箭发射具有周期性和间隔性，因此发射场设施设备的使用也存在间断性。通常来讲，发射场设施设备存放时间较长，而试验任务使用时间则较短。此外，这些设施设备大多具有可修复性，因此在对发射场设备开展可靠性分析时，也需要对其寿命进行评价，以支撑发射场的维修。

11.2.1　发射场系统可靠性分析工作程序

发射场系统可靠性分析工作程序如图 11-2 所示。

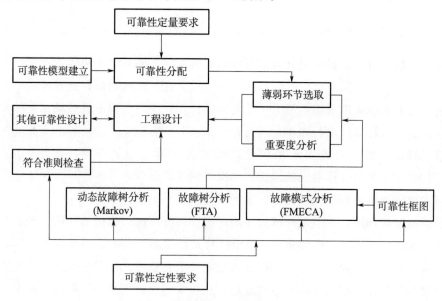

图 11-2　发射场系统可靠性分析工作程序

1）基于系统的工艺要求、工艺流程和设计方案等技术资料，综合考虑系统的任务剖面、工艺流程和主要控制工况，界定系统的任务剖面，建立系统的功能原理图。

2）以功能原理图为依据，建立系统的任务可靠性框图模型。基于各分系统中主要元器件的功能衔接关系、环境条件、可靠性基础数据等，用可靠性框图描述不同元器件参与工艺的逻辑关系，对不同功能子系统的任务可靠性进行定量计算。针对不同工况的不同组合分别建立可靠性框图（RBD）。

3）按照故障树分析的要求，建立系统故障树。以"未能正常完成预定功能"的故障现象分别作为故障树的顶事件，自上而下逐级演绎出系统故障树的基本事件（即元器件故障）。

4）按照故障模式、影响及危害性分析程序，对系统进行 FMECA 分析。对系统元器件级可能的故障模式、影响及发生概率进行分析，以表格形式系统地分析产品各组成单元所有可能的故障模式、故障原因及后果，并对系统的各种潜在故障模式及其对完成既定功能的影响进行分析，以进行系统的设计评审和优化设计。

11.2.2　故障模式及影响分析

通过系统分析和归纳，识别出发射场系统设计或应用过程中所有可能的故障模式，分析故障模式的影响及原因，找出潜在的可靠性薄弱环节。发射场系统的故障模式分析通常通过 FMECA 来进行，只有尽早确定发射场设施设备存在的故障模式，找出所有能造成灾难性和致命性故障的因素，及时消除或减少设施设备的潜在缺陷，才能使 FMEA 发挥的效益最大化。

由于发射场系统的复杂性，采用硬件 FMECA 与功能 FMECA 相结合的方法，按照系统、分系统直至设备的顺序从上至下进行故障模式分析、故障影响分析、故障严酷度分析，并对系统级、分系统级设备进行重要程度的评价，从而找出整个发射场系统的可靠性重要环节。

发射场系统 FMECA 分析的主要步骤有以下几个方面：

1）全面掌握与系统有关的全部情况（如与系统结构功能、工作原理有关的资料，与系统运行、控制和维护有关的资料，与系统所处环境有关的资料，等等）。

2）根据设施设备功能框图画出其可靠性框图。

3）根据所需要的结果和现有资料的多少确定分析级别（待分析系统最低级别可建立在发射场设施设备可直接替换的现有备品备件的基础上）。

4）根据要求建立所分析系统的故障模式清单，要求不遗漏。

5）分析造成故障模式的原因。

6）分析各种故障模式可能对分析对象自身的影响、对上一级的影响及对发射场地面设施设备的影响，分析出所有可能造成灾难性影响的故障模式。

7）研究故障模式对其故障影响的检测方法。

8）针对各种故障模式、原因和影响提出可能的预防措施和纠正措施。

9）确定各种故障影响的严酷度等级。

10）确定各种故障模式的发生概率。

11）估计危害度（需对任务影响起到重要作用和核心作用的关键设施设备中的部位进行评估）。

12）填写 FMECA 表格，见表 11 - 1。

表 11 - 1　FMECA 分析表

起始分析等级：　　　　任务：　　　　　审核：　　　　　第　　页　　共　　页
分析等级：　　　　　分析人员：　　　　批准：　　　　　填表日期：　　年 月 日

识别号	设施设备功能标志	功能	故障模式	故障原因	任务阶段及工作方式	故障影响			故障检测方法	补偿措施	严酷度类别	发生危险可能性概率
						局部影响	对上一级影响	最终影响				
远控台 SH1	杆式选择开关	远控直流电源输出控制	驱动机构故障	疲劳、烧毁或有灰尘	任务执行阶段	驱动电路断开	远控台缺 24 V 电	远控台失效	监控电路	更换元件	II	很低

13）画危害度矩阵。危害度矩阵如图 11 - 3 所示，可以反映设施设备各种故障模式的危害度的分布情况，即用来确定比较每一个故障模式的危害程度，进而为改进措施的先后顺序提供依据。

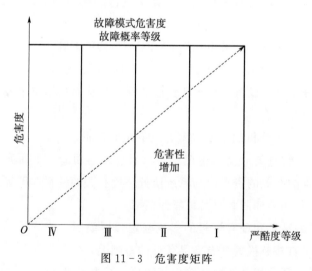

图 11 - 3　危害度矩阵

以低温加注系统为例，通过 FMECA 分析，低温加注系统没有不能检测的 I、II 类故障模式，识别出的故障模式均有相应的防止措施或紧急应对措施。结合危害度分析结果确定液氢液氧低温截止阀为薄弱环节，其故障模式包括打不开、关不上两种。其中，当截止阀关不上时，可以通过关闭系统其他阀实现停止加注的控制；但如果出现打不开的故障，需要中断加注过程，对阀门进行维修或更换，有可能造成发射任务推迟的后果，需要开展冗余设计，解决阀门有可能打不开的问题。

11.2.3　故障树分析与单点故障识别

故障树分析是用于大型复杂系统可靠性评估、安全性分析和风险评价的一种方法。在故障树分析中，所研究系统的各类故障状态或不正常工作情况皆称为故障事件，各种完好状态或正常工作情况皆称为成功事件，两者均称为事件。故障树分析中所关心的结果事件称为顶事件，它是故障树分析的目标，位于故障树的顶端。仅导致其他事件发生的原因事件称为底事件，它是可能导致顶事件发生的基本原因，位于故障树底端。位于顶事件与底事件之间的中间结果事件称为中间事件。用各种事件的代表符号和描述事件间逻辑因果关系的逻辑门符号组成的倒立树状逻辑因果关系图称为故障树。以故障树为工具对系统的故障进行分析的方法称为故障树分析法。故障树分析法一般按以下步骤进行：

1）选取顶事件；

2）建立故障树；

3）建立故障树数学模型；

4）进行系统可靠性的定性分析，计算出最小割集；

5）进行系统可靠性的定量分析，确定导致顶事件发生的最小割集，支撑确定系统薄弱环节。

单点故障是指会引起系统故障，而且没有冗余或替代的操作程序作为补救的产品故障。如果系统设计中的单点故障数量多，会给任务成功埋下诸多隐患。通过开展单点故障识别，可有效识别出影响发射场系统可靠性的Ⅰ类单点故障模式和重要的Ⅱ类单点故障模式，作为可靠性薄弱环节进行重点分析，为发射场系统可靠性设计改进提供依据和支撑。

1）以强脱机构为例，强脱机构可靠性框图如图 11 - 4 所示。从图中可以看出，电动气活门、气缸、钢丝绳和强脱销都是单点失效部件，影响强脱动作的成败。

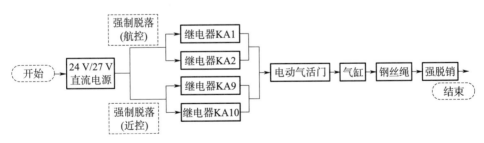

图 11 - 4　强脱机构可靠性框图

2）以低温加注系统为例，低温加注系统个别阀门存在单点环节，可采取冗余备份措施，提高系统可靠性。

11.2.4　发射场系统寿命分析

发射场系统设施设备组成复杂，根据功能、组成及特点可以分为机械、机电、电子、电气和光电五种类型，见表 11 - 2。

表 11 - 2　发射场系统设施设备分类

设备分类	机械产品	机电产品	电子产品	电气产品	光电产品
设备	1. 轴系与支承 2. 连接与坚固 3. 润滑与密封 4. 弹簧与飞轮 5. 贮罐 6. 净化装置 7. 减压器 8. 机械阀 9. 机械传动 10. 液压缸 11. 管件 12. 换热器 13. 锅炉	1. 泵 2. 机电阀 3. 传动与控制 4. 气瓶车 5. 液压泵与液压马达 6. 液压控制阀与液压伺服系统 7. 通风机 8. 空调 9. 起重设备	1. 传感器（压力传感器、荷重传感器、流量传感器、热敏传感器以及声和超声传感器） 2. 微机 3. 服务器 4. 交换机	1. 高压电器 2. 低压电器 3. 电气线缆 4. 弱电 5. 防雷与接地 6. 电动机 7. 变压器 8. 防爆电气装置	1. 光敏元件 2. 红外传感器

不同类型的设备，根据自身特性，加上使用强度、维护使用方式及外部环境等因素，需要对其寿命进行分析。一方面确定设备寿命能否满足任务要求，另一方面对设备关键性能参数进行分析，确保设备性能退化到劣化期时具有维护或更换措施。

以常规加注系统为例，其关键组件的设计寿命、实际使用时间、性能参数等见表 11 - 3。

表 11 - 3　常规加注系统寿命分析（部分）

设备名称	设计寿命	实际使用时间	性能参数
加注泵	15 年	使用 7 年	功率、额定电流、扬程；流量、轴承监测装置
电磁阀	设计寿命为 1 000 次	约 500 次	供电电压、线圈电阻
电动调节阀	设计寿命 50 000 h（工作时间）	使用 1 年	外泄漏量、阀门调节平稳性、阀门调节的精度可作为设备可靠性的评定指标
传感器	设计寿命 12 年	9 年	传感器精度、连续工作的稳定性可作为可靠性的评定指标

以塔架结构和导流槽为例，对可靠性分析进行描述。

塔架结构经常受到环境温度、风沙、雷电、雨、水渗、振动、阳光、外界侵入物等的侵蚀与干扰，同时在发射时还要承受火箭燃气射流的动力学冲击和热冲击作用，从而造成塔架钢结构的锈蚀、油漆脱落和连接老化，并造成混凝土基础沉降、风化和结构损伤等缺陷和破坏，导流槽表面耐火混凝土遭破坏的现象。在评估分析塔架结构现状的基础上，认为塔架结构可靠性存在以下薄弱环节：

1) 塔架整体钢结构服役时间较长，经过发射区高温、多雨、多风环境的侵蚀，塔体和周围的避雷塔钢结构部分锈蚀。

2) 为满足不同产品火箭发射任务的需要，使用过程经过多次改造，使用荷载较设计荷载有较大变化，结构构件的内力相较于设计时发生了较大改变。

3) 塔体钢结构在使用过程中不可避免地出现构件及高强螺栓的老化、松动的现象。

　　4）混凝土的耐久性碳化、钢筋的锈蚀和损伤的现象不可避免。

　　5）轨道基础在长期使用的过程中，在活动塔重力荷载作用下以及受发射台前轨道中间场坪不均匀沉降的影响，轨道基础会出现变形的现象。

　　6）耐火混凝土厚度变薄。

　　当发射场设施设备出现重大故障，如不及时处置不能完成任务时，需开展紧急处理工作。如，在发射某卫星任务后，检查发现封底平台底部次梁部位有数处焊缝开裂，分析认为：综合平台自重较大、翻转时受力不均、火箭发射时冲击振动等各项因素，对平台自身结构产生影响，造成焊缝开裂。经现场紧急维修处理，完成了发射任务，后续进行整体更换。

11.2.5　发射场设施设备可靠性改进

　　为保证和提升发射系统可靠性，实施发射场设施设备的升级、换代等技术改造工作。发射场设施设备改造工作分为适应性改造、可靠性维持或可靠性增长改造。

　　所谓适应性改造，是由于产品技术要求更新或者接口变化而产生的改造项目。比如，在北斗系统建设中，因为上面级的出现，带来上面级测试加注厂房的改造、发射工位适应上面级的改造；由于技术进步而带来的指挥显示屏由投影仪改为 LED 屏的方式，近距离测发控改为远距离测发控方式；而接口变化，哪怕是一小点，如接口电平、接点定义段、接口阻值变化，都涉及相关方改造，可能改变很小，但非常关键，需各方进行影响分析并共同确认。

　　所谓可靠性维持改造，是因为某设备运行时间过长，虽然没有达到设计寿命值，但可靠性已降低，可能影响任务使用，尤其是进入到发射流程的设备，在其未报废的情况下予以更新，主要功能性能、技术指标不发生改变，如控制计算机升级换代；推进剂贮罐发生裂纹，且基本到寿，材料、制造工艺和安装工艺不变，以新换旧；更换使用时间较长且漏油的液压马达；对塔架结构件进行防腐处理，对行走轨道进行校正；更换起重机主副钩钢丝绳等，均为可靠性维持改造。

　　所谓可靠性增长改造，是指对旧设备进行更新换代，主要功能性能、技术指标发生改变，增加相应的冗余功能，可靠性有所提升。如行走机构由三相异步电机改为变频电机，启动平稳，冲击小，同步性能好，对设备整体有利；供电设备由油浸自冷式变压器更换为自冷干式变压器，且容量增大。

　　为适应北斗任务"窄窗口"发射需求，需对低温加注系统开展可靠性分析和改进工作，并对改进情况开展可靠性验证试验，提高产品的可靠性，满足北斗系统高密度任务形势下的"窄窗口"发射要求，有效提高低温加注系统任务可靠性，保障任务准时发射。

11.3　发射任务可靠性评估

　　可靠性评估是利用产品研制、试验、生产、使用等过程中收集到的数据和信息来评价和估算产品的可靠性，是度量产品可靠性水平的重要技术手段，一方面可以支持产品可靠性指标验证，识别薄弱环节，为后续产品改进提供技术方向，另一方面可以对产品的改进效果进行验证和评价，确保产品的可靠性改进有效。航天产品的可靠性评估结果，还可用于支持产品选用时的风险权衡。

发射任务可靠性评估是指依据对发射场系统进行可靠性试验所得的数据或其他有关系统可靠性的信息，对系统的可靠性进行评估。对于发射任务来说，系统要作为整体进行可靠性试验，由于受到费用、时间的限制，试验次数较少。通常采用系统评估的思路开展评估，建立发射任务可靠性模型，利用系统各组成部分的试验信息，对发射任务进行可靠性综合评估。这样，可以充分利用各级的可靠性试验信息。

发射场系统可靠性评估基本程序包括：确定评估指标、开展系统分析、建立可靠性评估模型、数据收集与处理、可靠性评估计算等。

11.3.1 开展系统分析

（1）任务剖面分析

对发射场系统任务剖面开展分析，明确系统功能组成、发射流程、各组成部分任务时间、飞行时序等信息。根据研制总要求、发射场系统任务技术要求、产品规范、验收技术条件以及系统故障预案，确定故障判据。确定的故障判据应清晰、客观，用于判定系统是否故障的参数应能全面反映系统功能性能要求，并可检测。

（2）可靠性指标要求

应根据研制任务书要求（系统技术要求）确定可靠性评估指标，一般发射场系统的发射任务选取发射可靠性作为评估指标，按照研制任务书要求（系统技术要求）和研制阶段进展确定评估置信度取值。

11.3.2 建立可靠性评估模型

发射场系统可靠性建模应充分考虑模型精细化要求和能够获取的数据信息，正确反映系统各单元可靠性逻辑关系。对于过程简单、工作模式单一、评估精细化要求不高的系统任务，可直接建立可靠性框图（RBD）；对于过程复杂、工作模式多样、评估精细化要求高的系统任务，建模应反映系统任务动态性、相关性等特点。

可靠性模型指的是可靠性框图及其数学模型，典型的系统可靠性模型按其组成单元之间的可靠性逻辑关系可分为串联模型、并联模型、冷贮备模型、热贮备模型、表决模型、开关模型、网络系统以及由上述几种基本模型结合起来的混联模型等。

（1）串联模型

串联模型是最典型的可靠性模型，也是发射场系统中最常见的可靠性逻辑关系。串联系统的可靠性模型由下式给出，即

$$R_s(t) = R_1(t)R_2(t)R_3(t)\cdots R_n(t) = \prod_{i=1}^{n} R_i(t)$$

式中，$R_s(t)$ 为系统可靠度；$R_i(t)$ 为第 i 个设备的可靠度，$i = 1, 2, 3, \cdots, n$；n 为组成系统的设备数；t 为设备及系统的工作时间。

当第 i 个单元的故障率为 λ_i 时，系统的可靠度 $R_s(t)$ 为

$$R_s(t) = \prod_{i=1}^{n} \exp\left(-\int_0^t \lambda_i(u)\,\mathrm{d}u\right) = \exp\left(-\int_0^t \sum_{i=1}^{n} \lambda_i(u)\,\mathrm{d}u\right) = \exp\left(-\int_0^t \lambda_s(u)\,\mathrm{d}u\right)$$

故系统的故障率 λ_s 为

$$\lambda_s(t) = \sum_{i=1}^{n} \lambda_i(t)$$

（2）并联模型

设模型由 n 个单元组成，若至少有一个单元正常，系统即正常，或必须所有单元都发生故障时系统才出现故障，这样的模型称为并联模型。

假定第 i 个单元的寿命为 x_i，可靠度为 R_i，$i = 1, \cdots, n$，并假定随机变量 x_1，$x_2, \cdots, x_n$ 相互独立，则并联系统的寿命为

$$X_s = \max(x_1, x_2, \cdots, x_n)$$

系统的可靠度为

$$R_x(t) = 1 - \prod_{i=1}^{n} [1 - R_i(t)]$$

当单元的寿命服从参数为 λ_i 的指数分布，即 $R_i(t) = \exp(-\lambda_i t)$ 时，系统的可靠度为

$$R_s(t) = \sum_{i=1}^{n} \exp(-\lambda_i t) - \sum_{1 \leqslant i < j \leqslant n} \exp\left[-(-\lambda_i + \lambda_j)t\right] +$$

$$\sum_{1 \leqslant i < j < k \leqslant n} \exp\left[-(-\lambda_i + \lambda_j + \lambda_k)t\right] + \cdots + (-1)^{n-1} \exp\left[-\left(\sum_{i=1}^{n} \lambda_i\right)t\right]$$

系统的平均寿命为

$$\mathrm{MTTF} \doteq \sum_{i=1}^{n} \frac{1}{\lambda_i} - \sum_{1 \leqslant i < j \leqslant n} \frac{1}{\lambda_i + \lambda_j} + \cdots + (-1)^{n-1} \frac{1}{\lambda_1 + \lambda_2 + \cdots + \lambda_n}$$

（3）贮备模型

贮备模型由 n 个单元组成，在初始时刻，一个单元开始工作，其余 $n-1$ 个单元作为贮备。当工作单元故障时，贮备单元逐个替换故障单元，直到所有单元都发生故障，系统才发生故障。贮备系统分为冷贮备系统和热贮备系统，冷贮备系统是比较典型的贮备系统，是指贮备期间设备不通电、不运行，因此贮备单元性能不会发生退化，贮备期长短对工作寿命没有影响。

假设冷贮备系统的 n 个单元的寿命分别为 x_1，$x_2, \cdots, x_n$，且相互独立，则冷贮备系统的寿命为

$$X_s = x_1 + x_2 + \cdots + x_n$$

因此，系统的累积故障分布为

$$F_s(t) = P\{x_1 + x_2 + \cdots + x_n \leqslant t\} = F_1(t) \cdot F_2(t) \cdot \cdots \cdot F_n(t)$$

其中，$F_i(t) = 1 - R_i(t)$ 是第 i 个单元的累积故障分布，$*$ 表示卷积，则系统的可靠度为

$$R_s(t) = 1 - F_1(t) \cdot F_2(t) \cdot \cdots \cdot F_n(t)$$

系统的平均寿命为

$$MTTF = E\{x_1 + x_2 + \cdots + x_n\} = \sum_{i=1}^{n} E(x_i(t)) = \sum_{i=1}^{n} T_i$$

式中，T_i 为第 i 个单元的寿命。

11.3.3 数据收集与处理

明确数据收集范围、内容和来源，数据收集应根据评估对象特征、评估模型和方法要求，制订数据收集计划并提出具体要求，各项数据应准确、完整，具有物理量纲的数据项应注明物理量纲。数据收集范围包括单机、分系统和系统三个层面。单机层面提供可靠性评估数据，内容包含单机名称、可靠性特征量、分布类型、试验数据、故障模式、故障数、任务时间以及不确定性等信息。分系统、系统层面以试验数据和运行数据为主，缺乏试验数据时可收集相似产品、仿真试验或专家判断信息等数据。

故障计数原则：只计入关联故障数，不计入非关联故障数；已采取有效的纠正措施且经试验验证不重复出现的关联故障，可作为非关联故障处理。

11.3.4 可靠性评估计算

发射场系统发射任务通常选择 L-M 法或 CMSR 法进行系统可靠性评估。

11.3.4.1 L-M 法

L-M 法是根据串联系统可靠性取决于组成系统的最薄弱环节，应用系统可靠度点估计不变的原理来进行评估的。利用各组成单元试验数据折合成系统等效试验数据，进行系统可靠性评估。

设系统由 k 个成败型单元串联组成，试验数据为 (n_i, F_i)，$i=1, \cdots, k$，n_i 为第 i 个单元的试验数，F_i 为第 i 个单元的失败数，则系统可靠性最大似然估计为

$$\hat{R} = \prod_{i=1}^{k} \frac{n_i - F_i}{n_i}$$

将系统各组成单元的试验数从小到大排列为 $\{n_{(1)}, n_{(2)}, \cdots, n_{(k)}\}$，并取系统等效试验数 n 为

$$n = n_{(1)} = \min\{n_{(1)}, n_{(2)}, \cdots, n_{(k)}\}$$

则系统等效失败数 F 为

$$F = n_{(1)} \left(1 - \prod_{i=1}^{k} \frac{n_i - F_i}{n_i} \right)$$

记 $[F]$ 为不超过 F 的整数部分，取定置信度 γ，由下式计算解得 R_1 和 R_2。

$$\begin{cases} \sum_{x=0}^{[F]+1} \binom{n_{(1)}}{x} R_1^{n_{(1)}-x} (1-R_1)^x = 1-\gamma \\ \sum_{x=0}^{[F]} \binom{n_{(1)}}{x} R_2^{n_{(1)}-x} (1-R_2)^x = 1-\gamma \end{cases}$$

最后按 F 在 (R_1, R_2) 中进行线性内插，内插值即为系统可靠性置信下限的近似值 R_L。

该方法适用于成败型试验数据单元的串联系统可靠性综合评估，使用简便。但当系统组成单元属于非成败型试验数据时，必须通过另外的转换方法，将其转变为成败型数据。一种转换方法如下：

无论系统组成单元试验数据为何种类型，可以根据各自的原始试验数据得到各类型单元的可靠性点估计 $\hat{R}_i$ 与可靠性置信下限 $R_{iL}(\gamma)$，据此可将非成败型数据转换为成败型数据 (n_i^*, s_i^*)，(n_i^*, s_i^*) 即为第 i 个单元转换后的试验数与成功数，它由下列方程组解得

$$\begin{cases} s_i^* = n_i^* \hat{R}_i \\ \dfrac{1}{B(s_i^*, n_i^* - s_i^* + 1)} \displaystyle\int_0^{R_{iL}(\gamma)} x_i^{s^* - 1}(1 - x)^{n_i^* - s_i^*} \, \mathrm{d}x = 1 - \gamma \end{cases}$$

为了保证此方程组有解，可用 $\gamma = 0.5$ 的 $R_L(0.5)$ 代替 $\hat{R}$。

11.3.4.2　CMSR 法

CMSR 法是针对修正极大似然法（MML）和逐次压缩法（SR）或减少等效试验权法的局限性而提出的综合使用 MML 和 SR 的改进方法。

根据系统是否存在无失效单元，CMSR 方法的应用分为两种情况。

（1）不存在无失效单元系统可靠性评估应用 MML 方法

m 个单元串联，每个单元均有失效，第 i 个单元的试验数据为 (s_i, n_i)，n_i 为单元的试验次数，s_i 为单元的成功次数，串联系统可靠度的点估计 $\hat{R}$ 和方差 $D(\hat{R})$ 分别为

$$\hat{R} = \prod_{i=1}^{m} \frac{s_i}{n_i}$$

$$D(\hat{R}) \approx \sum_{i=1}^{m} \left(\frac{\hat{R}}{\hat{R}_i}\right)^2 \frac{\hat{R}_i(1 - \hat{R}_i)}{n_i}$$

将 m 个单元串联的综合结果等效于系统试验 n 次，成功 s 次，n、s 取值用下式计算

$$n = \frac{\displaystyle\sum_{i=1}^{m} \frac{n_i}{s_i} - 1}{\displaystyle\sum_{i=1}^{m} \frac{1}{s_i} - \sum_{i=1}^{m} \frac{1}{n_i}}$$

$$s = n \prod_{i=1}^{m} \frac{s_i}{n_i}$$

在给定置信度 γ 的情况下，根据 n、s 以及 γ，查 GB/T 4087 即得 m 个单元串联系统的可靠度下限 R_L。

（2）存在无失效单元系统可靠性评估应用 SR 方法

当存在 n_i 绝对最小且 $s_i = n_i$ 的单元（即 m 个单元中试验次数最少的单元无失效）时，则不能应用 MML 法，需要将无失效单元的数据与相邻有失效单元的数据进行压缩，转化为有失效的数据。

设 m 个单元的试验中，有 j 个单元无失效。将 m 个单元试验数据按照从大到小的顺

序进行排序：

有失效单元 $n_1 \geqslant n_2 \geqslant \cdots \geqslant n_{m-j}$ $(n_i \neq s_i;\ i=1,\ 2,\ \cdots,\ m-j)$

无失效单元 $n_{m-j+1} \geqslant n_{m-j+2} \geqslant \cdots \geqslant n_m$ $(n_i = s_i;\ i=m-j+1,\ m-j+2,\ \cdots,\ m)$

后 j 个无失效单元相当于一个单元进行了 n_m 次试验成功 s_m 次，即 $(s_m,\ n_m)$，将 $(s_{m-j},\ n_{m-j})$ 和 $(s_m,\ n_m)$ 进行一次压缩后得到 $(s'_{m-j},\ n'_{m-j})$，其中，当 $s_{m-j} \geqslant n_m$ 时，则

$$\begin{cases} s'_{m-j} = s_m \\ n'_{m-j} = \dfrac{n_{m-j}n_m}{s_{m-j}} \end{cases}$$

当 $s_{m-j} < n_m$ 时，则

$$\begin{cases} s'_{m-j} = \dfrac{s_m s_{m-j}}{n_m} \\ n'_{m-j} = n_{m-j} \end{cases}$$

根据数据 $(s_1,\ n_1)$，$(s_2,\ n_2)$，$\cdots$，$(s_{m-j-1},\ n_{m-j-1})$ 和 $(s'_{m-j},\ n'_{m-j})$，利用上述公式计算出系统等效试验数 n 和成功数 s，在给定置信度 γ 的情况下，根据 n、s 以及 γ 查 GB/T 4087 即可得系统可靠度下限 R_L。

11.3.5　典型发射任务可靠性评估

星箭进入发射场后，按流程开展测试工作。发射场提供塔勤、供电、供气、空调、通信、转运等保障，并组织任务实施。星箭在技术区测试、发射区总检查测试的环节，均不纳入发射任务可靠性评估范畴。由于测试中出现的故障还有机会进行排查、修正，因此相关设备的可靠性纳入单次任务发射可靠度范围。星箭一旦进入射前流程，由于全系统参加，并要综合考虑气象要素，加上有明显发射窗口的时间限制，若出现故障情况，故障排除机会少、难度大，通常在不影响成败型的小故障情况下，甚至不做排除处理，因此单次任务发射可靠度仅仅考虑和发射活动相关的情况。发射场在 $-8\ \mathrm{h}$ 内开始加注低温推进剂，自进入低温加注流程至点火发射，发射任务难以可逆。以此为界，在考虑发射场射前的任务可靠度时，也将加注过程纳入任务可靠性考虑的范围。

发射场涉及的系统为固定脐带塔、电缆摆杆、整流罩空调、发射区供配电、供气系统、消防系统、测发指挥监控系统、低温加注系统。建立起发射场的射前任务可靠性模型，如图 11-5 所示。

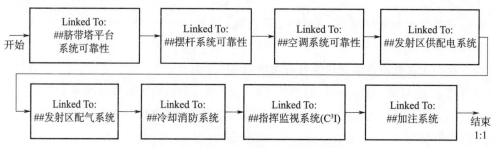

图 11-5　发射场射前任务可靠性模型

通过分别建立每一个相关系统的任务可靠性模型和收集相关产品的可靠性数据，可以求出发射场射前（加注系统执行任务期间、其他系统工作—8 h 内）的任务可靠度。

从计算结果看，单次发射场射前（—8 h）任务可靠度约为 0.94。

11.4 "零窗口"发射

发射窗口是指允许发射航天器的时间范围，又称发射时机，这个范围的大小也叫作发射窗口的宽度。所谓"零窗口"是指发射窗口宽度为 0 或极短，而"零窗口"发射是指要求在发射窗口内的某个时间点（窗口前沿或最佳时间点）实施发射（亦称准时发射，要求火箭发射时间和预定点火起飞时间的偏差不能超过 1 s，即不允许有任何延误与变更）。北斗组网工程的卫星发射，因轨道需求，对 MEO 卫星和 IGSO 卫星提出了"零窗口"发射的要求。

11.4.1 "零窗口"发射制约因素

要实现低温火箭"零窗口"发射目标，须先了解低温火箭"零窗口"发射受哪些因素的制约，从而有针对性地制定保障策略。制约低温火箭"零窗口"发射的因素，除有效载荷轨道设计要求等客观因素外，发射场的组织指挥、设备设施可靠性、试验文书、场区保障及人为因素等都会对其产生影响。

为保障"零窗口"发射，发射场设备设施可靠性也起着决定性作用。在高密度任务常态化条件下，场区各系统设备设施可靠性存在不同程度的下降或隐患，给发射场的测试进程，尤其是"零窗口"发射带来很大影响。如测发电系统箭上、地面设备经过冗余设计、可靠性增长等措施后，设备设施的可靠性有了较大提高，但部分关键设备仍存在潜在隐患及单点失效风险，这些设备一旦发生失效则必须进行更换，更换的过程极其复杂，且耗时较长；又如，测发地面系统部分设备设施在任务准备过程中易出现突发、偶发故障，特别是部分长期服役和新投用设备的可靠性、稳定性也面临极大考验。

试验文书是发射场测试操作的重要依据，若文书存在可操作性不强、覆盖性差、有歧义等问题，将直接阻碍发射场测试的顺利进行，严重时导致"三误"（误操作、误指挥、误口令）问题的发生。目前，发射场系统试验文书存在不同程度的问题，以测发系统为例，部分射前预案实用性、可操作性较差，要么故障处置时间过长，要么预案的内容不够细化，这些都与"零窗口"发射的要求不相适应。

场区保障主要包括特燃、特气、供电、空调、通信、气象保障等，场区保障是否得力，也会对"零窗口"发射产生直接影响，如低温运载火箭对气象条件的依赖性很强，特别对火箭转场、吊装、常规加注及发射日等关键时段影响极大。若场区的气象保障不力，天气预报的准确率不高，可能给任务的测试进程尤其是射前进程产生重大影响，这样不但阻碍"零窗口"目标的实现，严重时会错过发射窗口，如某次任务雷雨天气导致发射时间推迟 21 min 就是典型实例。

人为因素也是制约"零窗口"发射的因素之一，对西昌发射场而言，经过高密度任务的锻炼，岗位人员对正常测试流程下的指挥、操作比较熟练，但进入射前阶段，火箭测试状态复杂、测试项目较多，突发故障难以避免，出现异常后可供决策讨论的时间很短，某些故障模式也不在预案涵盖的范围内。若岗位人员对异常处置的流程不熟，加上射前的紧张气氛可能会给操作人员带来较大压力，从而影响其操作的熟练度。比如，发控台操作手是一个极为重要的岗位，该岗位承担火箭"点火"指令的发出，因此，针对"北斗"组网系列"零窗口"发射任务，要求操作手除具备基本的专业知识和丰富的操作经验外，还应具备过硬的心理素质，在点火时刻稍稍犹豫，将会错过"零窗口"发射。

发射场需要考虑雷雨等天气因素，根据低温火箭的特点（液氢、液氧易挥发，易燃易爆，低温推进剂加注后发射程序不可逆等），射前的恶劣天气或任何一个产品质量问题都可能对射前测试进程产生影响，带来低温推进剂加注后推迟或中止发射、错失发射窗口的重大风险。

因此，对低温运载火箭而言，要实现"零窗口"发射，须从根本上克服以上各种不利因素造成的影响。

11.4.2 "零窗口"发射技术途径

低温火箭"零窗口"发射技术途径是指采用技术改进措施，提高低温运载火箭及地面测试系统的可靠性，增强测试操作自动化水平，提升低温运载火箭测试及指挥决策效率，从而实现"零窗口"发射。"零窗口"发射技术途径涵盖箭上及地面系统的技术改进措施。

航天发射可靠性增长一般针对航天器产品及发射场系统设备设施而言，通过箭、地产品及设备设施的可靠性增长，达到提高航天器测试、发射及飞行可靠性的目的。提高运载火箭及发射场设备设施可靠性，可大大降低射前故障发生率，从而减少射前风险，为确保"零窗口"发射奠定重要基础。发射可靠性主要是指射前箭、地产品的可靠性，即从低温推进剂加注至点火起飞时段产品的可靠性。因此"零窗口"发射可靠性与运载火箭系统可靠性、地面保障系统可靠性密切相关。其中箭上设备的可靠性主要与飞行可靠性相关，一旦在射前发现箭上设备故障，有可能影响"零窗口"发射，如图 11-6 所示。

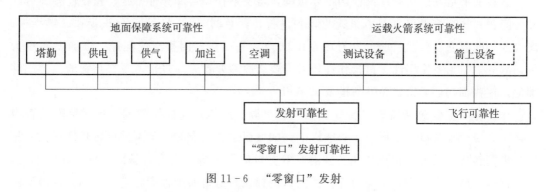

图 11-6 "零窗口"发射

提升"零窗口"发射能力最关键的是减少箭上、地面设备在射前出现问题的概率，因此，必须采取一定的可靠性增长措施，使射前产品的可靠性能得以提高。"零窗口"发射可靠性增长措施主要包括：加强元器件筛选、改进生产工艺、及时发现并消除产品故障隐患以及对同类产品故障进行举一反三等，如为确保按射前规定时间箭地连接器可靠脱落，实现"零窗口"发射，对箭体连接器脱落电磁阀进行了冗余改进，有效避免了气脱电磁阀射前单点失效故障。通过改进，不仅减少了射前箭地产品的故障发生率，还大大降低了射前故障对发射进程的影响，达到了"零窗口"发射的目的。

采用自动化测试发射技术是实现"零窗口"发射的重要途径之一，通用化的远距离测控技术是运载火箭自动化测控技术的一个重要发展方向，是提高发射场发射安全性、降低发射成本、提高设备使用率及自动化测试水平的一项重要措施。使用远距离测试发射控制系统，可实现简单实用、安全可靠、优化系统、共享信息的目标。

由于"零窗口"发射对点火时间要求极为苛刻，由人工完成点火时，点火时间存在一定的误差，火箭起飞时间控制难以精确到秒级。通过改进射前测试方法，实现自动进入点火程序，可达到起飞时与发射时的秒级对齐。在不改变现有点火线路情况下，只需在火箭某系统主控微机上增添进入自动点火进程的指令，并具备与时统自动对时的功能，即可实现自动点火。

11.4.3　"零窗口"发射策略

（1）射前动态指挥策略

目前，低温火箭测发的电测系统射前测试项目的设置基本固定，但仍存在某些时段测试项目安排不饱满、耗时超标等情况。针对"零窗口"发射的苛刻要求，要充分利用火箭点火前的有限时间，使故障提前暴露，为故障处置赢得时间。

采用"提前进入、逐步逼近"的方法，把"无窗口"变为"有窗口"，"窄窗口"变为"宽窗口"。为提前发现异常，尽可能留有一定的时间进行故障处置，规避射前故障对发射进程的影响。当前，测发系统采取"提前进入、逐步逼近"射前进程的方法，使射前程序更加适应"零窗口"发射的要求。

根据起飞延时误差推算实际点火时间，确保起飞时间准确。为确保火箭准时准点发射，发射场采用理论计算与历史数据统计相结合的方法，详细分析火箭点火至起飞的时间。首先分析火箭一级、助推器发动机推力的建立过程，结合火箭的起飞总重量，理论计算从点火到发动机推力克服重力、火箭离开发射台的时间；在理论计算的基础上，统计数十发低温运载火箭历史任务从发射点火指令下达到火箭起飞的延迟时间；根据统计结果，该型火箭点火至起飞平均时间为几秒，为确保发射时间精确到秒，决定将发射点火指令下达时间相应提前数秒。

（2）射前快速应急处置策略

射前流程特别是进入射前程序以后，系统故障处置时间极短，应急处置流程控制要求极高。只有最大限度地降低故障对该时段流程的影响，才能确保"零窗口"发射。要实现此目标，需保证射前正常测试及异常处置工作顺利、有序进行。为此，低温运载火箭测发电测系统对射前几小时至点火的故障处置预案进行了逐一梳理，制定了射前各分系统的快速应急处置策略（部分如表 11 - 4 所示），以适应"零窗口"任务故障处置的时效性要求。

表 11 - 4　火箭系统射前快速应急处置策略

时段	系统	故障现象	故障原因	"零窗口"任务处置策略	非"零窗口"任务处置策略
增压预冷	控制系统	伺服机构无法启动	地面故障导致	①若气体建压控制电路故障，则控制系统不做处理，由动力系统直接在配气台上为伺服机构供气，压力达到××MPa后，再断开 ②若判定地面设备故障，可放弃此项测试	在窗口允许范围内，地面更换备份，重新进行建压检查
自流预冷	动力系统	高压减压阀出口压力出现动态失稳（超高或过低）	高压减压阀失效引起	①将高压减压阀调直通 ②直接提供××MPa左右的气源	①在窗口允许范围内更换备份高压减压阀 ②使用减压阀快速更换装置进行快速切换

（3）"零窗口"任务气象保障策略

为解决天气预报准确率不高、可靠性不够、预报决策不够科学等问题，给发射任务提供准确可靠的气象保障，发射场气象系统开展了一系列预报技术和方法研究，如：中尺度分析技术、数值预报产品检验及订正、短时临近预警技术、精细化要素预报及其他预报方法（包括简化天气分类法、逐步逼近预测法、偏差分析预报法等）。

发射场系统"零窗口"任务的气象保障模式主要有常规气象资料接收与观测、高空风探测、雷电监测及天气会商等，并针对各个关键节点（包括火箭转场、载荷转场、总检查、加注发射等）制定了专项的气象保障策略。如：在加注发射日，进入低温加注前，现场气象保障人员就位于场坪气象工作间，向指挥所发布加注前天气预报，并根据上级指示和机关要求，做好加注前天气专题汇报，明确加注前后有无降水、雷电、地面大风、高空大风等结论。若遇有危险天气，则由现场保障组向指挥所发出气象预警等。

11.5　发射任务质量风险控制

11.5.1　概述

航天发射任务是一项高风险的活动，发射活动中面临的不可确定因素和风险源种类繁多，航天器、运载器和地面设备技术状态变化较多，新研设备设施磨合不够，老旧设备可靠性不足，任务计划、场地选择、流程调整可能存在冲突，人员、管理和环境存在不确定因素，这些均是航天发射任务所面临的风险。

而对于北斗系统任务，时间紧，任务重。按照星座组网和运行指标要求，必须在规定时间内完成足够数量卫星发射入轨，这就要求"连续发射成功"，对密集发射和"窄窗口"

准时发射条件下运载火箭发射可靠性和飞行可靠性、卫星入轨成功率、测控和发射场可用性和可靠性，以及组网过程的故障隔离和任务风险控制提出了更高要求。

发射场系统总体质量目标是：确保在发射任务中，不出现影响任务进程和发射成功的系统级问题，不出现对运载器和有效载荷造成损伤的质量问题，不出现环境和职业健康安全责任事故，实现任务过程和结果双圆满，努力实现组织指挥零失误、技术操作零差错、设备设施零故障、任务软件零缺陷、数据判读零遗漏，无环境污染事故、无健康安全事故、无违规问题发生。

11.5.2　"五按"工作要求

发射场要确保"五零"质量目标的实现，最重要的是在测试发射过程中，树立"第一次就把事情做好"的思想，通过"五按"来严格规范、约束自己的行为，使每项工作都是一次做好、一步到位，每项工作的输出都符合输入要求，实现发射任务组织指挥、测试操作、记录填写、数据判读等全过程标准化。

"五按"即工作按程序组织、测试按流程实施、操作按规程执行、判读按标准比对、记录按表格填写，是发射场经过几十年凝练形成的经验总结，是发射任务质量管控的重要经验和方法。"工作按程序组织"是把任务中的各项工作通过工作程序固化下来，形成任务组织实施程序，作为组织工作的依据；"测试按流程实施"是把测试项目以流程形式固化下来，形成任务组织实施方案，作为测试实施的依据；"操作按规程执行"是把操作步骤和注意事项固化到操作规程和设备检查维护规范等各类试验文书中，作为操作实施的法规；"判读按标准比对"是把判读的标准落实到表格中进行比对，作为判读实施的标准；"记录按表格填写"就是要识别需求和状态变化，完善表格设计，把测试记录填写到固定的表格中，达到"记所做"的目的。

11.5.3　关键质量控制点和关键过程质量控制

为适应航天发射任务需求，在发射场组织实施测试发射、设备设施操作、地面勤务及场区气象保障和特燃特气化验等相关活动中，对质量、安全或环境具有重大影响的关键测试操作工序或需要重点关注及突出关注的关键质量特性，按其重要程度分别设置为关键质量控制点或强制检验点。

火箭、卫星测试发射过程中，发射场明确关键质量控制点，组织分析任务特点和影响因素，找出影响质量的主导因素，编制明细表，明确控制措施、控制内容和判定准则等内容，对任务过程中关键质量特性进行重点控制与验证，确保任务过程受控。

关键质量控制点设置原则主要有：

a) 对质量、安全和环境有较大影响的关键测试操作环节或关键工序；

b) 关键设备的关键质量特性，如关键参数、关键状态等；

c) 关键测试、关键过程或关键时段的重要保障环节或关键保障状态及参数；

d) 以往任务中比较容易出现问题的环节。

强制检验点设置原则主要有：

a）无法在后续工序中进行检查或复现且对质量、安全和环境有重大影响的关键测试操作环节或关键工序；

b）关键设备最后一次需要确认的关键质量特性，如关键参数、关键状态等；

c）关键测试、关键过程或关键时段中，需多方确认或需最后一次确认的重要保障环节或关键保障状态及参数；

d）以往任务中经常出现问题的环节。

发射场针对航天发射任务的质量、安全起决定性作用的关键过程，以及控制难度大、容易造成重大质量问题、安全事故和环保事故的过程，开展发射过程质量控制。关键过程应编制关键过程明细表，明确关键过程的特性、关键节点、控制措施、关键动作、关键参数和控制记录等具体内容；必要时，实施前应组织演练，检验试验文书的正确性和设备设施的状态，确保人员熟悉关键过程的测试操作方法、步骤和注意事项；关键过程应在任务流程、技术方案和操作规程给予标识，并通过总结、评审等方式，确认其实施结果。

11.5.4　双向质量交底活动

在发射场系统接收星、箭进行发射场测试操作之前，卫星和运载火箭系统向发射场系统进行技术质量交代，其目的是使发射场系统对卫星和运载火箭及其器件的研制生产过程、质量控制、技术状态变化等情况进行详细、深入的了解，让发射场系统对卫星和运载火箭系统的质量情况及技术状态情况做到清楚明了，确保发射场测试操作顺利、安全。

双向质量交底内容一般包括技术状态更改及控制、质量问题归零及举一反三、发射场不覆盖或部分覆盖项目测试、产品过程质量控制、关键单点失效产品质量控制、"九新"、五交集、技术通知单、更改单和质疑单等情况。

11.5.5　"双想"活动

测试发射过程组织"双想"活动，即回想和预想。回想是对已经完成的各项工作进行回顾，反思已完成工作的质量、状态、环境、记录等过程是否全程受控，测试数据判读是否存在疑点或疏漏等。预想是对下一阶段需要开展的工作进行预先设想，梳理各项工作的项目、程序和具体要求，思考可能出现的风险、易出现的问题或可能出现问题的各个环节和注意事项，并提出防范措施和解决办法。

第 12 章 软件产品保证

随着信息技术的发展，软件具备的功能和承担的任务越来越多，已成为关乎系统稳定运行的关键因素之一。特别是对于北斗系统卫星星载软件，承担安全关键任务的软件比重很高，软件需具备的功能越来越复杂，集成度越来越高，其安全关键等级也高。严格落实软件工程化的要求，采用系统化、精细化、以风险控制为核心的软件产品保证方法，对确保软件产品的质量具有重要的实际意义。

本章基于软件产品保证工作的要求，介绍了软件产品保证工作策划、软件并行研制流程、软件可靠性安全性分析与设计、软件测试与验证、软件在轨维护等软件产品保证工程实践。

12.1　概述

12.1.1　软件产品保证策划

软件产品是指作为定义、维护或实施软件过程的一部分而生成的任何制品，包括过程说明、计划、规程、程序和相关的文档等。

软件产品保证是指为确保软件产品质量满足交办方的需求，在软件产品生存周期中有计划和系统地采取一系列有关质量、标准、规范和过程的控制和相关活动。软件产品保证的目的是确保开发或重复使用的软件符合产品生存周期的全部要求，并确保软件在使用环境中可靠、安全、稳定地运行。

为实施软件工程和管理软件项目，需开展软件产品保证策划。从定义产品和项目的需求开始，策划包括估计工作产品和任务的属性、确定需要的资源、协商承诺、产生进度表以及标识和分析项目风险策划，策划的最终结果是软件产品保证计划。软件产品保证策划工作从系统、分系统、软件配置项三个层面开展：

（1）系统级策划

系统级策划主要内容包括：明确各软件研制责任单位；明确软件产品代号的标识规则；对分系统上报的软件产品配套表进行确认，形成系统的软件产品配套表；软件使用的分系统间接口控制文件的输出时间；软件验收及固化时间；明确用户需求等输入文件提交、软件交付第三方评测、软件参与分系统间联试、软件交付系统测试等的时间节点；软件研制的重大风险；需要上级部门解决的问题；系统级的软件产品保证策划。

（2）分系统级策划

分系统级策划主要内容包括：划分软件配置项，明确软件产品代号、安全关键等级，形成分系统的软件产品配套表，并上报系统；软件研制队伍及其职责；软件研制的资源保障；软件的重要评审；软件验收及固化时间；明确用户需求等输入文件提交、目标机和测试环境等保障条件建立、软件交付第三方评测、软件参与分系统间联试、软件交付系统测试等的时间节点；软件研制的重大风险；需要上级部门解决的问题；分系统级的软件产品保证策划。

（3）软件配置项级策划

软件配置项级策划的主要内容包括：基于软件配置项的规模估计、技术难度和相似软件项目的分析，定义软件生存周期，确定软件研制技术流程；软件适用的标准规范、开发环境、操作系统、选用的编程语言；软件估计结果、工作结构分解；里程碑和进度计划；人员职责及分工；风险管理计划；培训计划；验证计划；资源条件保障措施、工具的识别及采购计划；配置管理计划和数据管理计划；度量计划；利益相关方参与计划；配置项级软件产品保证计划。

软件产品保证工作内容（大纲）主要包括：软件产品保证组织的任务、职责和接口关系；软件研制的一般要求，包括软件开发方法、生存周期模型、研制技术流程、质量控制点、编程语言和操作系统、软件工程环境和测试环境、应遵循的标准和约定等；软件产品之间的层次及接口关系；外购、外协和重用软件管理要求；软件可靠性、安全性保证要求；软件验证和确认要求，包括软件测试要求及评审要求；软件配置管理要求；问题报告处理机制和质量信息的收集处理机制；软件产品评价要求及方法；软件研制各阶段的产品保证目标及活动要求。

根据软件产品保证要求，按照产品研制计划，制定软件产品保证计划，其主要内容包括：软件产品保证组织和职责；应遵循的标准、规范和约定；软件开发生存周期，每一阶段的里程碑和输入/输出准则；要执行的产品保证活动的详细计划，包括对象、进度、资源；要执行的产品保证活动的类型和方法，包括评审、审查、测试、软件问题报告及纠正等；技术风险因素及管理计划；可靠性和安全性保证计划；质量与可靠性信息收集与传递计划；外协外购控制的具体活动；针对软件产品保证大纲的符合矩阵。

12.1.2 软件分类分级管理

在初样阶段，软件承制方应按表 12-1 确定软件项目的研制类型，执行相应的技术流程，并与产品研制周期相协调。

表 12-1 软件研制类型

类别编号	类型名称	说明
Ⅰ类	沿用	已完成沿用可行性分析与审批,不加修改即可再次使用的软件
Ⅱ类	仅修改装定参数	不修改软件可执行代码的内容,仅修改软件装定参数即可满足任务要求的软件
Ⅲ类	适应性修改	根据任务要求进行适应性更改、完善设计的软件
Ⅳ类	新研制	不属于上述三类的新研制的软件

注：装定参数通常包括编译时绑定的宏和常量定义，以及固化时写入的配置文件；装定参数的修改不会引起软件二进制机器码中的可执行代码的改动。

在初样阶段，软件交办方应结合系统初步危险分析结果，按表 12 - 2 提出软件安全关键等级，并在软件研制任务书中明确。

表 12 - 2　软件安全关键等级

软件安全关键等级	软件危险程度	软件失效可能的后果
A	灾难性危害	人员死亡、系统报废、任务失败、环境严重破坏
B	严重危害	人员严重受伤或严重职业病、系统严重损害、任务受到严重影响
C	轻度危害	人员轻度受伤或轻度职业病、系统轻度损害、任务受影响
D	轻微危害	低于轻度危害的损伤,但任务不受影响

注:软件失效可能的后果有多个描述,它们之间是"或"的关系,即只要一项描述满足就可以确定关键等级。若某个软件失效有多种影响,则按照影响的最高等级确定关键等级。

软件承制方应按软件的规模、类型、安全关键等级在不同的软件研制阶段以不同的研制类型开展软件测试工作，见表 12 - 3。

表 12 - 3　软件测试活动裁剪要求

测试项目	测试类型	软件等级			
		A	B	C	D
单元测试	静态分析	√	√	√	√
	代码审查	√	√	√	○
	功能测试	√	√	√	○
	性能测试	○	○	○	○
	逻辑测试	√	√	○	○
组装测试	静态分析	√	√	○	○
	代码审查	√	√	○	○
	功能测试	√	√	√	√
	性能测试	○	○	○	○
	接口测试	√	√	√	√
	逻辑测试	√	○	○	○
配置项测试	静态分析	√	√	○	○
	代码审查	√	○	○	○
	功能测试	√	√	√	√
	性能测试	√	√	√	√
	接口测试	√	√	√	√
	余量测试	√	√	√	√
	边界测试	√	√	√	√
	安全性测试	√	√	○	○
	强度测试	√	○	○	○
	人机界面测试	√	○	○	○

续表

测试项目	测试类型	软件等级			
		A	B	C	D
配置项测试	修复性测试	√	○	○	○
	安装性测试	√	○	○	○
	逻辑测试	√	○	○	○
系统联试	功能测试	√	√	√	√
	性能测试	√	√	√	√
	接口测试	√	√	√	√

注:1."√"表示必选项目,"○"表示可选项;对必选项进行的裁剪必须说明理由。

2. 微、小、中等规模的软件,组装测试可以裁剪。

不同安全关键等级的软件要达到相应的测试覆盖率要求,见表 12 - 4。

表 12 - 4 软件测试覆盖率要求

测试项目	软件安全关键等级			
	A	B	C	D
单元测试	语句覆盖 100% 分支覆盖 100% MC/DC 覆盖 100%	语句覆盖 100% 分支覆盖 100% MC/DC 覆盖 100%	AM	AM
组装测试	调用覆盖 100%	AM	AM	AM
配置项测试 (开发方)	需求覆盖 100% 目标码覆盖 100%	需求覆盖 100%	需求覆盖 100%	需求覆盖 100%
配置项测试 (第三方)	需求覆盖 100% 语句覆盖 100% 分支覆盖 100% 目标码覆盖 100%	需求覆盖 100% 语句覆盖 100% 分支覆盖 100%	AM	AM
系统联试	功能性能覆盖 100% 接口覆盖 100%	功能性能覆盖 100% 接口覆盖 100%	功能性能覆盖 100% 接口覆盖 100%	功能性能覆盖 100% 接口覆盖 100%

注:1. AM 是指由软件交办方和软件承制方协商确定,但应与软件产品的质量要求相一致。

2. 单元测试中的 MC/DC 覆盖(修正的条件判定覆盖)仅针对高级语言编写的程序代码。

3. 目标码覆盖仅针对使用高级语言编写的嵌入式软件。

4. 对未达到覆盖率要求的,必须进行分析说明,必要时采用分析、审查、评审等方法补充说明情况和影响。

5. A、B 级软件的配置项测试(开发方)应对语句覆盖和分支覆盖情况进行分析。

12.1.3 外协外购软件管理

(1) 外协软件

外协软件(含 FPGA)定义为由产品抓总单位以外的分承研单位承制的软件。对外协软件承制单位的选择,由产品总体单位建立和维护软件合格供方目录,并从软件合格供方目录中选择承研单位,定期组织检查和评估外协软件承研单位的软件产品研制与产品保证能力，确保各外协软件承研单位承制的所有软件严格依据相关标准要求的软件过程体系文件开展工作。

任务协出单位应针对外协软件的特点和要求制定软件产品保证专用要求，与软件产品保证通用要求一起，传递到外协承研单位，并要求其制定软件产品保证大纲、软件产品保证计划，形成软件产品保证要求符合矩阵。

任务协出单位要对外协软件承制单位遵循的产品保证要求工作、产品保证计划的评审和批准进行监督管理，对软件过程和产品进行持续验证以及对产品进行最终确认，确保外协承研单位制定软件产品保证要求，并实行与其一致的软件开发过程和产品保证活动。

（2）外购软件

外购软件是指软件产品承研单位购买商用货架软件作为产品软件配置项全部或其中部件/模块的活动。通常不得将外购软件作为产品配套软件。对于必须外购的软件产品，配套软件供应商应具有相应资质，且外购软件应具有正确运行的证明和保证条件以及良好的应用记录。

外购软件选用单位应当将外购软件纳入配置管理，严格控制状态变化。外购软件供应商将外购软件升级后，若需要使用新版本的外购软件，则按照上述要求重新开展必要性论证，以及可靠性、安全性验证和确认工作。

对于摄像机、笔记本计算机等商用设备，其自带的外购软件（包括操作系统、数据库、应用软件等）不纳入产品软件配套，随设备整体管理。设备选用时应开展软件安全性论证，设备选定后，形成设备自带外购软件的状态清单（含版本等状态信息）。在设备的整个生存周期内，严格控制外购软件的版本变化。在设备测试验证时，开展针对设备自带外购软件功能性能的测试工作。

12.1.4　软件配置管理

软件配置管理是为保证软件配置项的完整性和正确性，在整个软件生存周期内应用配置管理的过程，包括配置标识、配置控制、基线管理、配置状态纪实、配置审计、软件发布与交付等工作。

产品各软件和 FPGA 产品实行"三库"管理制度，建立开发库、受控库和产品库，不同的库保存不同质量状态和用途的配置项，软件和 FPGA 的主体和每个变体都建立独立的"三库"。软件承制方根据软件的规模和安全关键程度等级确立基线，至少应建立功能基线、分配基线和产品基线。当软件任务需求发生变更时，应进行全面更改影响域分析，识别受影响的系统功能、软件功能和性能，软件内外部接口以及软件的可靠性、安全性等方面，确定更动类型、更动影响、更动方案，按照基线管理要求严格履行审批手续。

承制单位编制配置管理计划，在相关研制计划中明确要求纳入配置管理的软件及FPGA 配置项，包括文档、软件源代码、数据文件、目标代码和可执行代码，以及软件开发环境、工具和配置等其他相关项目。在软件和 FPGA 更动时，除了按照更动流程实施更动之外，还要求在更动过程中对其配置状态实施有效的控制和记录，履行配置管理相关手续。软件在并行研制中应分别把主体和每个变体作为独立的配置项进行管理，但主体的配置管理资源可以在变体的配置管理中引用，避免出现重复。每个配置项的标识须具有唯一确定性，同时标识中应包含相应的软件信息，使配置项标识能表征软件所属的系统和设备，体现出多星软件各配置项之间的相关性，包括版本变化历程，变体与批产基线的对应关系等。

软件配置控制涉及对主体生成变体的配置控制，以及软件更改的配置控制。其中软件更改的配置控制根据更改的类型，可进一步分为对变体更改的配置控制和对主体更改的配置控制。主体生成变体的过程是通过复制主体或在主体基础上进行参数装定实现。变体更改是在变体原状态的基础上重新修改装定参数，不影响主体和其他变体。主体更改应先针对主体自身开展，更改完成并通过测试和评审后发布新版批产基线，再以新版批产基线生成新版变体。

12.2　软件并行研制流程

产品的密集发射和一箭双星的发射需求决定了导航卫星必须组批生产。该研制特点涉及多星软件产品的并行研制。为了规范软件研制流程，统一研制管理和实施要求，保证软件工程化工作有序开展，卫星软件最大程度采用通用性分析和设计，使多颗卫星能够复用配置状态相同或相似的软件，并根据不同卫星软件配置状态的继承性和差异性制定相应的研制流程，并行开展多颗卫星软件的研制工作，在确保软件质量的前提下剔除重复的开发步骤，提高软件研制效率。

软件并行研制遵循软件生存周期，符合软件工程化标准，与产品研制周期相协调，从策划和需求阶段开始就全面开展共性和差异性分析，充分考虑通用性和复用性，在软件开发计划、配置管理计划和质量保证计划中明确工程、管理和保证方面并行实施的计划，并在研制的全过程中贯彻落实。

卫星系统根据组批生产的要求，在总结北斗二号系统软件与FPGA工程化研制经验的基础上，制定了卫星软件与FPGA研制流程。软件与FPGA研制流程分为主体和变体的研制流程，主体研制在变体之前开展，并形成状态基线作为变体研制的基础；变体接着在状态基线基础上开展研制。

主体是指采用最大限度的通用性分析和设计，经过完整的软件工程化流程研制而形成，仅通过修改参数或者完全不修改即可满足产品多颗卫星使用需求的软件配置项。

产品每颗卫星根据本身固有的需求，其装载的软件与主体的配置状态不尽相同，因此需要在主体基础上进行参数修改，从而形成的可装载于某颗卫星上的软件配置项称为变体。

主线是指使用软件配置管理手段，通过记录主体的研制和演进历程及相应配置状态而形成的主体研制过程和状态记录。

分支是指使用软件配置管理手段，通过记录变体在主体基础上经过的研制和演进历程及相应配置状态而形成的变体研制过程和状态记录。

软件并行研制模式中主体、变体、基线说明如图 12-1 所示。

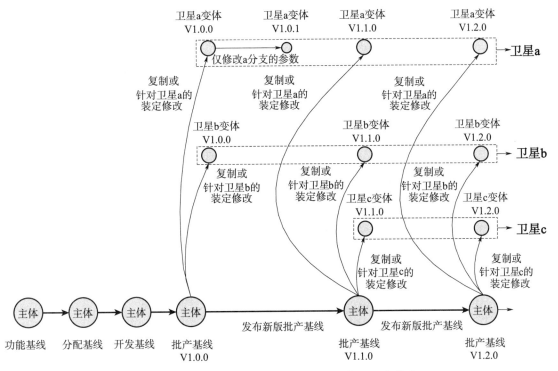

图 12-1　软件并行研制模式中主体、变体和基线说明

（1）主线中形成的基线

在主线中，完成了特定研制活动之后，通过了相关评审，达到了一定质量状态，并可作为下一阶段工作开展依据的主体称为基线。基线分为如下几种：

1）功能基线，由交办方和承制方签字同意的，适用于主体研制的任务书，任务书中包含软件系统需求。

2）分配基线，软件需求分析阶段结束时，经过正式评审和批准的，适用于主体研制的软件需求规格说明。

3）开发基线，采用最大限度的通用性分析和设计方式，经过评审和批准后，形成的可用于主体研制的设计报告。

4）状态基线，完成了相关测试验证，通过评审后形成的达到了一定质量状态，并可作为多颗卫星软件研制基础的主体。

（2）分支中形成的基线

分支中完成了全部的研制和测试工作，通过验收后的变体形成产品基线。

该产品基线完成了研制流程中的全部测试过程（包括纯软件的测试和软件硬件结合的测试），并通过验收后形成的可用于装载卫星的变体。

12.2.1 主体研制技术流程

主体研制工作先于变体开展，主体研制应按照软件工程化标准完成需求分析、设计开发和测试验证等工作，期间形成不同的基线，包括功能基线、分配基线、开发基线和批产基线。

主体研制各阶段应采用最大限度的通用性分析和设计，将不同卫星需求的差异提炼为可装定的软件参数，为生成变体做好充分的设计和准备。当多颗卫星的需求差异性不能提炼为参数时，应根据这些差异分别形成主体。

在主体的批产基线形成前，研制工作只针对主体开展，不存在变体。在批产基线形成后，变体研制工作在主体和多个变体上并行开展。

主体研制按照航天软件工程化要求的技术流程开展，在完成第三方评测后进行批产基线评审，通过评审的主体可作为批产基线发布。主体研制应采用最大限度的通用性分析和设计，使主体的研制工作和成果能够全面覆盖、满足与适应后续将生成的变体需求与变化。软件和FPGA主体的研制流程如图12-2和图12-3所示。

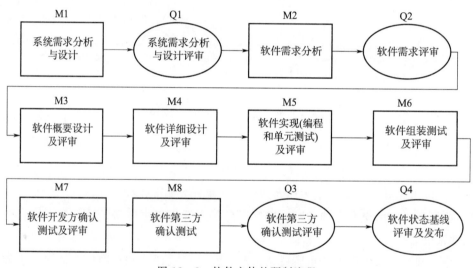

图 12-2　软件主体的研制流程

12.2.2 变体研制技术流程

变体研制主要是针对不同卫星的需求，在批产基线基础上装定参数或复制形成变体，作为独立的配置项管理，并开展软件回归测试和变体装载设备后的软硬件结合测试与试验，最终变体作为装载卫星的软件产品。

装载变体的卫星发射后，此卫星对应的变体研制工作结束，但主体和其他变体的研制进程应继续开展。

在主体的研制过程中，可能会先后形成多个版本的批产基线，变体生成时选取的批产基线版本应通过审批，确保使用的批产基线正确和受控。当有新版批产基线发布时，已经

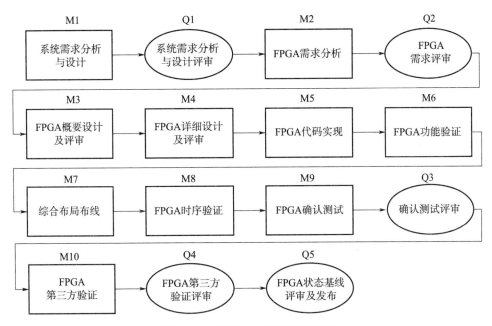

图 12 - 3　FPGA 主体的研制流程

生成但尚未完成研制的变体应以新版批产基线生成新版变体，确保变体随主体同步演进。

在变体更改时，更改内容只涉及变体相对主体固有参数差异的，只需按照软件更改流程完成单个变体的更改；更改内容超出固有参数差异范围的，应先更改变体对应的主体，更改后发布新版批产基线，再按要求生成新版变体。

在主体研制过程中，应明确变体相对主体的继承性（完全一致或装定不同参数），并提前开展变体研制的分析与策划，待批产基线发布后，变体以批产基线为基础，按照既定的计划和设计进行研制，分为以下两种情况：

（1）相对于批产基线装定不同参数的变体

此类变体的研制工作主要是根据不同卫星的需求差异，在批产基线上进行参数装定和软件回归测试，并装载于设备中参加各阶段软硬件结合的测试与试验，完成验收和固化落焊，研制流程如图 12 - 4 所示。

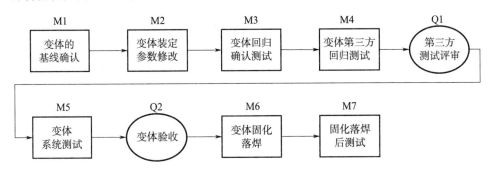

图 12 - 4　在主体基础上装定不同参数的变体的研制流程

（2）与批产基线状态一致的变体

此类变体的研制工作主要是复制批产基线生成变体，并装载于设备中参加各阶段软硬件结合的测试与试验，完成验收和固化落焊，研制流程如图 12-5 所示。

图 12-5　与批产基线状态完全一致的变体研制流程

在上述两类变体的研制流程中，变体的需求和对批产基线的继承性是既定的，将变体研制前期的需求和复核等工作综合为变体的基线确认，以提高研制效率。

12.2.3　软件研制过程保证

卫星在执行软件并行研制流程中，通过开展研制过程保证，落实各阶段产品保证要求，确保研制过程规范和产品质量可信。

（1）系统需求分析与设计

根据产品使用要求和系统技术要求，软件系统分析人员分析系统的需求和组成，合理配置软件、硬件和人工操作的功能以及软硬件的性能指标；初步确定系统内各分系统间的信息流、控制流、接口和通信协议，形成产品软件系统设计说明；开展系统级初步危险分析，识别危险源，确定危险控制策略，明确软件可靠性、安全性工作要求；开展软件危险分析，明确与软件相关的安全关键的系统工作模式与关键任务，以及与软件相关的危险事件与原因，形成软件危险分析报告。

（2）软件需求分析

分析人员依据软件研制任务书，对软件研制任务书中的功能、性能、实时性、接口和数据等技术指标要求逐项细化，编制软件需求规格说明和软件接口需求规格说明；根据软件研制任务书的可靠性、安全性要求开展软件需求安全性分析（含软硬件接口分析），明确安全关键的软件运行模式、功能、输入、输出，以及相关的软件危险事件与安全性措施。

（3）软件设计与实现

软件设计是开发人员将需求规格说明中的分析模型转换为设计模型的过程，软件实现是依据软件的设计说明，实现对软件单元的编程编译、静态分析、代码审查。根据软件设计准则进行软件设计，降低软件的复杂性，提高软件的健壮性及可维护性。要对中断、资源共享、堆栈等进行充分设计，避免出现中断、资源冲突及堆栈溢出的情况。安全关键软部件要采用冗余、异常保护、输入验证等容错设计，并保证其具有在轨维护能力。

（4）软件测试

软件测试是软件生存周期中确保软件质量的关键阶段之一。测试级别包括单元测试、组装测试和配置项测试。单元测试用来检验每个软件单元能否正确实现其功能，满足其性能和接口要求，特别是非法、非预期的输入和路径测试。组装测试阶段依据软件设计报告设计组装测试用例，建立组装测试用例与软件部件之间的追踪关系。配置项测试阶段依据软件分配基线制订测试计划，设计测试用例，建立确认测试用例与软件分配基线之间的跟踪关系；确认测试执行环境需在与软件真实运行环境一致或者相容的测试环境下进行。应考虑运行环境的特性及变化，加强测试覆盖率分析。

（5）第三方评测

第三方评测应保持技术和过程独立性，将评测结论作为正样单机交付系统的依据。第三方评测要求的目标代码覆盖率至少与承制方确认测试的覆盖率要求一致，不可测试项需要通过代码审查进行补充测试。

（6）系统测试

系统测试的主要任务是在真实系统工作环境下验证系统设计的正确性、验证系统内各设备间接口的正确性和匹配性、验证系统软硬件之间的匹配性和协调性，测试软件在系统运行过程中的可靠性和安全性，尤其是在故障模式下软件运行是否符合预期，确保软件满足用户要求。

（7）验收交付

软件提交验收交付前，应按计划完成规定的测试，满足任务书的功能、性能、可靠性和安全性等要求；通过确认测试及第三方评测；研制任务书或合同规定的数据包齐全，符合要求，文文一致、文实相符；软件产品已纳入配置管理库，技术状态受控；研制过程中出现的质量问题已全部归零。

（8）确认固化

软件确认固化要求在卫星正样大型试验前完成，所使用的软件须通过产品验收，取自产品库，且经过版本确认。须确定固化软件的操作步骤、固化软件的检查和检验方法以及对合格固化软件的标注内容等，在固化前后，应将烧写软件的特征信息进行比对，确认写入数据的正确性。

（9）运行维护

运行维护是保证和提升软件完成各种任务需求能力的重要阶段，运行维护包括参数型维护和代码型维护。代码型维护需要提出维护申请，审批同意后，执行必要的软件研制过程，再经过产品项目办的正式评审后方可实施。

12.2.4　FPGA 研制过程保证

卫星大量使用了 FPGA（现场可编程门阵列），其过程保证与一般软件相比有共同的地方，但也有其特定风险和特殊性。为适应 FPGA 的特点，针对重点过程开展专题的过程保证工作。

（1）任务分析

任务分析应分解细化分系统需求，在单机产品需求分析的基础上，分析采用 FPGA 实现的必要性、可行性、继承性以及风险。明确 FPGA 实现的功能，划分功能时需考虑任务复杂程度、器件工作频率、容量和 TMR（三模冗余）后的余量、性能指标要求、可靠性安全性要求以及抗 SEU 要求等，确定 FPGA 软件关键等级。

（2）需求分析

需求分析应明确 FPGA 软件的使用条件和约束；明确 FPGA 产品设计框图，包括外部数据流和控制流；明确所有输入/输出端口信号的时序指标以及复位后的信号状态；合理选择 FPGA 器件以及开发工具；明确抗 SEU（单粒子翻转）策略及设计要求，对于有配置刷新要求的 FPGA 软件设计，应在需求规格说明或研制任务书中明确。

（3）设计实现

FPGA 设计实现阶段包括概要设计、详细设计、代码实现、FPGA 软件验证计划以及验证环境的建立，并编写设计报告和验证计划。

编程语言和编码规范符合硬件描述语言编程的规定；划分时钟域并制定时钟产生策略，采用适当的防错、容错措施和可靠性设计；针对抗 SEU 设计要求，采用有效的设计方法，明确针对该处设计的验证要求。

（4）功能验证

功能验证阶段的工作包括设计代码规则检查、设计要点检查、代码审查以及功能仿真验证。

代码检查阶段对于采用各种方式生成代码的验证要求必须相同。对器件厂商提供的 IP 要进行验证，验证通过后才能使用，尽量使用自动检查工具对研制任务书中规定的编码规范进行检查。统计语句、分支、条件、表达式和状态机覆盖率，根据覆盖率完善验证代码和验证用例，对于不能覆盖的情况应进行分析确认。

（5）综合布局布线

综合布局布线阶段使用综合工具对编写的代码进行综合，生成综合后网表；将综合后网表映射到目标器件的逻辑资源，生成映射网表；使用布局布线工具将映射网表在目标器件上进行布局和布线优化，最终生成门级网表和烧写文件。该阶段须确保使用的综合工具、布局布线工具软件及版本与需求规格说明或研制任务书的要求一致。

（6）时序验证

时序验证阶段需完成静态时序分析、时序仿真，验证设计的功能、时序。时序分析要覆盖需求规格说明或研制任务书中的时序需求、时钟余量需求，以及验证计划规定的时序验证的性能要求。时序验证应覆盖最大、典型和最小 3 种工况下的时序指标，验证与外围器件接口时序配合的正确性。

（7）设计确认

设计确认阶段要依据 FPGA 软件使用说明，在板级和单机产品级对 FPGA 软件进行功能确认，测试 FPGA 器件的电性能、接口波形等参数是否与研制任务书中一致，FPGA 产品的功能、性能、接口测试覆盖率应达到 100%。

（8）第三方验证

FPGA 软件在系统转正样前应完成第三方验证，在正样研制阶段仅开展必要的回归测试，验证结论将作为正样单机交付系统的依据。第三方验证要完成仿真用例设计，并建立仿真验证环境，要进行功能验证和时序验证。

（9）FPGA 转 ASIC 设计

FPGA 软件转专用集成电路（Application Specific Integrated Circuit，ASIC）设计之前，应完成 FPGA 分析、设计和验证工作，并已通过设计确认和第三方验证，不应将 FPGA 软件的问题带入转 ASIC 流程。

12.3　软件可靠性安全性分析与设计

软件可靠性安全性分析与设计工作贯穿于软件生存周期全过程，应与系统需求分析与设计、软件需求分析、软件设计和实现等活动紧密结合，通常采用自上而下逐级分解的方式，经过数轮次迭代后，对关键和重要功能提出安全性可靠性设计措施，并通过软件测试、系统试验等方法进行验证。

12.3.1　软件系统可靠性安全性分析

软件系统可靠性安全性分析是依据系统初步危险分析（PHA）结果，开展软件初步危险分析，识别出可能引起危险事件或用于控制危险事件发生的软件配置项，明确每种危险事件对应的触发条件，制定相应的安全危险减轻措施，并提出验证要求，确定软件配置项的安全关键等级，反映到相关软件配置项任务书中。在软件配置项任务书中，应明确列出软件的可靠性和安全性要求，例如，不期望出现的事件、不期望事件的应对措施、软件的容错设计要求、数据冗余要求、应遵循的设计标准和设计准则等等。

根据系统初步危险分析结果、软件危险分析结果和软件任务书，自上而下将系统级可靠性安全性需求分解至软件配置项，也可以自底向上分析得出系统可靠性安全性需求，再将这些系统可靠性安全性需求传递到所有受影响的子系统。通过上述分析过程，识别出每个软件配置项的安全关键功能，确定安全性需求，并根据危险发生的可能性和严重性对需求的安全关键性进行排序。常用的可靠性安全性分析方法有软件故障树分析（Software Failure Tree Analysis，SFTA）方法和软件失效模式、影响及危害分析（Software Failure Modes and Effects Analysis，SFMEA）方法。

（1）安全运行模式、运行状态与安全条件

软件安全性需求包括有效的运行模式或者状态，以及禁止或不适用的模式或者状态，应避免软件进入禁止或不适用的模式或状态。允许的参数边界可能会随着运行模式或者任务阶段的不同而不同。例如，在整个软件需求中查找是否存在可能导致不安全状态的条件和潜在失效隐患，如不按顺序、错误的事件、不适当的量值、不正确的极性、无效的命令、环境干扰造成的错误以及指挥失灵模式之类的条件，应对所有的不安全状态的条件和潜在失效隐患，制定适当的响应要求。

（2）容错和容失效

容错机制能防止大多数微小的差错传播演变为失效。容失效是忽略大多数故障，仅对较高层次的可能导致系统失效的差错进行处理。分析应明确系统是否应能容错或容失效，或两者相兼。大多数系统采用容失效来达到可接受的安全性等级。对于安全关键的系统，应具有一定的容错和容失效能力。冗余设计是容错和容失效的主要方法。

（3）危险命令处理

危险命令是其执行（包括无意执行、失序执行或不正确执行）能导致一个已标识的严重的或灾难性的危险，或能导致对危险控制能力降低的命令。危险命令处理包括接收、传送或者启动关键信号或者危险命令的硬件或者软件功能，危险命令处理应特别注意：较长的命令路径会由于通信线路电磁干扰、设备故障或人员差错，增大出现不希望或不正确的命令响应的概率。

（4）接口

接口类型包括功能接口、物理接口、人机接口。应对接口特性进行分析，分析接口出错方式及出错概率，并以此为基础确定通信方法、数据编码、错误检查、同步方法以及校验和纠错码方法。接口错误检查或者纠正措施应适合于接口的出错概率。在通信接口数据定义时，应确保通信双方协议的一致性和完整性。

（5）数据

对软件所使用的各种数据进行定义，包括规定静态数据、动态输入输出数据及内部生成数据的逻辑结构，列出这些数据的清单，说明对数据的约束和要求（包括重要数据的边界值是否有要求，数据区与程序区分开存放、常量与变量分开存放，强制类型转换要考虑数据类型的范围，对非法数的处理要求，重要数据的可观测要求等等）。应该在需求说明中建立数据字典，说明数据的来源、处理及目的地。

（6）时序、吞吐量和规模

对于安全关键功能，应考虑系统资源和时间约束条件，进行时序、吞吐量和规模分析，分析与执行时间、I/O 数据速率和内存/存储器分配有关的软件需求，考虑余量。典型的约束需求包括临界时间、自动安全保护时间、采样速率、内存资源等。

（7）中断要求

1）中断基本情况：列举卫星配置项软件用到的全部中断，但不包括软中断；分析它们属于定时中断，还是周期性中断或随机中断，是偶发的还是频繁的，是系统内的还是系统外部的。

2）中断的优先级分配：一般情况下，一次性的、偶发的或中断服务所需时间短的中断，考虑安排在较高的中断级别；频度高或中断服务所需时间较长的应考虑安排在较低级别。

3）异常中断处理要求：分析硬件平台异常中断情况，明确软件针对异常中断的处理需求；发生异常中断时，计算机硬件出现问题，软件本着容错的原则考虑如何进行处理，可以采取直接返回、返回触发异常指令的下一条指令、返回指定地址等方式，屏蔽不使用的中断源，并挂接空中断处理函数。

（8）异常处理要求

1）硬件设备故障处理要求：应明确对关键硬件设备的故障检测、隔离或修复要求。

2）输入合理性检查要求：对于所有模拟及数字输入，应在按照这些值执行安全关键功能之前进行范围和合理性检查，明确输入数据的非格式化数和非法数处理要求。

3）输出合理性控制要求：对于所有安全关键控制指令或参数，应在输出前，严格控制其值、输出时机在安全合理区间和时间段内，防止系统误进入危险状态，硬件被破坏，或执行机构做出危险的动作。

4）数学运算合理化保护要求：对于运算过程中的数学计算应进行合理化保护，明确除零处理要求、对数处理要求、反三角函数处理要求、偶次方根数据要求等。

5）防止程序跑飞要求。

6）错误提示要求：应明确软件运行到异常处理分支下的错误提示或记录要求，如采用界面弹报错提示框、发送遥测、记录日志等要求，便于日后故障定位。

7）异常处理情况下的软件状态转换要求：应明确软件运行到异常处理分支下的状态转换要求，如是否继续运行、是否清除原状态、是否重试等要求。

8）防误操作要求：运行过程中有人机交互的软件，设计时应考虑用户短时间内重复同一操作对软件和系统的影响，应进行防误操作设计。

（9）性能要求

1）时间特性要求：应考虑事件或状态查询的响应要求、中断服务程序最长运行时间要求、控制/运算周期及余量要求、不同时序之间匹配性要求、时钟同步要求、通信时间要求、硬件访问的时间约束要求、数据库的访问时间要求等。

2）精度要求：应考虑数据精度及有效数据位数要求、时序时间精度要求、周期稳定性要求等。

3）容量要求：应考虑程序/数据使用的存储器空间分配要求、空间使用余量要求、磁盘空间容量要求等。

4）其他性能要求：支持的最大用户数量、处理器的负载能力、事件/进程/线程的并发处理能力、软件无故障运行时间等。

12.3.2　软件可靠性安全性设计

在软件可靠性安全性分析工作基础之上，通过对部件/单元进行分析，标识出软件可靠性安全性关键的部件/单元，并采取相应的预防、冗余容错、查错、防错等手段，对软件可靠性安全性关键的部件/单元开展可靠性安全性设计。

12.3.2.1　代码可靠性安全性设计

（1）简化设计

1）模块的单入口和单出口要求。除中断情形外，模块应使用单入口和单出口控制结构。

2）模块独立性准则。提高模块内聚度、降低耦合度，实现模块独立性，设计时遵循以下准则：

a）采用模块调用方式，不直接访问模块内部信息；

b）适当限制模块间传递的参数个数；

c）模块内的变量局部化；

d）将可能发生变化的部分或需要经常修改的部分尽可能放在少数几个模块中。

3）模块的扇入扇出准则。将模块在逻辑上构成分层次的结构，在不同的层次上允许不同的扇入扇出数，模块的实际结构形态应该满足以下准则：

a）模块的扇出一般应控制在 7 以下；

b）为避免某些程序代码的重复，可适当增加模块的扇入；

c）应使高层模块有较高的扇出，底层模块有较高的扇入。

4）模块内聚方式与优选顺序。模块内诸任务关联方式有七类，按其优选顺序排序为：

a）功能内聚：一个模块执行一个单一的、独立的功能；

b）顺序内聚：一个模块有若干工作单元，他们都与同一功能紧密联系，又必须顺次执行；

c）信息内聚：所有工作单元均集中于两个数据结构的同一区域；

d）过程内聚：各工作单元间有一定关系，且必须按规定次序执行；

e）时间内聚：一个模块要完成几个任务，这些任务要在同一时间段内执行；

f）逻辑内聚：一个模块执行几个逻辑上互相关联的任务；

g）偶然内聚：一个模块执行几个在逻辑上几乎没有关系的任务。

（2）健壮性设计

1）检查输入数据的数据类型，在人/机界面的设计过程中，采用穷举列表、操作提示等措施，防止错误的操作和操作失误；

2）模块调用时检查参数的合法性，控制事故蔓延；

3）进行简化设计，降低模块之间的耦合度，降低软件的复杂性，实现信息隐蔽；

4）同硬件相关的若干设计：

a）电源失效防护：软件应配合硬件处理硬件电源在加电瞬间，硬件传输的数据可能出现的间歇故障，避免系统潜在的不安全初始状态。

b）抗电磁干扰：对于电磁辐射、电磁脉冲、静电干扰等，硬件设计应该按规定要求把这些干扰控制在规定的水平，软件设计应使当出现这种干扰时，系统仍能安全运行。

c）抗系统不稳定：当外来因素导致系统不稳定且不宜继续执行指令时，软件应采取措施，待系统稳定之后再执行指令，如对具有强功率输出的指令，如果强功率动作对系统的稳定性造成影响，则应在强功率输出指令执行后，等待至系统稳定，再继续执行后续指令。

d）接口故障处理：充分估计各种可能的接口故障，采取预防措施，如软件应能识别合法与非法外部中断，对于非法外部中断，应能自动切换到安全状态。另外，反馈回路中的传感器有可能发生故障，这些故障模式可能导致反馈异常，因此，必须防止软件将异常信息当作正常信息处理而造成反馈系统失控。同样，对于输入/输出信息，在进行加工处理之前，应检验其合理性。

e）错误操作的处理：软件应能判断输入和操作是否正确合理，当发生不正确或不合理的输入和操作时，拒绝该操作的执行，指出错误的类型并给出错误提示；对于合法的输入或操作，软件应提供操作正确的判据，并给出反馈信息。

f）程序超时或死循环故障处理：为确保系统具有程序超时或死循环故障处理能力，必须提供监控定时器或类似机制，在涉及硬件状态变化的程序中应考虑状态检测次数或时间，对无时间依据的可用循环等待次数作为依据，超过一定范围即做超时处理。

（3）重入和并发设计

并行环境下的重入程序设计比单纯的递归调用更严格，设计不当轻则产生数据计算错误，重则引起系统死锁，且对时间敏感，但调试过程不一定能发现问题。对可重入程序的设计可通过以下方法来改进其可靠性：

1）可重入程序使用的单元应使用堆栈或调用程序提供的临时工作单元；

2）可重入程序所使用的公共资源必须进行保护；

3）有临界区的可重入程序用封中断保护，待退出临界区时再打开中断。

12.3.2.2　软件查错设计

软件设计时除了采取一定的预防措施外，还要考虑软件在发生错误的情况下能够及时发现，因此对软件采取查错设计可以令软件及时发现错误，并采取一定措施，对软件的可靠性起着至关重要的作用。

（1）被动式错误检测

1）相互怀疑原则：在设计一个软件模块时，假定其他模块均存在错误，每当一个软件模块接受一个数据时，无论这个数据来自系统之外还是来自其他模块的处理结果，首先假定它是一个错误数据，并竭力证实这个假设。

2）立即检测原则：错误征兆出现之后，尽快查明并判断错误类型，立即检测并排错，限制错误的扩散和蔓延，降低排错开销。

3）分离原则：进行查错设计时，通常将自动错误检测模块与执行模块分离。

4）检查每个输入数据的属性，明确定义每个输入数据的性质并按规定的属性（如输入数据类型、数据长度、数据的正负号等）进行检查。

5）为表格、记录和控制块设置识别标志，并以此检测输入数据。

6）按已知数据极限检查输入数据，如某个输入项是地址，需要检查这个地址的有效性，如地址为空是错误的，则检查输入项是否为空，如果输入数据是一系列概率值，则可以检查每一项数据是否都在 [0，1] 内取值等。

7）检查所有多值数据的有效性，例如某个代表区域码的数据，它只能在 5 个区域中取值，则应该依次检查区域 1 至 5。

8）如输入数据存在明显的冗余成分，应检查其一致性；如输入数据中不存在冗余，可以对输入数据进行校验和验证。

9）比较输入数据与内部数据的一致性，如果操作系统接收一个输入信息，要求它注销某一特定的存储区，则必须确定这个存储区是否分配给该项数据使用。

（2）主动式错误检测

1）主动式错误检测是通过错误检测程序主动地对系统进行搜索，并指示所搜到的错误；主动式错误检测通常由一个监测监视器来承担。监测监视器是一个并行过程，对系统的有关数据进行主动扫描，以发现错误。

2）主动式错误检测可以固定时间作为周期性的任务来安排，也可以当作一个低优先级的任务来执行，在系统处于等待状态时，主动进行检测。

3）错误检测的内容取决于系统特征，例如可以搜索主存储区，以发现在系统可用存储区表中没有记录的，又没有分配给任何一个正在运行的程序区域；也可以检查超过合理运行时间的异常过程，寻找系统中丢失的文件，检查在长时间内尚未完成的输入输出操作。

4）特殊情况下，监测监视器可以进行系统的诊断试验，有监测监视器调用系统的某些功能，将结果与预期的输出进行比较，检查其执行时间是否超限。

5）监测监视器还可以周期性地发送事务给系统，以保证系统处于可运行状态。

12.3.2.3　软件纠错设计

程序运行过程中，发现错误征兆后，人们自然期望软件具有自动纠错能力。错误纠正的前提是已经准确地检测到软件错误及其诱因并定位错误，程序有能力修改、剔除错误。在软件内部进行纠错设计时，必须在设计阶段考虑错误隔离：

1）不允许一个用户的应用程序引用或修改其他用户的应用程序或数据。

2）不允许一个应用程序引用或修改操作系统的编码及其内部数据，两个程序之间的通信或应用程序与操作系统之间的通信只能通过规定的接口，并在双方都同意的情况下才能进行。

3）保护应用程序及数据，使得它们不至于由于操作系统的错误而引起程序和数据的偶然变更。

4）操作系统必须保护所有应用程序及数据，防止系统操作员或维护人员引起程序及数据的偶然变更。

5）应用程序不能中止系统工作，不能诱发操作系统去改变其他应用程序及数据。

6）当一个应用程序调用操作系统去执行一种功能时，所有参数都必须进行检查，应用程序不能在检查期间以及操作系统实际执行时改变这些数据。

7）操作系统运行时，不能受任何可能被应用程序直接访问的系统数据的影响。

8）应用程序不能避开操作系统直接使用为操作系统所控制的硬件资源，应用程序也不能直接调用操作系统中仅供内部调用的各种功能。

9）操作系统内部的各种功能应相互隔离，防止一个功能中的错误影响其他功能及数据。

10) 如果操作系统检测到内部错误，应尽量隔断这个错误对应用程序的影响，必要时可终止受到影响的应用程序的运行。

11) 操作系统检测到应用程序中的错误时，应用程序应具有选择处理错误方式的能力，而不是只能被操作系统无条件地终止运行。

(1) 容错设计

容错软件定义很多，但对于规定功能的软件，不同的定义均共同关注在一定程度上对自身故障具有屏蔽能力、在一定程度上能从故障状态自动修复到正常状态、软件故障时能在一定程度上完成预期的功能以及在一定程度上具有容错能力等四个共性方面。虽然这四个方面在描述上各有侧重，但在以下三个方面是共同的：

一是容错对象是由软件需求规格说明定义的规定功能的软件，容错只是为了保证在软件缺陷导致故障时，能维持这些功能，如果软件的设计是完全正确的，那么容错设计多此一举。

二是输入信息的构成极为复杂，实现容错而需要增添资源使得软件更加复杂，容错的能力总是有限的，即使容错软件不会完全失效，也只是实现降功能运行。

三是当软件由于自身缺陷而导致故障时，若其为容错软件，应能屏蔽这一故障，对其进行处理以免造成软件失效。通常，这一功能是通过故障检测算法、故障修复算法等并调动软件冗余备份来实现的。这种冗余既可以是设计（算法）冗余，也可以是数据冗余。设计冗余是利用相异的软件模块来实现软件容错。主要的软件容错技术包括修复块和多版本程序两种结构。这两种结构分别代表了软件容错设计的两个重要的技术方向。其他软件容错结构如分布式修复块、N 自检程序等都是这两种基本结构的派生和演化。数据冗余技术主要是利用冗余数据来达到软件容错的目的，目前的主要方法是数据编码技术和数据相异技术。多版本程序结构通过表决算法来比较各个版本软件的运行结果，屏蔽某一版本的软件故障。这种结构裁决的成功率较高。但不同版本的软件在最终同步表决时，需要解决好差错限度控制和可能存在的一题多解问题。修复块结构只对软件中存疑较大的部分加以冗余，使得容错软件的成本得以较好的控制。这种结构的裁决成功率取决于检测点上的接收测试设计。不论是多版本结构还是修复块结构，首先都要求冗余程序的每一个版本本身达到规定的可靠性。

1) 多版本程序设计：多版本程序结构要求设计 N 个功能相同但内部结构或实现方式存在显著差异的软件版本。各个版本分别运行，每个版本中设置一个或多个交叉检测点。当版本执行到一个交叉检测点时，便产生一个比较向量，并将比较向量传递给表决器，待各版本的结果均已送达，由管理程序的比较状态指示器发出表决指令，然后决定输出运算结果还是输出报警，从而以静态冗余方式实现软件容错。软件多版本设计如图 12 - 6 所示。

2) 修复块设计：程序的执行过程可以看成由一系列操作构成。修复块设计就是选择一组操作作为容错设计单元，将普通的程序块变成修复块。用于构造修复块的程序块可以是模块、过程、子程序、程序段等。一个修复块包含若干功能相同、设计差异的程序块，

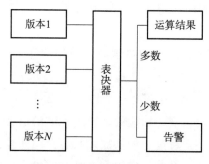

图 12-6 软件的多版本设计

每一时刻均有一个程序块处于运行状态。一旦该程序块出现故障，则切换到备用程序块，从而构成动态冗余。软件容错的修复块方法就是使软件包含有一系列修复块。软件修复块设计如图 12-7 所示。

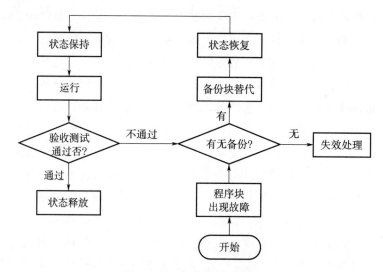

图 12-7 软件修复块设计

3）数据相异技术：数据相异技术通常采用某种措施使输入数据多样化，在使用时通过表决机制将输入数据从失效输入空间转移到非失效输入空间，实现软件容错。采用以下方法（但不局限于）可使输入数据多样化：

a）将输入数据存放在多个存储空间，使用时进行表决。

b）从不同输入通道采集同一输入数据，在使用时进行表决。

c）从不同的时间采集某一稳定的输入数据，使用时进行表决。

d）对于软件中的一些重要标志，可采用 4 位以上既非全"0"又非全"1"的某种独特模式表示（如 8 位的 55H），并将其存放在 3 个不同的存储空间中，使用时进行表决。

（2）故障检测

容错活动的第一步就是故障检测，包括故障判别准则制定和检测点设置两个基本活动。对于故障判别准则，主要检查系统操作是否正常，否则，表明系统处于故障状态。对于检测点设置，一种策略是将检测点设置得尽可能早，另一种策略是将检测点设置得尽可能晚。

故障检测包括在线自动检测和离线检测两种形式。离线检测主要用于软件调试以及软件维护过程中的故障查找。容错软件的实现主要依靠在线检测。故障检测的具体方法与特定问题的自身特点及其要求相关。这就决定了检测方式的多样性，同一个容错软件中往往包括多种检测方法。

（3）破坏估计

从故障发生直到得以有效控制这段时间内，故障可能被传播和蔓延，因此需要进行破坏估计，以便采取措施，进行故障处理和修复。

破坏估计不仅要求判定故障被检测出来之前已经引起的破坏，还要求在故障被检测出来之后，在处理延滞或修复实施过程中，无效信息在系统中传播的可能性以及因此导致的其他未被检测到的后续故障。

目前，对故障的破坏估计主要是依靠系统设计人员对破坏限制的规定和识别破坏的探测技术来实现的，即根据系统的结构对预测故障可能引起的各种现象做出假设，并按破坏的严重程度加以分类。在运行过程中，由现象逆推导致这些现象出现的破坏，然后根据相应的估计确定适当的反向修复点。

（4）故障修复

完成故障检测后在规定的时间内完成故障处理，修复系统运行是容错软件的核心目标。故障修复包括前向修复和后向修复两种。前向修复即故障被检测出来后，仅对其结果进行预置处理，然后继续进程的运行，提供可以接受的服务。后向修复即故障被检测出来后，对软件进行维护，以备份替代错误部分，然后重新运行，提供正确服务。对于后向修复，可能存在降功能问题，采取修复措施时，应考虑资源耗费和容错效果。一般的，修复包括完全修复、降功能修复和安全停机三个等级。故障修复流程如图 12 - 8 所示。

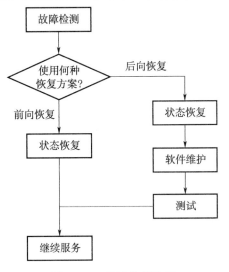

图 12 - 8　故障修复流程

（5）故障隔离

进行故障分析与分类，采取故障隔离措施，抑制故障传播与蔓延，有利于容错的实现。

权限最小化原则是实现故障隔离的主要思想。为了限制故障蔓延，要求对过程和数据加以严格定义和限制，使过程不能提供任何超过事先规定限度的功能，也无权接收来自限定数据库之外的数据。在结构化程序设计中，还可以利用各个层次与模块之间的进、出口信息的相互制约关系来隔离故障。

（6）继续服务

故障修复的任务是使系统从故障状态修复到故障前的某一状态，即后向修复点，或预先设置的其他状态，即前向修复点。由于进程中包括可修复这样的子过程，用户得到的服务实际上和没有这个子过程不同。要求经历修复之后得到的服务是软件需求规格说明中所能接受的。前向修复后的输出序列中所失去的部分数据如果不致影响软件的基本功能，以及后向修复后的输出序列中重复多余的部分信息以及故障状态等不致影响输出的正确执行等，都是保证系统继续服务所需考虑的。

12.3.3 空间环境防护设计

对于星载软件，空间环境是造成软件稳定运行的影响因素，特别是对 CPU/DSP、SRAM 型 FPGA，容易受单粒子影响，应采取容错设计措施，避免发生软件故障。为适应这一独特属性，特别介绍星载软件的空间环境的防护设计。

12.3.3.1 CPU/DSP 类软件防单粒子设计

根据软件程序在轨工作的流程，将单粒子防护设计分为软件代码存储单粒子防护设计、程序加载单粒子防护设计、程序维护单粒子防护设计、程序运行单粒子防护设计和其他单粒子防护设计。软件防单粒子措施分类表见表 12-5。

表 12-5 CPU/DSP 类软件防单粒子措施分类表

序号	分类	防护措施
1	代码存储单粒子防护设计	PROM 固化、三份以上存储、定期校验存储器
2	程序加载单粒子防护设计	三取二校验加载、自动备份加载、减少耦合加载、引导加载具备 EDAC
3	程序维护单粒子防护设计	异构维护写入
4	程序运行单粒子防护设计	EDAC、三模冗余、自刷新、RAM 刷新
5	其他单粒子防护设计	空闲空间管理、参数修复、初始化状态重加载、重点模块重点防护、数据有效性判读、双重判定、看门狗检测、增加表征系统健康状态的标志、关键分支标志、关键参数防护

（1）软件代码存储单粒子防护设计

在轨运行时 PROM 固化区存储的内容包括：经过地面测试充分验证的程序版本、重要参数的初值、缺省值等，存储用的硬件为 PROM 存储器或其他高可靠性存储器（固化：仅可进行一次写入，写入后不可更改）。

单机在轨可维护的软件版本需存放在单粒子效应防护能力强的存储器中（如 FLASH、EEPROM），减少单粒子事件发生概率，在资源允许的情况下代码存储三份及以上。

软件运行过程中对存储区代码进行校验，通过与存储区代码进行校验和比对，或与当前 RAM 区/SRAM 区运行的代码比对获得校验结果，校验结果下传地面，由地面进行判读。

（2）程序加载单粒子防护设计要求

1）三取二校验加载：若代码存储 3 份以上，在允许的情况下（资源充足/速率匹配/时间允许），加载时三份代码相互校验，按 bit 三取二后对代码进行校验，启动加载。

2）自动备份加载：若固化区软件加载启动失败，会自动执行重加载操作，若仍无法启动，则自动从维护区软件启动，避免出现单机死机情况。若星上代码存储了 2 份，上电首次加载第 1 份存储代码不成功，重加载过程需更改加载策略，从第 2 份代码加载，降低单机启动失败概率。

固化区：用于存储单机经过地面各项测试充分验证的软件基础版本，地面注入，在轨不可维护，存储在 PROM 或 EEPROM 芯片中。

维护区：存储单机经过地面各项测试充分验证的软件最新版本，在轨可维护，存储在 FLASH 或 EEPROM 芯片中。

3）禁止耦合加载：卫星加载过程中禁止 DSP 与 SRAM 型 FPGA 之间的相互耦合加载，CPU、DSP、SRAM 型 FPGA 加载过程应与反熔丝型 FPGA 等完成加载功能的器件直接连接。

4）引导加载程序具备 EDAC：CPU/DSP 引导加载程序需具备硬件 EDAC 功能，若不具备，则进行软件 EDAC 纠错，且纠错模块需实现三模，刷新周期小于 6 s。

（3）程序维护单粒子防护设计

软件常用单粒子防护手段有 EDAC、刷新、自刷新、三模冗余等。

①EDAC 方法

EDAC 的实现原理是在传输的数据源码中加入一些冗余码，使这些数据源码与冗余码之间根据一定规则建立关系。当合法数据编码出现错误时，数据源码与检验码之间的关系被破坏，形成非法编码，而接收端可以通过检测编码的合法性来发现错误直至纠正错误。一般使用纠一检二的汉明码和（39，32）汉明码纠错，具体设计方法由采用的处理器位决定。

对于本身带有 EDAC 逻辑的处理器，要求外接 RAM 的数据位宽支持处理器的 EDAC 即可，并在初始化时打开 EDAC 功能。

对于自身不支持 EDAC 的处理器，需要外部采用反熔丝 FPGA 实现 EDAC，片外要配置具备 EDAC 功能的 SRAM 器件。

②RAM 刷新

对 RAM 中数据进行周期自检，并在处理流程中增加软件看门狗程序，当周期自检检测到 RAM 中程序或数据被打翻时，通过纠错码或 ROM 中存储数据进行比对并纠正。

③三模冗余

1）三模冗余存储：对程序运行有重大影响的标志及对运算结构起关键作用的参数或代码模块分三份存储；

2）三模冗余表决：对程序运行有重大影响的标志及对运算结构起关键作用的数据，或代码模块输出结果进行三取二比对表决。

（4）CPU 软件单粒子防护设计

根据 CPU 常见单粒子防护区域，在软件设计时重点对这些类型涉及的区域进行防护设计，常用防护措施见表 12 - 6。

表 12 - 6　CPU 软件单粒子防护设计

序号	芯片类型	防护区域		防护措施 （重点单机必做）
1	CPU	内部寄存器		定时校验
2		外接 SRAM/SDRAM	片外程序运行区	CPU 芯片选型支持 EDAC＋刷新
3		EEPROM/FLASH	程序存储区	三模冗余

其他措施：

a)打开 EDAC 功能，空闲时间对 RAM 区读操作，如果有 EDAC 错误，要进行回写数据；

b)1553B 控制芯片配置寄存器进行定时刷新；

c)非正常中断、陷阱处理：核查 CPU 对于非正常的中断、陷阱等的处理，形成文字记录；

d)若即使经过刷新、EDAC、三模等措施纠正回打翻 bit，但仍对后续软件运行产生不可逆影响的情况，需要通过增加监视资源方式进行快速修复。

注：重要单机刷新周期要求小于 6 s。

（5）DSP 软件单粒子防护设计

根据 DSP 常见单粒子防护区域，在软件设计时重点对这些类型涉及的区域进行防护设计，常用防护措施见表 12 - 7。

表 12 - 7　DSP 软件单粒子防护设计

序号	芯片类型	防护区域		防护措施	降级防护条件	特殊防护需求
1	DSP	RAM	程序运行区	自刷新＋看门狗	—	—
2		内部寄存器	计算单元、加法器、乘法器等	三模冗余＋定时回写	写动作过程对芯片本身功能有影响的可不进行定时回写	建议长时间不变的寄存器必须定时回写； 重要单机进行刷新
3		外接SRAM	片外程序运行区	硬件自带EDAC＋刷新	—	—

其他措施：

a)非正常中断、陷阱处理：核查 CPU 对于非正常的中断、陷阱等的处理；

b)若即使经过刷新、EDAC、三模等措施纠正回打翻 bit，但仍对后续软件运行产生不可逆影响的情况，需要通过增加监视资源方式进行快速修复。

注：重要单机刷新周期要求小于 6 s。

（6）其余单粒子防护设计要求

1）空闲空间管理：对于不用的存储空间（PROM/EEPROM/FLASH）、程序空间（CPU/DSP/RAM/SRAM），通过硬件自身特性设置或填充"0x0000＋跳转指令（跳转到0地址）"或填充陷阱方式，若程序一旦跳入空闲区，就让软件进入复位状态，避免出现死机或异常运行状态。

2）远端备份：软件运行过程中，定时通过总线等通信链路将关键数据保存在其他单机或部件中。

3）参数修复：软件因看门狗复位、异常复位等导致软件重加载，重要参数状态（例如卫星健康信息标志、下行卫星号等）要进行状态修复，通过远端备份修复，避免系统运行异常。

4）初始化状态的重加载：一般地面的计算机系统，初始化之后的状态配置将不再发生变化。但在空间应用时，单粒子效应将导致初始化参数被改写。同时，一些接口器件的配置参数也有类似的问题。为了提高系统的运行稳定性，需要定期对固定不变的初始化参数进行重加载，以消除单粒子效应的影响。

5）重点模块重点防护：校验模块、纠错模块和刷新回写模块等重点模块必须重点防护，视芯片特性进行 EDAC、三模、刷新防护。

6）数据有效性判读：对可执行参数、指令进行有效范围约束，使用前进行有效性判断。

7）双重判定：对外部输入数据的重要信息进行双重判断，避免因单个条件错误导致误判。如导航信号控制指令，需同时校验数据帧头、校验和、长度、数据类型、数据长度等信息。

8）看门狗检测：设置软件看门狗，当程序按正常路径执行时，不断清除看门狗，如果程序进入死循环，则看门狗在规定的时间内不被清除，发出计算机复位信号，进行初始化处理，使计算机重新开始运行，从死循环中解脱出来。

软件正常运行期间要在狗咬时间内对定时器重置复位，使其重新计时而不会触发狗咬。对定时器重置的过程称为"喂狗"，而"喂狗"的间隔称为喂狗时间。软件设计和实现时，要确保在正常情况下，喂狗时间小于狗咬时间，才能使看门狗真正有效。如果没有专门的硬件看门狗，可利用其他方式对软件的运行时间进行监控，主要有以下方式：

a）可采用定时中断和主程序互相监视的方式，防止软件进入死循环；

b）可通过多个设备之间定时进行总线通信互相监视，发现其他设备的异常；

c）在软件中维护能够反映软件是否正常运行的健康字，并遥测下行，由地面人员监控软件运行情况。

12.3.3.2 FPGA 软件单粒子防护设计

FPGA 常用单粒子防护手段有 FPGA 刷新、三模冗余等，最有效的抗单粒子措施是三模冗余和刷新同时作用，但受限于资源、运行连续性的要求，难以实现全三模和实时刷新，单机方要对各自软件中涉及的重要参数和重要逻辑模块进行梳理。单机方如果不能实现要求的防护措施，应向卫星总体报批，从卫星系统层面进行修复解决。

（1）三模冗余

三模冗余是常用的单粒子效应容错手段，用于缓解 SRAM 型 FPGA 单粒子敏感性，其缺点是耗费资源。

三模冗余的原理是通过组合逻辑和寄存器三份冗余，使各冗余模块结果通过表决器，并将表决结果作为最终输出，由此实现对一路冗余模块出现错误时的容错，原理如图 12 - 9 所示。

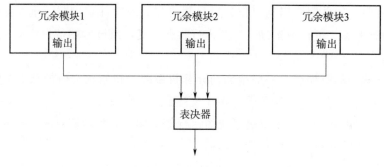

图 12 - 9　三模冗余原理图

使用中需特别注意：

1）只是通过三个及以上表决器对错误进行屏蔽，不能修复、检测或定位。

2）多个单粒子效应同时发生在一个模块的不同冗余模块时，可能导致三模冗余机制失效。

3）表决器自身也可能出错，一旦表决器受到单粒子作用，结果将直接出错，重要参数可采用三个表决器实现。

4）部分冗余设计时，由于用于冗余模块和未冗余模块之间的布线资源对单粒子翻转敏感，会降低 FPGA 的整体代码可靠性。

5）对纯组合逻辑做三模冗余处理时，综合布局布线工具会对设计进行三部分不同的布线，由于经过不同布线网络会产生不同的延时，到达判决器的值可能在时间上错开到达，导致判决结果出现毛刺，设计时需进行检查，故不对纯组合逻辑直接进行冗余判决设计，将组合逻辑输出结果通过寄存器缓存一级，再进行三模冗余判决，以防止不同布线网络产生的延时导致判决结果出现毛刺。

6）时钟的三模冗余易引发时钟交叉问题，导致时序上的错误，故不在设计模块内对时钟进行三模冗余设计，而对设计内部的时序电路进行三模冗余设计，并进行详细的时序分析检查。

设计完成后，复核设计实现后的电路拓扑结构，结合用户设计的电路拓扑结构图，识别出产生持续性错误的电路。

（2）FPGA 刷新

SRAM 型 FPGA 配置存储器可能会被高能粒子击中，导致存储的数据发生翻转，配置数据出错。刷新技术是 SRAM 型 FPGA 将外部存储器件中存储的配置数据读到器件配置存储器中，实现配置数据的重加载纠错的技术。可分为控制指令刷新、定时刷新、回读刷新三类。

1）控制指令刷新是指通过指令控制方式实现对 SRAM 型 FPGA 部分模块的重新配置；设计中需增加指令接收电路，一旦该部分出错，刷新可能无法完成。

2）定时刷新是指对 SRAM 型 FPGA 的重要模块配置进行定时刷新，结合代码模块实现的功能合理安排刷新频度。

3）回读刷新是指对 SRAM 型 FPGA 的重要配置模块进行回读和对比，若发现配置信息有错，则进行重配置操作。采用反熔丝 FPGA 对 SRAM 型 FPGA 的重要配置模块配置帧数据进行周期性回读，对单帧或多帧计算 CRC 校验，并与初始存储的 CRC 结果进行比较，如果不一致，则对出错帧或者整个配置帧进行刷新。此方法回读校验刷新效果依赖于校验结果，故校验方式、校验结果的正确性需要提前进行评估，重要模块需进行三模冗余加固。

使用中需特别注意：

1）一般通过查找相关器件的静态翻转截面数据，并结合 Cream96 等工具计算特定运行轨道中器件可能发生翻转的概率，从而选择刷新频率。例如可以在两次翻转发生的间隔期内至少刷新 10 次，并据此计算刷新频率。

2）刷新过程需配合代码模块特性，尽量避免出现影响整体功能的现象，尤其需要注意避免出现影响下行信号连续性的现象。如对 BRAM 资源、分布式 RAM 和移位寄存器 SRL16 等三类资源进行刷新时，会使器件发生功能中断而不能继续工作，设计阶段需提前考虑，进行约束。

（3）其余单粒子防护设计要求

FIFO 处理：FIFO 的处理需增加对 FIFO 空/满信号监测功能，若发现空满信号同时有效，则对通信串口逻辑进行自主复位，防止陷入逻辑异常导致无法修复；而对于异步 FIFO，用于在不同的时钟域之间交换数据，至少由以下 8 部分组成：

1）时钟域 A 的数据输入；

2）时钟域 A 满标志；

3）时钟域 A 写指针；

4）时钟域 B 数据输出；

5）时钟域 B 空标志；

6）时钟域 B 读指针；

7）两个时钟域公用的数据缓存区；

8）控制两个时钟域指针和标志的同步电路。

其中，同步电路的功能是保证数据在两个时钟域之间的正确传输。由于两个时钟域的时钟相位关系不确定，数据交换可能发生在时钟的建立、保持时间窗以外，同步电路行为有不确定性。FIFO 的读写指针和满/空标志，相对于另一个时钟域而言是不确定的。

异步 FIFO 三模冗余设计时，三个冗余的异步 FIFO 经过判决器的输出结果可能出错。如三个冗余 FIFO 中的两个在同一时钟周期内进行读操作，另一个 FIFO 需要在下一个周期进行读操作。在当前时钟周期内，前两个 FIFO 可能未满，但第三个 FIFO 满标志有效。如下一个周期为写操作，第三个 FIFO 溢出，丢失一个数据。因此，异步 FIFO 的同步电路不能进行三模冗余。异步 FIFO 的三模冗余如图 12-10 所示。

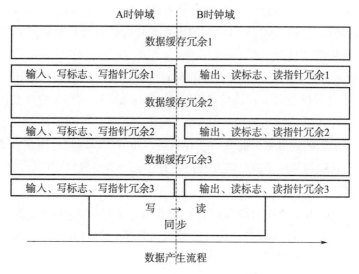

图 12-10　异步 FIFO 的三模冗余操作

TMR Tool 用户手册中提出避免对异步电路做三模处理，因为异步逻辑进行冗余设计会出现交叉时钟域。若必须对异步电路（如异步 FIFO）做冗余处理，应对最终三模冗余设计网表进行有时序信息的功能仿真验证。

1）异步 FIFO 模块三模冗余要求：要单独处理，全三模设计时不能将其与其他电路混合进行冗余设计；不对控制同步电路部分做冗余处理。

2）参数修复：软件因看门狗复位、异常复位等导致软件重加载，重要参数状态（例如卫星健康信息标志、下行卫星号等）要进行状态修复，通过远端备份修复，避免系统运行异常。

3）初始化状态的重加载：一般地面的计算机系统，初始化之后的状态配置将不再发生变化。但在空间应用时，单粒子效应将导致初始化参数被改写。同时，一些接口器件的配置参数也有类似的问题。为了提高系统的运行稳定性，需要定期对固定不变的初始化参数进行重加载，以消除单粒子效应的影响。

4）重点模块重点防护：校验模块、纠错模块和刷新回写模块等重点模块必须重点防护，视芯片特性进行 EDAC、三模、刷新防护。

5）数据有效性判读：对可执行参数、指令进行有效范围约束，使用前进行有效性判断。

6）双重判定：对外部输入数据的重要信息进行双重判断，避免因单个条件错误导致误判，如导航信号控制指令，需同时校验数据帧头、校验和、长度、数据类型、数据长度等信息。

以卫星星务软件的空间环境防护设计为例，该软件在单粒子翻转防护设计上主要采取了以下措施，包括：

　　1）与卫星安全、任务成败有关的程序和数据放在 ROM 区；

　　2）具有灵活功能的软件放在 RAM 区；

　　3）采用 EDAC 对重要数据进行单粒子翻转防护。

对于星载中心管理计算机，电路设计中采用了 EDAC 电路，用于对 32 位数据总线进行错误检测和校正，产生 7 位汉明校验位和 1 比特奇偶校验位，总共 40 位。EDAC 能够检测出 40 位总线上的任何双比特错误，并纠正 40 位数据总线包括 32 位数据位、32 位数据位的奇偶校验位以及 7 位校验码上的任何单比特错误。SRAM 设计为具有足够余量的存储空间，其中余量用作冗余备份。如果主 SRAM 区出现故障，可以将此故障 RAM 区进行隔离，利用备份 RAM 区替换故障 RAM 区。

12.4　软件测试与验证

软件测试与验证的目的是揭示开发阶段产生的错误，识别错误，使得在其成为故障或失效之前进行纠正。测试验证是任何软件生命周期中的一个重要过程，对于安全关键软件尤为如此。

软件测试贯穿于航天产品软件研制全过程，测试级别通常分为单元测试、组装测试、配置项测试和系统测试。每一测试级别按照阶段均可分为测试分析与策划、测试设计与实现、测试执行和测试总结，软件更改后应进行相应级别的回归测试，在回归测试时应进行影响域分析。

软件测试依据实施主体分为开发方测试、第三方评测和验收测试。开发方测试由软件开发方实施，第三方评测由具有资质的独立软件评测机构实施，验收测试由交办方组织实施。安全关键等级 A、B 级软件应开展第三方评测。

12.4.1　软件单元测试

单元测试是对软件的最小组成单位——软件基本单元的测试，目的是检验每个软件单元能否正确地实现其功能，满足其性能和接口要求。单元测试的对象是编译通过的软件单元，测试依据是软件设计说明，一般由开发人员执行测试。

（1）单元测试的主要内容

单元测试的主要内容见表 12-8。

表 12-8　单元测试的主要内容

序号	测试类型	说明
1	接口测试	实参和形参的数目是否相等；实参和形参的属性是否匹配；实参和形参的单位是否一致；传到被调用模块的实参的数目是否与形参的数目相等；传到被调用模块的实参的属性是否和形参的属性匹配；传到被调用模块的实参的单位是否与形参单位一致；调用内部函数时参数的次序、属性和数目是否正确；是否引用了与当前入口无关的参数；是否修改只是作为输入值的形参；在不同的模块中全局变量的定义是否一致；是否把常量当作变量传送等

续表

序号	测试类型	说明
2	功能测试	对照软件单元的设计说明,验证软件是否完成了所需的功能,确认是否存在功能遗漏或实现错误
3	局部数据结构测试	设计测试用例以发现如下类型的错误:不正确的或不一致的数据声明、初始化错误或没有赋初值、不正确的变量名、不一致的数据类型、上溢/下溢或引用错误
4	重要执行路径测试	重要执行路径指那些处在完成安全关键功能、算法功能、复杂控制逻辑和数据处理功能等重要部位的执行路径。应设计测试用例以发现错误的计算、不正确的比较和不正确的控制流向等错误
5	错误处理路径测试	设计用例对所有的错误处理路径进行测试,防止出现如下错误:错误触发的条件不正确或无法满足、指出的错误不是所遇到的错误、错误边界条件的处理不正确、错误处理的实现逻辑错误等
6	边界测试	软件通常在边界上出错,应采用边界值分析法,针对边界值及其左、右值分别设计测试用例,以发现软件错误
7	逻辑测试	利用程序内部逻辑结构及有关信息来设计测试用例,对程序所有逻辑路径进行测试,进行覆盖率分析

（2）单元测试的要求

1）软件单元的每个特性应至少被一个正常测试用例和一个被认可的异常测试用例覆盖；

2）测试用例的输入应至少包括有效等价类值、无效等价类值和边界数据值；

3）语句覆盖率达到100%、分支覆盖率达到100%；A级的软件MC/DC覆盖率达到100%。

12.4.2　组装测试

组装测试是在软件系统集成过程中所进行的测试,是把各个单元逐步组装成高层的功能模块（软件部件）并进行测试,直到整个软件成为一个整体。组装测试的目的是检验软件单元之间的接口关系是否正确,并将经过测试的单元构成符合设计要求的软件。组装测试的对象是通过单元测试的软件单元,测试依据是软件设计说明,一般由开发人员执行测试。

（1）组装测试的主要内容

组装测试的主要内容见表12-9。

表12-9　组装测试的主要内容

序号	测试类型	说明
1	模块间接口测试	涉及两个方面的内容:模块间的调用关系和数据项的相容性。调用关系通常可以从静态分析工具产生的程序结构图得出,调用覆盖的原则是调用图中的每个模块在调用图的某个路径上被调用,并且每个被调用的模块被全部可能的调用者调用过;数据项的相容性是考虑调用时数据传递的正确性,要考虑到数据项的范围和数据域相容、数据类型相容、数据对象相容、传递方式相容（如存储器、寄存器、高速缓冲存储器、累加器或数据库等硬件设备）

续表

序号	测试类型	说明
2	全局数据结构测试	列出所有通过全局数据结构产生接口关系的模块,可以使用数据依赖图来描述。建立数据依赖图是从一个模块开始,找出该模块引用的各种数据,建立属于该模块的直接读和写操作,然后扩大到该模块的下层模块的全部数据引用,一直到达最低层模块。全局数据结构包括:全局变量、寄存器、端口数据、存储区、文件和数据库等。特别的,针对文件和数据库,文件指针位置、关闭/打开状态、读写方式以及对数据库进行的访问和域操作等都需要进行验证
3	功能测试	应对组装好的中间功能模块进行功能测试,测试整个功能模块是否满足相应的功能需求
4	性能测试	应对组装好的中间功能模块进行运行时间、运行空间、计算精度等方面的性能测试,特别要考虑边界数据,在算法实现模块中测试最长路径下的计算时间等

（2）组装测试的要求

1）组装测试应标明组装策略;

2）软件部件的每个特性应至少被一个正常的测试用例和一个被认可的异常测试用例覆盖;

3）测试用例的输入应至少包括有效等价类、无效等价类和边界数据值;

4）应测试软件部件之间、软件部件和硬件之间的所有接口;

5）应测试运行条件（如数据、输入/输出通道容量、内存空间、调用频度等）在边界状态下，软件部件的功能和性能;

6）对安全关键的软件部件，应对其进行安全性分析，明确每一个危险状态和导致危险的可能原因，并对此进行针对性的测试;

7）发现是否有多余的软件单元。

12.4.3 配置项测试

配置项测试的目的是检验所开发的软件是否满足软件需求规格说明中规定的软件功能、性能、接口、可靠性安全性、约束及限制等要求。通常采用黑盒测试方法来设计测试用例，并结合白盒测试方法对测试覆盖率情况进行分析。配置项测试依据是软件需求规格说明，一般由独立的软件测试人员进行。

（1）配置项测试的主要内容

配置项测试的内容应覆盖软件需求规格说明中规定的功能需求、性能需求、接口需求、可靠性安全性需求、边界需求、余量需求、修复性需求等相关技术内容和要求，采取相应的测试类型进行确认和验证，主要内容见表 12-10。

表 12-10 配置项测试的主要内容

序号	测试类型	说明
1	功能测试	依据软件任务书,逐项验证软件的各项功能点,测试输入应包括有效等价类、无效等价类和边界值。对存在状态转换的功能项,通过状态转换图的方式辅助测试项分解
2	性能测试	依据软件任务书,逐项测试软件的各性能指标。分析软件不同的运行场景,并对各场景下软件的性能指标进行考核

续表

序号	测试类型	说明
3	接口测试	依据通信协议对软件的各种接口进行测试,测试应覆盖正常和异常的情况
4	安全性测试	对软件安全性需求中确定的与软件相关的所有故障模式进行逐一测试,验证软件处理故障模式的安全性措施的正确性与有效性
5	边界测试	考核软件输入、输出及状态转换的边界,覆盖边界内、边界外和临界点
6	余量测试	测试软件运行过程中的存储空间余量、时间余量以及运行堆栈余量等
7	强度测试	有强度要求或隐含强度要求的功能,开展强度测试,测试相关功能从正常状态、异常状态直至功能失效的临界点
8	数据处理测试	对软件完成专门数据处理的功能,如数据的存取、采集、融合与转换等功能进行测试
9	人机交互界面测试	对界面显示的符合性、准确性、直观性等进行测试;对操作输入的方便性、健壮性、提示性等进行测试;对人机交互的友好性、导航性、适宜性等进行测试
10	修复性测试	修复性测试是在克服硬件故障后,要验证系统能否正常地继续进行工作,且不对系统造成任何损害,应考虑各种典型的修复或重置条件
11	安装性测试	在用户需求提出的配置环境下,对软件进行安装、卸载、重复安装,以检查安装过程是否符合要求,发现安装过程的错误
12	逻辑测试	依据测试要求对软件源代码和目标码开展逻辑测试,动态覆盖率语句、分支满足相关标准要求,动、静态结合测试后语句与分支的测试覆盖率达 100%

（2）配置项测试的要求

1）必要时,在高层控制流图中做结构覆盖测试;

2）应逐项测试软件需求规格说明规定的配置项的功能、性能等特性;

3）配置项的每个特性应至少被一个正常的测试用例和一个被认可的异常测试用例所覆盖;

4）测试用例的输入应至少包括有效等价类、无效等价类和边界数据值;

5）若有人机交互的情况,应测试人机交互界面提供的操作和显示界面,包括非常规操作、误操作、快速操作测试界面的可靠性;

6）应测试运行条件在边界状态和异常状态下,或在人为设定的状态下,配置项的功能和性能;

7）应按软件需求规格说明的要求,测试配置项的数据安全保密性;

8）应测试配置项的所有外部输入、输出接口（包括和硬件之间的接口）;

9）应测试配置项的全部存储量、输入/输出通道的吞吐能力和处理时间的余量;

10）应按安全关键等级和软件需求规格说明的要求,对配置项的功能、性能进行强度测试;

11）应测试设计中用于提高配置项的安全性和可靠性的方案,如结构、算法、容错、冗余、中断处理等;

12）应对安全关键的配置项进行安全性分析,明确每一个危险状态和导致危险的可能原因,并对其进行针对性测试;

13）对有修复或重置功能需求的配置项,应测试其修复或重置功能和平均修复时间,并且对每一类导致修复和重置的情况进行测试；

　14）按照要求开展源码和目标码覆盖率测试。

12.4.4　系统测试

　　系统测试是把经过测试的子系统装配成一个完整的系统来测试，其目的是在真实系统工作环境下检验完整的软件配置项能否和系统正确地连接，并满足软件任务书规定的功能和性能要求。系统测试的依据是软件系统设计说明和软件任务书，由系统/分系统测试人员负责实施。

　　（1）系统测试的主要内容

　　系统测试是从系统完成任务的角度进行测试，测试内容和测试项目应覆盖软件系统设计说明中针对软件规定的所有要求，重点验证各软件配置项接口的正确性和协调性、各分系统之间接口的正确性和协调性。同时系统设计人员和软件研制人员应从软件的角度提出系统测试的内容要求，包括验证软件的功能、性能和该软件与所属系统的接口关系，以及在配置项测试阶段由于环境的限制不能完整地或真实地进行确认的功能特性、性能特性等，此外还需要补充由于测试环境限制而不能展开的个别测试项目。一般来说，在系统测试中，与软件相关的内容包括功能测试、性能测试、外部接口测试、安全性测试、人机界面交互测试等，主要内容见表 12-11。

表 12-11　系统测试的主要内容

序号	测试类型	说明
1	功能测试	对系统设计说明的功能需求逐项进行测试，以验证软件需求对系统设计说明的满足情况。从系统使用场景、任务剖面、业务流程的完备性和异常角度划分测试项。对存在状态转换的功能项，通过状态转换图的方式辅助开展测试项分解
2	性能测试	依据系统设计说明，考核系统的性能指标，分解系统不同的运行场景，在各场景下逐项验证系统的性能指标，关注软件性能和硬件性能的集成，选择与标准值偏离最远的一次作为测评评价依据
3	接口测试	对软件系统的所有外部接口进行测试 1）考察多节点传递数据的一致性 2）考察系统内设备间接口的匹配性
4	安全性测试	依据系统设计说明 1）提取相关的危险事件，开展安全措施有效性的测试 2）分析输入链路失效影响，有针对性进行测试
5	人机交互界面测试	1）系统各软件对统一界面集成规范的符合性 2）关注系统操作步骤与系统操作章程（用户手册）一致
6	余量测试	多个软件在同一设备运行时，应考核同时运行时设备的余量，包括 CPU 占用情况、内存占用情况和增长趋势、硬盘存储占用量
7	强度测试	1）在系统使用场景中，分析系统设计的极限状态，以固定步长改变输入量或输出量，首次发生故障情况下的能力即为系统的强度 2）开展各设备同时长运行的强度测试

（2）系统测试的要求

系统测试应重点验证各分系统软硬件接口的正确性和协调性，包括数据流、控制流、时序关系和接口信息协议等；应根据完整飞行事件链或应用全过程，完成任务剖面划分，识别用例场景并设计用例加以验证；开展基于飞行或应用事件的故障分析，对软件实现的系统级故障自主处理功能开展测试；在系统测试中应覆盖系统设计方案中针对软件规定的所有要求，特别是要验证是否满足系统对软件的安全性要求，对于在系统测试中无法验证的要求，应追踪其在其他测试中的验证情况，确认是否符合要求。针对测试充分性，系统测试要求功能、性能需求覆盖100%，接口需求覆盖100%。

12.4.5　试验验证

试验验证包括分系统级和系统级两个级别的试验验证。依据相应级别的系统试验输入文件，如任务书、接口控制文件等，分析并确定试验项目，编写系统试验大纲和试验细则，并通过正式评审。

系统试验项目设计时应重点关注：

1）试验项目要覆盖上级任务书或技术要求中的各项功能、性能指标要求，如根据系统在飞行全过程中不同飞行阶段的特点，完成任务剖面的划分，识别用例场景，设计相应的试验项目；覆盖系统与外系统之间、系统内各个子系统之间、各设备之间及软硬件之间接口关系，包括数据流、控制流、时序关系、接口协议等。

2）试验项目的设计要有层次，试验项目的顺序要采取逐步集成的策略，先进行独立功能的验证，再进行集成功能的验证，最后进行全系统功能的验证。

分系统和系统试验验证一般应按照由低到高、由小到大、由简到繁、由局部到整体的顺序进行。首先对验收后的软件配置项进行设备级测试（对于嵌入式软件），通过后分别参加分系统和系统试验，进一步对软件进行验证；分系统和系统试验（测试）大纲和细则中必须明确软件测试目的、测试内容和测试项目；重点验证该软件配置项与硬件配置项之间、该软件配置项与其他软件配置项之间的协调性；从软件向所属系统的输出信息、从所属系统向软件的输入信息都应仔细归类进行测试验证，并注意边界测试；要将软件和所属系统组合在一起进行强度测试；测试应在软件所属系统的正式工作环境内进行；在分系统和系统试验验证中应覆盖软件系统设计说明和软件研制任务书规定的所有要求，特别是要验证是否满足系统/分系统对软件的安全性要求；在相应的分系统和系统试验（测试）报告中，要建立测试用例对软件系统设计说明和软件任务书中所有要求的追踪关系。

试验结束后，应及时整理试验数据，对试验过程中的全部信息进行整理和归纳。开展试验数据判读，对各阶段测试数据的一致性进行比对，即对同一数据纵向比、同类数据横向比、关联数据联合比进行变化趋势或性能稳定性分析；开展成功数据包络分析，确认飞行试验产品各项参数是否在产品成功数据包络内，并对超出数据包络的参数开展技术风险分析；开展测试覆盖性检查，对测试覆盖性分析中涉及的全部可测试项目及其测试结果逐条给出明确结论，对不可测试项目的过程控制措施落实情况逐条确认。

最后，对试验过程进行总结，分析试验结果，对试验过程中出现的质量、安全问题进行说明，编写试验报告，试验报告应按规定程序审批，并通过质量管理部门组织的试验评审。评审通过后，将试验报告、试验数据和评审结论进行归档。

在此以卫星星务软件的测试与验证为例，该软件经过完整的开发方测试，包括单元测试、组装测试、软件更改后的回归测试等，经过由具有资质的独立软件评测机构实施的第三方评测，经过设备级、分系统级试验，通过分系统间联试对软件涉及的关键外部接口进行测试验证。此外，在整星测试中对软件进行系统级测试验证。

12.5　软件在轨维护

为提高卫星在轨稳定运行和持续提供在轨服务的能力，重要软件和 FPGA 配置项具备在轨维护能力，以支持不同的维护需求。

12.5.1　软件维护分类

按照需求的不同，导航卫星软件在轨维护原因可分为以下几种情况：

1) 系统需求变化：北斗系统在轨运行过程中，根据服务需求对卫星系统提出新的功能要求，卫星根据需求变化对在轨软件进行维护。该类维护需求旨在提高系统服务的能力，改善用户服务性能；

2) 在轨问题改进：针对在轨已发生的问题，落实改进措施，对软件设计中存在的问题进行针对性修改、完善后，需要实施在轨维护。该类在轨维护需求旨在避免类似问题重复发生，降低异常发生的频度，提高卫星服务的连续性。

3) 健壮性提升：卫星系统提高软件的抗空间环境风险能力、自主管理能力等进行的更改，比如增加或完善自主故障修复策略，需要实施在轨维护。该类维护旨在提高卫星自主管控、自主抗空间环境风险的能力。

12.5.2　软件维护设计

卫星软件维护围绕 FPGA、DSP 和 CPU 等可维护器件软件进行设计，通常配置高可靠性的维护控制单元（如反熔丝 FPGA）执行维护过程并对状态进行监控；配置存储代码的存储器被划分为固化区和维护区，固化区介质为可编程存储器或其他非易失性存储器（PROM 或 EEPROM/FLASH），这部分代码一般不会在星上被主动修改，维护区存储介质为电可擦可编程存储器（EEPROM 或 FLASH），可以根据需求重新注入。软件维护系统如图 12 - 11 所示。

维护控制单元采用高可靠性的反熔丝 FPGA 实现，外部接口连接 SRAM 型 FPGA、看门狗芯片、存储器 1、存储器 2 和星载计算机，存储器 1 为固化区，存储器 2 为维护区；通过与星载计算机的通信接口接收维护数据，对维护数据进行校验，确认数据完整性和正确性后，将维护代码写入维护存储区，地面发送指令或控制单元自主控制重新加载

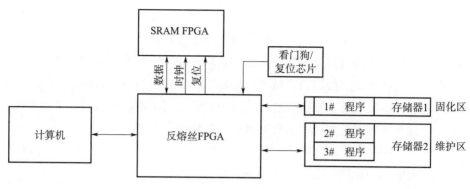

图 12 - 11　维护系统设计

FPGA，启用新版本软件，完成软件维护。后续根据需求进行固化区的新版本覆盖。

12.5.3　软件维护策略

软件维护策略是卫星接收地面上注的维护数据，存储至单独划分给可维护软件的程序存储器，地面选择启用新版本程序，实现卫星软件功能的更新。具体步骤如下：

1）地面将待维护程序代码按照星地通信协议进行数据封装；

2）星上软件切换为代码注入模式；

3）维护控制单元接收维护数据缓存，并对接收的数据帧进行校验；

4）星上将接收和校验情况通过遥测下传至地面；

5）通过校验的维护程序可由地面发送写入指令或星上自主程控，将缓存的程序块代码写入维护区指定位置；

6）维护区代码全部写入后，确认烧写的完整性和正确性，并将校验结果反馈至下行遥测量中；

7）地面确认维护代码写入正确，选择启动维护区应用程序；

8）星上软件接收启动控制指令后，保存启用标志，设备热启动，检查启动标志，引导所选新程序。卫星软件维护流程如图 12 - 12 所示。

12.5.4　软件维护故障修复措施

为了避免维护发生错误影响程序正常使用，在维护功能设计时规定了一系列保障措施，包括：

1）设置软件维护模式，仅在该模式下可以进行维护；

2）维护软件写入过程中进行数据中断响应、数据连续性确认、数据有效性确认等；

3）维护出现异常时修复原程序加载或切换固化区程序加载；

4）维护软件先保存在缓存区，完成数据校验后写入维护区，同时下传相应遥测信息；

5）维护软件先写入维护区，由地面判断是否对固化区进行复制。

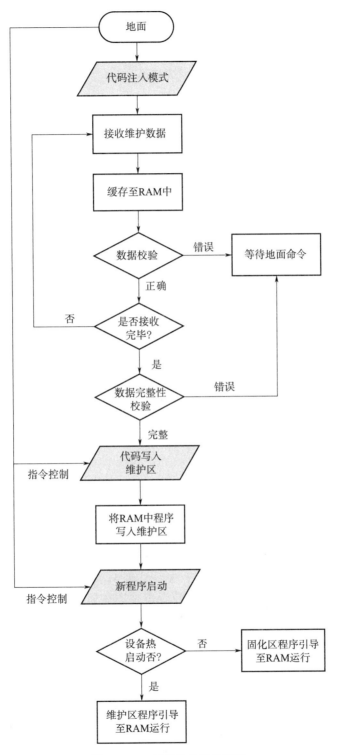

图 12-12　卫星软件维护流程

在以上保障措施下，极大地避免了出现维护故障。若由于空间环境或人为因素导致了维护故障，可采用相应的修复措施修正错误，保证软件可修复正常运行：

1）若维护需要被中断，通过测控通道发送维护停止指令，并控制星上软件将缓存的数据块丢弃。

2）若发生注入数据错误，如错帧或丢帧，星上丢弃错帧并下传遥测，待维护数据上传完毕后补发错帧；如帧号不连续，星上缓存所有数据帧并乱序重组；若上注了重复帧，星上根据接收的帧序号使后一帧覆盖前一帧。

3）若发生持续性烧写不成功，或烧写成功但启用新的程序后软件状态不正确，可将维护单机进行重启或复位操作，使软件修复至维护前状态，待解决地面或星上问题后，再对软件重新进行维护。

12.5.5 软件在轨维护流程

软件在轨维护按照实施流程分为维护准备阶段、维护实施阶段和维护后评估阶段。

（1）维护准备阶段

完成对软件维护需求的梳理，形成维护需求报告，经评审同意后，按照软件工程化要求完成维护软件设计更改、测试验证和配置管理等工作，并编制维护方案，经评审通过后，维护实施责任单位完成维护实施方案的编制。

（2）维护实施阶段

完成维护数据的准备和流转；明确维护实施工作的责任划分，按照软件维护实施方案中规定的实施流程，规范开展软件维护。

（3）维护评估阶段

对完成软件维护操作的软件产品状态、设备状态、卫星运行状态、系统业务运行状态等进行考核验证，对在轨维护后的效果进行综合评估。

下面以载荷软件在轨维护情况为例，对软件维护过程进行说明。

可维护软件包括数字基带模块、维护控制模块、存储模块和接口模块等部分，组成形式如图 12 - 13 所示。数字基带模块由 FPGA 和 DSP 组成，FPGA 进行信号调制解调、编码译码等工作，DSP 进行相关算法处理，两者是维护目标；维护控制模块采用反熔丝型 FPGA，进行维护过程控制与管理；存储模块采用高可靠性 PROM 作为程序固化区，该部分软件不能够被修改，采用非易失性存储器 FLASH 作为程序维护区，是维护的目的存储单元。

进行在轨维护时，首先确认软件运行状态，并确认待维护软件的版本正确性。维护操作步骤如下：

1）地面设备发送软件进入维护模式，选择维护软件的标识"数字基带处理 FPGA"。

2）将待维护的软件按照星地通信协议封装，地面设备选择需要上注的数据块文件，将数据进行上注。

3）监测维护软件状态，记录上注数据情况。

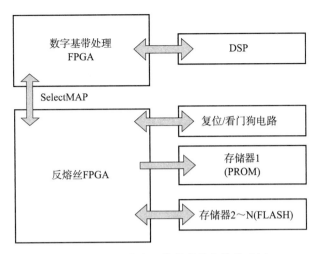

图 12 - 13 某数字基带软件维护结构示例

4）监测遥测信息确认维护控制模块接收到全部数据帧，且校验正确。

5）地面设备注入控制指令，通知维护控制模块全部数据"注入完成"；监测遥测信息确认软件"进入维护模式"，可以进行软件写入维护存储区操作。

6）地面设备注入控制指令，通知维护控制模块启用新版本程序。

7）监测新版本程序是否成功运行。

如继续维护 DSP 软件，则重复执行以上操作，维护完成后，进行新版本软件的测试考核等工作。

第 13 章 产品可靠性设计与验证

北斗系统服务的高可用性、高连续性、高完好性，以及连续高密发射成功组网的任务需求，对卫星和运载火箭的寿命和可靠性提出了很高的要求，这也对其单机产品的寿命和可靠性提出了更高的要求。除按常规要求开展寿命可靠性工作外，需要结合北斗导航任务要求开展有针对性的分析、设计和验证工作。

本章主要以北斗导航任务中的关键单机产品为对象，梳理了行波管放大器、氢原子钟等典型产品，识别产品中的潜在风险产品，开展设计改进，以及产品可靠性和寿命的设计验证，为产品在轨使用策略提供了数据支撑。

13.1 概述

产品的寿命与可靠性设计验证工作可以分为三步：典型产品的确定、可靠性设计分析与改进、产品可靠性验证，并随着在工程应用中发现的问题持续不断地开展设计验证工作。

13.1.1 典型产品的确定

开展产品寿命与可靠性专项验证的目的主要是结合导航任务要求，识别出任务潜在风险产品，并开展改进和验证，确保任务成功。潜在风险产品的识别主要从两个方面考虑：一是针对沿用产品，从产品故障、故障影响程度和验证考核的充分性等角度开展分析；二是针对新研产品，结合导航任务要求，对功能性能满足程度开展分析。典型产品的确定主要从以下几个部分考虑：

1）产品研制、地面试验和飞行中出现过故障的产品；

2）经分析，对于任务寿命与可靠性要求存在明显短板或缺少长期在轨考核经历的产品；

3）一旦发生故障对任务造成严重影响的产品，如火箭发动机、上面级低冲分离装置等；

4）针对导航任务要求提出的新研单机产品，如氢原子钟等。

根据上述原则，北斗系统中确定了行波管放大器、氢原子钟、Ka 相控阵天线、构架天线、固态功率放大器、上面级主发动机、控制器、分离螺母等单机作为典型产品开展验证工作。

13.1.2 可靠性设计分析与改进

可靠性设计分析与改进主要是对产品可能存在的寿命和可靠性薄弱环节进行分析并进

行有针对性的设计改进。

（1）薄弱环节分析

薄弱环节分析是在技术状态分析的基础上，从产品现有的多种信息源中分析识别出最可能造成系统失效的故障源，薄弱环节分析应依次从以下内容开展：

1）产品研制、地面试验或飞行中出现过的故障源；

2）"质量问题归零信息"和"举一反三信息"；

3）设计原因，根据产品设计，利用可靠性预计、FMEA、FTA 等手段识别出的可能造成严重后果的故障源；

4）生产加工原因，在产品生产加工过程中，受工艺条件影响而可能出现的故障源；

5）环境原因，在产品技术状态没有发生明显改变的情况下，由于任务剖面的显著变化而可能导致的故障源，或通过加速应力激发的故障源；

6）认知原因，由于对应力条件、功能性能需求、任务时间等认识有误，导致产品虽然满足技术指标要求，但是无法满足实际飞行需求，应极力避免任务剖面识别失误和技术指标要求错误的情况发生。

（2）可靠性设计改进

产品可靠性设计改进指通过设计和工艺手段减弱或消除薄弱环节对产品寿命与可靠性的不利影响。设计改进必须与薄弱环节分析结果相对应，并优先针对故障模式清晰、定位明确、原因清楚的薄弱环节展开。改进方式主要包括设计改进和工艺改进。改进应与寿命与可靠性目标正相关，即保证可靠性改进效果，并应开展设计改进有效性验证。

13.1.3　产品可靠性验证

在对产品寿命与可靠性薄弱环节开展设计改进的基础上，需要开展相应的可靠性验证试验。通常的试验手段包括仿真试验和实物试验，仿真试验可以节省一定的时间和经费，但是对模型、软件、参数数据等要求较高，而且仿真试验必须与实物试验相结合，形成闭环验证，否则存在较大风险。北斗系统中，针对可靠性设计改进情况，主要开展了实物试验，对可靠性设计改进情况进行验证。主要试验内容包括：

1）关键组件试验，对薄弱环节较为清晰的产品，选取关键组件开展试验，一方面直接对薄弱环节进行验证能够更有针对性地说明问题，另一方面能够尽可能地节省试验成本和周期。

2）整机验证试验，对于复杂单机产品，组成结构复杂，各组件之间可能存在明显的耦合和相互作用，在薄弱环节试验的基础上，还需要尽可能地开展整机寿命试验，确保改进的有效性得到充分验证。

3）试验过程中，考虑到试验周期的问题，尽可能地采用加速和性能分析相结合的手段开展试验。

4）试验结果分析，采集产品可靠性验证试验数据，开展试验结果分析，明确试验目的满足程度，通过数据分析对产品寿命与可靠性满足情况进行验证，有条件的情况下，开展寿命与可靠性专项评估，对产品寿命与可靠性能否满足专项任务要求给出确定的结论。

13.2　行波管放大器可靠性设计与验证

13.2.1　产品概述

空间行波管放大器（Travelling Wave Tube Amplifier，TWTA）是导航卫星有效载荷核心产品，实现导航射频信号的大功率、高效率放大，是卫星高可靠长寿命在轨运行的关键单机。

导航用行波管放大器由行波管电源（Electronic Power Conditioner，EPC）、线性化增益控制器（Linearized channel amplifier，LCAMP）、行波管（Travelling Wave Tube，TWT）组成。EPC 将卫星平台一次母线高效率地转换为行波管工作需要的直流高压，接收并执行遥控指令，向遥测系统提供产品工作状态相关的遥测信号。LCAMP 实现对行波管的线性指标预失真和增益控制功能。TWT 实现射频信号大功率、高效率、高增益放大功能。

行波管属于电真空器件，主要由电子枪、慢波系统、磁聚焦系统、收集极系统和输入输出部件组成。典型的螺旋线慢波结构行波管如图 13-1 所示。电子枪形成一定电流、形状和速度的电子束流，在聚焦磁场的束缚下穿过螺旋线内部，与螺旋线上传输的射频信号相互作用，将电子动能转换为高频电场能量，实现射频信号放大。互作用后的电子动能被多级降压收集极高效率回收，提高行波管整管效率。

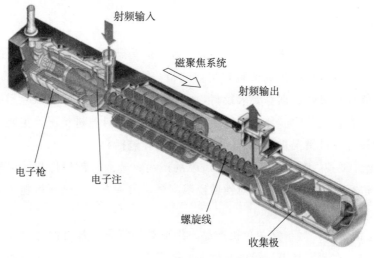

图 13-1　行波管结构示意图

13.2.2　可靠性设计分析与改进

导航用行波管放大器实现播发信号的大功率放大，其输出功率稳定性、工作连续性对系统稳定运行具有重要意义。根据组网星任务需求，行波管放大器的寿命要求为 12 年，失效率指标优于 1 500 fits。

行波管放大器属于典型的功率类单机，其构成部组件复杂多样，涉及多个专业学科。其中 EPC 属于电子电路专业，其电路产生数千伏直流高压，小型化和轻量化设计要求下高压绝缘是技术难点；LCAMP 属于微波射频电路；TWT 属于电真空器件，涉及的阴极长寿命技术、高真空度获得与维持技术、高压绝缘技术等是行波管的技术难点。

13.2.2.1　薄弱环节分析

根据产品的技术难点，行波管放大器的主要薄弱环节有以下方面：

1）在小型化设计下，EPC 高压模块中高压电路设计、绝缘间距设计、高压绝缘灌封工艺等设计和工艺能力是决定模块高压绝缘能力的关键。不合理的设计、工艺将导致产品发生高压绝缘故障。

2）行波管电子枪和收集极部件高压绝缘设计、高压灌封工艺是保证行波管高压绝缘的关键。若存在高压绝缘隐患，产品可能无法通过可靠性考核试验，甚至在轨发生高压放电，产品无法正常工作。

3）行波管内部高真空获得与长期维持是保证长寿命稳定工作的基础。行波管内部真空度必须保持优于 10^{-7} Pa。产品内部真空度无法维持，会导致行波管阴极发射性能异常，寿命退化加速，不能满足长寿命要求。

4）行波管阴极是消耗型部件，工作在约 1 000 ℃。阴极持续发射电子的能力受阴极工作温度、真空度、阴极制造工艺等因素影响，是保证行波管放大器寿命达到 12 年以上的关键。

针对行波管放大器主要薄弱环节，开展了产品可靠性和寿命设计改进工作。

13.2.2.2　可靠性设计改进

影响产品可靠性安全性的薄弱环节改进措施主要包括：

1）在 EPC 高压模块设计方面，开展高压模块电路的场、路联合仿真分析，根据电场分布合理布局电路，使场强分布尽可能均匀，避免局部场强过强导致绝缘隐患；在工艺方面，开展真空环氧树脂灌封工艺鉴定工作，通过真空灌封工艺参数的固化、量化，实现灌封过程的可靠性；在生产过程控制方面，针对小型化立体装配的高压电路，设计合适的检验工具，保证电装过程绝缘间距满足设计要求。

2）在 TWT 电子枪、收集极部件高压绝缘设计方面，开展高压电场仿真，特别关注因结构导致的局部场强增强效应，避免结构不合理引起较大的场强增强因子。在工艺方面，研究真空灌封工艺，研制真空灌封设备，将常压灌封工艺优化为真空灌封工艺。

13.2.2.3　长寿命设计改进

影响产品长寿命的薄弱环节改进措施主要包括：

1）行波管真空度长期维持主要通过减少残余气体来源，加强残余气体排出能力，增加残余气体吸附能力等实现。在减少残余气体来源方面，开展了行波管内材料预除气处理；在加强残余气体排出能力方面，行波管开展了超过 1 000 h 的工艺老炼，包含高温、电压拉偏等工况下的老炼工作；在增加残余气体吸收能力设计方面，增加了吸气剂设计，锆钛类合金吸气剂在激活后，能够持续吸附管内残余气体。

2) 行波管阴极寿命设计改进方面，通过增大阴极面积，降低阴极电流发射密度至 1 A/cm^2 以下，降低阴极负荷；通过设计离子阱电极，阻止正离子轰击阴极表面。在工艺控制方面，通过阴极部件阶段的发射预处理、发射能力抽样检验，精确测量控制阴极工作温度等，保证阴极具备 12 年以上的寿命。

13.2.3 可靠性验证

根据行波管放大器薄弱环节分析与产品改进设计，策划开展了覆盖产品材料、工艺、部组件和整机的可靠性验证试验，其中高压灌装模块的高加速寿命试验、阴极加速寿命试验以及整机 1：1 寿命试验是系列试验中最具有代表性的试验项目。从产品特性角度，覆盖高电压特性、大功率特性、热特性、结构特性、长寿命特性等。

（1）高压灌封模块高加速寿命试验

EPC 高压灌封模块是产生行波管工作所需数千伏直流高压的电路。模块稳定可靠性工作，是保证行波管放大功能实现和长寿命的关键。高压灌封模块可靠性验证采用 HALT（Highly Accelerated Life Testing）方法，验证在温度应力、振动应力，以及温度与振动联合应力作用下的功能可靠性和性能稳定性。

EPC 高压灌封模块高加速寿命试验中，10 个试验样本一次性通过了各项高加速寿命试验，无故障发生。模块输出电压稳定，满足制定的合格判据要求。

高加速寿命试验中温度应力超过产品鉴定级试验要求的 1.5 倍，振动应力超过产品鉴定级试验要求的 1.5 倍，所有样品工作性能均满足设计要求。因此，高压灌封模块温度、振动工作应力极限大于产品鉴定级温度、振动要求的 1.5 倍，具有足够的设计裕度。通过验证试验，产品的可靠性裕度得到验证，不需要继续开展破坏应力极限试验，在本产品应用中可不进一步开展产品改进工作。

（2）行波管阴极加速寿命试验

根据行波管阴极工作机理，影响阴极寿命的主要因素为活性钡（Ba）传输到阴极表面的速率、Ba 的蒸发速率及阴极发射电流密度。当发射电流密度一定时，其寿命主要取决于 Ba 的传输与蒸发速率，而 Ba 的蒸发速率与温度的关系由下式表示

$$\mathrm{d}u/\mathrm{d}t = A\mathrm{e}^{-\frac{W}{kT}}$$

式中，W 为蒸发能，单位为电子伏特；k 为玻耳兹曼常数；A 为常数。Ba 的生成速率如下式所示

$$\mathrm{d}G/\mathrm{d}t = C\mathrm{e}^{-\frac{E}{kT}}$$

式中，E 为激活能，单位为电子伏特；k 为玻耳兹曼常数；C 为常数。

由上面两个公式可以看出，阴极寿命应与工作温度的倒数成指数关系。因此选用 Arrhenius 方程作为加速寿命模型。定义阴极电流退化为初始电流的 90% 为寿命终止。电流下降到 90% 所需的时间和温度之间满足如下关系

$$t_{10\%} = t_0 \cdot \exp[E_0/(kT)]$$

式中，t_0 为常数；$E_0 = 3.3 \sim 3.4$ eV；k 为玻耳兹曼常数；T 为工作温度，单位为开尔文。

对电流下降所需时间与温度之间关系公式两边取对数得到

$$\ln t = a + b/T$$

式中，a、b 均为常数。可知阴极寿命的对数是温度倒数的线性函数。根据两组以上不同温度加速因子的加速寿命试验数据得到阴极寿命，绘制出 $\ln t$-$1/T$ 直线，即可插值得到其他温度工作状态的阴极理论预估寿命。

制定 4 组 36 个样本的阴极部件加速寿命试验，并在过程中对部分样品开展了 DPA 分析，样本分组见表 13-1。

表 13-1 加速寿命试验方案

温度		1 000 ℃	1 040 ℃	1 080 ℃	1 120 ℃
阴极部件试验样品	组 1	g1♯—g5♯	g6♯—g10♯	g11♯—g15♯	g16♯—g20♯
	组 2	g21♯	g22♯	g23♯	g24♯
	组 3	g25♯	g26♯	g27♯	g28♯
	组 4	g29♯—g30♯	g31♯—g32♯	g33♯—g34♯	g35♯—g36♯

其中试验组 1、4 为寿命预估样本，组 2、3 为试验阶段 DPA 样本。在每一个加速寿命温度试验参数点上，选择 5 个以上的阴极进行寿命试验，通过统计平均值的方式消除试验过程中出现的数据离散性问题，使寿命试验数据和结果更加可信。

按照方案开展阴极加速寿命试验，获得约 20 000 h 阶段试验数据，所有样品无失效。对试验数据进行分析处理，其中试验温度为 1 000 ℃ 的样品性能退化趋势不明显，工作温度为 1 040 ℃、1 080 ℃、1 120 ℃ 的阴极样本组试验数据具有明显的退化趋势。因此以后三组试验数据开展阴极寿命预估分析。

剔除离散数据后，采用最小二乘法对每个加速温度试验组数据进行线性拟合，外推得到阴极总电流下降至 90% 时所需时间，其中温度为 1 080 ℃、1 120 ℃ 的两组数据拟合结果如图 13-2 所示。

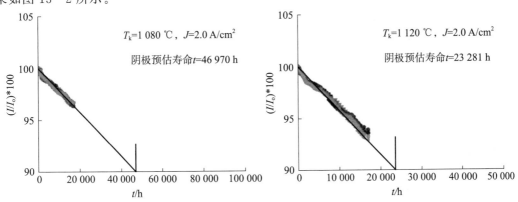

图 13-2 阴极总电流退化曲线

　　将获得的时间-温度数据分别做自然对数和倒数处理，在 $\ln t - 1/T$ 坐标中绘出三个坐标点，并采用最小二乘法拟合直线，通过插值可得产品阴极工作温度下（1 000 ℃）的预估寿命，如图 13 - 3 所示。

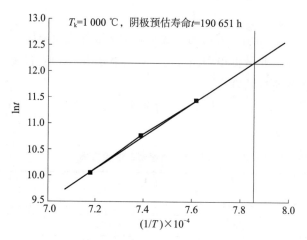

图 13 - 3　阴极加速寿命预估（$T_{\mathrm{k}} = 1\,000$ ℃）

　　由上图拟合曲线插值可知，当阴极工作温度在 1 000 ℃ 时，阴极预期寿命为 190 651 h，即约为 21 年，满足 12 年以上寿命要求。

　　（3）行波管放大器 1∶1 寿命试验

　　通过产品 FMEA 分析，行波管放大器寿命退化影响因素较多，包括行波管内部阴极退化、灯丝退化、材料出气、工艺缺陷，以及行波管电源电压随工作时间漂移等。理论分析和工程经验均表明，这些影响产品寿命退化的因素最终都可以在行波管放大器螺流、阳压等关键遥测参数变化中得到信息表征。其中，阳压遥测直接反映了行波管阴极性能退化趋势，因此地面试验过程中，开展以阳压遥测为代表的关键模拟量遥测退化趋势与伪寿命参数分析，可以评估产品寿命。行波管放大器样本地面 1∶1 寿命试验完成约 20 000 h，产品无失效。对放大器输出功率、螺流遥测、阳压遥测等关键参数记录数据进行整理分析，确认所有参数均呈现出符合寿命设计规律的变化。对表征产品寿命的阳压遥测进行退化趋势分析，退化轨迹如图 13 - 4 所示。三个样本的阳压遥测在 20 000 h 寿命试验时间内呈现较好的线形退化趋势，退化斜率约为 1/1 000 V/h，一致性好。

　　对阳压遥测开展伪寿命数据分析，对寿命数据进行预测。阳压遥测退化伪寿命数据如图 13 - 5 所示，在 12 年寿命末期，产品的阳压遥测预期退化幅度最大不超过 110 V，小于行波管放大器设计的阳压退化允许范围（400 V）。由于阳压退化失效为单侧上限失效，计算伪寿命数据均值和方差，获得 2 倍方差上限曲线。在 12 年寿命末期，2 倍方差范围内阳压退化的最大范围约 210 V，也小于放大器设计的阳压退化允许范围。因此，阳压遥测退化伪寿命数据分析结果表明，产品满足 12 年在轨使用寿命要求。

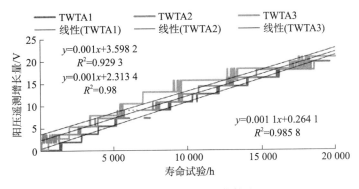

图 13 - 4　阳压遥测退化轨迹

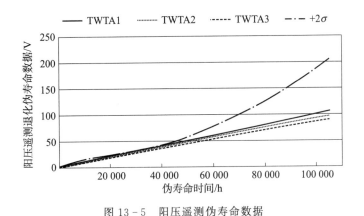

图 13 - 5　阳压遥测伪寿命数据

13.3　氢原子钟可靠性设计与验证

13.3.1　产品概述

北斗系统星载氢钟采用了被动型氢钟技术，其工作原理是利用氢原子基态（$F=1$，$m_F=0$）和（$F=0$，$m_F=0$）两超精细能级之间的跃迁频率来锁定晶振。氢原子经过原子制备系统和准直系统后，（$F=1$，$m_F=0$）态的氢原子射入微波谐振腔中的储存泡，将适当频率的微波信号注入微波谐振腔，使腔内产生微波谐振，这样原子在泡的运动过程中就能发生受激辐射，使腔内微波能量增加。通过检测微波谐振腔内的微波能量，就可以将电路系统输出的微波信号锁定在原子跃迁谱线上，从而可以得到具有高稳定度和高准确度的输出信号。

星载氢钟由物理部分和电路部分组成。物理部分由腔泡系统、真空系统、原子制备系统、磁屏蔽系统，以及准直和选态系统等组成。其中腔泡系统包括微波谐振腔、原子储存泡、变容二极管及支撑结构等；真空系统包括真空吸附泵、钛泵以及支撑和密封结构；原子制备系统包括氢源、镍提纯器、电离源；磁屏蔽系统由各层磁屏蔽及其支撑结构组成。

电路部分主要由主电子学电路和辅助电子学电路组成。主电路部分包括恒温压控晶振、检波电路、隔离放大电路、上变频电路、数字伺服及频综电路；辅助电路部分包括恒温电路、高压电源和恒流源。

星载氢原子钟整机框架如图 13-6 所示。

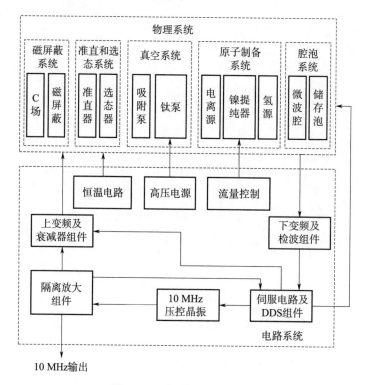

图 13-6　氢原子钟整机框架

13.3.2　可靠性设计分析与改进

星载被动型氢原子钟是北斗系统的重要有效载荷，其频率稳定度、频率准确度和频率漂移等各项性能指标均优于目前广泛使用的铷原子钟，对于提高系统的定位精度和自主导航时间具有重要意义。组网卫星的寿命达到 12 年以上，因此对星载氢原子钟的可靠性和寿命提出了很高的要求，要求氢原子钟寿命≥12 年，失效率≤3 000 fit。

由于氢原子钟所具有的多学科、多耦合、多约束等特性，以及在其全寿命周期内所经历的复杂的任务剖面和环境载荷等，导致失效的因素比较多。氢原子钟长寿命高可靠设计严格遵守相关标准规范要求，进行了基础的可靠性分析工作。具体包括力、热、抗辐射、降额、防静电、EMC 等可靠性设计；FTA、FMEA 等可靠性分析；完成了整机振动试验、加速试验、热循环试验和热真空试验等，以及若干关键部件的寿命试验。

13.3.2.1　薄弱环节分析

影响星载氢原子钟可靠性和寿命的主要薄弱环节有以下方面：

1）真空组件中的氢源供氢年限、真空系统维持特定真空度的年限是否可满足寿命要求及其裕度要求；

2）储存泡涂层退化速度，即储存泡涂层在在轨真空和辐照条件下的退化成为寿命薄弱环节；

3）包括电离泡、电离电路的电离装置的原子制备能力，特别是电离泡涂层在在轨真空和辐照条件下的退化，以及大功率三极管和振荡电路的可靠性成为寿命薄弱环节；

4）磁屏蔽性能是否下降，即磁屏蔽系统在轨寿命末期屏蔽因子是否依旧满足指标要求，且留有余量。

综上所述，涉及氢钟物理部分中与寿命相关的主要功能部分包含复合泵、钛泵、氢源、电离泡、储存泡。电路部分则重点关注电离装置部分的可靠性。

13.3.2.2　可靠性设计改进

针对星载氢钟的可靠性和寿命薄弱环节，开展相应的可靠性和寿命设计改进工作，具体情况如下所述。

1）在电离源系统中，开展供氢和电离的联合仿真，分析不同氢气压力情况下电离源系统的正常工作条件，对电离源射频场进行仿真和场型优化，改进电离源线圈结构和绕制工艺，确保氢源正常供氢和电离源系统的正常点亮和工作；

2）在磁屏蔽方面，开展磁屏蔽最大磁导率和磁场均匀性仿真，分析不同磁场和温度环境下屏蔽内部剩余磁场的变化情况，优化磁屏蔽材料绕制和退磁工艺，确保原子储存泡区域的磁场均匀性和持续低磁状态。

13.3.2.3　长寿命设计改进

1）星载氢钟的长寿命主要通过足量供氢和充分吸附氢气保证，在足量供氢方面，在保持轻量化和小型化的同时，氢源的储存氢气总量应设置足够裕量，优化氢源的结构和储氢材料的配置方案，进一步增加氢气的储存量。同时对氢源至电离源的输氢管道进行密封结构优化，避免氢气渗透消耗。

2）钛泵的长期工作寿命制约了星载氢钟的整机寿命，为了进一步提高钛泵的有效寿命，开展了钛泵的结构优化、阴极材料选型等工作。

13.3.3　可靠性验证

在对星载氢原子钟可靠性关键环节开展系统的理论研究、仿真分析的基础上，开展了相应的试验验证工作。星载氢原子钟长寿命高可靠试验验证主要包括氢原子钟物理部分可靠性试验和整机 1∶1 寿命试验。其中，物理部分的可靠性验证工作又分解为真空组件加速寿命试验、磁屏蔽系统寿命试验、电离泡和储存泡寿命试验。氢钟整机 1∶1 寿命试验主要对整机长期工作时各参数和频率特性随时间的变化规律进行分析。整体试验安排如图 13-7 所示。

（1）真空组件寿命试验

1）吸附泵加速寿命试验：在前期吸附泵吸氢试验的基础上，建立了专门的真空系统寿命考核平台，有效控制吸气剂在寿命考核时的真空度、氢气负载和杂散气体浓度等参数，并考核杂散气体作用下吸附泵的吸气能力。通过真空试验平台，可以设置不同的激活

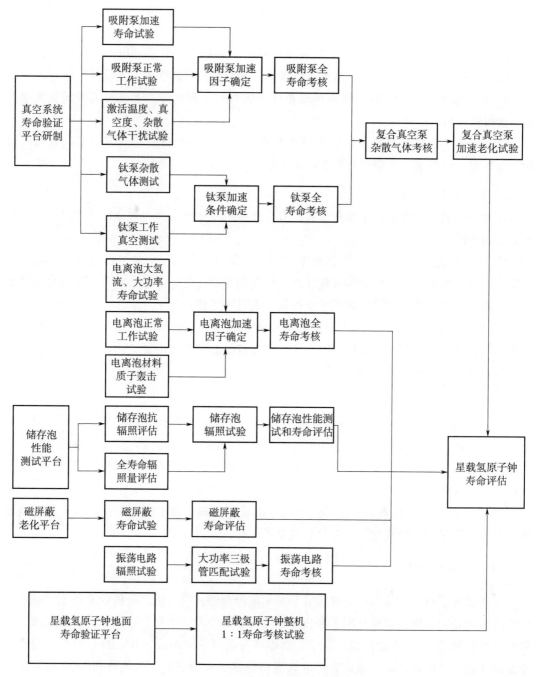

图 13-7　氢原子钟可靠性试验路线图

温度、真空度和杂散气体浓度指标，对吸附泵进行反复激活和测试，对比激活后的吸气剂工作能力，从而判断各项干扰因素对吸附泵性能和寿命的影响程度。

　　通过正常工作试验和加速老化试验，对比试验后的氢气吸附情况和吸气材料失效情况，可以得出加速老化试验相比正常工作状态下的老化系数，由此可以确定全寿命周期的加速老化时间。在试验结束后，对吸气材料进行性能状态确认，从而判断其全寿命工作能力。经试验验证，最极端情况下吸附泵的寿命仍可达到正常工作寿命的 2.5 倍。

2）钛泵加速寿命试验：选取若干只星载氢原子钟用钛泵，分两轮进行钛泵寿命试验，第一轮气瓶内充入氢气，第二轮气瓶内充入氦气。通过微漏阀向真空腔放气，同时由真空腔上连接的钛泵将气体抽除，保持系统真空度，采集钛泵的工作电流，并记录系统真空度。调节微漏阀，使钛泵的工作电流达到指定电流后，连续工作至其工作负荷相当于正常工况下的全寿命工作负荷。若钛泵的工作电流出现明显突跳现象，则判断其达到最大工作寿命。

根据钛泵寿命试验数据，以试验时间为横坐标值、钛泵工作电流为纵坐标值绘制钛泵的电流值变化趋势图。以钛泵工作电流为特征参数，建立钛泵寿命评估模型。产品的特征参数一般是服从均值为 $\mu(t)$、标准差为 $\sigma(t)$ 的正态分布。其均值 $\mu(t)$ 是随时间的增加而单调变化的，当到达特征参数阈值时，产品即为到寿。在给定置信水平 γ 的条件下，产品寿命的置信下限与置信水平的关系如下

$$P\left(Y(t) \geqslant V_T\right) = \gamma$$

式中，$Y(t)$ 为钛泵工作电流的变化规律函数。

根据试验数据，在给定 90% 置信度下，可以确定钛泵寿命的置信下限为 15 年以上。

（2）磁屏蔽寿命试验

磁屏蔽系统在轨运行时会受到长期交变磁场的影响，此类环境会对磁屏蔽系统进行反复充放磁作用，进而导致磁屏蔽系数缓慢下降，影响其工作寿命。建立了磁屏蔽寿命和性能测试平台，利用亥姆霍兹线圈和交变电源在磁屏蔽区域产生均匀的交变干扰磁场，使用磁强计实时测试环境干扰磁场和磁屏蔽系统内的剩余磁场，由数据采集仪采集数据并由计算机实时计算屏蔽因子和记录结果。通过该平台可以有效模拟在轨的磁场环境，开展了磁屏蔽系统寿命试验。

根据试验数据，以试验时间为横坐标值、屏蔽系数为纵坐标值绘制磁屏蔽系统的性能变化曲线，如图 13-8 所示。由试验结果可见，外加周期性变向磁场会对磁屏蔽系统的屏蔽性能造成一定影响。当磁屏蔽系统适应外部环境后，屏蔽系数修复到较高水平并有缓慢的下降趋势。因此对磁屏蔽系统稳定后的性能曲线拟合，获得磁屏蔽系统退化模型。通过曲线拟合获得磁屏蔽系数退化模型，磁屏蔽系数不小于 30 000 的工作时间约为 14 年，满足设计寿命要求。

（3）电离泡和储存泡寿命试验

电离泡和储存泡提供了星载氢原子钟内的氢原子电离、选态和跃迁的主要环境，其透波性能和涂层性能的退化情况直接决定了星载氢原子钟的工作寿命，需对其老化机理和寿命预估开展针对性试验。

采用综合辐照模拟设备模拟多种环境因素，如冷黑、紫外辐照、电子辐照、质子辐照等，探究氢钟电离泡（石英玻璃）在氢等离子体环境下的损伤行为及退化规律。以光谱透过率作为石英玻璃的光学性能指标，此指标可以反映石英玻璃在质子辐照下材料内部的结

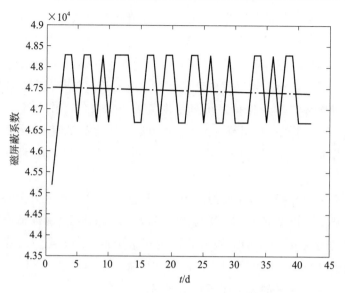

图 13 - 8　磁屏蔽系数随试验时间变化趋势图

构变化。

　　对原子储存泡开展辐照加速寿命试验，结合氢原子钟在轨运行的轨道高度和运行时间，确定了辐照参数。未发现电离泡和原子储存涂层有明显变化，说明电离泡和储存泡在辐照试验后性能指标保持正常状态，满足寿命要求。

　　（4）整机 1：1 寿命试验

　　星载氢原子钟的结构组成复杂，可靠性关键环节之间存在耦合，因此可靠性和寿命验证工作不能局限在部组件层面，还需开展整机连续工作考核。建立星载氢原子钟地面寿命验证平台如图 13 - 9 所示，星载氢原子钟地面寿命验证平台可以模拟在轨的真空、温度和磁场环境，同时对整机长期工作时的各遥测参数和频率特性进行实时监视，开展遥测参数和频率输出的分析。

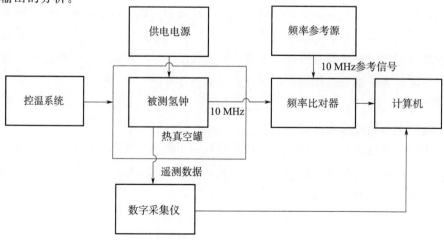

图 13 - 9　星载氢原子钟地面寿命验证平台

氢钟在真空罐内进行了持续考核，平台温度维持在 0 ℃。对氢钟输出的 10 MHz 频率信号进行频率比对，参考源为 VCH1003A，频率比对设备为 VCH314，目前获得了长期的频率比对和遥测数据。

整机连续工作期间，以 50 天为间隔进行数据分析，得到变容二极管电压和光强电压数据变化趋势，对该趋势图进行拟合，如图 13-10 所示。

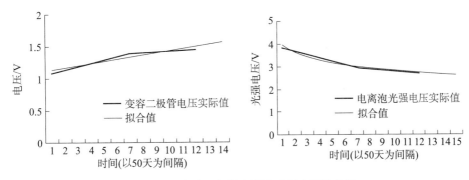

图 13-10　变容二极管电压和光强电压趋势图

分别对二极管电压和光强电压进行拟合，获得其寿命预测模型。据此可知在约 9 年后该氢钟变容二极管电压达到阈值（3.3 V），达到阈值后，通过升降温指令改变腔温，还可以再实现约 9 年的工作时间，合计满足氢钟 12 年使用寿命要求。在约 10 年后氢钟电离泡光强电压达到阈值（1.0 V）。由于光强仅反映电离泡的透光性，不影响电磁波的穿透性，故氢钟指标不受影响。

（5）在轨飞行验证情况

在轨长期工作后，氢钟会因原子信号下降而出现性能下降，直到寿命终结。因此需要定期对氢钟的工作情况和寿命进行评估。需要数据积累约 300 天以上才能评估氢钟寿命，目前各氢钟的寿命预测结果均大于 20 年。

13.4　Ka 相控阵天线可靠性设计与验证

13.4.1　产品概述

Ka 频段星间链路相控阵天线（以下简称 Ka 相控阵天线）具有建立星间测距和通信链路的功能，以及波束扫描快捷、波束覆盖范围大、功率效率高等优点，能够适应在轨 12 年期间连续工作和一箭多星条件下的总体布局要求。

Ka 相控阵天线收发共用，发射和接收同频定时切换进行工作，即发射的时候不接收，接收的时候不发射。Ka 相控阵天线是集微电子、工艺、制造、结构、力热、微波和低频电路等一体化的产品，主要由天线辐射阵面、TR 模块、网络模块、预放模块、波束控制器、相控阵电源、热控组件、电缆网和转接架底板等组成，如图 13-11 所示。

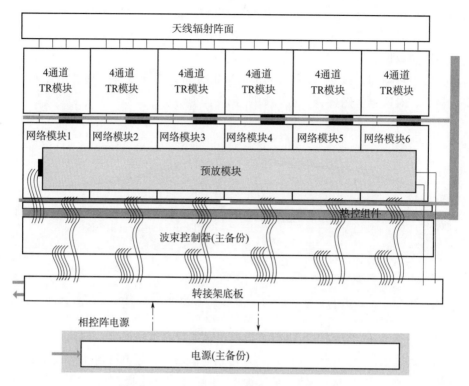

图 13 - 11　北斗卫星 Ka 相控阵天线组成框图

13.4.2　可靠性设计分析与改进

如图 13 - 12 所示有源相控阵天线内部模块数量多，天线内部射频、控制、供电信息流拓扑复杂，天线整机的可靠性远比一般有源单机或者天线复杂很多。Ka 频段宽带多波束相控阵天线内部包含两大类组件：一是有源射频链路，即宽带多波束有源馈电网络，由多通道 TR 模块、预放模块、网络模块、校正链路、波控配电网络模块和高效散热流道组成。通过 LTCC 电路工艺、MMIC 芯片、串并转换等技术，将放大器、功分器、合成器、移相器、衰减器、控制及驱动芯片等功能器件高密度集成为一体；二是无源组件即天线辐射单元、校正天线和整机机械构件等。一般认为无源组件的可靠值非常高，我们认为是无限大，因此这些组件对相控阵天线的可靠性影响可以忽略。

TR 模块和预放模块等组成的有源射频链路为相控阵天线关键部组件，实现了 RF 信号的收发放大、相位和幅度调整，直接决定了相控阵天线的功能和性能。开展 TR 模块、网络模块和预放模块组成的有源收发射频通道的长寿命可靠性建模分析和加速寿命试验，对验证相控阵天线可靠性与寿命指标有重要意义。

因此必须开展 Ka 频段相控阵天线失效机理与薄弱环节分析，完成相控阵天线有源射频链路长寿命、高可靠试验，同时进行天线波束性能指标的可靠性和长期稳定性的评估和试验。利用地面试验数据和在轨数据，摸清长期在轨退化规律，提高在轨可靠性评估和寿命预测准确性。相控阵天线可靠性设计措施具体如下：

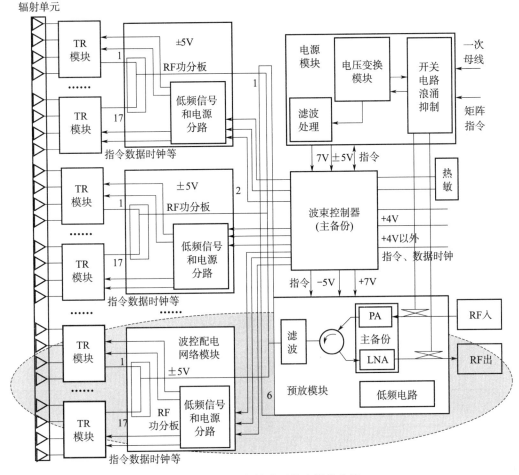

图 13 - 12　Ka 相控阵天线内部信息流

（1）收发有源射频链路可靠性设计

相控阵天线主要功能是测距和数据传输，按照规定时隙完成收发切换和配置。天线有源射频链路规定的时隙动态切换包括收发数据传输，放大器供电、收发射频开关等快速切换。为验证有源射频链路的可靠性和寿命，设计有源射频链路寿命试验方案，完成加速寿命试验，获取相控阵有源射频链路的可靠性和寿命数据。

（2）天线波束性能稳定性设计

Ka 相控阵天线属于高密度机电热一体化有源单机，内部 TR 组件、预放组件、网络模块等无法直接反映天线波束性能指标（波束指向、EIRP 值、G/T 值、时延稳定性等）的稳定性和可靠性。相控阵波束性能指标是随着天线部组件的机械尺寸、电性能、工作温度、供电状态的变化而逐渐变化的，属于所有阵列通道性能的合成效果。需要设计天线波束性能的长期稳定性试验方案，使用自校正测量技术对天线波束性能进行研究，通过长寿命试验考核评估天线波束性能的长期可靠性是否满足工程使用要求。

13.4.3 可靠性验证

　　Ka 相控阵天线的可靠性验证试验主要开展了射频有源通道系统的加速寿命试验（见图 13 - 13）。试验分达标试验与摸底试验两个阶段，达标试验为考核阶段，完成射频有源通道的寿命试验和波束性能稳定性试验。达标试验结束后，进行寿命摸底试验，被试件一直加电工作直至无法正常工作为止。

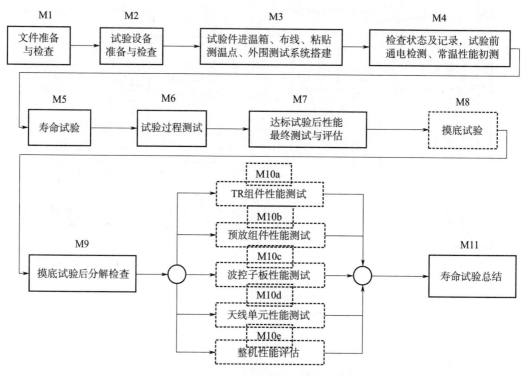

图 13 - 13　相控阵天线寿命试验工作流程

　　Ka 相控阵天线加速寿命试验中，8 个有源射频链路通道共进行了超过 4 000 h 的高温加速寿命试验，试验过程中对通道以下性能参数进行了监测：发射态增益、发射态相位、接收态增益、接收态相位、功耗（电压电流）和模块壳体温度。通过将有源通道的测试数据对应测试时间绘制成曲线，可以得到通道关键性能随工作时间的变化趋势，包含发射增益随时间变化趋势、发射相位随时间变化趋势、接收增益随时间变化趋势、接收相位随时间变化趋势、功耗随时间变化趋势、壳体温度随时间变化趋势，从图 13 - 14 所示曲线可以看出：

　　1）发射输出功率波动≤0.08 dB，发射输出功率 4 000 h 下降≤0.2 dB；

　　2）接收增益输出功率波动≤0.25 dB，接收增益 4 000 h 下降≤0.5 dB；

　　3）通道功耗考虑测试误差后，基本保持不变。

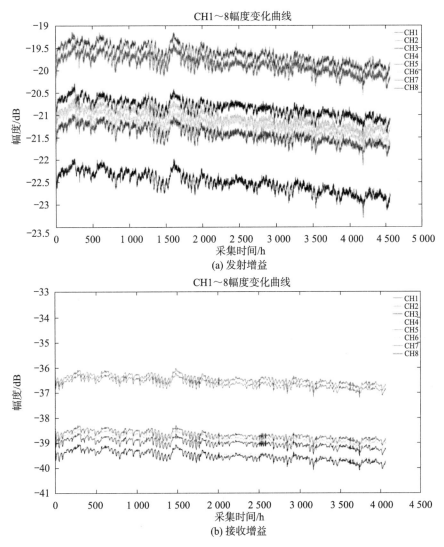

图 13－14 增益随时间变化趋势（见彩插）

根据关键技术测算融合反向法可以将有源射频链路通道的幅度值结合相位值计算出 Ka 相控阵天线的发射 EIRP 值，因此根据直接试验结果，可以计算出 Ka 相控阵天线核心指标发射 EIRP 值和接收有源增益随工作时间的变化趋势曲线，如图 13－15 所示。从图示曲线可以看出，在 4 000 h 寿命试验过后，相控阵天线发射 EIRP 值和接收有源增益值下降分别小于 0.25 dB 和 0.8 dB，满足工程使用要求。

Ka 相控阵天线波束性能稳定性主要表现在天线波束指向、波束宽度和旁瓣电平等关键指标的变化，Ka 相控阵天线的波束性能指标波束宽度和波束旁瓣无法直接通过测试监测的幅度相位测试值表征，对于 Ka 相控阵天线的波束宽度和波束旁瓣的性能变化需要通过特定的算法进行预估。

1）阵列波束幅度波动≤0.25 dB，阵列波束幅度 4 000 h 下降≤0.5 dB；

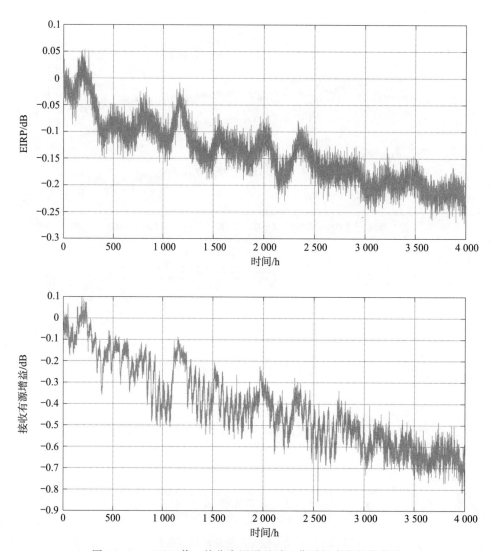

图 13 - 15　EIRP 值、接收有源增益随工作时间变化趋势曲线

2）通道功耗考虑测试误差后，基本保持不变。

经过 4 000 多小时高温老炼，相控阵天线波束辐射性能全程工作正常，未发生中断状态，表明天线功能状态正常。性能方面，从图 13 - 16 可以看出波束幅度下降大于 0.5 dB，满足天线设计指标要求，与预期结果保持一致。

通过测算融合方向法可有效地分离被测单元的幅相信息，准确计算相控阵阵列单元幅相值，根据阵列单元幅相值可以计算天线波束指向等变化趋势，如图 13 - 17 所示。

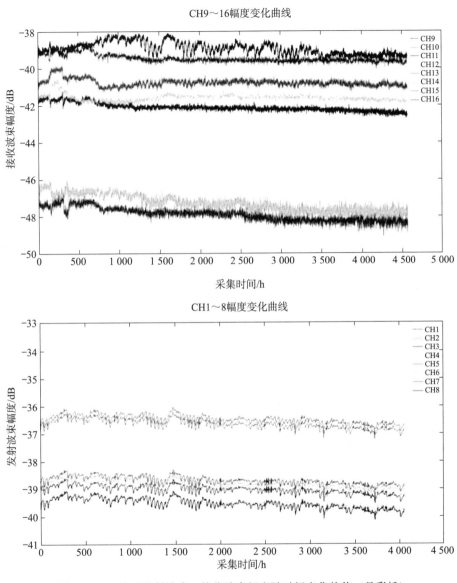

图 13-16　阵列发射波束、接收波束幅度随时间变化趋势（见彩插）

　　从图 13-17 曲线可以看出，在 4 000 h 寿命试验过后，相控阵天线波束指向变化小于 0.06°，波束宽度变化小于 0.1°，波束旁瓣变化小于 0.6 dB。而 Ka 相控阵天线波束指向、波束宽度和波束旁瓣的设计裕度分别为 0.1°、1°和 5 dB，因此即使在天线运行至寿命末期，天线波束的核心指标仍旧满足工程使用要求。

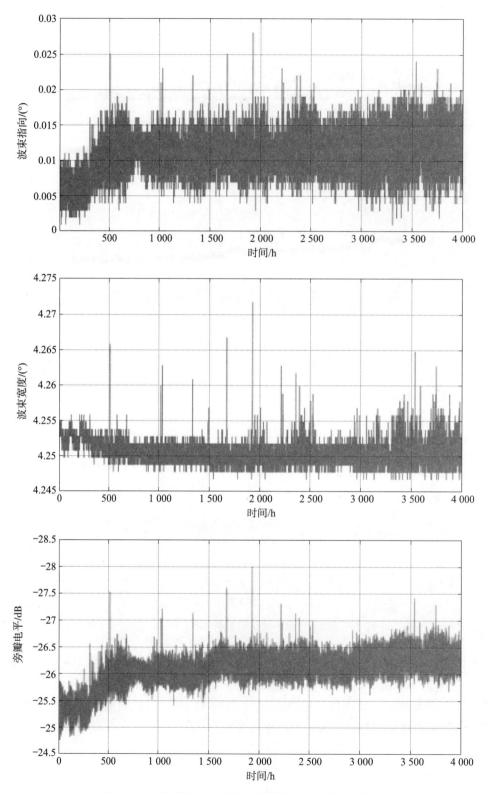

图 13-17　波束指向、宽度、旁瓣随工作时间变化趋势

13.5　构架天线可靠性设计与验证

13.5.1　产品概述

构架天线在轨完成波束指向改变和对地扫描，从而实现目标区域信号精确覆盖和目标区域导航信号增强功能。构架天线在轨从收拢态解锁后需要通过多级展开，最终达到展开工作状态。扫描机构是一种能实现天线反射器绕馈源焦点转动的指向调整装置，是实现天线在轨波束精确调整的唯一转动部件，是构架天线在轨长期工作的核心，出现故障后将导致天线指向偏移和波束扫描功能失效，严重制约卫星的使用功能，因此，扫描机构是构架天线的单点，是影响天线分系统及整星寿命和可靠性的核心部件，也是决定卫星在轨核心功能和载荷寿命的关键部件。

北斗系统构架天线三轴扫描机构是位于天线驱动机构末端的执行组件，由三个轴线交于一点的转动单元轴系组成，并通过三个转动单元转角的耦合带动天线反射器转动，最终使天线波束指向预定位置。其中转动单元轴系组件包括伺服电机、谐波减速器、组配精密轴承等机电产品（见图 13-18）。

为实现天线结构优化，轴系布局形式为贯穿式布局，这种设计使得天线驱动轴系结构更加紧凑，既节省了驱动机构结构空间，又实现了减重。伺服电机输出的动力通过谐波减速器进行减速和扭矩提升。轴系单元组件作为重要的中间传动环节，完成了谐波减速器输出与天线之间的运动传递。

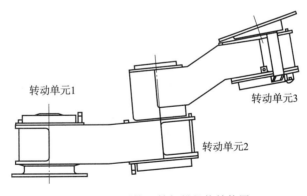

图 13-18　天线三轴扫描机构结构图

13.5.2　可靠性设计分析与改进

扫描机构为在轨长期转动部件，共由三个内部结构完全相同的转动单元组成，单个单元使用的机电产品包括步进电机、谐波减速器、旋变、滑环，其中步进电机为动力源，通过谐波减速器实现旋转力矩的增大输出、旋变反馈单元转速和转角信号遥测，滑环实现低频电缆信号的连接。各部件间的连接关系如图 13-19 所示。

扫描机构在轨可靠性主要受内部机电部件和机构轴系影响，具体可靠性设计措施如下：

1）扫描机构由内部机电部件进行运动传递，因此机电部件的可靠性是决定扫描机构

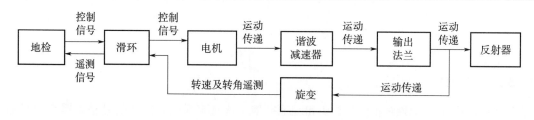

图 13-19　转动单元各部件间的连接关系示意图

在轨正常工作的前提，必须加强内部机电部件研制过程中的质量控制，对关键机电产品进行寿命试验验证。

2）针对扫描机构内部机电部件，在单机研制阶段均设置强制检验点，进行关键工序控制，在整机装配完成后需经历鉴定级热真空、正弦、随机等空间环境考核，确保机电产品的可靠性。

3）机构转动精度直接影响了天线指向精度，为了使机构具有较高的径向和轴向支撑刚度，机构轴系一般采用组配角接触球轴承进行支撑，轴系预紧力的精度控制直接影响到轴系旋转精度和寿命，需采取措施对轴系进行性能提升。

4）滚动轴承的预紧是指将轴承装入轴承座和轴上后，采取一定的措施使轴承中的滚动体和内、外圈之间产生一定量的预变形，以保持内、外圈处于压紧状态。滚动轴承预紧的目的是：增加轴系支撑刚性；减小振动和噪声；提高轴系旋转精度；防止由于惯性力矩所引起的滚动体相对于内、外圈滚道的滑动。

5）在由两个单列角接触球轴承背对背组成的轴承配置中，每个轴承都必须承受来自另一个轴承的轴向力。两个轴承相同时，径向载荷作用于两个轴承的中心，如果轴承配置调整为零游隙，一半滚动部件承受载荷时就可自动达到载荷分布。在其他载荷情况下，特别是在有外部轴向载荷时，可能需要对轴承加预紧载荷，以补偿考虑轴向载荷时，由于轴承弹性变形造成的游隙，并在无轴向载荷的另一个轴承上达到更有利的载荷分布。

6）轴承预紧载荷超过某一数值时，系统刚性增加缓慢，而摩擦和轴系发热会非常严重，因而使轴承使用寿命大幅度缩短。所以在轴系刚度能满足使用要求的前提下，应尽量选较小的预紧力，从而大大增加轴系寿命。

7）预紧载荷的大小，应根据载荷情况和使用要求确定。成对轴承的预紧载荷对轴承摩擦力矩和支承刚度影响很大。若预紧载荷过大，轴承摩擦力矩增大，温度升高，轴承运转灵活性差，使扫描机构转速波动增大，影响扫描机构转动的稳定性；若预紧载荷过小，轴系支撑刚度降低，扫描系统在承受振动时，轴系会出现窜动，使整个机构工作的稳定性和可靠性受到影响。

8）扫描机构属于悬臂梁式结构，地面重力对单元轴系产生了较大的弯矩，在载荷形式上表现为轴承径向附加载荷，这与轴承在轨实际运行工况有较大差别，同时也对轴承预紧力的计算和确定产生较大影响。为了综合考虑地面试验和在轨工作环境，扫描机构在地面试验时对整套机构进行了重力部分卸载，并充分考虑重力不完全卸载量，确定最小轴承预紧力。

13.5.3　可靠性验证

扫描机构工作寿命主要受内部运动部件影响。旋转变压器采用分体式结构，包括转子和定子，转子和定子分别安装在机构的电机轴和外壳上，不直接接触，寿命取决于转子和定子绕组的寿命，主要由材料、加工工艺、空间环境决定，与转动速度无关；滑环的寿命取决于电刷丝和滑道的磨损量，通过接触压力来保证触点的可靠，寿命与磨损量相关，与转动速度无关；电机轴承、谐波减速器和传动轴承作为主传动部件，均采用 MoS_2 固体润滑处理。固体润滑的本质是"磨损"，即用表面摩擦系数较低的 MoS_2 膜代替基体材料的磨损，摩擦时在对偶材料表面形成转移膜，使摩擦发生在润滑剂内部，从而减小摩擦降低磨损，磨损率和润滑的效果与转动速度无关，而由转动行程决定。

由此可见，影响扫描结构寿命的主要部件均与磨损相关，应用固体润滑"磨损"的这一特性，并结合目前国内外对固体润滑处理的长寿命活动部件的寿命试验大多采用加速试验的方法，对扫描机构寿命进行加速试验，通过转动总圈数进行寿命考核。

扫描机构寿命试验流程如图 13-20 所示。

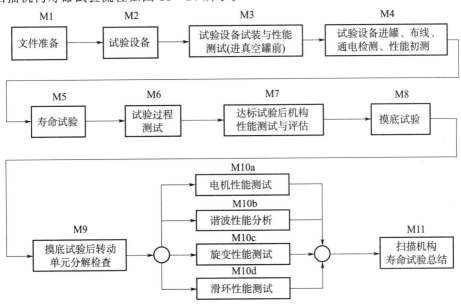

图 13-20　扫描机构寿命试验流程

试验温度依据相关标准，取为产品验收级温度。

寿命试验流程依据实施方案，将整个寿命试验分为达标试验与摸底试验两个阶段，机构寿命为两个阶段中的累计转动总圈数。

扫描机构输出端的转速稳定性可以直接反映内部驱动电机和谐波减速器的转动和传动性能，试验过程中每天对当日转速数据进行稳定性判读，如图 13-21 所示，确保达标过程中机构转速在指标范围内。

扫描机构寿命试验后对机构转动精度、最小启动电流、转速稳定性等主要特性均进行

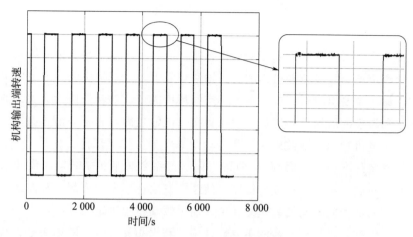

图 13 - 21　机构转速稳定曲线

了复测。结果表明，随着机构转动圈数的增加，机构转动精度呈现缓慢下降趋势，最小启动电流逐渐增大，转速稳定性变差，表明扫描机构在经历了长时间转动后，内部传动部件出现一定量的磨损。

根据对扫描机构内部各主要零部件的分解分析后得到，扫描机构寿命试验后结构状态良好，内部电机、滑环、轴承等机电部件状态良好，主要性能均在设计指标范围内。

同时，内部谐波减速器刚轮、柔轮齿面发生一定程度磨损，通过扫描电子显微镜（SEM）可观察到润滑材料的转移，柔轮与刚轮轮齿的齿形完整，刚轮、柔轮齿根部有少量磨屑，通过能量色散谱（EDS）分析，磨屑主要成分为润滑材料。

寿命试验结果表明：扫描机构在寿命试验过程中共累计转动超过 500 万转，等效在轨寿命超过 20 年。通过对机构进行分解分析，各机电部件性能正常，其中谐波减速器刚、柔轮表面有一定量的正常磨损，为影响机构寿命的重要部件。

13.6　固态功率放大器可靠性设计与验证

13.6.1　产品概况

星载固态功率放大器（Solid State Power Amplifier，SSPA）是应用固态功率器件进行功率放大的部件，是微波技术产品中最具代表性的一类产品，它完成微波信号的功率放大、增益控制、相位控制等功能，广泛地使用于通信卫星转发器、导航卫星转发器、中继卫星转发器、遥感卫星高速数传系统、微波遥感器、相控阵天线等系统中，是星载系统中的一类关键设备。

固态功率放大器组成一般可分为电源及控制电路和射频链两个部分。固态功率放大器组成框图如图 13 - 22 所示。

各模块的主要功能如下：

1) 电源及控制电路。电源及控制电路实现一次电源到二次电源的隔离变换，输出设

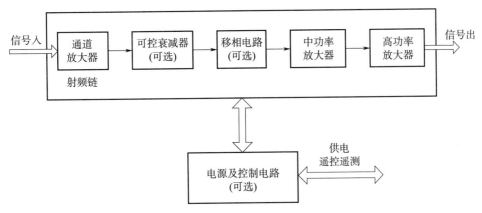

图 13 - 22　固态功率放大器组成框图

备内部模块所需的二次电源。该部分主要由输入滤波电路、电源变换电路、输出滤波电路、开关机电路等组成。同时响应开关机等指令并提供相关遥测参数（如开关机遥控、电流遥测等）。

2）射频链。射频链电路为固态功率放大器的必需电路，该电路一般先由通道放大器将接收到的信号进行增益放大，然后由末级功率放大电路将小信号放大到要求的电平进行输出。

北斗系统使用的 S 频段 10 W 固态功率放大器输出功率大于 40.4 dBm，设计寿命为 15 年，可靠度大于 0.919。

13.6.2　可靠性设计分析与改进

13.6.2.1　薄弱环节分析

根据应用工况条件和频段 10W 固态功率放大器产品特点，影响其可靠性的主要薄弱环节体现在以下方面：

1）在复杂的真空、热、辐照以及带电粒子的充放电环境等空间环境内，带电粒子的充放电环境相对更为复杂恶劣和具有更多的不确定性，对 S 频段 10 W 固态功率放大器安全性存在着巨大的威胁。

2）针对 S 频段 10 W 固态功率放大器的设计寿命，首次提出要达到 15 年的需求。国产微波功率器件射频链中的输出功率放大电路、电源及电源控制电路中母线接口电路、电压控制环路等关键特性是影响产品长寿命高可靠的关键部件，需要在长寿命高可靠验证试验中加以关注。

13.6.2.2　可靠性设计改进

固态功率放大器长寿命高可靠设计严格遵守相关企业标准和行业标准中的航天器可靠性保证要求等一系列标准规范的要求，从以下方面开展高可靠长寿命设计：

1）开展产品任务剖面分析、特性分析，识别出射频链中的输出功率放大电路、整机互联，电源及电源控制电路中母线接口电路、电压控制环路等关键特性，为固态功率放大器可靠性设计提供全面、正确的输入；

2）开展国产微波功率器件可靠性研究，通过对微波功率器件进行功能性能评估、器件结构分析、极限条件评估以及高温加速寿命试验等工作，建立了国产功率器件考核筛选方法；

3）开展抗力学设计，重点分析射频链中微波场效应功率管、微波介质基板、电源及电源控制电路中变压器、MOS 器件、元器件抗力学特性；

4）开展热设计，重点分析射频链中微波场效应功率管、源控制电路中变压器、MOS 器件温升特性；

5）开展电磁兼容性设计，重点分析多功能组件内部 EMI 设计、射频泄露等方面特性；

6）静电防护设计，重点针对射频链使用的静电敏感器件，如场效应管和 CMOS 器件开展防护设计工作；

7）开展降额设计、裕度设计，按照相关标准，针对频链中射频放大电路、低频控制电路、电源及电源控制电路中的母线接口电路、输入电路、滤波电路、调制电路等器部件，降低关键元器件承受的电、热和机械应力，降低元器件失效率，提高产品可靠性和寿命。

13.6.3　可靠性验证

为验证寿命和可靠性水平，固态功率放大器开展了高温加速寿命试验，试验流程如图 13‑23 所示。

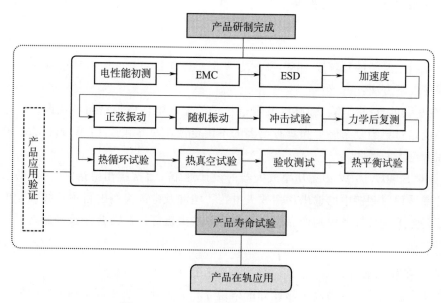

图 13‑23　固放可靠性与寿命试验流程

固态功率放大器长寿命试验采用加速寿命试验的方法开展，加速寿命试验中，固放产品放置于高温温箱中，监测固放的主要性能指标，试验测试系统原理如图 13-24 所示。

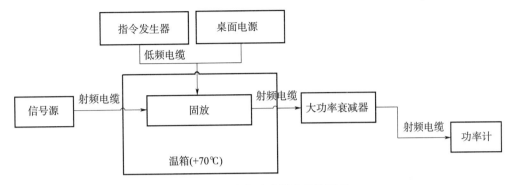

图 13-24 寿命试验测试系统原理

固放加速寿命试验在常压下进行，加载的工作电压、工作频率和输入功率取标称值。试验温度取 70 ℃，控温点按照 IDS 规定的区域选择，温度允差为 0～+2 ℃。

按照试验大纲规定开展试验。在加速寿命试验开始前，进行了全面性能测试；加速寿命试验过程中进行规定次数的开/关机试验，功率稳定后记录每次开/关机后的输出功率；在试验后，进行了全面性能测试。试验中固态功率放大器处于额定输出状态。

加速寿命试验前和完成试验后进行全面性能测试，试验过程中每隔指定时间，进行一次性能复测，测试项目包括功能测试、性能指标测试、接口测试等。试验中，测温点温度、性能指标等数据应该连续记录并储存。

试验累计开展时间为 9.9 个月，等效验证了固放在 30 ℃的工作温度下 15 年的工作寿命。

13.7 上面级主发动机产品可靠性设计验证

13.7.1 产品概述

上面级主发动机是我国目前推力量级最小的泵压式发动机，该发动机采用常规可贮存双组元推进剂——四氧化二氮和偏二甲肼，采用燃气发生器循环方式，发动机不摇摆，推力不调节，具备两次起动能力，属于固定推力常规双组元推进剂泵压式开式循环发动机。

上面级主发动机主要由推力室、涡轮泵、燃气发生器、阀门、气瓶、管路及电气系统组件组成。

该发动机作为远征一号上面级的主发动机，用于执行北斗卫星直接入轨发射任务，其工作可靠性直接关系到北斗三号工程发射任务的成败。

13.7.2 可靠性设计分析与改进

13.7.2.1 薄弱环节分析

上面级主发动机在研制过程中主要暴露出如下几方面的薄弱环节：

1）在发动机某次抽检热试车中，出现了涡轮泵泵漏管持续异常泄漏的问题，经技术归零，问题定位于氧化剂泵间隙较大，对工作过程中密封腔内介质压力脉动情况产生影响，造成了氧化剂的持续泄漏。

2）主发动机燃料泵离心轮后密封为泵后钢质浮动环密封结构，从多次试车以及泵水力试验和吹风试验分解情况看出，燃料泵离心后凸台与钢质浮动环磨损比较明显，且该部位与叶轮磨损为金属相磨，可能产生的额外功耗相对较大。这不利于该结构涡轮泵应用于长时间工作、多次数起动的工作条件下，保持工况的稳定和结构可靠。

3）发动机配套的主阀为电动气阀结构，其配套的电磁阀作为先导阀使用，其功能是控制主阀的打开和关闭。发动机气瓶为泵前隔离阀和主阀提供作动气，由于气瓶容积较小，气瓶压力受温度变化影响明显，极限情况下已经接近阀门的极限密封压力，密封稳定性有所降低。主阀可靠工作的控制气压力范围偏窄，裕度偏低。

4）在某次试车中，出现了发动机气瓶压力持续缓降的问题，通过故障模式分析、排查，最终定位于Y主阀电磁副阀排气端泄漏，造成该问题的原因是主阀及泵前隔离阀的电磁阀排气通道与排气嘴为一体化设计，排气通道为内螺纹结构，涂抹厌氧胶的排气嘴在非正常工序下因拆卸产生多余物掉入阀门内腔，从而造成密封面损伤。

5）发动机气瓶通过控制气路导管为泵前隔离阀、主阀提供作动气，控制气路系统的可靠性决定了阀门能否正常工作，继而决定了发动机能否正常工作。由于控制气瓶容量较小，对泄漏等因素较为敏感，如果出现泄漏，会造成阀门不能正常工作，从而导致飞行失利，后果严重。而控制气路各导管采用接头连接，管路密封部位多、操作环节多、装配空间受限、装配质量不易保证，故需对发动机控制气路密封性进行改进。

13.7.2.2　可靠性设计改进

针对发动机主要薄弱环节，开展了可靠性薄弱环节设计改进工作，措施主要包括：

1）针对涡轮泵密封泄漏问题，采用端面密封静环座整圈开平衡孔措施，并对氧化剂泵轮前后密封间隙进行优化。

2）将燃料泵泵后封严圈由钢质浮动环密封结构改为泵轮密封齿与石墨封严圈配合结构。

3）为拓宽阀门控制气的范围，在原主阀基础上进行改进设计，在入口阀芯处增加启闭卸荷结构，使得阀门能够适应更宽的工作压力范围，并同时降低了维持液路开启时的驱动力。

4）电磁阀排气端采用副阀体排气通道与排气嘴分体设计，通过额外的紧固螺钉将副阀体与排气嘴连接，将排气端的螺纹改为外螺纹结构。由于紧固螺纹与排气通道完全隔离，旋合过程中不会对内腔产生影响。

5）为提高发动机总装气瓶的密封可靠性，将总装气路的螺纹连接结构改为焊接结构，并将电爆阀出口六通堵头的密封结构由单道密封改为双道密封的冗余密封结构。同时为适应总装气路的焊接改进，将总装气路导管的材料均统一为钛合金材料，并将发动机控制气瓶、气瓶电爆阀、压力传感器等组件的接口形式由螺纹连接结构改为焊接结构。

13.7.3　可靠性验证

在对主发动机可靠性薄弱环节进行改进后，开展了相应的试验验证工作，包括涡轮泵、阀门、发动机气路密封的可靠性试验以及整机的长程热试车试验，具体验证情况如下。

（1）涡轮泵可靠性提升验证试验

1）涡轮泵真实介质条件下起动、运转可靠性验证。涡轮泵真实介质条件下起动、运转可靠性验证通过涡轮泵冷吹产品验证试验，重点开展氧化剂泵端面密封起动特性以及在不同的氧化剂泵泵轮密封径向间隙、不同氧化剂诱导轮径向间隙和不同密封端面比压下的涡轮泵及其氧化剂侧端面密封工作稳定性验证。

在试验中，对不同的氧化剂泵泵轮密封径向间隙、氧化剂诱导轮径向间隙和不同密封端面比压下的涡轮泵及其氧化剂侧端面密封工作稳定性进行考核。

a）涡轮泵起动段工作稳定性。经过三台次的介质冷吹风试验验证，现有介质吹风试验系统具备足够的能力模拟发动机真实工作条件下的起动加速性能，三台次共计 11 次起动试验，均在 0.9 s 以内完成起动转速到达平稳工况的过程。

分析认为，在输入能量参数稳定的条件下，涡轮泵自身起动工作稳定，没有产生偏离涡轮输入端参数的不稳定现象，发动机工作过程中的参数波动可能与涡轮输入前端的能量输入影响因素有关。

b）不同氧化剂侧径向间隙下涡轮泵工作的稳定性。对不同的氧化泵轮后密封凸台间隙及泵诱导轮处径向间隙的状态进行了吹风验证。在各个边界工况下，端面密封均工作稳定，没有持续泄液等异常情况产生。介质冷吹风试验中涡轮泵氧化剂端面密封能够稳定工作的考验边界如图 13 - 25 所示。考验范围完全覆盖了涡轮泵实际产品间隙的控制范围，试验结果表明现有结构的氧化剂端面密封状态能够保证其可靠工作，不会产生异常泄漏。

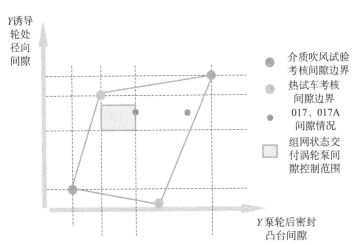

图 13 - 25　氧化泵相关间隙考核验证范围（见彩插）

c）不同氧化泵端面密封比压与泵入口压力下密封工作的稳定性分析。在试验中，涡轮泵端面密封比压及泵入口压力均覆盖了发动机实际工作范围（见图13－26）。经试验证明在该入口压力范围内，涡轮泵端面密封均稳定可靠工作。

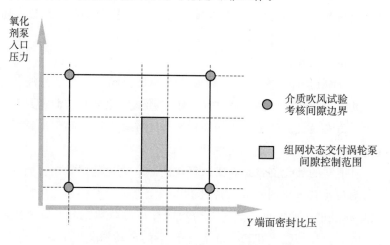

图 13 - 26　氧化泵端面密封比压与泵入口压力考核验证范围

根据上述试验结果，在输入功率稳定的情况下，涡轮泵在不同的氧化剂泵泵轮密封径向间隙、不同氧化剂诱导轮径向间隙和不同密封端面比压下均能够稳定工作。

2）发动机长时间工作端面密封摩擦副磨损特性试验。基于 UMT 系列多功能摩擦磨损试验机，采用销盘试验的方案，开展了端面密封的摩擦磨损试验研究，对发动机涡轮泵端面密封摩擦副在不同 PV 值条件下的摩擦学性能进行了研究。

氧化泵端面密封摩擦副动环材料为钼合金，静环材料为石墨。本次试验动环为钼合金材料加工的动环试样，而静环采用的是发动机实际状态氧化泵端面密封静环产品。

不同 PV 值下摩擦系数的变化情况如图 13 - 27 所示，经分析，氧化泵端面密封摩擦副设计状态 PV 值在摩擦系数约为 0.03～0.035 时处于较小值，较为合理。

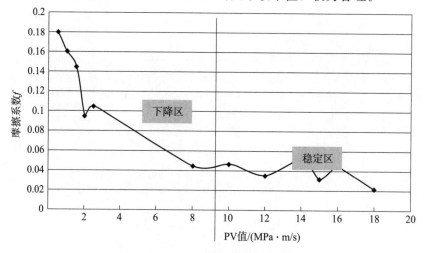

图 13 - 27　摩擦系数变化曲线

（2）阀门可靠性提升验证试验

为验证可靠性增长后阀门产品性能的实际达到情况，主阀和泵前隔离阀产品生产完成后，主要开展了两方面的试验验证工作：

1）检查试验和典型试验。具体包括检查试验、力学环境试验、高低温试验、湿热试验、热真空试验、流动损失试验、动作时间试验、动作寿命试验、极限寿命试验以及发热试验，各项试验结果均满足设计指标要求。主阀产品检查试验项目包括行程检查、打开压力、气体介质下的响应时间，以及各连接部位和橡胶 O 形圈处气密性检查。经检查测试，电磁阀各项性能均满足技术条件要求，阀门在 3～12 MPa 控制气压力下均能够可靠打开。

2）发热试验。为验证可靠性增长后电磁阀的温升，使用典试产品进行了发热试验。试验过程中，主阀产品通 $30^{+0.5}_{0}$ V 的直流电，用电流电压法测量线圈的温升。试验开始后，每隔 2 min 测一次线圈电流。根据试验数据按下式计算线圈温升

$$\Delta T = \frac{R_2 - R_0}{0.003\,95 R_0}$$

式中，ΔT 为线圈温升，单位为℃；R_2 为发热试验结束时，线圈发热后的线圈电阻，单位为 Ω；R_0 为发热试验开始时，环境温度下的线圈电阻，单位为 Ω。

对电磁阀进行过发热试验研究，经理论计算在 30V 电压下，电磁阀的线圈温升为 130 ℃，而发热试验实测数据为 141 ℃。在对可靠性增长改进后的电磁阀理论计算中，其线圈温升的计算值为 73.2 ℃，根据发热试验数据可以看出，可靠性增长后电磁阀温升为 76.4～77.9 ℃，满足"在 30 V 电压、额定工作时间内温升由 130 ℃降低至 80 ℃"的技术指标要求。

（3）发动机气路密封可靠性提升验证试验

发动机气路由螺纹连接改为焊接结构后，为验证密封可靠性提升情况，主要开展了气密检查试验和力学环境试验，分别用于验证密封性能的提升以及改进后的结构可靠性。

1）气密检查试验。气瓶模块焊接完成后，发动机进行了高压气路气密性检查，气密检查方法为氦质谱检漏，气路最大漏率为 9.4×10^{-8} Pa・m^3/s，满足不大于 1×10^{-7} Pa・m^3/s 的指标要求。

2）力学环境试验。为对发动机改进后的结构可靠性进行验证，对总装气路进行了力学环境试验。试验项目主要包括低频正弦扫描振动试验和高频随机振动试验，试验量级为验收量级。在进行力学环境试验前以及力学环境试验完成后，分别进行一次气密检查。

试验完成后对发动机进行外观检查，发动机各部位外观完好，螺纹连接部位无松动，气路焊接部位无断裂。

发动机返厂后，再次进行了高压气路气密性检查，气密检查方法为氦质谱检漏，气路最大漏率为 8.7×10^{-8} Pa・m^3/s，满足不大于 1×10^{-7} Pa・m^3/s 的指标要求，表明经过验收量级振动试验考核后，发动机总装气路的气密性能无明显变化，总装气路改为焊接结构后的结构可靠性得到了验证。

（4）整机长程热试车

为对主发动机各项可靠性提升措施的效果进行验证，并对发动机的寿命进行考核，开

展了主发动机长程热试车验证。在长程热试车中，主发动机配套的涡轮泵、阀门以及总装气路均为可靠性提升后的状态。在试车中，发动机进行两次起动，累计考核时间为 4 倍发动机额定工作时间，即 6 200 s，在试车期间发动机起动关机正常，参数协调、稳定，氧化剂泵漏管无泄漏，验证了相关改进措施的可靠性。经过 6 200 s 试车考核后，采用基于贝叶斯的数据融合算法，计算主发动机的可靠性指标达到了 0.995 036。

13.8　控制器可靠性设计与验证

13.8.1　产品概述

运载火箭时序指令系统采用"计算机＋控制器"方案，其控制功能主要包括变轨发动机的点火与关机、姿控发动机的控制、星箭分离及分离插头脱落控制等。飞行时序信号采用基于 1553B 总线译码的实时控制输出模式，时序指令系统原理框图如图 13‑28 所示。

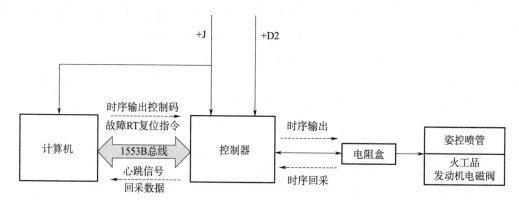

图 13‑28　时序指令系统原理框图

控制器作为飞行时序信号输出的执行单机，通过总线接收计算机发出的飞行时串和姿控信号输出控制码，经 CPU 译码后三取二输出飞行时串和姿控信号，其主要的功能如下：

1）接收计算机通过 1553B 总线发送的时序信号控制码，三取二输出驱动火工品和电磁活门的控制指令；

2）检测"起飞"信号，作为允许时串信号发出的前提条件；

3）通过 1553B 总线接收计算机的复位 RT 命令，经过三取二判别后，对控制器某个 CPU 板进行复位。

控制器采用三冗余设计，由 1 块电源板（含三套电源模块）、3 块主机板、3 块固态继电器输出板，以及 1 块底板组成。

13.8.2　可靠性设计分析与改进

为确保时序指令系统在执行长时间飞行任务时的工作可靠性，时序指令系统在传统运载火箭采用的单机三冗余表决设计的基础上，采用了"时序信号三取二冗余表决""基于

1553B 总线译码的时序实时输出模式""控制器在线故障监测复位"等可靠性设计和改进技术，使时序指令系统能够消除空间飞行中可能出现的多次单粒子故障，有效提升了飞行控制的可靠性。

（1）时序信号三取二冗余表决输出

控制器采用三冗余设计，内嵌相互独立的三套总线 RT 接口和主 CPU 控制电路，信号输出采用三取二表决输出方案。信号三取二表决输出电路通过由三个 CPU 控制的 5 只四封装固体继电器串并联完成。

飞行时序信号采用三取二表决输出电路，继电器板接收分别由三块主机板输出的时序信号，三路信号控制五个继电器 AK1、BK1、BK2、CK1、CK2，输出时采用继电器三取二逻辑输出设计，原理如图 13-29 所示。

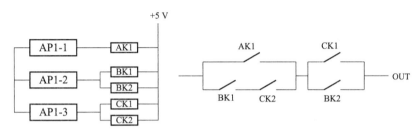

图 13-29　固态继电器三取二表决电路原理图

该电路能够吸收一度故障，当单路信号的某个 CPU 控制输出电路出现故障时，仍能保证时序信号的正常输出。

（2）基于 1553B 总线译码的时序实时输出设计

由于运载器飞行时间长，为防止长时间运行状态下由于单机各自晶振精度差异，造成计算机与控制器之间计时偏差随时间递增，影响飞行时序输出精度，飞行时序信号的输出采用基于 1553B 总线译码的实时控制输出模式。计算机作为总线控制器（BC），通过 1553B 总线将飞行控制需要的时序控制码发送给控制器的三个 RT，经控制器三个 CPU 译码后，通过其内部的固体继电器三取二表决机制，输出飞行时序信号。

计算机发给控制器的时序指令控制码，是计算机采用三取二表决的方法生成飞行时序指令控制码，由控制器按照统一的时序控制码进行译码，然后通过时序信号三取二冗余表决机制输出。

通过基于 1553B 总线译码的时序实时输出模式，将时序指令控制及输出的时间统一到计算机的时钟精度，有效避免了两个独立单机间的时钟差异可能造成的时序执行精度偏差，提高了长时间飞行中的时序控制精度。

（3）控制器故障监测复位设计

考虑到设备需适应在轨长时间飞行，空间单粒子效应有可能产生叠加影响，因此本机除了采取三取二冗余设计外，还设计了监测复位电路。由于控制器只是被动地接收计算机的命令发出时串，无须自主定时发出时串，因此，在程序跑飞死机时完全可以通过复位来解除故障状态。

计算机（BC）监测复位电路如图 13-30 所示，控制器 3 个 RT 通过 1553B 总线每个控制周期给 BC 发一次确认信号。当计算机持续规定的周期数接收不到控制器某个 RT 的确认信号时，则认为该 RT 已经跑飞或死机，计算机三取二判别后通过 1553B 总线对控制器发出复位该 RT 的信号。当控制器中两个正常工作的 RT 接收到此信号后，进行逻辑运算输出复位信号，复位工作状态不正常的 RT。这样可以保证始终有两个 CPU 板处于正常状态，从而避免单粒子翻转造成的叠加故障。

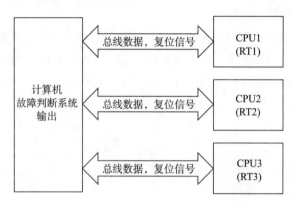

图 13-30　控制器故障监测复位电路示意图

13.8.3　可靠性验证

控制器主要开展了可靠性验证试验以及环境安全余量试验。

（1）可靠性验证试验

可靠性验证试验参试产品控制器进行 85 个循环。每个循环试验时间为 7 h 40 min，每个循环包含两个温度段（低温 −40 ℃和高温 60 ℃）。控制器除去低温冷透 1.5 h，每个循环产品通电工作 6 h。每个低温或高温温度段各施加一次振动。

参试产品的试验时间信息汇总见表 13-2，试验剖面如图 13-31 所示。

表 13-2　参试产品试验时间

试件名称	任务时间/s	置信度	试验总时间/h	试验循环数	工作段 1 振动总时间/h	工作段 2 振动总时间/h
控制器	3 022	0.7	504.83	85	30.06	19.23

（2）环境安全余量试验

参试产品在进行完可靠性验证试验后，需要继续进行环境安全余量试验。环境安全余量试验中出现的故障可不计入评估子样，成功通过环境安全余量试验的产品的试验时间可计入评估子样。控制器在进行完可靠性验证试验后，进行两个等级的环境安全余量试验，试验条件见表 13-3，试验剖面如图 13-32 所示。

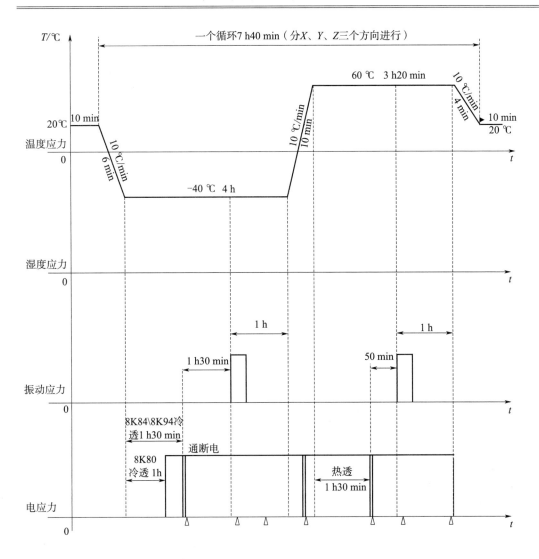

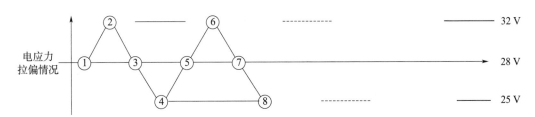

图 13 - 31　可靠性验证试验剖面

表 13 - 3　环境安全余量试验综合环境条件

等级	环境温度	相对湿度	电应力	随机振动应力 （功率谱密度）
1	−40～+75 ℃	不加控制	同可靠性验证试验条件	同可靠性验证试验条件
2	同可靠性验证试验条件	不加控制	同可靠性验证试验条件	可靠性验证试验条件的 4.5 倍

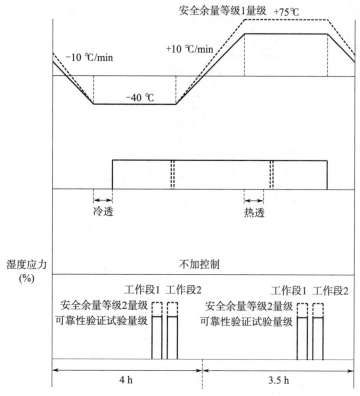

注：——（实线）：可靠性验证试验条件等级
　　------（虚线）：环境安全余量试验条件等级

图 13 - 32　安全余量试验循环剖面

（3）可靠性评估

控制器的可靠性验证试验按照要求完成了 85 个循环的可靠性验证试验与 6 个循环的环境安全余量试验，完成通电总时间 510 h，试验过程中未出现故障。

根据定时截尾的试验方案，对于可靠性服从指数分布的产品，其试验中出现 f 个故障，总试验时间为 T，则其 MTBF 的单侧置信下限评估公式为

$$\theta_L = \frac{2T}{\chi^2_{\gamma, 2f+2}}$$

式中，$\chi^2_{\gamma, 2f+2}$ 为置信度为 γ 的 χ^2 分布下侧分位点，$\chi^2_{0.7, 2} = 2.408$。

故障率为

$$\lambda = \frac{1}{\theta_L}$$

产品可靠度计算公式为

$$R_L = \mathrm{e}^{-\lambda t}$$

参加本试验的控制器共一台产品，在试验过程中未出现故障。根据上述公式以及试验方案设计参数，$\gamma = 0.7$，总通电有效试验时间 $T = 510\ \mathrm{h}$，失效数 $f = 0$，经计算得到

$$\theta_L = \frac{2T}{\chi_{\gamma,2f+2}^2} = \frac{2 \times 510\ \mathrm{h}}{2.408} = 423.588\ \mathrm{h}$$

故障率为

$$\lambda = \frac{1}{\theta_L} = \frac{1}{423.588\ \mathrm{h}} = 2.361 \times 10^{-3}\ \mathrm{h}^{-1}$$

产品任务时间 $t = 3\ 022\ \mathrm{s}$，则产品可靠度单侧置信下限评估值为

$$R_L = \mathrm{e}^{-\lambda t} = \mathrm{e}^{-2.361 \times 10^{-3} \times 3\ 022 \div 3\ 600} = 0.998\ 0$$

在任务时间 3 022 s，使用方风险 $\beta = 0.3$，置信度 $\gamma = 0.7$ 的情况下，评估得到控制器的可靠度单侧置信下限值为 0.998 0，达到了产品规定的目标值。

13.9　分离螺母可靠性设计与验证

13.9.1　产品概述

分离螺母装置是自 20 世纪 60 年代发展起来的分离装置，其连接强度优于爆炸螺栓和其他火工作动装置，而需要的解锁压力小，产生的分离冲击相对小，无污染无碎片，容易实现系列化、标准化，因此分离螺母装置非常适合于有效载荷分离等。分离螺母能够用压缩空气驱动进行分离功能检查，并且在检查后无须重新装配连接即可自动复位。

相对于其他火工作动装置（如爆炸螺栓），分离螺母装置产生的分离冲击更小，但结构相对复杂，产品的加工和装配精度要求较高。

北斗系统上面级采用的分离螺母装置具有连接、轴向承载、分离和螺栓捕获等功能，主要由分离螺母、捕获器和对接螺栓组成，如图 13 - 33 所示。

分离螺母采用轴向连接、径向解锁的方式，由分瓣螺母、支撑环、壳体、密封圈等零件组成。分离螺母的核心零件是分瓣螺母，分瓣螺母是将完整的螺母沿周向均匀分割成几瓣，装配时将这几瓣按照原先的顺序置入支撑环内，在支撑环的径向约束下再形成一个整体螺母。连接时，将对接螺栓拧入分瓣螺母内。点火器工作后，燃气推动支撑环移动，解除对分瓣螺母的径向约束；处于径向自由状态的分瓣螺母的各瓣散开后释放对接螺栓，完成解锁。释放后的对接螺栓收于捕获器内。

降冲击型分离螺母装置是针对星箭分离冲击过大问题进行降冲击科研攻关而研制成功的新型低冲击分离螺母装置，采用了较多的新技术以降低分离冲击（例如垂直进气通道设计，多层蜂窝结构逐级缓冲设计，减小点火器装药量，浮动压环结构设计等）。

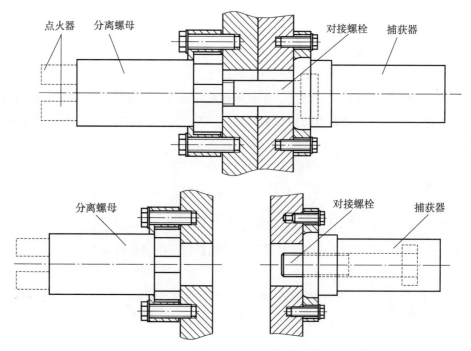

图 13-33　分离螺母装置连接（上）、分离（下）示意图

13.9.2　可靠性设计分析与改进

根据产品工作剖面及可靠性要求，分离螺母装置具有承载、解锁和捕获功能：

1) 承载功能：三瓣扇形块在支撑环的径向约束下为一个整体螺母，与对接螺栓螺纹连接实现承载；

2) 解锁功能：点火器工作后，燃气推动支撑环与圆筒组合体运动，当运动一定行程后，支撑环对扇形块的径向约束解除，扇形块在预紧力径向分力作用下沿径向打开释放对接螺栓，实现解锁；

3) 捕获功能：对接螺栓被释放后，捕获器内的弹簧通过螺栓套将对接螺栓从对接孔拉出，对接螺栓穿过衬套弹簧片后留在捕获器内，实现捕获。影响分离螺母装置可靠性的主要薄弱环节为采用新技术进行了降冲击设计，改变了装药种类，减少了分离火工品的装药量，产品在分离冲击减小的同时，降低了产品的解锁裕度和分离可靠性。

针对上述产品主要薄弱环节，开展了可靠性薄弱环节和寿命薄弱环节设计改进工作。

分离可靠性水平 0.999 83 虽满足产品要求，但低于同类传统低冲击分离装置 0.999 9 以上的可靠性。为了提高解锁可靠性，产品在生产过程中增加了低温气动磨合筛选工艺，增加了产品成本和制造周期。此外，分离螺母装置由于内部机构配合直接关系到产品功能，所以装配过程以及总装过程需要复杂的检查以及多媒体记录，保证产品机构装配正确，导致生产及总装效率较低。

在研制产品的过程中，由于裕度减小，也曾发生鉴定试验低温未解锁、批验收试验高温未解锁两次较严重的地面质量问题。低温未解锁问题是由于低温下二硫化钼涂层摩擦副摩擦力显著增加，导致解锁阻力增大，解锁动力不足，归零后采取了点火器增大药量、全批采用低温临界气动方式筛选合格产品供飞行使用的措施。高温未解锁问题是由于高温下二硫化钼粉末颗粒尺寸超差，验收试验所处的高湿环境和高温保温过程中，涂层吸湿氧化造成摩擦系数增大，使解锁阻力增大，导致故障发生，归零后喷涂二硫化钼涂层的零件在制备、转运、贮存、装配、试验和使用过程中，采取了防潮措施。虽然故障已经通过归零解决，但是产品仍具有提高解锁可靠性的优化空间。

同时，产品所用涂层和材料均为 20 世纪 90 年代的技术，已经表现出了诸多不适应，例如涂层是手工操作，一致性较差，且对湿度和温度极其敏感。另外，产品生产合格率低于 50%，产品制造过程工艺和生产周期难以适应高密度组网发射要求。为此，通过新一轮的产品可靠性提升工作，开展了二硫化钼涂层生产的精细化控制研究，采取加强控制涂层配方混合搅拌时间、优化固化温炉摆放试样区域、控制装炉量以及成品打磨抛光工艺等措施，达到稳定摩擦系数、提高摩擦性能一致性的目标。对工艺改进后的分离装置成品进行低温 $-45\ ℃$ 临界气动解锁试验并验证。新工艺产品生产合格率已提升至 80% 以上。

13.9.3　可靠性验证

为验证分离螺母的可靠性，开展了小药量工作可靠性试验，分离螺母装置发火试验采用非电传爆系统进行低温 $-45\ ℃$ 真空环境发火，7 发分离螺母，每发产品均安装 1 个 210 mg 药量的 YH0706A。7 发分离螺母均正常解锁。

分离螺母可靠性评估计算方法基于最大熵强化试验方法。

强化试验模型为

$$n = \frac{\ln\alpha}{\ln\left\{\Phi\left[\dfrac{K_m - 1}{C_V} + K_m\Phi^{-1}(R)\right]\right\}}$$

式中，n 为试验样本量；α 为置信水平；K_m 为强化系数（试验参数与设计参数之比）；C_V 为性能分布的变差系数（$C_V = \sigma/\mu$，σ 为方差，μ 为均值）；R 为需验证的可靠性指标。

可靠性计算参数确定：要求分离螺母的可靠性指标 R 为 0.999 9，置信度 $\gamma = 0.95$，$\alpha = 1 - \gamma$。

变差系数是反映解锁功能参数波动的参数。该参数越大，说明该功能参数越不稳定，满足相同可靠性指标所需的样本数量 n 越大。

影响分离螺母解锁功能的参数分别是解锁动力和解锁阻力。解锁动力即点火器输出燃气压力，可通过测压弹获得；解锁阻力即分离螺母刚好可以解锁需要的压力，可通过低温临界气动解锁试验获得。通过上述两个解锁参数的变差系数即可获得分离螺母解锁性能分布的总变差系数 C_V。

通过多批次隔板点火器 YH0706A 的批验收发火压力计算点火器输出压力变差系数 C_{V1}。低温 $-45\ ℃$ 隔板点火器 YH0706A 峰压方差为 0.67 MPa，均值为 10.32 MPa，$C_{V1} = 0.065$。

通过低温下临界解锁阻力计算阻力变差系数为 C_{V2} 。04－01 批分离螺母－45 ℃低温临界解锁气压均值为 11.36 MPa，方差为 1.42 MPa，较历史批次解锁气压均值 12.44 MPa、方差 2.43 MPa 分别降低了 1.08 MPa 和 1.01 MPa，$C_{V2} = 0.12$。

通过两个变差系数获得分离螺母解锁性能分布的总变差系数为

$$C_V = \sqrt{C_{V1}^2 + C_{V2}^2} = 0.14$$

强化系数 $K_m = \dfrac{M_2}{M_1}$ ，M_1 为实际工作状态下装药量（300 mg），M_2 为试验装药量。M_2 越小，则 K_m 越小，试验状态更恶化，满足相同可靠性指标所需的样本数量 n 越少。根据强化试验原理，可在不确定临界药量的前提下进行可靠性试验。但需要避免为了尽量减小试验样本数量 n，而使 M_2 取值过小，因为当强化系数 K_m 取值过小时，极有可能发生可靠性试验无法完成的情况。

根据前期裕度摸底试验情况，确定试验药量 M_2 为 210 mg，从而计算强化系数 $K_m = 0.7$。

根据公式 $n = \dfrac{\ln\alpha}{\ln\left[\Phi\left(\dfrac{K_m - 1}{C_V} + K_m\Phi^{-1}(R)\right)\right]}$ 计算试验样本数量 n 为 6.71，则最少需要 7 发产品采用 210 mg 装药量，在－45 ℃情况下进行发火试验，若全部解锁，则分离螺母满足可靠性要求。

根据上述可靠性验证试验，产品在小药量可靠性试验工况 7 发分离螺母均正常解锁，满足 0.999 9 可靠性，置信度 $\gamma = 0.95$ 的指标要求。

第 14 章 航天元器件保证

14.1 概述

14.1.1 航天元器件的特点

通常将用于航天产品并能满足相应性能和可靠性要求的元器件，称为航天元器件。航天元器件主要有以下特点：

（1）高可靠

随着我国航天工程向长寿命、高精度、多功能、载人航天及深空探测等高科技领域发展，对航天元器件的可靠性提出了越来越高的要求。元器件的可靠性可用失效率 λ 表示，长寿命卫星用元器件的工作失效率 λ_p 要求优于 $10^{-8}/h$。

（2）特殊的环境适应性

航天产品需要在特殊的环境条件下工作和储存，所以要求所用元器件具有相应的环境适应性。例如导弹、卫星对元器件有不同的抗辐射要求；不同用途的导弹还有抗湿热、抗盐雾等特殊要求。这些特殊的环境适应性要求增加了航天元器件研制生产的难度。

（3）重量轻、体积小、功耗低

为了减少推进航天产品的动力消耗，必须减小航天产品本身的重量、体积和功耗，因而要求所用元器件重量轻、体积小、功耗低，这给航天元器件的选择和研制生产造成一定的困难。

（4）品种多、用量少

航天产品与其他电子工业设备相比，系统功能复杂，一般生产批量较少，因此所用的元器件品种较多，且具体品种的使用量不大。这些因素导致生产规模较大、研制能力较强的生产厂对研制航天元器件的积极性差，中小规模的生产厂又难以稳定供应高端（高性能）、高档（高可靠性）航天元器件。

14.1.2 航天元器件保证工作的特点

航天元器件保证是指为了确保航天元器件的质量与可靠性（包括对经济性和可获得性等的考虑）满足航天产品的要求，采取的一系列技术和管理措施。有计划、有系统、科学合理的航天元器件保证工作能有效保证航天产品的研制质量与进度。航天元器件保证工作主要有以下特点：

（1）关注形成过程

为了保证航天元器件满足航天装备整个寿命周期的质量要求，需要关注元器件的固有可靠性和使用可靠性。其中，固有可靠性主要由元器件生产在元器件设计、工艺、生产、试验等过程中的质量控制所决定。为了确保元器件保证工作的有效实施，需要将保证工作融入元器件形成过程的各个环节，开展元器件状态管控、信息管理等。

（2）关注特殊环境

航天元器件的环境适应性需要满足航天产品不同运行阶段的全部要求。航天产品在存储、发射、运行、返回等阶段承受的环境应力十分复杂，包括电磁干扰环境、加速度环境、真空环境、辐射环境、原子氧环境等，因此航天元器件的保证需要根据不同阶段的环境应力提出针对性的保证要求，设计针对性的保证项目，以确保满足要求。

（3）关注质量基线

由于航天产品具有较强技术继承性的特点，要求航天元器件持续可获得且具有良好的批次稳定性，因此航天元器件保证工作在关注元器件本身质量与可靠性之外，还需通过开展航天元器件供应商管理、选用目录管理、元器件长期稳定供应能力评价等工作，和供应商积极沟通交流，并采取必要的监督控制措施，确保元器件具有良好的制造生产质量基线。

（4）关注指导应用

航天元器件保证工作的目标是确保元器件在航天产品上成功应用。面对长期以来已完成研制的元器件在推广应用过程中存在的"不好用""不敢用"和"用不好"等问题，需要开展覆盖元器件实际应用状态的应用验证工作，摸清元器件质量与可靠性隐患和应用边界，结合元器件上装应用情况，形成数据翔实的应用指南，指导元器件成熟和合理应用。

（5）关注长远发展

为推动航天装备高质量、高效益、高效率发展，航天元器件保证工作需要关注未来技术发展，通过需求优化、目录管理等工作优选符合技术发展趋势主流谱系的元器件，提升产品选用元器件的经济性及可获得性，同时，关注采用新材料、新结构、新工艺的元器件对应保证方法的研究，持续改进保证手段、优化保证体系，为航天产品研制持续提供有力的技术支撑。

14.1.3　航天元器件保证流程

航天元器件保证一般包括元器件保证策划、元器件选择与控制、元器件研制、元器件应用验证、元器件质量保证、装机使用及应用效果评价、目录管理、标准制定、信息管理等。

（1）元器件保证策划

元器件保证策划作为航天产品保证策划的重要组成部分，需要对元器件选用、质量保证及使用等全过程进行系统策划。主要工作包括任务需求分析、制定元器件保证大纲及元器件保证计划等。

（2）元器件选择与控制

航天产品研制设计过程中需要充分考虑对元器件的选择与控制要求，开展关键元器件需求分析，将元器件选择与控制纳入产品研制流程，监督元器件选择与控制要求的有效落实。

（3）元器件研制

对于国内元器件生产厂未生产过的元器件，由于产品使用部门的需要，经主管设计人员提出并论证，按一定程序审批后，由元器件生产厂开展元器件的研制工作。

（4）元器件应用验证

应用验证是指对元器件在航天装备应用前开展的一系列试验、分析、评估和综合评价等工作，以确定元器件研制成熟度和在航天装备中的应用适用度，并综合分析评价得出其可用度。

（5）元器件质量保证

质量保证是指对航天元器件实施一系列质量检验工作，以保证元器件可靠性满足产品使用要求，一般包括监制、验收、到货检验，必要时开展失效分析等。

（6）装机使用及应用效果评价

为保证航天产品元器件的可靠性，开展元器件应用可靠性设计，对元器件的装联进行规范管理，提高元器件的应用可靠性。对在轨应用的元器件开展应用效果评价，包括在轨器件选型、评估指标体系建立、载荷设计、在轨数据处理与评估等。

（7）目录管理

开展元器件选用目录、供应商目录的准入、评价、动态管理以及元器件长期稳定供应能力评价，指导航天装备设计师系统、质量和物资等管理部门选用、控制和采购元器件。

（8）标准制定

制定产品规范、应用指南等类别航天元器件标准，作为元器件承制方生产、鉴定、质量一致性检验及使用方监制、验收等元器件保证工作的依据。

（9）信息管理

建立元器件信息管理系统，收集、处理、保管、定期发布元器件质量与可靠性信息，为元器件保证全流程工作提供信息支撑。

元器件保证全寿命周期工作流程如图 14 - 1 所示。

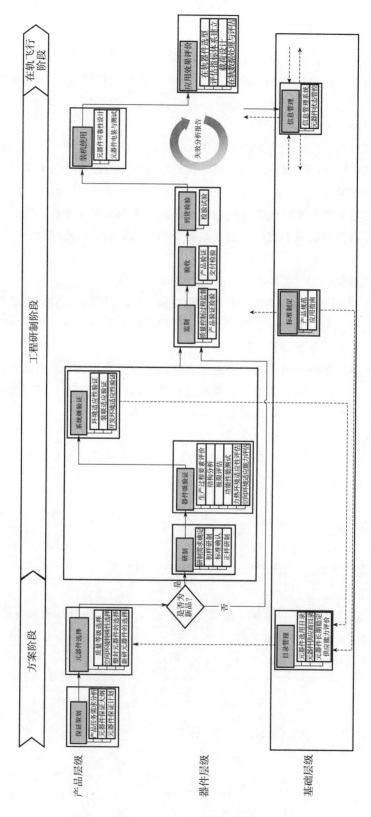

图 14 - 1　元器件保证工作流程图

14.2　元器件保证策划

元器件保证策划需要在对产品任务需求分析的基础上，制定元器件保证大纲及元器件保证计划，对元器件选用、保证及使用等全过程进行系统策划。

14.2.1　任务需求分析

任务需求分析是元器件保证策划的基础。一般来说，任务需求分析的内容主要包括航天产品的寿命、工作轨道、可靠性指标、任务剖面、研制周期、产品承研单位、国产化需求以及各方面的综合分析等。

（1）寿命和工作轨道

通过对产品寿命和工作轨道的分析，可以明确对元器件耐空间环境能力的要求。不同寿命预期的高、中、低轨产品对于元器件抗辐射能力的要求是不同的，高轨长寿命卫星对抗电离总剂量能力、抗单粒子能力等要求较高，低轨、短周期类卫星对抗电离总剂量能力、抗单粒子能力要求相对低一些。

（2）可靠性指标

不同单机以及不同单机部位所分配的可靠性指标不同，任务风险程度不同，所使用元器件的质量等级也不同。通过对可靠性指标及分配的分析，可以明确元器件选用的质量等级和质量保证工作要求。对于可靠性指标要求高的单机，需要选用高质量等级的元器件。

（3）任务剖面

通过对任务剖面的分析可以明确选用元器件的类型，明确是否需要选用目录外元器件，甚至在有些特殊应用条件下是否需要选用新品元器件、定制元器件等。

（4）研制周期

基于对产品研制周期的分析，可以明确元器件选用和保证工作计划初步安排，在产品研制初期即开展关键元器件选用论证，并组织协调新品元器件、定制元器件等的研制需求确认和研制生产，以保障产品研制进度。

（5）产品承研单位

通过对产品承研单位情况分析，确认是否存在首次承担宇航任务的新单位，若有，则需在元器件保证过程中重点监控。

（6）国产化需求

基于产品任务特点，综合考虑产品应用背景、后续任务需求以及元器件可获得性等情况，开展航天元器件国产化需求分析，提出总体解决方案。

（7）元器件成本约束

结合航天装备的元器件成本约束，制定元器件选型和保证策略，确保元器件可满足航天装备成本控制要求。

14.2.2　元器件保证大纲

元器件保证大纲应贯彻产品保证大纲和元器件管理的基本要求。编制元器件保证大纲的目的在于对用于产品的元器件在产品研制、生产阶段采取各种保证措施，使元器件在产品的整个寿命周期内满足要求。元器件保证大纲重点明确元器件保证的工作目标、思路和措施，元器件保证机构、人员及职责，涵盖产品全寿命周期各阶段的元器件保证工作，并对拟开展的元器件保证活动及所需要的资源进行策划。

元器件保证大纲在产品方案阶段编写。元器件保证大纲的编写应从实际需要出发，确定适应具体情况的元器件质量保证活动。应充分利用现有的质量管理体系文件，在元器件保证大纲中予以引用，必要时需要对某些文件进行补充修正，以便与元器件保证大纲协调一致，确保准确、有效地执行。元器件保证大纲在产品负责人的领导下由元器件保证负责单位组织编写，必要时对元器件保证大纲进行审查。元器件保证大纲一经发布，产品研制过程中需严格执行。

14.2.3　元器件保证计划

元器件保证计划是依据对本级产品保证的要求，详细说明产品研制各环节的元器件保证工作项目、工作内容、工作方法、工作依据、工作输入和输出、工作计划安排等。

产品承研单位在制订元器件保证计划过程中需要考虑根据元器件保证大纲和上一级产品承研单位的元器件保证要求，在产品研制各阶段（方案设计、初样研制、正样研制等）制订元器件保证计划。元器件保证计划需要明确产品研制各阶段的元器件保证目标，对元器件保证的工作项目、内容、时机、职责、进度节点、风险控制措施等进行科学细致的策划。

14.3　元器件选择

14.3.1　选择元器件的原则

选择元器件应遵循以下原则：

1) 元器件的技术性能、质量等级应满足航天产品的应用要求。根据元器件应用产品、部位、研制阶段等，划分不同的元器件应用等级，依据关键重要程度，建立应用等级与应用需求档次和元器件功能性能指标、质量控制水平的对应关系，对元器件实施分级选用，差异化满足不同的产品任务需求剖面。对于低成本、非核心关键应用场景下，逐步引入满足应用要求的国产货架商用及工业级元器件，但须经过充分有效的保证控制。

2) 优先在元器件选用目录中选择元器件，选择长期稳定、供应能力强、成熟度高的元器件。目录内的元器件均是鉴定合格、成功应用的成熟产品，目录内的供应商均为通过评价认定的合格供方。优先选择目录中基于航天产品研制任务需求、元器件技术发展的可靠性高、环境适应性强、可持续供应的元器件。通过规范元器件选用目录，既可规范元器件选用，又可引导高水平元器件集中选用，超目录选用应履行审批手续。

3）优先选择通过应用验证或有成功飞行经历的元器件。在无飞行经历器件的验证实施期间，用户、鉴定机构、元器件研制单位应采取协同验证模式，保证程序规范、提高工作效率、结论各方认可，通过全级别的应用验证，全方位掌握元器件质量与可靠性及环境适应性情况，针对问题产品及时处理。选择通过应用验证或有成功飞行经历的元器件，可从整体上提高航天工程可靠性。当必须选择无飞行经历的元器件时，应经充分验证，并按规定履行审批手续。对于新研元器件，应根据使用部位的重要程度及产品的总体要求决定是否选用，只有经过鉴定合格的新研元器件才能用在正样或定型产品上，产品关键、重要的部位应慎重选择新研元器件。

4）优先选择有发展前途的元器件，最大限度优化压缩元器件品种规格和供应商。按照元器件技术发展水平、寿命周期、自主水平、功能性能覆盖性、通用化、标准化、系列化等要求，避免选择落后的元器件，大幅压缩优化元器件品种，大幅度减少质量低、生命力差的元器件产品，助力航天装备高水平规模化生产。同时，选择高质量供应商，剔除代理、合资企业等不能长期稳定供应的单位，不断加强供应链韧性。

5）在保证质量的前提下，兼顾元器件的经济性与可获得性，选择有成功合作经历的合格供应商及产品。新形势下，航天产品快速研制、批量化生产、高强密度发射已成为常态，对高质量保证元器件可靠性、提升供应链效率、降低元器件成本提出了迫切要求。需要通过选择可信赖、合作关系稳固的供方，实现元器件质量、成本及可获得性的权衡兼顾，降低供应风险。

14.3.2　质量等级选择

对航天产品不同研制阶段及不同使用部位，选用元器件的质量等级应满足产品元器件保证大纲及单机设计可靠性指标要求。

1）初样产品用元器件的质量等级选择，需要充分考虑与正样产品选用的具有抗辐射能力要求的高质量等级元器件的一致性，及正样产品用元器件的可获得性。

2）正样产品用元器件质量等级选择，需要严格按照航天产品元器件保证大纲的相关规定进行。

14.3.3　空间环境特殊性选择

根据设备使用环境要求，选择适应特定气候环境、机械（力学）环境以及特殊环境能力的元器件。其中，一般的气候环境、机械环境适应能力可查阅元器件的详细规范或产品手册。元器件的主要特殊环境适应能力包括静电敏感度（ESDS）和辐射强度保证（RHA）等级等。随着微电子技术的快速发展，越来越多的半导体器件被航天产品所采用，半导体器件大多数是辐射敏感器件，辐射环境对这些器件的性能会产生不同程度的影响，甚至使其失效。空间辐射环境对半导体器件主要产生电离辐射总剂量（TID）效应和单粒子效应（SEE）。

元器件不仅要满足设备的要求，而且要满足元器件所在位置上可能遇到的最恶劣的环境应力要求。应考虑元器件特性将随着时间、环境而变化，掌握元器件特性的允许变化范围，保证当元器件特性变化达最坏组合时，产品仍能正常工作。

14.3.4　塑封元器件的选择

塑封出现在 20 世纪 50 年代末期，当时研制这种元器件封装的目的是取代昂贵的气密封装器件。塑封元器件由于成本低且可大量生产而得到工业界和用户的普遍接受。早期的塑封元器件存在许多的可靠性问题，以微电路为例，其失效率远大于气密封装微电路。因此，美国航天和军事部门都认为这种器件不适合用于高可靠性领域。随着其材料、设计和工艺等方面的改进，目前在部分产品中，其可靠性与气密封装微电路不相上下，并逐渐被军事和航天部门所接受。

塑封元器件具有价格低廉、体积小、重量轻等特点，但是由于塑封材料固有的可靠性问题，选择和使用塑封元器件时必须采取严格的控制措施。

国内外不同制造商生产的塑封元器件的质量水平有较大差距，另外塑封元器件制造商一般不提供产品制造信息和质量等级等信息，因此要尽量限制选用塑封元器件，选择时尽量选择国外著名公司或国内知名生产厂的塑封元器件。产品中的关键和重要元器件不建议选择塑封元器件。如确需选用塑封元器件，则应进行严格的控制和审批。

14.3.5　元器件需求优化

对产品提出的元器件需求，应按要求开展优化工作。

（1）需求优化工作要求

1）基于国产元器件开展选用和设计工作。国产元器件经过几十年的发展，已形成大量成果，可满足大部分航天装备应用要求。航天产品应立足于国产元器件的特点，基于国产元器件开展选用和设计工作，正向开展元器件需求梳理工作。

2）用研双方共同努力，达成双赢。对于部分航天元器件需求，国内可能没有成熟的产品可供直接选用，而研制单位已具备相应研制能力，可通过开展技术攻关实现，这需要研制单位克服困难、迎难而上，积极满足航天产品急需。另外，有些器件可能在一定范围内降低某些指标后仍可满足产品系统总体要求，设计师系统应充分分析后提出满足系统要求的、合理的、具体的指标，以提高国产化研制的可行性，而不是简单地将进口产品指标作为需求提出。通过用研双方共同努力，最终达成一个既可满足系统要求，又可以顺利研制的双赢方案，最大限度地确保需求得到落实。

3）兼顾需求的必要性、合理性、可行性。对需求进行分析和优化需同时兼顾需求的必要性、合理性及可行性。必要性是指提出的需求为产品必需，与提出的其他需求无覆盖关系，提出的具体指标为产品系统必备要求；合理性是指提出的需求符合技术发展趋势，在航天产品中应用较广，具有推广应用前景；可行性是指提出的需求所采用的工艺、技术在国内有一定基础，通过技术攻关可满足产品进度要求。这三个方面互相制约，需统筹兼顾。

（2）需求优化工作程序

需求优化工作可按需求提出、需求确认、需求对接、需求审查、需求落实五个阶段开展。

1）需求提出阶段：各系统总体单位组织单机研制单位根据实际情况，对产品拟选用元器件进行梳理，提出包括项目研制指标、质量、进度等要求的元器件需求，形成初步需求。

2）需求确认阶段：各系统总体单位在元器件专家组技术指导下，联合单机研制单位，对形成的初步需求进行逐项分析、优化，确定分类，针对需新研的元器件开展调研，形成立项建议。

3）需求对接阶段：组织元器件用研双方进行需求对接，重点对接功能性能指标、质量与可靠性指标、环境适应性指标、进度要求等，达成一致意见。

4）需求审查阶段：召开需求审查会，由专家组进行技术把关，对各项需求进行逐项审核，形成明确意见。

5）需求落实阶段：根据需求对接、审查结果，全面落实航天元器件需求，组织开展所需元器件的研制生产。

14.4　元器件研制与验证

14.4.1　元器件研制

元器件研制一般包括研制需求确定、初样研制、正样研制等阶段。

（1）研制需求确定

用户单位将工程产品拟使用的新研产品需求明确量化提出，包括功能性能、质量与可靠性、环境适应性、进度等。应综合分析是否符合元器件技术发展趋势，是否属于我国主流元器件型谱，统筹提出待研制的元器件产品。

通过立项评审后，确定立项需求。

（2）初样研制

在初样阶段，根据设计规范要求进行版图设计，完成工艺实现及参数指标实现，完成设计验证。初样完成的标志是：对样品进行了三温测试，电性能满足要求；用户单位对初样样品进行测试试用，并出具满足初样使（试）用要求的反馈意见。

初样研制完成，通过初样阶段研制评审后，转入下一阶段研制。

（3）正样研制

在正样阶段，对样品进行评估试验和工艺可靠性试验。开展功能性能分析、结构分析、极限试验、寿命强化考核等评估试验。正样完成的标志是：功能性能检验满足详细规范要求；按要求进行可靠性摸底试验；用户单位对提供的样品进行测试试用，并出具满足正样使（试）用要求的反馈意见。

正样研制完成，通过正样阶段研制评审后，可申请开展鉴定检验，同步实施元器件应用验证。待通过充分应用验证，完成相关考核，并建立宇航标准、应用指南等配套标准文件后，新研元器件可进入元器件选用目录。

14.4.2 元器件级验证

元器件级验证主要包括元器件生产过程要素评价、结构分析、极限评估、应用验证测试、力热环境适应性评估以及空间环境适应能力评估等。

（1）生产过程要素评价

从设计能力要素、制造工艺要素和过程控制要素指标引出生产过程要素评价，可以细分为设计能力要素评价、制造工艺要素评价和过程控制要素评价。这些验证工作项目主要以文件审阅和分析的方式进行。

（2）结构分析

结构分析是通过检查和分析元器件的结构、材料、设计工艺等，对其满足评价要求及相关项目运行要求的能力做出早期判断的一种新型可靠性分析方法，通过破坏性和非破坏性检验、分析等成熟的试验技术，查明元器件的设计、工艺、材料、结构等固有可靠性状况以及潜在危险来评判元器件的长期可靠性和宇航适用性。结构分析是宇航元器件保证的重要方法，也是应用验证工作的重要手段。

元器件结构分析的作用主要体现在以下几个方面：

1）对于元器件选用的结构和实现的过程分析是一个系统性分析，其结构和实现过程是否能够保证元器件的质量与可靠性，该方法是一个重要评判工具；

2）识别新型器件的结构、材料和工艺的可靠性影响因素，针对用户应用条件和要求，使问题得以尽早暴露，预防重大系统性失效发生；

3）确定元器件设计是否存在缺陷而危害器件的质量和长期可靠性。

（3）极限评估

极限评估一般采用高加速应力和持续应力的方法，评估在热、力、电等应力作用下可承受的应力极限值和失效模式。通过极限评估试验亦可发现元器件在设计、材料或工艺方面的潜在缺陷，获得元器件极限能力和元器件的失效模式、薄弱环节等信息，为确定元器件筛选和鉴定的项目和条件提供依据。

极限评估技术的作用主要体现在以下几个方面：

1）极限评估技术是对元器件最大能力的摸底，摸清产品的设计裕度，降低用户选用风险，提高应用可靠性，强化用户方的使用信心。

2）极限评估试验对元器件的关键参数进行摸底，分析确定参数范围和界限，能够为产品规范的制定提供基础依据。如可根据极限试验中暴露的薄弱环节，增加考核的试验项目或强化试验条件，针对性地剔除有缺陷的产品，同时保证高可靠应用。

3）采用步进应力方法的极限评估试验，可以不断激发出器件的潜在缺陷，以暴露元器件的薄弱环节，为厂家优化产品设计、改进制造工艺提供丰富的数据支撑和深入的理论依据，加强健壮性设计，从源头上强化元器件可靠性设计，提高元器件的固有可靠性。

4）极限评估技术可以作为我国电子元器件质量保证的新手段，在质量保证技术方面发挥了重要作用。

（4）应用验证测试

元器件应用验证测试主要针对元器件的关键功能和电性能，一般包括逻辑特性、接口特性、负载特性和电源特性等；对于可编程器件，应用验证测试还需关注元器件的软硬件协同匹配特性。

为实现应用验证测试，需要确定测试特征参数、设计测试方法、构建测试设备、确定测试时机，甚至还需要配置测试软件、开发测试用例等，并需在满足要求的测试环境下由专业的测试人员针对测试样品完成测试、数据记录及分析。

根据元器件特点及验证的需求，通常需要多类元器件测试设备。应用验证测试设备可以是通用测试设备，如数字电路测试系统、分立器件测试系统、继电器综合测试仪、精密电阻数字测量仪、耐压测试仪等，针对特殊需求也可采用专门开发的测试设备。应用验证测试可以采取在线或者离线的方式开展，应用验证测试可以在应用验证项目实施中、应用验证项目实施前或者应用验证项目实施后开展。

（5）力热环境适应性评估

元器件环境适应性是指宇航元器件在其寿命期内可能遇到的各种环境应力的作用下，实现其预定功能和性能，即不产生不可逆损坏和能正常工作的能力。其中力学环境和热学环境对宇航元器件功能性能的影响更为显著，力学和热学环境适应性也是应用验证中对宇航元器件环境适应性能力验证的重点。

力学和热学环境适应性验证的主要工作包括：

1）从系统产品出发，分析宇航系统级、设备、组件级产品在寿命周期内所经历的力学和热学环境，包括加速度、冲击、正弦振动、随机振动；稳态温度、温度变化和温度梯度等因素。

2）分析元器件寿命周期内的力学和热学环境应力：由于设计阶段尤其是方案阶段元器件工作时的力学和热学环境无法获得，可以通过仿真分析或结合相似产品实测数据分析获得预示数据。以宇航设备或系统级产品的宇航环境下的力学和热学环境条件为基础，通过对典型装机条件（系统结构和安装边界等）分析，包括力学和热传递条件，器件周围可能的力学和热学环境分析，力学和热防护措施等因素，利用仿真方法进行分析可得到元器件的力学和热学环境应力。

3）了解元器件的结构、工艺和封装等特性，分析元器件寿命周期内，力学和热学环境应力作用下可能出现的失效模式和机理。根据器件特性和应用环境，分析失效模式及机理与环境应力的对应关系，进而明确在宇航环境中元器件失效的力学和热敏感要素。

4）了解宇航系统级、设备、组件级产品的力学和热学环境试验验证方法，包括环境试验项目、环境试验剖面、环境适应性流程和判据等。

5）了解选用的元器件在鉴定、筛选等试验中的力学和热学环境相关的试验项目和试验条件以及试验判据等。

（6）空间环境适应能力评估

近地空间环境由多种环境要素组成，其中对航天活动存在较大影响的主要有太阳电磁辐射、地球中性大气、地球电离层、地球磁场、等离子体、空间带电粒子辐射、微流星体与轨道碎片、微重力、真空、热、污染等（可分为直接环境和诱发环境）。这些空间环境要素单独地或共同地与航天器上所使用的电子元器件和材料相互作用，产生各种效应，对航天器造成一定程度的损伤与危害，甚至威胁航天器安全。因此在航天器研制过程中，需分析在轨期间可能影响其正常工作、正常发挥效能的空间环境以及效应的特点，并根据分析结果考虑是否有必要对元器件进行空间环境防护设计与实施，以及进行必要的空间环境效应地面模拟试验，以保证航天器在轨运行期间不因空间环境而威胁其正常工作及安全。

1）辐照评估：通过辐照评估试验，确定鉴定试验的项目和条件。在分析已有的元器件辐照试验数据有效性的基础上，针对性开展抗电离总剂量试验、单粒子效应试验以及抗位移辐射损伤试验中的一种或多种。对于存在低剂量率增强效应机理的元器件，应通过相应的试验评估低剂量率增强效应。

2）抗原子氧能力评估：对于近地轨道航天器，尤其是长期工作的近地轨道航天器，必须对原子氧环境予以关注。根据航天任务的轨道，计算寿命期内原子氧的总通量，对敏感材料进行评估。

3）真空释气评估：评估元器件使用材料在真空中的释气特性，主要试验内容为真空释气成分、真空释气失重等。

14.4.3 系统级验证

系统级验证是指针对产品研制需求，进行不同方式（如单板或系统应用方式等）下的验证，以验证元器件在板级或系统应用条件下的适应性，一般包括环境适应性验证、装联适应性验证、开发环境适应性验证等。必要时，开展飞行验证。

（1）环境适应性验证

电气环境适应性验证主要从元器件对系统的实际应用电气环境适应性方面来分析。元器件电气环境适应性是指器件安装在整机设备时的适应能力，设备的具体应用环境可分为热环境、力学环境、电气电磁环境、电噪声、主/备份切换等，可通过整机在不同环境下的功能性能及可靠性表现判断器件在整机系统的环境适应性。元器件电气环境适应性主要体现在元器件在系统的电气环境应力下，对系统功能性能和可靠性的影响。

（2）装联适应性验证

装联适应性验证是一种针对元器件封装以及是否适应宇航装联方法和工艺条件的验证方法。装联适应性验证试验主要包括元器件装配、焊接、清洗、三防涂覆、点封以及相关试验及分析等工作。

在宇航应用中，稳定的装联质量是器件应用的基本保障条件，在已有相对成熟的装联工艺技术的前提和基础下，新型器件的应用面临着装联适应性的问题。由于技术、材料、工艺、器件加工方式等原因，新型元器件和已有成熟应用的器件可能存在一定"差异"，给装联后的质量带来一定风险。造成这种风险的因素需要通过验证加以识别并采取有效措施，避免使用中风险的发生。

装联适应性验证主要工作内容为：在现有的焊装工艺下，对器件的封装结构进行分析判断：是否存在着影响产品焊装质量和可靠性的因素，是否有现有成熟工艺能够适应对新型器件的装联。如果存在这种隐患，则开展验证试验；若无隐患，则在设计开发针对性工艺后再进行验证试验。通过验证试验获取数据，对验证试验数据进行分析评价，对发现的问题提出处理意见，形成验证结果。

（3）开发环境适应性验证

软件及开发环境适应性验证主要包括元器件开发软件、编译器和调试器与元器件应用的适应性验证，主要开展器件的设计软件、综合软件、仿真软件、调试软件和辅助软件的适应性验证。编译器、调试器的适应性验证主要对元器件与编译器、调试器的匹配特性进行验证。

器件的研制和鉴定过程一般按照器件的详细规范所要求的项目进行，而器件的详细规范中没有对如何开发应用及指令等进行要求，鉴定检验往往很难发现器件在指令运行过程中存在的问题。软件及开发环境适应性验证主要针对 CPU、FPGA 和 DSP 等需要开发软件应用的器件进行开发环境与指令协议适应性验证，包括开发环境、软件兼容性验证、通信协议验证、指令集验证。

14.5　元器件质量保证

元器件质量保证是指按照相应规范或技术要求对已采购的元器件实施一系列质量检验工作，以保证元器件可靠性满足产品使用要求。通常需由产品总体单位认可的质量保证机构统一实施。一般地，常规元器件质量保证检验项目包括生产过程监制、验收、到货检验等，必要时开展元器件失效分析。

14.5.1　元器件监制

元器件监制是元器件使用方技术代表到元器件承制方，根据合同采购的品种及技术条件，对元器件制造过程中的关键环节实施质量控制过程监督及产品验证检验，提前发现不合格产品以及存在质量隐患的产品，尽可能降低风险，保证元器件的正常合格交付。

元器件生产厂监制的主要内容如下：

1）了解元器件生产厂当前的生产工艺状况和重点工序的质量控制状态；

2）对元器件生产厂已经检验合格的监制品（一般为半成品）进行抽检或全检；

3）向元器件生产厂反映监制工作中发现的质量问题；

4）在监制元器件的流程卡中对元器件的监制情况进行确认。

监制完成后，监制人员应按规定格式编制监制报告。监制人员需对监制工作的质量负责。监制过程中发现严重质量问题或不合格元器件比例较大时，应停止监制工作，并责成元器件生产厂重新检验或拒收有质量问题的元器件批次。

14.5.2　元器件验收

元器件验收是元器件使用方技术代表到元器件承制方，根据合同采购的品种及技术条件，对完成研制生产的元器件进行的产品验证和交付检验，以保证宇航用元器件的正常合格交付。

元器件验收工作的主要内容如下：

1) 与元器件生产厂核实所验收的采购合同，确认双方一致；了解提交验收元器件的生产全过程质量管理和控制情况，应特别详细了解元器件在生产过程中发生的质量问题、处理和分析结果及其纠正措施，并索取有关质量报告、失效分析报告和试验报告。

2) 检查交付验收的元器件贮存期是否满足订购合同规定的规范或技术条件的要求，一般应是 1 个月以上、12 个月以内的产品。

3) 审查生产厂的质量证明文件，其质量证明文件至少应包括筛选试验报告、工艺流程卡、质量一致性检验报告和产品合格证，必要时应审查鉴定检验报告。

4) 与生产厂共同完成验收试验，各类元器件按照相应的规范或技术条件进行验收，当合同或技术协议有 DPA 要求时，还应在验收时做规定的 DPA 项目。

5) 落实验收产品的收货地点和单位。

14.5.3　元器件到货检验

到货检验是元器件保证机构对产品承研单位采购到货的元器件实施一系列的检验试验，确保采购到货后的元器件符合规范的要求，保证宇航用元器件的正常合格交付。

元器件到货后应在规定时间（一般不超过一个月或由合同规定）内完成到货检验。不符合合同要求的元器件，应通知供货单位，根据具体情况进行适当处理。

到货检验的主要项目如下：

1) 检查元器件的包装箱（盒）的外观质量，完好无损者方可开箱（盒）；

2) 对静电敏感元器件的包装箱（盒），应检查是否有静电敏感标志，内部包装盒是否采取了静电防护措施；

3) 开箱后应检查提交的质量证明文件是否齐全；

4) 检查到货元器件的品种、规格及数量是否与装箱单或发货单相符；

5) 下厂验收时未按规定进行的 DPA 项目，或合同规定需在到货检验时进行的 DPA 项目；

6) 检测合同或元器件产品规范规定的其他到货后应检测的项目。

14.5.4　元器件失效分析

（1）失效分析的目的和作用

失效分析是为确定和分析元器件的失效模式、失效机理和失效原因对失效样品所做的分析和检查。失效分析是对失效元器件的事后检查，通过对失效的元器件进行必要的电、物理、化学的检测与分析，确定失效模式、失效机理和失效原因。失效分析既要从本质上研究元器件自身的不可靠性因素，又要分析研究其工作条件、环境应力和时间等因素对器件发生失效所产生的影响。根据失效分析结论提出相应对策，包括器件生产工艺、设计、材料、试验、使用和管理等方面的有关改进措施，以便消除失效分析报告中所涉及的失效模式或机理，防止类似失效再次发生。

失效分析的主要作用体现在以下几个方面：

1）发现影响元器件可靠性的根源，提出行之有效的改进设计、工艺的措施。

2）在工艺控制、筛选、加速应力试验和评估认证等方面，为元器件生产厂和质量监督部门制定合理的最佳试验方法和规范提供依据。

3）为用户合理选择元器件、正确使用元器件及整机可靠性设计提供依据。

4）通过分清偶然失效和批次缺陷，为整批元器件的使用和报废提供决策依据。

5）通过实施纠正措施，提高元器件生产的成品率和可靠性，减少系统试验和工作时故障的发生。

（2）失效分析工作的基本内容

失效分析是综合学科，它跨越各种领域并把相关的技术综合在一起。失效分析有时需将元器件设计、制造、使用等几方的人员召集在一起共同分析讨论，从元器件设计、制造、失效物理、使用以及可靠性管理等方面进行综合分析研究，只有这样才可能准确地找出失效的真正根源。失效分析的任务是确定失效模式和失效机理，提出纠正措施，防止这种失效模式和失效机理的重复出现。

在实际工程应用中，失效分析工作的主要内容包括失效情况的调查、失效模式的确定、失效原因的判定、失效机理的验证、估计失效发生的概率、提出处理的建议、防止再发生失效应采取措施的建议。

14.6　装机使用及应用效果评价

航天元器件的可靠性取决于元器件的固有可靠性和元器件的应用可靠性，前者主要由元器件的制造单位在元器件设计、工艺，原材料的选用等过程中控制决定；后者由元器件的使用单位在元器件的选择、采购和使用等过程中控制决定。元器件失效分析的统计数据表明，由于固有缺陷导致元器件失效（本质失效）与选用不当导致元器件失效（使用失效）的比例几乎各占 50%。因此，为保证航天元器件的可靠性，在保证元器件固有可靠性的同时，必须提高元器件的应用可靠性。

为了更合理地使用元器件，产品承研单位需要充分了解元器件的特性和适用条件，熟悉元器件应用指南、产品说明书等资料，从方案设计阶段开始，采取元器件降额设计、热设计、抗辐照加固设计、耐环境设计等可靠性设计方法，提高元器件使用可靠性。同时，制定元器件使用控制文件，对元器件的电装、调试、试验过程进行规范管理，避免使用过程中损伤元器件，使用前核对元器件信息，对元器件状态进行确认。

14.6.1　元器件可靠性设计

（1）降额设计

降额设计是将元器件在使用中所承受的应力低于其设计的额定值。通过限制元器件所承受的应力大小，达到降低元器件的失效率、提高使用可靠性的目的。

降额设计中认为元器件本身是可靠的，元器件在额定应用值下，一般是允许工作的，但在额定值工作下的元器件，其失效率往往比较大。虽然元器件的设计有一定的安全余量，在开始使用时并没有发生失效（这里不考虑元器件缺陷引起的早期失效），然而，元器件在更大的使用应力下，随着时间的延长，其性能退化速度较快。

降额设计的工作内容是依据降额准则确定元器件降额等级、降额参数和降额因子，并根据确定的降额等级、降额参数和降额因子对元器件进行降额分析与计算。

（2）热设计

热设计是控制电子设备内所有元器件的温度，使其在设备所处的工作环境条件下不超过规定的最高允许温度，从而达到防止元器件出现过热应力而失效，保证电子设备正常、可靠工作的目的。

在热设计方面的要求有：

1）元器件的安装位置应保证元器件工作在允许的工作温度范围内；

2）元器件的安装位置应得到最佳的自然对流；

3）元器件应牢靠地安装在底座、底板上，以保证得到最佳的传导散热；

4）产生热量较大的元器件应接近机箱安装，与机箱有良好的热传导；

5）元器件、部件的引线腿的横截面应大，长度应短；

6）温度敏感元器件应放置在低温处。若邻近有发热量大的元器件，则需对温度敏感元器件进行热防护，可在发热元器件与温度敏感元器件之间放置较为光泽的金属片来实现；元器件的安装板应垂直放置，利于散热。

（3）抗辐照加固设计

在空间环境中存在着高能粒子、射线组成的辐射环境，其中一些粒子穿透屏蔽层，与元器件材料相互作用产生的辐射效应引起器件性能退化或功能异常，影响产品的在轨安全。除了在器件设计时进行抗辐照加固，在器件使用过程中也应采取抗辐照加固措施，包括屏蔽加固、冗余加固设计、检错纠错技术、抗单粒子锁定设计、看门狗设计、定时刷新程序存储器、主动关机等方法。

（4）耐环境设计

元器件的耐环境设计又称为环境适应性设计，是保证元器件在规定的寿命周期内，在装运、储存和使用过程的预期环境中，实现规定功能的设计技术。根据元器件所处的环境类别，应重点对元器件进行耐高温环境设计、耐力学环境设计、"三防"（防潮湿、盐雾和霉菌环境）设计等。

14.6.2　元器件电装与调试

（1）元器件电装基本要求

电装是电子装联的简称，是指在电子电气产品形成中采用的装配和电连接的工艺过程。元器件的电装是指将元器件安装和焊接到印制电路板的过程。正确的电装技术是保证元器件使用可靠性的重要措施。据统计，元器件使用不当中约有 20% 是电装不当，造成了过应力（机械、电、热）而导致失效。因此严格控制电装时的环境和工艺，对保证元器件使用可靠性有重要作用。

元器件电装的基本要求如下：

1）保证安全使用。元器件的电装性能不良，不仅会影响电路的性能，而且可能造成安全隐患。正确的安装是安全使用的基本保证。

2）不损伤元器件。合理的装配完全可以避免损伤元器件，若操作不当，不仅可能损坏所安装的元器件，而且会损伤相邻元器件。

3）保证电性能。电连接的导通与绝缘，接通电阻和绝缘电阻与产品的性能质量紧密相关。如果导线处理不当，局部电阻大而发热，工作一段时间后，导线氧化，接触电阻增大，造成电路不能正常运行。

4）保证机械强度。元器件装联后，电子产品在使用、运输、储存过程中，不可避免地要受到机械振动、冲击和其他形式的机械力作用。如果装联不当，会造成元器件损坏。要考虑到某些元器件在运输过程中受到机械振动而受损的情况，例如，带有散热片的器件、变压器等元件的固定，要保证其机械强度。

5）保证散热要求。功率较大的元器件，如变压器、大功率晶体管、大规模集成电路和功率损耗大的电阻等会使得产品的温度升高，因此装联时要考虑到散热的要求。

6）满足电磁兼容要求。电子产品在工作中可能会受到周围电磁干扰的影响，在元器件装联时应该考虑电磁屏蔽与接地等问题，提高产品的电磁环境适应性。

（2）电路调试

电路调试就是以达到电路设计指标为目的而反复进行的"测量、判断、调整、再测量"的过程。电路调试是研制电子设备的一个重要环节。电路调试的目的是发现和纠正设计方案的不足和电装的不合理，然后采取措施加以改进，使电子电路或电子装置达到预定的技术指标。

由于电子设备种类繁多，电路复杂，各种设备单位电路的种类及数量也不相同，所以调试程序也不尽相同。但对一般电子产品来说，调试程序大致包括：不通电检查、通电检查、电源调试、分块调试、整机联调。

①不通电检查

电路安装完毕后，不要急于通电，先认真检查接线是否正确，包括错线、少线、多线。检查连线后，采用直观观察的方法检查电源、地线、信号线、元器件引脚之间有无短路，连线处有无接触不良，二极管、晶体管、电解电容器等引脚有无错接，集成电路是否插对等。

②通电检查

在关闭电源开关的状态下，检查电源是否符合要求（是交流还是直流）、保险丝是否装入、输入电压是否正确，然后插上电源开关插头，闭合电源开关通电。接通电源后，电源指示灯亮，此时应注意有无放电、打火、冒烟等现象，有无异常气味，手摸电源变压器查看有无超温。若有这些现象，立即停电检查。另外，还应检查各种保险开关、控制系统是否起作用，各种风冷水系统能否正常工作。然后再测量各元器件引脚的电源电压，而不是只测量各路总电源电压，以保证元器件正常工作。通过通电观察，认为电路初步工作正常，即转入正常调试。

③电源调试

电子设备中大都具有电源电路，首先进行电源部分调试，才能顺利进行其他项目的调试。电源调试通常分电源空载粗调、电源加负载时的细调。电源电路的空载粗调，通常先在空载状态下进行，切断该电源的一切负载进行调试。测量电源各级的直流工作点和电压波形，检查工作状态是否正常、有无自激振荡等。在粗调正常的情况下，加上额定负载，再测量各项性能指标，观察是否符合额定的设计要求。当达到要求的最佳值时，选定有关调试元件，锁定有关电位器等调整元器件，使电源电路具有加载时所需的最佳功能状态。

④分块调试

分块调试是把电路按功能分成不同的部分，把每个部分看成一个模块。比较理想的调试程序是按信号的流向进行，这样可以把前面调试过的输出信号作为后一级的输入信号，为最后的联调创造条件。分块调试包括静态调试和动态调试。静态调试是指在没有外加信号的条件下，测试电路各点的电位并加以调整，达到设计值所进行的直流测试和调整过程。静态测试正常后，再进行动态测试。动态调试是在静态调试的基础上进行的。经过静态调试和动态调试后，将测试结果与设计的指标做比较，经深入分析后对电路参数进行合理的修正。

⑤整机联调

在联调之前，首先要做好各功能块之间接口电路的调试工作，然后把全部电路连通，进行整机调试。整机电路调整好之后，测试整机总的消耗电流和功率。经过调整和测试，确定并紧固各调整元件。在对整机装调质量进一步检查后，对设备进行全参数测试，各项参数的测试结果均应符合技术文件规定的各项技术指标。有些电子设备在调试完成之后，需要进行环境试验，以考验在相应环境下正常工作的能力。大多数电子设备在测试完成之后，均进行整机的环境应力筛选，目的是提高电子设备工作的可靠性。经整机环境应力筛选后，整机各项技术性能指标会有一定程度的变化，通常还需要进行参数复调，使交付使用的设备具有最佳的技术状态。

14.6.3　应用效果评价

元器件应用效果评价主要针对缺乏应用数据的高性能国产元器件，通过采集、分析元器件在轨关键参数，对元器件的在轨表现进行综合评价。通过开展元器件应用效果评价，可以获取第一手在轨应用数据，为同类元器件更好地在轨应用以及产品推广应用积累数据、提升信心。

元器件应用效果评价主要包括在轨器件选型、评估指标体系建立、载荷设计、在轨数据处理与评估等环节。

（1）在轨器件选型

对国产元器件开展应用效果评估的前提如下：

1）当前工程中提出的急待验证的新型元器件；

2）适应我国宇航装备产品后续发展需求的高性能国产元器件；

3）已完成研制，其功能实现所需的周边元器件均属成熟宇航器件的国产元器件；

（2）评估指标体系建立

建立评估指标体系的关键是确定可揭示器件真实飞行特性的关键参数，并结合单机情况，确定在单机单元测试、总装测试中需要测试和提取的关键参数清单，考虑到在轨飞行过程中遥测数据有限的实际情况，还需要分析反映单机功能性能的参数与器件关键参数之间的关系，间接获取器件在轨功能和性能参数。

针对不同类别国产元器件的特性，摸清元器件固有属性、应用属性与空间敏感参数，为指标体系构建提供基础，保证指标体系的有效性。可以从空间环境影响因素梳理、元器件薄弱环节分析、器件关键参数提取、评价指标约束分析四方面开展相关指标体系构建，保证制定的指标体系全面、分层、有限、独立、可测试性。

（3）载荷设计

载荷用于实现在轨器件功能性能，包括监测的在轨器件和其功能实现所需的周边元器件，具备在轨数据接收和发送功能。

（4）在轨数据处理与评估

对器件关键参数进行监测，通过飞行前的单元测试、综合测试、总装测试及在轨数据对国产元器件进行大数据监测和故障诊断。对元器件关键参数进行判读分析，调取生产厂家生产调试记录，分析单元测试原始数据与综合试验测试数据的正确性。基于在轨单机中针对不同类别元器件的遥测参数设计、遥测电路设置，根据实际下传遥测帧进行国产元器件的在轨参数数据处理与评估，具体流程如图 14-2 所示。

1）根据约定协议对下传遥测帧进行帧处理，形成国产元器件的实际数据。

2）根据帧处理与解析后的数据，针对评估指标体系，对每一个遥测参数的数据进行分析，并与元器件的指标进行比对，形成国产元器件在轨指标实测对比结果。

图 14 - 2　在轨验证数据处理与评估流程图

3）综合分析国产元器件在单机所设计的所有遥测参数指标，确定是否满足宇航领域的在轨应用要求，给出是否通过的结论。完全符合指标要求给予通过结论，部分存在一定的性能差异但非否决性指标，给出差异性结论，存在否决性指标差异则为不通过结论。

14.7　目录管理

产品要求优先在规定的目录中选择元器件，一方面保证选用的元器件质量，另一方面压缩元器件选择的品种、规格、供应商。目录包括元器件选用目录、供应商目录。此外，还需开展供应商稳定供应能力评价，以提升元器件长期稳定供应水平。

14.7.1　元器件选用目录

（1）元器件选用目录的作用

元器件选用目录是固化产品技术状态的重要形式，是指导设计师选用的重要参考。通过选用目录可以推动新研器件、新技术在产品中的应用，带动生产厂开展元器件系列化研发与生产；为元器件管理提供有效手段，优化压缩品种和厂家、控制选用、节约成本，促进国产元器件统标统型，便于元器件保证部门统一要求、统一保证、统一采购。

（2）元器件选用目录的主要内容

对于每一个元器件，选用目录中应包括：元器件名称、规格、主要技术参数、封装形式、详细规范、通用规范、质量等级、生产单位、抗辐照信息、选用类别等。

（3）元器件选用目录的准入

元器件选用目录准入应在满足需求的前提下，最大限度地压缩元器件品种、规格和供货单位。元器件选用目录准入原则和要求包括：

1）通过宇航鉴定的元器件；

2）通过国家标准认证并进入鉴定合格元器件目录（QPL）的元器件；

3）优先选择经实践证明后质量稳定、可靠性高、有发展前途的元器件；

4）元器件采用的标准应具有先进性和现实可行性。

元器件供应商选用目录准入原则和要求包括：

1）元器件的生产单位应在宇航合格供应商目录中选择；

2）通过工艺流程鉴定进入鉴定合格生产厂目录（QML）的元器件生产单位；

3）尽量避免同一品种元器件只有一家供货单位；

4）优先选择有良好的质量保证能力、供货及时、价格合理、信守合同并有成功合作经历的元器件供应商。

（4）元器件选用目录的编制和发布

元器件主管部门按照元器件类别对选用目录分类，组织收集用户单位对元器件的需求情况，并对这些元器件进行必要性和充分性分析，同时开展元器件技术发展趋势和产品应用技术发展情况的研究，经过必要的需求整合和品种压缩后，按照元器件选用目录准入原则和评价认定、文件审查、现场审查、认定试验、出具评价认定结论等全过程的程序及要求编制选用目录初稿，反馈到各用户单位元器件主管部门征求意见，并根据反馈意见，整理修改选用目录，并组织专家评审后发布。

（5）元器件选用目录的实施和动态维护

选用目录发布后，产品设计师应在选用目录内选用元器件，并对所选元器件与特定应用环境进行分析，以判断其是否适合在该环境中应用，对关键元器件通过应用验证进行确认。

对目录信息进行实时更新和动态维护，确保目录信息的及时性和准确性。目录编制单位应与目录使用单位、产品设计师沟通，随时收集对选用目录的使用意见，包括国产元器件的研制生产情况、质量保证信息、产品规范执行情况、供方审核情况、认证或认定情况、供货情况、宇航产品使用情况、元器件的断档情况等信息。

当出现以下情况之一时，应将相应元器件品种从目录中删除：

1）元器件已不能满足上述进入选用目录的要求；

2）元器件已停产；

3）该品种已经被目录中具有相似功能但更能有效地满足相同的特性和质量保证要求的改进型元器件所代替，且后续无使用需求；

4）发生过固有的可靠性/质量问题并且没有得到根本解决。

当出现下列情况时，应及时将相关信息报告目录管理部门：

1）产品发生重大的质量、安全事故时；

2）逐批检验连续两次不合格，或周期试验不合格时；

3）失效率维持试验失败，不能维持现有等级时；

4）用户退货，属于批次性不合格时或对产品质量提出申诉时；

5）制造过程中工艺控制指标未达到工艺文件的要求。

14.7.2　元器件供应商目录

（1）元器件供应商目录的作用

元器件供应商目录（以下简称名录）是实施供应商管理的有效手段，通过严格管理供应商的准入和选择，制定并发布航天产品物资合格供应商目录，要求各单位在供应商目录范围内选择物资供应商，实现统一标准、统一组织、共同管理、资源共享，确保供应商选择受控，同时加强供应商的关系管理，构建供应商风险管理体系，建立与供应商利益共享、风险共担的"供应链联盟"，实现与供应商的协作共赢，确保产品物资长期可靠供应。

（2）元器件供应商目录的内容

元器件供应商目录应包括合格供应商的名称及其通过认定的物资专业门类，目录内供应商生产的未经认定的其他物资专业类别不属于合格范围。

对于合格供应商本身不销售产品且授权代理销售渠道的，在名录中供应商名称后需备注其授权销售渠道。

对于目录已涵盖的物资门类且此类别有认定合格供应商的，必须在目录内选择物资供应商。选择目录范围内的供应商及其物资专业门类，无特殊需要不必进行重复认定，选择无保密资格的供应商必须签订保密协议。

（3）供应商的准入与选择

对供应商实行准入管理，制定供应商目录和供应商黑名单。从供应商的基本资质、质量保证能力、生产供货能力、设计保证能力、技术服务能力、经营发展能力、产品性价比和企业文化等方面对供应商及其物资专业门类进行共同考核认定，认定合格的供应商纳入供应商目录，并及时通过供应商管理系统动态发布。

（4）供应商绩效评价

绩效评价实行百分制，可实施"一单一评"和"一年一评"。"一单一评"为单个合同履行情况评价，从质量、进度、成本、服务四个方面评价，其中质量和进度分值较大；"一年一评"为供应商年度综合绩效评价，从合同履约、质量问题及归零情况、体系运行情况、次级供应商管理情况四个方面评价。综合绩效评价结果分为"优秀""良好""合格""基本合格""不合格"，对于绩效评价结果为"基本合格"的供应商须按要求进行整改，整改通过后可继续列入合格供应商名录，整改不通过将取消其合格供应商资格。绩效评价结果为"不合格"的供应商应取消其合格供应商资格，被取消资格的供应商再次申请准入的，应按照初次准入的标准实施准入管理。

（5）供应商的动态管理

供应商动态管理包括开发新供应商、监督考核、发布供应商黑名单等内容。

1）开发新供应商实行"首用负责制"，对新供应商开发必要性进行论证、基本资质进行审核、相关产品进行鉴定（认定），对新供应商进行现场审核工作，认定合格的供应商进入供应商管理系统。

2）对收录目录中的供应商实施监督和管理，当名录内的供应商出现以下情况之一时，需重新进行考核认定：

a）验收时连续两次出现批次不合格或使用过程连续两次出现批次质量问题的；

b）供应商发生企业性质转变、业务划转、重组、合并、生产线搬迁等重大变化，可能影响配套产品生产供应和质量的。

3）供应商出现以下情况时，将其列入黑名单：

a）在合同签订和履约过程中，违反法律法规和规章制度，采取商业贿赂、虚假欺骗等不正当手段的；

b）需重新认定的供应商拒不配合重新认定工作的，责令限期整改拒不整改的；

c）发生质量问题拒不配合归零工作的；

d）擅自把合同全部任务转让、转包的；

e）出现重大违法违规行为，受到政府部门重大处罚的。

被列入黑名单的供应商应取消其合格供应商资格，待完成整改事项后方可申请再次准入。再次准入按照初次准入的标准实施准入管理。

14.7.3　元器件长期稳定供应能力评价

目前大量元器件已逐步实现国产化并上装应用，国产元器件能否稳定供应逐渐受到各方高度关注。通过开展元器件长期稳定供应能力评价，对国产元器件及其厂家当前配套供应现状开展全面梳理、分析，把握配套供应短板弱项和潜在风险，支撑产品配套。

元器件长期稳定供应能力评价工作流程如图 14 - 3 所示。

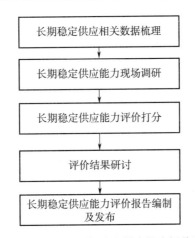

图 14 - 3　元器件长期稳定供应能力评价流程

（1）长期稳定供应相关数据梳理

根据长期稳定供应能力评价指标和评分细则要求，生产厂梳理待评产品的配套供应现状，组织生产厂相关负责人员编写长期稳定供应能力分析报告，作为专家组开展现场评价活动时的主要参考。

（2）长期稳定供应能力现场调研

对生产厂元器件的长期稳定供应及维持能力开展现场调研，参与调研人员包括用户单位、专家组等。通过与生产厂核心人员开展沟通交流，现场调研生产线、关键设备、关键部位（如库房）等生产设施与条件，对质量体系文件、原材料入厂检验管理制度、生产过程文件进行审核等方式，考察生产厂配套器件长期稳定供应及维持的实际情况，完成对生产厂配套参评元器件的长期稳定供应及维持能力的摸底工作。

（3）长期稳定供应能力评价打分

向参与生产厂现场考察的用户单位、专家组成员等发放元器件长期稳定供应能力评价表，由上述人员针对评价表中各评价项目并依据相应评价细则，对生产厂元器件长期稳定供应能力进行评价打分，形成评分数据。将各专家针对同一项目的评分进行加权平均，得到该项目的最终评分；将不同项目的最终评分相加，得到生产厂承研的元器件长期稳定供应能力最终分值，进而确定其长期稳定供应及维持能力等级。

（4）评价结果研讨

对评价打分数据进行梳理，分析生产厂供应元器件存在的薄弱环节与潜在问题，然后针对问题召开专题研讨会，提出具体改进措施建议。

（5）长期稳定供应能力评价报告编制及发布

综合生产厂元器件长期稳定供应能力评价结果和实际配套供货问题协调处理结果，编制并发布长期稳定供应能力评价报告。

14.8　元器件标准规范

14.8.1　宇航元器件标准体系

我国宇航元器件标准体系从满足研制生产保证和使用方保证两方面需求出发，通过对元器件研发到使用全过程的标准需求分析，实现了研制生产过程和使用过程的有机结合，实现了研用双方保证工作的有机结合。

标准体系总体设计突出"统一性、系统性、先进性、实用性和开放性"五性要求。"统一性"：统一航天工程对元器件的要求，建立统一的宇航元器件产品标准和工作标准，形成统一的产品准入机制；"系统性"：覆盖宇航用所有元器件类别，并覆盖元器件的保证和使用；"先进性"：体现未来产品对元器件的需求，反映元器件的主流技术和发展趋势，推进关键元器件的国产化；"实用性"：满足航天产品需求，确保产品的可获得性和标准的可操作性；"开放性"：充分利用国内外标准，并与行业标准相协调，便于开展国际交流。

我国宇航元器件标准体系包含3层结构、4个模块和40个类别（见图14-4），覆盖了集成电路等20大类航天产品用元器件，覆盖了元器件全寿命周期的质量控制和相关技术与管理活动。其中，4个模块分别为管理标准、基础标准、产品规范、保证标准。管理标准是宇航元器件综合管理所需的标准，包括标准化政策和管理、产品准入管理、供应商管理和信息管理四个类别，是体系建设和运行的牵引。基础标准是在宇航元器件标准体系中，作为其他标准的基础被普遍引用以支撑其他标准的标准，包括术语符号分类、试验方法、测试方法三个类别，是产品规范、保证标准的支撑。产品规范是为保证元器件的适用性，围绕元器件必须达到的某些或全部要求所制定的标准，包括20个类别元器件的产品通用规范和详细规范，是产品全部要求和评价方法的集合和概括，是体系建设的核心。保证标准是宇航元器件保证过程各环节相关的标准，包括需求分析、设计控制、生产过程控制、应用验证、应用指南、选择、采购、监制验收、DPA、复验筛选、不一致处理、失效分析、贮存使用等13个类别，是产品全寿命周期保证的全部工作要求的体现，是产品规范中研制和使用要求的延伸和细化。

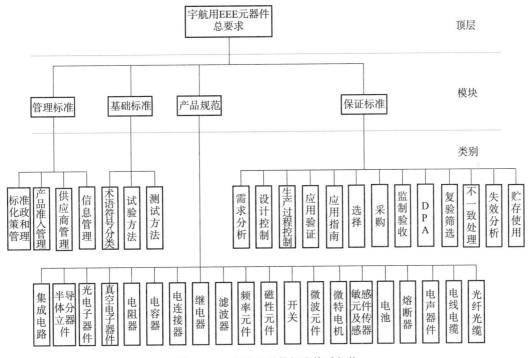

图 14 - 4　宇航元器件标准体系架构

宇航元器件标准体系建立有效解决了原有宇航用元器件标准类型不全、体系不完整、同一产品不同用户标准不统一、同一用户同种产品不同生产厂标准不统一等问题。实现了研制双方保证工作的有机结合，满足了研制生产保证和使用方保证两方面的需求，体现了全寿命周期保证的思想。

14.8.2　元器件产品规范

（1）产品规范概念及作用

元器件产品规范包括通用规范、（相关）详细规范和规范三种形式。根据相关标准定义，通用规范是规定一类或几类元器件的共性要求和验证方法，可同详细规范一起使用的规范。（相关）详细规范是规定具体元器件的个性要求和验证方法，并同通用规范一起使用的规范。规范是在没有适用通用规范的情况下，对一种或数种形式的元器件规定其全部技术要求，并单独使用的产品规范。

在产品规范中，一般以要求的形式规定元器件的技术性能和质量与可靠性水平。这种由规范规定的元器件要求是对供应方和使用方的共同约定。但规范中规定的内容是否科学合理，则需要综合多方面使用要求和提供能力，在此基础上，经过包括技术性和经济性在内的多种因素的权衡，本着以尽可能少的分级（质量等级）满足尽可能多的诸方面要求的原则进行标准化，即在规范中将关于元器件的要求约定固化。

宇航元器件标准的直接目标是为元器件技术性能和质量与可靠性水平提供一套完整的评价依据，包括质量保证能力评价依据和要求。而最直接的评价依据是产品规范，它是与元器件产品联系最紧密的标准类型，是宇航元器件标准体系与元器件产品体系的接口。通过在产品规范中明示宇航对元器件的要求，积极引导技术研发、改造、引进，推动建立宇航元器件认证体系，并通过标准的适度先行，牵引元器件技术水平的提升，并最终建立宇航元器件产品体系。

(2) 产品规范包含的内容

产品规范的编制要求主要包括两部分：一是规范的结构和编写规则，包括有关表述的方式和出版的格式；二是规范中应包含的技术要素内容，包括外协控制、认证等管理要求和封装、工艺等技术要求。

产品规范的研制可采用正向设计的思路，在明确元器件的定义（即产品的固有属性和使用方的应用要求）、分析识别可能的失效模式的基础上，设计与之匹配的质量保证要求，从有效激发缺陷、保证质量的角度考虑，设计配套的考核项目、试验条件、分组及抽样方案等。

产品规范的基本内容主要包括两大方面，即元器件的技术性能与质量等级要求和质量评定规定。在产品规范中，一般在"要求"章中规定元器件的技术性能与质量等级要求；在"质量保证规定"章中，明确元器件的质量评定程序、方法与相应的规定，主要体现在保证规定和检验要求上。

宇航元器件产品规范针对元器件技术性能与质量等级要求，基本上按元器件类别或系列特点做出相应规定，包括质量等级、生产线认证和资格维持、鉴定要求、设计与结构、外形尺寸、电特性、工艺要求、返工控制、外购件评价、外购原材料控制、生产过程控制、外协控制、可追溯性要求、标志、静电放电敏感度要求、监制验收和补充筛选要求、典型应用条件下的电性能要求等方面。

关于元器件质量评定，产品规范中规定的内容集中在保证规定和检验要求两个环节，且前一个环节是后一个环节的前提或先决条件。保证规定包括质量体系认证、生产线认证、过程控制和认证维持等。检验要求包括筛选、鉴定、质量一致性检验（批接收试验）等。在元器件产品规范中，质量体系认证和生产线认证均按保证大纲审查的要求提出。按照保证大纲（必要时按照生产线认证规定）完成对质量管理的评价后，产品规范规定还要对在已评价的质量管理和质量保证能力下生产的元器件进行鉴定。为了交货和提供维持信息，需要按规定进行质量一致性检验，这实质上是质量管理和质量保证能力在元器件产品上的反映。

在产品规范中规定鉴定要求，主要是为了能够事先为用户提供按统一要求和尺度评价的元器件水平（技术性能水平和质量等级），以方便用户选择和生产方取得订货合同。这种评价产品水平的统一要求和尺度均以鉴定要求的形式规定在相应的产品规范中。

元器件完成鉴定之后，即按产品规范的规定进行质量一致性检验，为交货提供依据并实施对鉴定的维持。可以说，质量一致性检验具有双重作用或功能，它既能检验元器件符合鉴定要求而放行交货，也能"监视"元器件是否持续保持原先鉴定水平，即完成元器件产品认证的闭环。

需要说明的是，元器件鉴定由于耗时长、花费高，因此对于小批量或定制元器件产品具有一定的局限性。

14.8.3　应用指南

（1）应用指南概念及作用

根据相关标准的定义，指南是以适当的背景知识提供某主题的普遍性、原则性、方向性的指导，或者同时给出相关建议或信息的标准。对于元器件应用指南来说，它来源于应用验证，实际是对元器件的个性化要求验证结果的记录，可以指导后续元器件的应用。需要将各方面的应用验证成果进行归纳、提升，同时，对于各系统共性要求要系统全面地归纳，进行标准化，最终提升为应用指南。

通过制定应用指南，使用户和生产厂双方可详细了解元器件的基本信息，掌握其在某些特定工作条件下的工作状态，如外形结构、工作条件、功能性能特性、器件的特性曲线寿命与可靠性水平、电/热/力等应力条件下的极限能力等；可了解应用验证的结果，掌握器件的指标或技术状态等；可获取元器件的应用要求及典型应用，包括推荐的典型应用电路、应用条件、接口配置情况、具体的应用指导建议或注意事项，包装、运输或贮存要求等。与产品手册相比，应用指南更关注对元器件应用场景与应用注意事项的说明，可更详细地指导和规范元器件在航天产品上的应用。

（2）应用指南包含的内容

应用指南主要内容包括元器件研制过程、性能指标参数说明、特性曲线说明、极限能力说明、抗辐射能力说明、应用要求和典型应用等。

以《宇航用 3803M 型 SPARC V8 微处理器应用指南》为例，应用指南主要包含：器件概况、极限特性、质量与可靠性、抗辐射能力、应用要求及典型应用、包装、贮存和运输要求、说明事项、信息等。

器件概况是依据器件的调研分析与验证结果，简要描述器件设计、工艺、结构，适当解释功能，明确性能参数及特性曲线等特性。

极限特性是对器件极限试验结果的描述，一般包括电应力极限、热应力极限、机械应力极限和其他应力极限特性等。

质量与可靠性是根据器件可靠性相关的分析或试验验证结果，总结质量与可靠性水平。一般包括产品一致性分析和寿命评估结果（或寿命预估）。产品一致性分析是对产品主要参数的分布规律进行分析，评估同批次产品和不同批次产品参数的离散性。对于特定应力敏感的器件还应包括最大抗敏感应力能力评估。寿命评估主要分析寿命试验前后基础产品关键参数的变化值及变化趋势。对于验证过程中识别出的典型失效模式和使用注意事项，也可在指南中列出。

抗辐射能力是针对辐照敏感器件给出的辐照试验有关结果，对器件的抗辐射能力进行描述，如抗电离总剂量能力、抗单粒子翻转、单粒子锁定能力等。

应用要求及典型应用主要提供产品的应用要求、典型应用场景、应用限制条件与注意事项等。应用要求一般包括：对器件选用一般应明确器件功能定义，区分核心指标和一般指标，确定应用环境要求；针对单机（或组件）设计一般应明确容差设计要求、安全性要求、防干扰要求（如有）、力学热学要求、软硬件兼容要求（如有）、系统适应性要求、对外部其他器件影响的要求、耐受外部其他器件带来影响的要求等。典型应用主要描述产品在装备中的典型应用方式、应用电路（如有）、典型应用环境等。应用注意事项可总结装联、焊接、使用操作、应用安全性相关事项（如毒性、气体污染、多余物）等方面的注意事项。

14.9　元器件信息管理

在元器件选择、采购、监制和验收、筛选以及失效分析等保证环节中，存在大量的元器件信息，可以为改进元器件使用可靠性提供依据，为装备研制提供全面、详细的元器件质量控制信息，为产品总体质量控制的决策提供信息支撑，通常需要构建元器件信息管理系统，便于大量元器件信息的记录及查询，同时，需要基于元器件信息开展元器件状态管控，保障元器件状态清晰、受控。

14.9.1　元器件信息分类

元器件信息主要包括以下类别：

（1）元器件基本信息

1）元器件名称：元器件详细规范、定型或供货所用的名称。

2）生产厂家：元器件生产厂家的全称或代号。

3）生产日期：元器件上印制的日期，或元器件合格证、包装上的生产日期。

4）总规范和执行标准：元器件生产时的质量控制标准。

5）国外对应产品：国外主要功能相同的元器件产品。

6）质量保证等级：元器件生产执行总规范中的质量保证等级。

7）可靠性预计的质量等级：依据电子设备可靠性预计手册给出的元器件可靠性预计的质量等级。

8）主要性能参数：表征产品性能的主要参数名称（符号）及相应的数值和度量单位。

9）工作温度范围：产品能正常工作的温度范围。

10）批次号：元器件上印制的批次号，或元器件合格证、包装上的批次号。

（2）元器件选用信息

1）选用对应的元器件基本信息：元器件的产品、生产厂家、主要参数指标、技术标准、质量等级、工作温度范围等信息。

2）是否为关重件：该元器件是否为关键的、重要的元器件。

3）单机用量：该元器件在单个系统上的使用数量。

4）超目录信息：选用清单中不是来源于选用目录的元器件信息。

（3）元器件试验信息

1）相关试验对应的元器件基本信息：元器件的产品、生产厂家、批号等信息。

2）试验基本信息：该元器件经历的试验项目、试验地点、时间、试验条件、每个试验项目的试验数量、合格数量和不合格数量等信息。

3）试验结果：该元器件经历某试验后的试验结论、合格与否、不合格的原因等信息。

（4）元器件失效及失效分析信息

1）失效和失效分析对应的元器件基本信息：元器件的产品、生产厂家、批号等信息。

2）失效环境：包括失效发生时的环境温度、湿度等信息。

3）失效地点：元器件失效时所在的地区或单位名称。

4）失效分析信息：包括失效分析委托人、委托时间、分析单位、分析时间、分析报告等信息。

5）失效分析结论：包括失效的原因、失效程度及失效模式等，应根据相应的失效分析结果获得。

14.9.2　元器件的信息管理系统

元器件信息管理系统面向产品研制过程中的元器件质量控制和管理，以元器件选用信息、相关试验信息、元器件失效信息以及元器件基础信息等作为数据基础的综合信息管理系统，能够对产品研制过程中各类的元器件信息进行查询，并实现相关的过程管理，为元器件管理部门提供全面、详细的元器件质量控制信息，为产品总体质量控制的决策和管理提供信息支撑，实现产品元器件信息的全数字化、分布式的综合管理和查询。

建立元器件信息管理系统应遵循以下原则：

1）实用性。应充分考虑元器件质量管理的实际需要，尽量将所有相关元器件信息和管理过程纳入信息管理系统，并将各阶段产生的数据有机联系起来，使元器件从设计选用开始，到采购、试验、装机、失效分析等各环节都处于受控状态，并具备可追溯性。

2）先进性。考虑到 IT 技术的高速发展，为使系统具有较长的寿命周期，应采用目前较为先进的数据库软件系统作为后台数据库；选择合适的系统开发工具，实现前台操作界面与后台数据库合理结合。

3）安全性。应建立用户权限机制，根据需要配置用户或单位的权限，确保每个用户或单位具有合理的权限、正确的使用系统和数据；为防止系统不正常关闭或由于突发事件被毁坏，应在系统维护模块中设置数据备份和修复功能，以保证系统安全运行。

4）可扩展性。网络技术的发展使信息的共享和查询越来越方便，单机版的信息管理系统局限性不言而喻，且不符合元器件信息管理的工作特点，因此系统工作应基于网络，使系统在运行环境上具备可扩展性。系统数据库的建立应充分考虑数据间的关联，建立底层可扩展的基础数据库，使系统从数据管理上具备可扩展性。应采用模块化设计，各功能模块之间相互比较独立。一旦系统根据需要添加功能模块，不会对现有系统造成任何影响，使系统从功能上具备可扩展性。

元器件信息管理系统的功能和结构应根据产品研制需求进行详细需求分析，进而制定符合产品研制中对元器件管理的各项需求的功能模块和详细功能，如元器件选用过程是一个从设计到产品，再到整机的过程，其选用的过程可能相对复杂。对于研制总体单位与承制单位之间，在实现安全、保密的网络互联的基础上，选用过程的数据传递容易实现；如果无法实现网络互通，则必须建立其他的数据传递机制，保证选用数据及时汇总和管理。

元器件信息管理系统的建立，可以为元器件生产、使用和管理提供畅通无阻的信息流通渠道；为产品工程管理、设备研制生产等单位的设计人员、质量管理人员、维修保障人员合理选用、使用元器件，为电子装备全寿命周期可靠性、维修性、保障性工作提供良好的信息基础。元器件信息系统可促进元器件的工程应用，提升元器件管理和信息化水平，加强元器件生产能力与装备研制能力的结合，进而提升我国装备的性能、质量与可靠性。

14.9.3　元器件状态管控

元器件状态管控是通过建立元器件状态基线，要求元器件生产厂控制并保持已确认的状态基线，对于元器件的状态变更需要再次确认。通过实施状态管控，使国产化元器件状态清晰明确，能及时掌握变更情况；元器件状态稳定可控，使产品单位清楚掌握专项国产元器件的状态版本，避免元器件状态混淆造成的损失，并指导产品设计师选用元器件，支撑元器件生产、应用过程的状态管理工作。

元器件状态管控主要包括以下内容：

（1）确定状态基线

元器件状态基线通过以状态确认文件为载体，对元器件开展状态调研，收集工艺文件、研制报告、鉴定报告等文件，开展对状态分析、核实、确认工作，必要时开展相关试验或到研制单位进行现场调研，对状态信息进行规范化处理，固化形成元器件状态确认文件。

状态确认文件包括元器件基本信息、元器件属性状态和元器件经历状态三个部分。元器件基本信息包括元器件名称、类型、生产厂、产品、产品规范。元器件属性状态包括功能性能状态、质量与可靠性状态以及环境适应状态、生产状态和设计状态。元器件经历状态包括研制状态、鉴定状态、设计定型、验证状态和应用状态。在此基础上，提取关键状态信息，形成元器件初始状态管理清单。

（2）状态跟踪及控制

对国产化元器件进行状态追踪，关注其状态变更情况，开展状态变更原因分析，必要时开展现场调研，对新状态进行分析、核实、确认，及时修订状态确认文件。状态确认文件对出现状态更改的元器件做详细的更改记录和版本更新，为后续状态的评估、控制管理以及状态的目录建设等工作提供客观依据。在此基础上，更新更改状态信息，形成元器件更改状态确认文件。

（3）状态确认文件的动态维护

状态确认文件编制机构负责状态确认文件的维护和动态管理。根据专项国产元器件实际应用情况以及针对技术状态要素发生改变等问题，同时结合向元器件研制及使用单位收集对专项国产元器件状态确认文件的使用意见、建议和相关改进需求，收集的信息可以包括国产元器件的技术状态水平的稳定性、国产元器件实际使用状态水平、元器件规范执行情况、供货方审核情况、供货情况以及相关其他问题和要求等，对元器件实际应用情况、状态要素改变情况，以及所收集到的意见建议进行分析处理，形成状态修改和相关数据更新方案，并进行技术审核后，提交评审，重点对更改的必要性和充分性进行审核，通过审核后及时进行状态确认文件变更数据和信息的发布。

第 15 章　质量与可靠性大数据平台

北斗系统是中国着眼于国家安全和经济社会发展需要，自主建设、独立运行的卫星导航系统，是为全球用户提供全天候、全天时、高精度的定位、导航和授时服务的国家重要空间基础设施，是我国航天工业跨越式发展的重要标志。在北斗系统建设和运维阶段，数据来源不同、数据类型众多、数据量巨大，具有大数据产生、运用的本质特性。需要利用人工智能、大数据、云平台技术，构建统一、协同的质量与可靠性大数据平台，面向系统研制/生产/试验/测试/运行全过程和大系统/系统/单机/器部件各层次产品，充分利用产品域、使用域、生态域三域数据，通过数据的上下融合、前后融合、内外融合、数实融合，开展数据融合、挖掘和综合应用，实现及时准确的质量分析、风险评估、故障诊断与寿命预测，支持设计改进、流程优化、风险防控、运维决策和宏观质量管理，为系统全过程质量风险精细化控制、智能运维和应用服务提供平台支撑，对确保系统组网成功、提高系统运行和服务质量具有重要意义。

本章主要介绍了大数据、人工智能、云平台基本概念，提出了北斗系统质量与可靠性"一线四闭环"原理与"三域四融合"原理，构建了北斗系统质量与可靠性大数据平台（以下简称"质量与可靠性大数据平台"）总体架构，介绍了北斗系统质量与可靠性业务应用、质量与可靠性模型方法、全寿命周期数据资源和平台主要功能。

15.1　概述

与传统的质量与可靠性工作不同，在大数据环境下，数据来源更广、数据类型更多、数据量巨大，利用传统的信息手段难以对海量数据进行处理，需要利用大数据、人工智能、云平台技术，将海量数据进行汇聚，并高效地开展数据挖掘与分析，从而有效地支撑质量与可靠性工作。

北斗系统在研制建设与运行维护阶段，产生和积累了大量的数据。在大数据时代，数据成为除了人力、土地、财务、技术之外的另一种重要的资产。利用大数据技术对北斗系统产生的结构化、非结构化数据进行治理与融合，是对数据资产进行价值化的有效途径和手段，能够对文本类、图像类载体中存储的信息进行有效挖掘，而且通过大数据技术能够将不同类型的数据进行比对分析和融合，实现对系统实时状态的全面感知。在利用大数据技术将北斗系统各类型数据进行汇聚和融合的基础上，利用人工智能技术开展数据分析和挖掘，支撑北斗系统质量管理、可靠性设计、在轨运维支撑等业务应用是主要目的，对海量异构的系统数据和信息进行智能分析与处理，推动质量管理、可靠性设计、在轨运维支撑等工作的数字化、智能化转型。为了能够提高数据融合和分析挖掘的效率，利用云平台将分散在不同单位、不同平台的数据进行融通是解决"数据烟囱""数据孤岛"的有效途径。

北斗系统质量与可靠性大数据平台是以业务应用为驱动、以平台工具为载体、以数据为基础，综合利用大数据、人工智能、云平台等技术，将北斗系统全寿命周期质量与可靠性数据进行汇聚、融合、分析与挖掘，围绕故障传递这一核心支撑开展北斗系统质量管理、可靠性设计、在轨运维支撑等业务工作。本节首先对大数据、人工智能、云平台等基本概念进行简述。

15.1.1　大数据

随着质量管理越来越精细，传统线下开展质量业务，依赖手工记录、纸质流转、频繁删改的质量信息管理工作，难以有效持续积累结构化、规范化的质量数据，给质量管理的流程改进和质量管理效率提升带来很大障碍，愈发难以满足新时代的质量管理要求。"数据化"的前提是"信息化"，"信息化"的前提是"流程化"，"流程化"的前提是"标准化"，"标准化"的前提是"制度化"。为此，亟须拉动各级质量管理信息化建设，优化管理流程，统一数据标准。

大数据（Big Data）是规模极大的数据，而通过以往常规数据处理工具无法在有限的时间处理数据，大数据的核心价值就在于基于这些海量数据的存储和分析对趋势、可能性的预测。大数据有五个方面的基本特点：数据体量大（Volume）、处理速度快（Velocity）、数据多样性（Variety）、来源真实性（Veracity）、数据价值（Value）。质量与可靠性大数据是指围绕系统/产品各种质量与可靠性要求（功能型质量、性能质量、可靠性质量等）在不同阶段（研发设计、生产制造、使用运行等）所产生的与系统/产品质量、可靠性相关的各类数据的总称，覆盖了人、机、料、法、环、测等多个因素。

随着质量数据采集技术的提高，各单位均掌握了一定量的质量数据，但是由于数据结构不统一、质量数据孤岛的存在，管理层掌握的质量数据相对有限，难以利用现有的质量数据实现对本级质量管理工作精准全面的认识；同时，在线分析工具欠缺，面对持续积累的质量数据难以有效开展即时应用，影响了精准决策和精准部署的效果与效率。为此，亟须统一数据规范，整合质量数据资源，强化质量与可靠性数据的在线分析应用，实现基于数据的客观分析、基于数据的科学评价、基于数据的卓越管理，提升北斗系统质量管理的精准决策能力。

15.1.2　人工智能

有效的信息往往隐藏在海量的数据中，仅靠人工以及传统的统计分析技术很难找出隐藏的信息。需要利用人工智能技术，对大数据进行关联分析和挖掘处理。采用人工智能技术的大数据分析更关注相关关系，而不是因果关系。传统的质量管理方法尤其注重因果逻辑，而采用人工智能技术的大数据分析的主流研究成果相对更加注重"效果逻辑"，只强调数据之间存在的相关关系。采用人工智能技术的大数据分析主要侧重于通过观察数据来对历史数据进行统计学上的分析；而采用人工智能技术的大数据挖掘则是通过从数据中发现"知识规则"来对未来的某些可能性做出预测。通过对数据的相关特性和共性进行深度挖掘与分析，自动对产品质量状况进行评估，及时发现质量预警信息，提出决策性建议。

人工智能（Artificial Intelligence）是研究、开发用于模拟、延伸和扩展人的智能理论、方法、技术及应用系统的一门新的技术科学，是智能制造系统与智能运行维护系统的基础与核心。人工智能的快速发展有力地推动了智能制造系统与智能运行维护系统的发展和实现。它是计算机科学的一个分支，能生产出一种新的能以类似人类智能的方式做出反应的智能机器，该领域的研究包括机器人、语言识别、图像识别、自然语言处理和专家系统等。机器学习是实现人工智能的一种方法，机器学习就是使用算法分析数据，从中学习并做出推断或预测。机器学习方法使用大量数据和算法来"训练"机器，让机器学会如何自己完成任务。深度学习是实现机器学习的一种技术，源于人工神经网络的研究，通过组合低层特征形成更加抽象的高层表示属性类别或特征，以发现数据的分布式特征。

人工智能技术具有记忆和思维能力，能够利用已有的知识对信息进行分析、计算、比较、判断、联想、决策；自动化是根据"时间"来工作，而智能化是根据"事件"来工作。同时还具有学习能力和自适应能力，即通过与环境的相互作用，不断学习积累知识，使自己能够适应环境变化；智能是有一定的"自我"判断能力，自动化只是能够按照已经制订的程序工作，没有自我判断能力，并且具有行为决策能力，即对外界的刺激做出反应，形成决策并传达相应的信息。自动化与智能化最主要的差别在于，自动化只是单纯的控制，智能化则是在控制端加上数据挖掘，采集后的数据必须能无缝传送到后端累积成庞大数据库，管理系统再依据数据库的信息，分析、制定出正确决策，而这些决策同时也附加自动化设备与以往不同的功能，主要体现在自我诊断、自我组织的能力。

15.1.3　云平台

北斗系统参研单位与运维支撑单位众多，系统建设与运维的数据往往是本地存储，相互之间的数据共享效率不高，形成了大大小小的数据孤岛。利用云平台技术能够构建"物理上分散、逻辑上统一"的数据池，便于系统各单位开展数据共享。随着各级、各单位质量信息化的逐步建设，部分单位已经建设了相关的质量数据库和管理平台，但是，由于各单位、各部门的数据库内容尚未一致、数据结构尚未统一、平台接口尚不协调，导致跨层级、跨单位、跨部门之间的质量数据交换困难，形成了质量数据孤岛，使各级管理部门和业务部门普遍感到无数据可用（不够用）或数据无法使用（不能用）的困窘。

云平台（Cloud Computing Platform）是基于云计算的大数据存储和处理架构、分布式数据挖掘算法和基于互联网的大数据存储、处理和挖掘服务模式。云平台的关键在于"整合"，无论是通过传统的虚拟机切分技术，还是通过海量节点聚合型技术，云计算都是通过将海量的服务器资源通过网络进行整合、调度分配给用户，从而解决用户数据共享的问题。云平台一般分为三层：基础架构层、平台层、应用层。基础架构层利用虚拟机监视器或虚拟化平台对服务器、存储设备与网络设备等硬件资源进行虚拟化，屏蔽不同系统之间千差万别的硬件资源，以虚拟机为单位进行统一的自动化管理，包括资源抽象、资源监控、资源部署、负载管理与安全管理等。平台层以虚拟机为单位构建 Web 服务器集群、应用服务器集群与数据库服务器集群，作为数据中心的运行环境。应用层基于 Web 和 Open API 技术提供软件及服务（SaaS），为大数据存储和挖掘提供大数据集成、存储、管理和挖掘功能。

建立基于云计算的质量与可靠性大数据平台，为不同地域、不同单位之间的数据互联互通提供资源保障；为数据采集、存储、治理提供软硬件环境，形成物理上分散、逻辑上统一的大数据资源池（数据湖），从而打通质量数据交换瓶颈，破除"数据烟囱"，串联"数据孤岛"，构造大总体、系统、分系统、单机的横向交换网络，促进北斗系统质量数据资源整合。

15.2　平台总体设计

质量与可靠性工作的核心是"故障"，故障管理是项目设计和系统工程的一个必要要素，贯彻于工程全过程。质量与可靠性大数据平台以基于模型的故障风险分析与控制保障链为主线，结合设计、研制、运行阶段的"四个闭环"开展总体设计，能够对系统全寿命周期故障传递进行控制与管理，支撑开展以"故障"为核心的质量与可靠性工作。同时，考虑北斗系统数据来源广、数据类型多、数据量大的特点，为了便于数据管理和分析挖掘，从数据来源的角度对系统数据进行分类，形成产品域、使用域、生态域"三域"数据，并从上下、前后、内外、数实四个维度对数据进行融合，能够高效地对数据进行管理和处理。

15.2.1　"一线四闭环"原理

系统故障往往具有"从小到大、从前到后"进行传递的特点，由元器件传递到部组件、由部组件传递到单机、由单机传递到系统。系统的故障在设计阶段没有及时发现，就会传递到研制阶段，在研制阶段没有发现就会传递到试验阶段，在试验阶段没有发现就会传递到运维阶段。在北斗系统论证、研制、生产、运用保障各阶段，开展"一线四闭环"的质量与可靠性工作，即以基于模型的故障风险分析与控制保障链为主线，开展"四个闭环"——系统可靠性设计与仿真验证闭环、多专业可靠性物理仿真闭环、数实结合的质量与可靠性闭环、运行健康管理闭环，依托模型数据、平台工具、可信环境、基础支撑等手段，全面提升北斗系统设计试验、制造、运行全过程质量与可靠性保证水平。

（1）以基于模型的故障风险分析与控制保障链为主线

以基于模型的故障风险分析与控制保障链为主线主要开展以"目标—策略—证据"为核心的质量与可靠性新方法。通过结构、要求、行为和参数等系统模型整合目标—策略，将现行有效的政策和标准要求，通过模型驱动安全性、任务保证分析和工程设计分析，同步进行权衡分析，将分析结果形成证据，验证目标的实现情况。该方法将安全性和任务保证活动的重点由是否实施了质量与可靠性要求，转为证明满足了质量与可靠性目标，即为什么做、怎么做、做到什么。从任务层开始逐层确定质量与可靠性目标，再明确实现每一层目标的具体策略，然后在具体策略下将目标进行一层一层的分解，每一层都有具体策略，在最下面一层目标提供证据方法。

（2）系统可靠性设计与仿真验证闭环

在工程论证和设计阶段开展系统可靠性需求和设计的闭环与验证工作。在论证阶段，以需求模型中的可靠性需求为评估对象，对可靠性需求的全面性、合理性和可追溯性等进行评估。在设计阶段，开展基于系统建模语言（SysML）的系统可靠性分配和预计，评估系统可靠性指标的满足情况，同时对故障逻辑、故障传播路径和影响进行仿真验证。

（3）多专业可靠性物理仿真闭环

在工程研制阶段开展专业可靠性分析和仿真验证评价工作。基于 Modelica 多物理域统一建模语言构建的产品数字样机模型，针对板级和单机级模型开展性能和应力仿真计算，验证和评估性能裕度和应力载荷；针对系统级模型开展潜在路径和时序分析，评价系统容差设计满足情况；针对元器件级建立故障物理模型，通过采用蒙特卡罗仿真和故障注入等方法开展多专业可靠性物理仿真试验，确定从元器件级到系统级不同失效模式对应的失效率，评估系统的可靠性。

（4）数实结合的质量与可靠性评估闭环

在工程的生产和试验阶段开展数实结合的质量与可靠性闭环评估。生产阶段，基于数字孪生的智能化应用，对生产过程质量数据信息进行实时监测，开展质量评价、预测以及跟踪闭环工作；试验阶段，开展数实结合的高寿命可靠性试验、边界考核和效能检验工作，形成高寿命可靠性验证闭环。针对单元级模型、平台级模型、体系级模型开展数字模型校核与验证；以装备实体和装备模型为基础开展数实结合的高寿命可靠性试验、边界考核和效能检验工作，形成高寿命可靠性验证闭环；开展体系试验仿真校验，针对体系级模型，开展体系试验仿真系统完备性评价、可信度评价等。

（5）基于"测、评、控"的运行健康管理闭环

在工程的运行维护阶段开展基于"测、评、控"的运行健康管理闭环。通过多维传感器获取系统运行状态参数，监测系统运行状态；通过建立的多维、多时空尺度的数字孪生模型，开展故障诊断、故障预测、健康管理；根据故障诊断与健康状态评估的结果，开展运维指导和管理决策等工作。

15.2.2 "三域四融合"原理

北斗系统是典型的巨型信息系统，从数据信息流的角度来看，其功能主要是基础数据产生、采集、传输，至相应处理中心对数据加工处理产生信息。根据数据信息的不同来源以及不同应用效益，可以用产品域、使用域、生态域这"三域"对其进行描述。为了挖掘隐藏在大数据中的有效信息，需要从不同维度进行挖掘分析，有时需要将单机数据与系统数据进行融合，有时需要将研制阶段数据与运维阶段数据进行融合，有时需要将系统内的

数据与系统外的数据进行融合，有时需要将仿真数据与实测数据进行融合。因此，对北斗系统全寿命周期的数据开展上下融合、前后融合、内外融合、数实融合四个方面的融合（四融合），实现数据维度的"纵向挖掘、前后贯通、横向关联、数实结合"，以能够高效地对数据进行管理和处理，支撑开展北斗系统质量与可靠性工作。

（1）数据"三域"

北斗系统质量与可靠性大数据是系统全寿命周期质量相关的所有数据，来源于系统设计、制造、使用等寿命周期各环节产生的海量数据，具有结构化、半结构化和非结构化等不同数据类型，以及文本、模型、多媒体等多种数据形式。质量与可靠性大数据的重点不在于同一维度数据的量大，而是通过收集有关产品质量不同维度的数据，进行质量数据升维。随着数据维度的增加，对产品质量的描绘就越来越全面和深入。北斗系统质量与可靠性大数据主要包括产品域、使用域、生态域的数据。

产品域大数据是系统设计、制造、试验等研制过程中产生的数据，主要包括产品的用户需求，定性与定量指标要求，功能、性能、通用质量特性等属性，架构组成，设计、制造、试验等研制过程，需求符合性、质量问题，质量管理体系，研制费用等数据维度。

使用域大数据是系统使用过程中产生的数据，主要包括装备的使用任务，气象、地理、人文等使用环境，使用过程，故障、损伤、事故，使用保障、维修保障、供应保障过程，人员、备件、保障设备工具等保障资源，保障组织、保障模式、保障效能、使用与保障费用等数据维度。

生态域大数据是系统全产业链利益攸关方及业务过程的数据，主要涉及系统使用方、研制方、管理方等利益攸关方角色，以及产品制造商、供应商、合作伙伴、竞争对手等不同产业链角色。生态域数据包括各方角色的需求、能力、相互关系，业务流程及其物质、人员、资金、信息交互等数据维度。

（2）数据"四融合"

围绕北斗系统"监测、评估、控制"的基本业务流程，借助人工智能、大数据、云计算技术，形成"上下、前后、内外、数实"四融合的数据流、评估流、控制流，显著提升监测、评估、控制能力。

上下融合模型是指从星座大系统至工程各系统、分系统、单机甚至器部件等数据信息的上下贯穿与传递。例如，利用单机和器部件的数据，结合卫星分系统和整星寿命可靠性模型，可以分析评价卫星整星寿命可靠性；再往上传递，结合星座可用性可靠性模型，综合反映各轨位结构重要度和概率重要度，可以分析得到星座大系统的可用性和连续性，实现数据自下而上的传递和综合集成。

前后融合模型是指不仅利用在轨/在线的监测数据，还要综合利用研制生产阶段的数据，如 FMEA、地面可靠性试验、地面试验验证数据等，才能更好地把握系统和产品的先验信息，并通过机器学习等人工智能技术，挖掘数据行为模式与故障模式之间的内在、深层关联关系，以更准确地评估系统和产品的健康状态和运行风险。

内外融合模型是北斗系统智能运维的核心。通过建成保障北斗系统稳定运行的系统内部数据交换平台，实现北斗三号系统高安全、高精度、高稳定、高可靠运行服务；充分利用北斗三号星间链路特色管理，推动北斗全球系统多维多源数据融合分析和优化策略研究，形成基于增值链的基本导航服务产品能力。

数实融合模型利用数字化技术构建北斗系统数字孪生体，根据系统运行场景需求，在任务执行前对航天器运行任务进行规划、分析，利用数字孪生模型对方案进行虚拟验证，验证方案的可行性和正确性，并对任务进行优化完善，确保任务准确执行。构建卫星系统数字孪生健康评估模型，实时监测系统运行状态，精准预测系统未来工作状态，实现在轨卫星自主健康管理；构建卫星系统精准寿命预测模型，实现卫星寿命有效预测；根据动态量化评估的系统运行状态监测和预测结果，识别系统薄弱环节，实现系统故障快速诊断与定位，半自主执行正常任务规划与调度以及智能决策处置故障。

15.2.3　平台总体架构

根据北斗系统数据"三域四融合"原理与"一线四闭环"原理，提出质量与可靠性大数据平台总体架构，平台总体架构如图 15-1 所示。质量与可靠性大数据平台利用人工智能、大数据、云平台等新技术，把"三域"数据融合起来，采用大数据云平台架构，以故障识别防控为核心，以基于模型的故障风险分析与控制保障链为主线，打造基于模型的任务保证平台、统一模型底座及配套软件工具，实现数据融合、业务协同、管理支撑等功能，构建"以业务应用为牵引，以模型数据为核心，以工具手段为支撑，以可信环境为依托，以基础条件为保障"的数字化运维生态环境。

平台总体架构分为四层，即业务层、数据层、工具层和平台层。平台四层架构体现了大数据平台的基本特征，其中数据层和业务层体现了"三域四融合"原理，业务层体现了"一线四闭环"原理。业务层是质量与可靠性工作的主要内容，包含系统从论证、研制、生产到运维全寿命周期各阶段的质量与可靠性工作，是利用"三域四融合"支撑北斗系统在各阶段开展质量与可靠性工作的主体。数据层是平台的核心，存储、处理和应用北斗系统全寿命周期的"三域"数据，通过知识的提取形成兼顾专家经验与产品客观规律的知识资源库，构建各类服务于业务应用的质量与可靠性模型；通过对数据、知识资源库、模型开展上下融合、前后融合、内外融合、数实融合"四融合"，为北斗系统研制建设和运行管理的各类应用提供支撑。北斗系统"三域"数据通过"四融合"服务于各类业务应用有三种方式：一是数据经简单预处理后直接服务于各类业务应用；二是数据通过知识提取形成知识库，从而服务于各类业务应用；三是数据经治理后形成各类主题仓库，为各类模型提供数据输入，经模型处理后的结果服务于各类业务应用。通过质量与可靠性大数据平台，北斗系统各研制与运维部门可以便捷地获取各类质量与可靠性数据。工具层和平台层为北斗系统数据"三域四融合"的应用提供软硬件基础环境。平台层为数据挖掘提供网络与算力支撑，工具层为数据挖掘提供业务的软件工具，对数据湖中的"三域"数据进行深度分析与挖掘。在此基础上，利用工具层数据治理与融合工具，对数据湖中的"三域"数据进行数据治理与融合（"四融合"）。

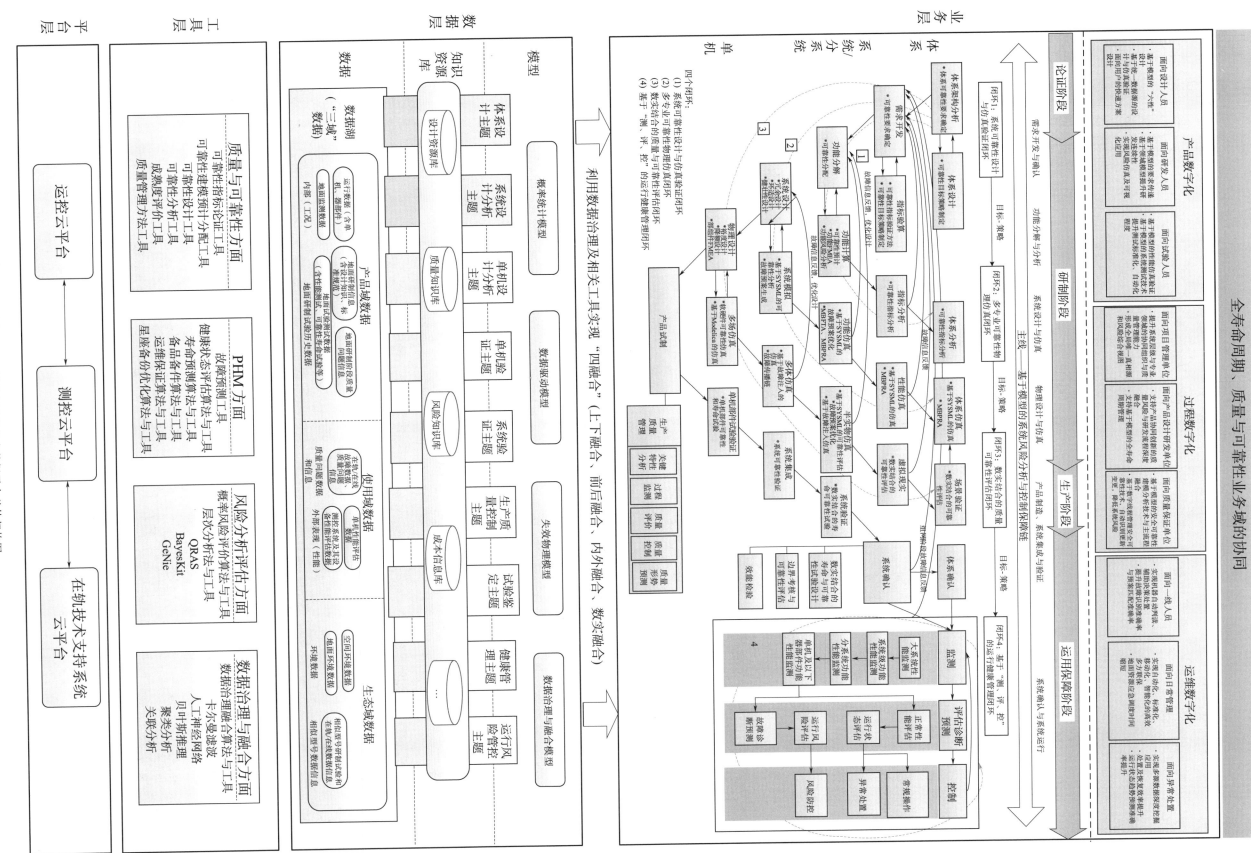

图 15-1 质量与可靠性大数据平台总体框架图

15.3　基于"一线四闭环"的质量与可靠性业务应用

从质量与可靠性角度来看主要是控制故障的传播，在工程主线的基础上，开展质量与可靠性分析评估。以故障为核心，以基于模型的故障风险分析与控制保障链为主线，通过"四个闭环"——系统可靠性设计与仿真验证闭环、多专业可靠性物理仿真闭环、数实结合的质量与可靠性评估闭环、基于"测、评、控"的运行健康管理闭环——依托模型数据、平台工具基础支撑等手段，促进质量与可靠性工作与研制工作有机融合、重心前移、科学评估和闭环改进，全面提升设计试验、制造、运行全过程质量与可靠性保证水平。

在平台工具、模型数据等共性资源基础上，形成产品数字化、过程数字化、运维数字化的能力。产品数字化过程中，面向设计人员提供基于模型的"六性"设计、基于统一数据源的设计与仿真验证、面向用户的快速方案设计等应用，面向研发人员提供基于模型的要求传递、基于领域模型提升研发连续性、实现风险仿真及可视化应用等应用，面向试验人员提供基于模型的性能仿真验证、基于模型的系统测试等应用。过程数字化过程中，面向项目管理单位提供提升系统层级与专业领域的协同组织与质量管理、形成全局唯一真相源和风险综合视图等应用，面向产品设计研发单位提供支持产品协同创新的质量风险与研发流程深度融合、支持基于模型的全寿命周期管理等应用，面向质量保证单位提供基于模型的安全可靠性建模分析技术与主流程融合、基于数字线程管理安全可靠性技术自动识别更新变更降低系统风险等应用。运维数字化过程中，面向一线人员提供机器自动判读、辅助决策处置、提升故障识别准确率与预案匹配准确率等应用，面向日常管理提供实现自动化、标准化、移动化、智能化的高效多方联保等功能，面向异常处置提供实现多源数据深度挖掘、处置及修复、运行状态趋势预测等应用。

15.3.1　以基于模型的系统风险分析与控制保障链为主线

与传统的任务保证工作不同，基于模型的系统风险分析与控制保障链是通过构建"目标—策略—证据"的模型来实现的。"目标—策略—证据"模型是基于模型的系统工程（MBSE）形成的任务保证模型。能够在大系统、系统、分系统、单机等层面建立任务保证的目标和策略，而且各级的目标和策略是相互关联的，在目标和策略中嵌入故障要素和风险要素，则相应的故障和风险就可以在不同层级之间进行传递。

"目标—策略—证据"层次结构流程图如图 15-2 所示。该流程定义了目标和子目标，同时将它们与用于完成目标的策略进行一一映射。子目标被用于进一步阐述顶层目标，每个目标块至少使用一种策略来完成。该方法清楚地描述了目标和策略，并且将它们区分开，这是符合该标准趋势的一个优势点。

该层次结构以交替的方式使用目标和策略这两个基本模块，即每个目标至少与一个策略相关联，然后其每个子目标至少与一个策略相关联。除了这两个基本模块之外，这里使用的符号还包括一些"背景"模块，它们仅用作目标块或策略块的描述性标签。这些模块

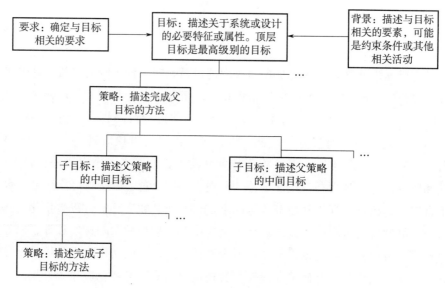

图 15 - 2　目标层次结构图

用于定义主要模块的关联要素。

"目标—策略—证据"顶层结构的布局如图 15 - 3 所示。目标描述了我们试图完成的系统或设计的必要特征或属性。顶层目标是最高级别的目标，定义了层次结构中包含的范围。子目标是从系统的策略和目标中推导出来的。策略描述了完成顶层目标/子目标的方式或方法。这些方式和方法与工程实践、活动和任务有关。

在数字化研制模式下，需利用目标层级结构准确描述可靠性总目标，并按照目标—策略—证据的方法进行需求的多次闭环确认，通过基于目标层次结构的证据映射技术，构建支撑目标实现的策略集，确认所需开展的工作项目形成多层次证据集。主要技术内容包括：

1）基于 MBSE 可靠性目标—策略层次结构建模，实现确定任务层到单机层的可靠性目标（需求）及其相应策略（满足相应目标/需求的工作过程或工作项目）的准确刻画，构建可靠性目标/需求与可靠性工作过程或工作项目的追溯关系；

2）面向多层次目标的证据映射，实现在数字空间采用可靠性相关的证据性方法（包括可靠性分析、试验与评价等）对策略的实现情况进行验证，实现 MBSE 环境下可靠性需求分析和闭环。

15.3.2　系统可靠性设计与仿真验证闭环

利用系统建模语言（SysML）的语义、图和扩展机制，通过定制可靠性相关的模型和模型库，支撑系统可靠性（如故障）相关语义和逻辑关系的描述。利用故障描述功能，以系统需求模型和功能模型描述的任务剖面、运行场景为基础，实现故障模式的快速识别，开展系统故障模式与对策设计，评价系统故障模式与对策的完备性，以及可靠性定性要求的满足情况；基于功能模型生成可靠性模型，支撑系统可靠性分配和预计，开展可靠性分

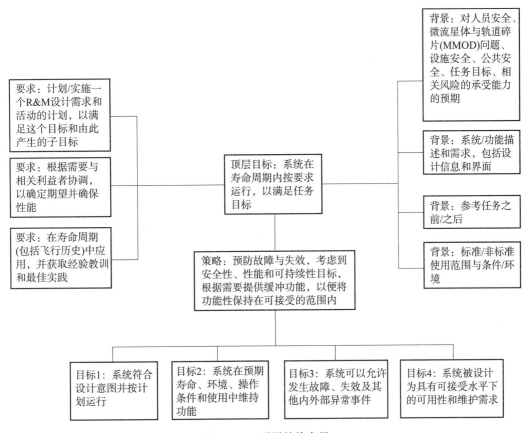

图 15-3　顶层结构布局

配方案快速权衡分析，评估系统可靠性定量要求分配的满足情况；利用 SysML 活动图和状态机图描述系统故障逻辑、顺序和故障对策等，以系统功能性能等需求为约束，对故障逻辑、故障传播路径和影响、故障对策有效性进行仿真验证，评价系统可靠性设计的有效性。

一是系统可靠性需求定性评价。以需求模型中的可靠性需求为评估对象，定制模型校核规则，对可靠性需求的包含、跟踪、派生、精化、满足、验证等关系进行分析，评估可靠性需求覆盖率，实现可靠性需求全面性、合理性和可追溯性的定性评估。

二是系统可靠性指标定量评价。基于功能模型描述的系统架构和工作模式等信息生成可靠性模型，并建立与可靠性需求的关联关系，对系统可靠性指标分配结果的合理性进行分析，评估系统可靠性指标分配的满足情况，并给出哪些可靠性需求满足、哪些不满足的提醒。

三是系统可靠性仿真验证闭环评估。利用 SysML 活动图和状态机图描述系统故障逻辑、顺序和故障对策等，以系统功能性能等需求为约束，对故障逻辑、故障传播路径和影响、故障对策有效性进行仿真验证，评价系统可靠性设计的有效性。

15.3.3 多专业可靠性物理仿真闭环

针对工程研制阶段的专业可靠性分析和仿真验证评价工作，构建多专业可靠性物理仿真闭环评估模型。基于 Modelica 多物理域统一建模语言构建的产品数字样机模型，对板级和单机级模型开展性能和应力仿真计算，验证和评估性能裕度和应力载荷是否满足设计指标要求；针对系统级模型开展潜在路径和时序分析，评价系统容差设计满足情况；在元器件级建立故障物理模型，通过采用蒙特卡罗仿真和故障注入等方法开展多专业可靠性物理仿真试验，确定从元器件级到系统级不同失效模式对应的失效率，评估系统的可靠性。

一是板级和单机级性能和应力仿真闭环评估。基于 Modelica 多物理域统一建模语言构建元器件级、板级和单机级产品的数字样机模型，在单一平台上对机械、液压、电气、热场、流体等多物理域板级和单机级模型开展性能和应力仿真计算，验证和评估性能裕度和应力载荷是否满足设计指标要求。

二是系统级潜在路径和时序分析。基于 Modelica 多物理域统一建模语言构建的系统级数字样机模型，考虑多物理场之间的耦合关系，开展系统级潜在路径和时序分析，发现不同物理域之间的相互影响，分析系统耦合的深层次潜在问题，评价系统容差设计满足情况。

三是基于故障物理的系统可靠性仿真评估。在基于 Modelica 多物理域统一建模语言构建的元器件级、板级、单机和系统级数字样机模型的基础上，在元器件级建立故障物理模型，开展多物理场作用下的故障仿真，通过全寿命周期的耦合应力计算，以及采用蒙特卡罗仿真和故障注入等方法开展多专业可靠性物理仿真试验，确定从元器件级到系统级不同失效模式对应的失效率，评估系统可靠性。

15.3.4 数实结合的质量与可靠性评估闭环

针对生产和试验阶段，构建质量与可靠性评估闭环模型。生产阶段，基于数字孪生的智能化应用，对生产过程质量数据信息进行实时监测，开展质量评价、预测以及跟踪闭环工作；试验阶段，开展数实结合的高寿命可靠性试验、边界考核和效能检验工作，形成高寿命可靠性验证闭环。通过质量与可靠性评估闭环模块构建，采用数字化手段切实发挥质量与可靠性保障作用和效能。

一是基于数字孪生的质量评价。构建产品数字孪生体，利用传感器和专业的测量设备实现生产过程状态信息的实时感知，实现生产实体与数字孪生体之间的关联与映射，开展数据在线监测、数据实时比对分析、数据预警/报警等工作。对质量监测过程中采集的数据信息进行综合应用，通过成功数据包络分析、测量系统分析、统计过程控制等技术方法开展生产过程质量评价工作，并对质量问题及措施落实情况进行跟踪闭环管理。

二是基于数字孪生的质量预测。通过生产过程状态的全面跟踪评价，对生产过程中质量数据信息进行实时统计分析，实现质量趋势预测。基于项目管理部门质量治理以及承研承制单位质量管理两个层次的需求，对生产过程中的风险识别与控制、影响任务成败问题治理以及共性问题治理等情况开展综合分析，深入挖掘质量评价数据，形成质量趋势图，对质量形势进行预测，为质量决策提供信息和手段支撑。

三是数实结合的寿命与可靠性试验。明确数字化试验及模型的置信度分析要素，并在一定的试验周期和条件约束下开展虚拟试验和数字化试验样本组合设计方法研究，优化寿命可靠性验证试验体系；明确虚拟试验和实装试验应用场景，在产品不同研制阶段协同开展虚拟试验和实装试验，实装试验的结果对虚拟试验模型进行动态修正，形成数实结合的高效寿命可靠性验证试验能力，开展边界考核与效能检验工作。

15.3.5　基于"测、评、控"的运行健康管理闭环

北斗系统运行维护也包括监测、评估（含诊断、预测）、决策控制三个主要方面。不同于传统的单星运维，北斗系统是包含星间链路、星地链路、地地链路的星地一体化动态网络系统，其运行特点和运维模式更为复杂。北斗卫星处于星座网络当中，并非孤立存在，它要不断与其他个体发生动态交互作用。仅靠单颗卫星的数据，难免测得不全、评得不准、控得不优。这就需要借助大数据、云计算、人工智能技术，实施智能运维，及时感知运行风险因素，动态综合评价系统健康状态，避免某些单机部件故障而引起的整星甚至整个系统瘫痪，同时优化调度规划策略，从而节省计划中断时间。

北斗系统的运维正在向智能化方向迈进。通过将卫星导航工程技术、系统工程技术与新一代信息技术相结合，从数据平台、技术方法和管理机制等方面对北斗系统运维进行智能化升级，进一步适应星地一体化动态网络系统在监测、评估、控制等方面的高效运维需求。综合来看，北斗系统智能运维是指融合卫星、地面运控、测控、星间链路运行管理系统等内部监测数据和空间环境监测、全球连续监测等外部监测数据，利用大数据和人工智能技术，优化运维管理机制，对系统进行实时监测、定量评估、准确诊断、提前预测和优化决策，使得"监测、评估、控制"三大主要运维活动更为高效，从而大大提升北斗系统运行服务效能。

一是监测。广泛获取各种传感器数据及设备自身的状态参数，监测系统的运行状态，对监测数据进行采集；通过数据去噪、数据特征提取、数据规范化和数据存储等数据治理，为数字孪生模型提供高质量的数据。此外，数字孪生技术可以使用仿真工具生成测试样本数据，形成故障数据集，与传感器数据结合用于训练故障诊断与健康管理模型。

二是评估。通过数字孪生模型对系统进行故障诊断与健康状态评估。基于所采集的设备状态监测数据建立多维、多时空尺度的故障诊断模型，用实时数据修正模型，通过深度学习开展故障诊断。通过采用数据驱动与模型驱动的模式，对系统运行状态、功能性能、可靠性、剩余寿命、健康状态等进行评估预测；对系统运行风险进行评估预警。

三是控制。根据故障诊断与健康状态评估的结果，开展维修指导和管理决策等工作。利用故障诊断结果、历史维修信息、专家经验、指导手册等信息，形成匹配维修指导解决方案。利用健康状态评估和寿命预测结果，结合任务规划，以及资源、费用等约束条件，为管理优化、任务调度等提供支撑。

15.4 基于"三域"的全寿命周期数据资源

北斗系统全寿命周期数据包括原始数据、知识资源库、模型等。原始数据来源于产品域、使用域、生态域的数据，通过知识提炼形成知识资源库，利用数据治理及相关工具实现"四融合"。北斗系统"三域"数据示意图如图 15-4 所示。

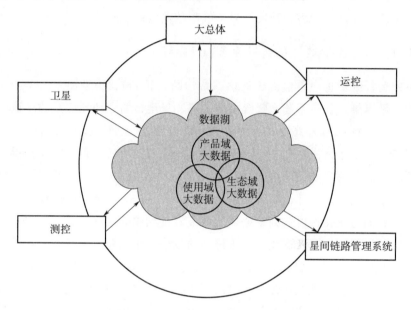

图 15-4 北斗系统"三域"数据示意图

产品域、使用域、生态域等面向装备质量的大数据资源存储在基于云技术构建的装备质量数据湖中，各利益攸关方将各自产生的相关数据放入装备质量数据湖，确定数据权属与共享使用机制，在此基础上各方可从装备质量数据湖中获取所需的数据资源与数据服务，利用大数据技术辅助各方做出明智、迅速的决策。装备质量数据湖汇聚装备质量各利益攸关方的大数据资源，实现装备质量相关数据去中心化的真实一致与互联互通，在数据利用上首先可以直接向各方提供所需的原始数据资源，进一步可以面向不同用户需求，结合智能化先进技术开展数据关联分析与挖掘，形成满足特定需求的数据服务，实现数据增值。

15.4.1 产品域大数据

产品域大数据主要由系统/产品研制方和供应商产生，包括产品研制阶段的设计、试验、质量问题等数据，卫星、运控、测控、星间链路运行管理系统运行及业务数据，民用短报文、BDSBAS 数据平台运行及业务数据，国际搜救地面系统运行及业务数据，是直接支撑北斗系统运维的核心数据。

（1）地面研制数据

地面研制数据主要包括产品设计信息、标准规范、质量问题信息、试验测试数据等。卫星载荷及关键单机研制过程数据、地面设备研制过程数据，以及质量问题信息，主要用于支撑总体运行状态分析评估。例如，卫星系统在卫星研制阶段开展卫星地面试验测试数据的采集，包括卫星单机产品性能测试和可靠性试验数据，以及卫星整星测试数据。各系统在研制建设和运行服务阶段开展质量问题数据采集，包括器部件、单机产品、分系统、系统等不同层次的质量信息。

地面试验测试数据主要来源为卫星系统和地面试验验证系统。卫星系统地面试验测试数据包括卫星单机产品、分系统、系统在研制过程中的各种测试和试验数据。地面试验验证系统数据包括工程各分系统（卫星系统、运行控制验证分系统、工程测控验证分系统）产生的导航业务数据、模拟的复杂电磁环境下卫星导航信号、性能监测评估数据以及系统运行状态数据。

（2）质量问题数据

质量问题数据包括北斗系统在研制建设、在轨测试与运行管理阶段的器部件、单机产品、分系统、系统等不同层次的质量信息。采集北斗系统质量问题数据，包括以下内容：问题名称、问题描述、所属产品、系统、分系统、产品名称及代号、发生时间、发生阶段、责任单位、问题定位、一级原因、二级原因、管理因素、纠正措施、归零情况、在轨问题的严重性等级等。

15.4.2　使用域大数据

使用域大数据主要由系统/产品使用方、运维方、第三方监测评估单位产生，包括卫星在轨运行数据、地面设备运行使用数据、卫星性能监测评估数据等。

（1）卫星在轨运行数据

卫星在轨运行数据主要包括地面观测数据（如接收机观测的伪距、相位）、星上观测数据（如星上测量信息）、导航电文（如卫星广播星历）、气象数据（如气象仪器观测的温度、气压、湿度状况），卫星星历、卫星钟差、电离层延迟参数、差分完好性信息等，以及卫星、运控、测控、星间链路运行管理系统运行及业务数据，民用短报文、BDSBAS 数据平台运行及业务数据，国际搜救地面系统运行及业务数据。例如，测控系统在卫星运行阶段，开展卫星遥测数据的采集和处理，包括卫星单机的性能、状态等数据信息。运控系统在卫星运行阶段，利用监测站开展卫星导航业务数据采集和处理，包括原始观测数据、卫星轨道测定与预报、卫星钟差测定与预报、电离层延迟改正处理、运控系统各分系统的工作状态和工作参数实时监测等。

北斗卫星在轨遥测数据由卫星产生并通过测控通道下传，由地面测控系统负责接收并按照卫星系统的要求进行处理及显示。由于对卫星的监控通过远程方式实现，因此遥测数据是对卫星工作状态监视的主要手段。遥测数据一般反映了卫星三类信息：健康数据，包括各器部件的电压、电流、温度等参数，以及与此类数据相关的开关机状态、主备份工作状态灯等；卫星参数，包括姿态角、角速度、星上时间等；与故障诊断密切相关的参数。

（2）地面设备运行使用数据

地面设备运行使用数据是指常驻故障情况、历史故障情况，以及实时运行监测信息，包括备份损失、降级使用，参数超差、业务中断、工况异常，性能参数监测值趋势与超差情况，导航卫星异常通报时间等。

（3）卫星性能监测评估数据

卫星性能监测评估数据主要包括 iGMAS 数据、典型用户监测评估数据、空间环境数据、地基增强系统数据等，起第三方服务性能和空间环境监测评估作用。iGMAS 的数据包括 BDS/GPS/GLONASS/Galileo 四大卫星导航系统的原始观测数据、测站气象数据、北斗卫星健康状态信息、北斗完好性及差分信息、时差测量数据、干扰检测数据、多径检测数据、北斗格网电离层信息、电离层闪烁等数据。空间环境数据是中国科学院空间环境预报中心、德国地球科学研究中心等发布的相关空间环境数据。典型用户监测评估数据是用户根据接收机数据对空间信号、系统服务的评估结果。地基增强系统数据是地基增强系统监测站的观测数据、气象数据和测点信息等。

15.4.3　生态域大数据

生态域大数据则由工程大总体、研制方、使用方、运维方等各利益攸关方产生，是全产业链利益攸关方及业务过程的数据，主要涉及使用方、研制方、管理方等利益攸关方角色，以及制造商、供应商、合作伙伴、竞争对手等产业链角色。生态域大数据包括各方角色的需求、能力、相互关系，业务流程及其物质、人员、资金、信息交互等数据维度。

（1）供应商信息

对供应商信息进行管理，包括合格供应商名录、供应商分级分类信息、供应商档案、供应商产品信息、供应商风险信息、产品、产品范围、配套领域、合格产品数、按时交付数量、验收不合格信息等。

（2）产品树信息

依据相关标准，构建系统产品树，系统产品树采用自上而下、层层分解、逐层细化的模式构建。各供应商将产品（根节点）创建好后，依据产品配套关系，通过计划任务将产品结构下一级的搭建分配给下一级供应商，依级向下，直到不能分解，包括产品信息、分系统信息、单机信息、部组件信息、物资信息、授权信息等。

产品域、使用域、生态域等质量大数据资源存储在基于云平台构建的数据湖中。通过对数据湖中的数据进行分析挖掘和应用，联合保障系统稳定运行。北斗系统质量与可靠性数据资源目录如图 15-5 所示。

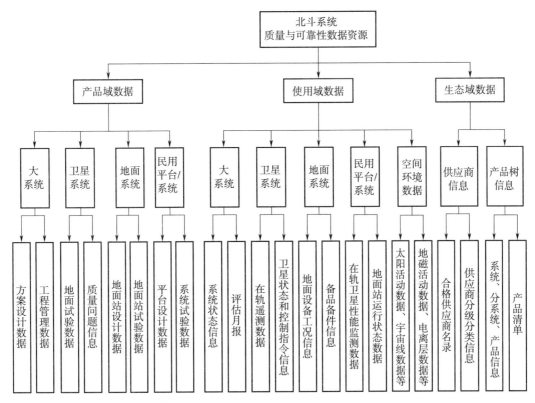

图 15 - 5　北斗系统质量与可靠性数据资源目录

15.5　基于"四融合"的质量与可靠性模型方法

质量与可靠性大数据平台中涉及的质量与可靠性模型方法包括概率统计模型、数据驱动模型、失效物理模型、数据治理与融合模型等。

15.5.1　概率统计模型方法

通过概率统计模型归纳可靠性、剩余寿命的分布规律。该方法往往需根据同类设备的历史数据建立起设备失效概率与设备监测状态及设备运行时间之间的联系,构建相对准确的单机可靠性模型,根据单机的地面试验和在轨数据,给出单机的可靠性水平定量估计并进行寿命预测。

（1）非参数估计

卫星产品具有高可靠、小子样的特点,相对而言,卫星的通用电子单机用量较大、地面试验较充分,统计导航卫星典型电子类单机的失效数据,可采用非参数估计方法。在非参数估计中的关键问题是可靠性数据集的构建,需要在失效数据统计中充分反映母体样本的动态性,Kaplan - Meier（K - M）估计是比较客观准确的技术方法。

先简要阐述基于完全数据集的经验可靠性方程,然后再阐述 K - M 估计。假定在试验

开始前有 n 个单元正常工作，试验一直进行直到所有单元都失效。将失效时间进行升序排列，即

$$t_{(1)} < t_{(2)} < t_{(3)} < \cdots < t_{(n-1)} < t_{(n)}$$

假定各单元寿命相互独立并服从相同的分布，各数据之间没有关联（不存在两个单元同一时间失效），从中得到的可靠性方程和 t 时刻仍正常工作的单元数密切相关。

$$R_n(t) = \frac{t \text{ 时刻仍正常工作的单元数}}{n}$$

在 K - M 估计中，假设试验时有 n 个单元正常工作，失效后的数据在样本中剔除，采集到 m 个失效时间（$m < n$）。仍假设失效时间和检测点互不关联，如前所述，按升序对失效时间进行排列，即

$$t_{(1)} < t_{(2)} < t_{(3)} < \cdots < t_{(m)}$$

该状态和完全数据集的不同在于相邻的两个时间中有些单元已经从试验样本中去掉了，结果时间 $t_{(i)}$ 的下标不再代表失效的数量，可靠性方程定义为

$$R(t) \equiv P(T_F > t)$$

由此得到 K - M 估计的可靠性方程为

$$\hat{R}(t) = \prod_{\text{所有} i \text{满足} t_{(i)} \leqslant t} \hat{P}_i = \prod_{\text{所有} i \text{满足} t_{(i)} \leqslant t} \frac{n_i - 1}{n_i}$$

威布尔分布是可靠性分析中最为普遍使用的分布之一，其广泛使用的原因是其非常方便，并且有两个可配置的参数，可对多种失效行为进行建模。更为特殊的是，威布尔分布能对不断增加的失效率（耗损）、不断降低的失效率（早期失效）、常数失效率（指数分布）建模。

（2）可靠性评估

可靠性评估是根据可能收集到的有关试验（包括专门的可靠性试验和其他的工程研制试验）数据与信息对母体指标做出估计，从而得出对于母体指标的符合程度。对产品可靠性的估计包括点估计与区间估计：点估计适用于大样本场合；对于航天产品，由于小样本条件限制，故主要采用区间估计。区间估计回答了估计的精确性与把握性，基于样本得到的待估参数的置信区间刻画了估计的精确性，估计的置信度刻画了估计的把握性，置信度总是与区间估计结果孪生的，没有置信度的区间估计是没有意义的。

某些产品如电子产品，其试验结果可取得何时失效、失效多少的寿命数据，且寿命符合指数分布，即失效分布密度函数为

$$f(t) = \lambda e^{-\lambda t} = \theta^{-1} e^{-\frac{t}{\theta}}$$

式中，θ 为平均寿命；λ 为失效率。

15.5.2 失效物理模型方法

基于性能可靠理论，分析设备失效现象与承受应力的规律，从物理、化学反应过程阐明设备失效机理，通过采集的性能退化数据建立可靠性模型，最终评估设备运行可靠性。常用的模型包括应力损伤微分方程模型、化学反应模型、电迁移模型等。目前，应用最为

广泛的失效物理模型包括三种：第一种是反应论模型，设备组件或构成材料受到工作环境中氧化、腐蚀等因素影响，使设备内部发生微观物理、化学反应，导致设备性能逐渐退化至失效，这类退化过程就可以用反应论模型进行描述；第二种是应力-强度模型，该模型以设备在工作中所受应力与设备材料强度的相关性为依据构建设备失效模型，当设备强度逐渐退化至低于应力时，就认为设备发生失效；第三种是累积损伤模型，在各种应力作用下，设备材料或组件会不断产生不同程度的损伤或退化，当累积超过某一失效阈值时，就会导致设备发生不可逆失效，所以以损伤或退化的累积程度建立设备失效物理模型。

（1）反应论模型

材料、元件的损坏和退化一般是由物理-化学过程所引起的，如腐蚀、磨损、扩散等，当这些过程持续到一定程度时，失效随即发生。通过物理-化学过程的方式对退化轨道进行建模所得到的模型称为反应论模型（实质上它所表现出来的也是损伤的不断累积）。

（2）累积损伤模型

一般退化是由于在外力作用下，材料内部受到损伤，并随着工作时间的增加，损坏不断积累，当损坏积累到一定限度，达到材料所能承受的极限时，材料就会发生破坏。描述材料内部损伤累积过程进行退化轨道分析的模型称为累积损伤模型。常见的累积损伤模型有 Paris 模型和幂率模型。

（3）应力-强度模型

应力-强度干涉理论认为可靠性就是产品在给定的运行条件下对抗失效的能力，在非电设备中就是承受应力的能力，即应力与强度相互作用的结果。施加在产品上的应力大于它的强度时就会发生失效。应力施加在产品上时，强度就是阻止失效的能力。应力或负载可以定义为机械载荷、空间变化、环境、温度等一切可能引起失效的因素。由于强度和应力都是随机变量，所以可以用概率分布来表示。

在可靠性计算中，经常用到的应力-强度模型所采用的是应力和强度的广义含义。

应力的广义含义为：凡是引起产品失效的因素都可视为应力。这样应力就包括温度、湿度、密封力、变形量、工作循环数等因素。

强度的广义含义为：凡是阻止产品失效的因素都可视为强度。这样强度就包括失效变形量、失效密封力、失效时间、失效循环数等因素。

设应力为 L、强度为 S，则产品的可靠性为强度大于应力的概率，即

$$R = P(S > L)$$

15.5.3　数据驱动模型方法

数据驱动模型方法是对退化数据或生产数据进行特征提取，转化和表征为单机的一种先验知识，推导出卫星退化模型，从而实现卫星的剩余寿命估计，主要有智能计算、机器学习等方法。该技术路线不用考虑对象模型特征，但需要大量数据对模型进行训练。该技术路线主要使用两类数据：一类是寿命数据，由于受工业水平、科学技术以及试验时间等因素的限制，目前还无法对卫星这类高可靠、长寿命设备进行大量失效物理试验，真实数

据较少；另一类是状态监测数据，随着信息和传感技术的蓬勃发展，在卫星地面调试、在轨运行过程中可以采集到大量状态监测信息，这些信息与系统潜在的物理退化过程密切相关，因此可用于系统可靠性评估和剩余寿命预测。

（1）自回归滑动平均（ARMA）模型

自回归滑动平均（ARMA）模型是一种时序模型，不仅可以揭示动态数据的规律，预测其未来值，而且能够从多方面研究系统的有关特性。随着对时序分析理论的研究及应用，ARMA 模型已经在工程技术领域、社会经济领域、自然科学领域得到广泛应用，并取得了良好的效果。

对于正态、平稳、零均值的时间序列 $\{x_t\}$，若 x_t 的取值不仅与其前 n 步的取值有关，而且与前 m 步的激励有关，则有一般的 ARMA 模型如下式所示，它由自回归（AR）模型和滑动平均（MA）模型组合而成。

$$x_t = \varphi_1 x_{t-1} + \varphi_2 x_{t-2} + \cdots + \varphi_n x_{t-n} - \theta_1 a_{t-1} - \theta_2 a_{t-2} - \cdots - \theta_m a_{t-m} + a_t$$

$$= \sum_{i=1}^{n} \varphi_i x_{t-i} - \sum_{j=1}^{m} \theta_j a_{t-j} + a_t$$

其中，n 和 m 分别为自回归和滑动平均阶数，简记为 ARMA(n, m)。若 $n=0$，此模型即为 MA 模型；若 $m=0$，此模型即为 AR 模型。实数 φ_i 称为自回归系数，实数 θ_j 为滑动平均系数，序列 $\{a_t\}$ 为白噪声序列。

ARMA 模型将 x_t 分为两部分：确定性部分、随机性部分。其中，白噪声 a_t 为随机性部分，确定性部分则由 x_t 在 t 时刻的数学期望 $E[x_t]$ 确定。

对于 ARMA 模型，需要依据一定的定阶准则来确定其模型阶数，常用的定阶准则有 F 准则、AIC（Akaike Information Criterion）准则、FPE（Final Predict Error）准则、BIC（Bayesian Information Criterion）准则等。其中 F 准则需要应用统计学中的 F 检验，相对比较烦琐。FPE 准则主要适用于 AR 模型，AIC 和 BIC 准则比较适用于 ARMA 模型。选定模型阶数后，需要进行参数估计，进一步计算模型的未知参数。常用的参数估计方法有最小二乘法和先后估计法。

当确定模型阶数和参数之后，需要对模型进行适用性检验。模型的检验主要包括平稳可逆性检验、残差序列检验、过拟合检验等。平稳可逆性检验要求 $\varphi(B)=0$ 和 $\theta(B)=0$ 的根的模值均大于 1。残差序列可以反映建模过程中对数据的应用程度，残差序列检验残差的随机性，如果没有随机性，则需要进一步改善模型。过拟合检验通过检验残差平方和是否显著减小，以判断模型参数状况。

综上所述，ARMA 模型对时间序列进行预测过程中，首先对时间序列进行差分，得到平稳随机序列，然后确定模型阶数，选择合适的模型，再对模型参数进行估计，计算模型参数值，最后对模型进行适应性检验和应用。

（2）人工神经网络

人工神经网络由多个比较简单的神经元连接而成，神经元的基本结构如图 15 - 6 所示，是一个多输入单输出的结构。其中，x_1，x_2，$\cdots$，x_n 是神经元的输入信号，ω_{ij} 为神经

元 i、j 之间的连接权值，θ_j 为神经元的阈值，y_j 为神经元的输出，$y_j = f(\sum_{j=1}^{n} \omega_{ij} x_i - \theta_j)$，$f(\cdot)$ 为激励函数，常用的激励函数有阈值型、线型和 S 型（Sigmoid）。S 型可以反映神经网络的饱和性，并且为连续可导函数，被广泛应用于多数神经元输出特性中。

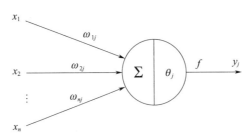

图 15 - 6　神经元的基本结构

神经网络具有自组织、自学习和并行处理的能力，可以有效实现从输入到输出之间的非线性映射，具有很强的非线性处理能力。神经网络与传统的计算方法不同，通过"黑箱"方法学习获得合适的参数，用来映射复杂的非线性关系。学习过程中不需要建立任何物理模型，也无需人工干预。所以，可以通过其强大的学习功能，利用样本训练神经元网络，调整其权值和阈值建立预测模型，通过模型进行预测。三层神经网络如图 15 - 7 所示。

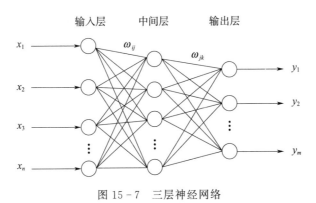

图 15 - 7　三层神经网络

其中，x_1，x_2，$\cdots$，x_n 为网络的 n 个输入，y_1，y_2，$\cdots$，y_n 为网络的 m 个输出，ω_{ij} 为输入层第 i 个节点到中间层第 j 个节点之间的权重，ω_{jk} 为中间层第 j 个节点与输出层第 k 个节点之间的权重。

输入层：输入向量 $X = (x_1, x_2, \cdots, x_n)$ 为设备或系统的状态监测数据，并经过了一定的预处理，如降噪、归一化等。

中间层：中间层又称为隐含层，可以是一层结构，也可以是多层结构，通过 ω_{ij} 和 ω_{jk} 连接输入层和输出层。

输出层：输出值即为预测值，输出层节点数 m 为预测结果的总数，$Y = (y_1, y_2, \cdots, y_m)$。

神经网络主要通过两种方法实现预测功能，第一种将神经网络作为函数逼近器，对参数进行拟合预测，第二种考虑输入、输出之间的动态关系，用带反馈的动态神经网络对参数建立动态模型进行预测。在对时间序列进行预测过程中，通常采用带反馈的神经网络进行预测。

基于神经网络模型进行预测过程中，首先以状态监测数据为样本，选择合理的训练、测试和分析样本；然后通过网络参数设置训练模型；再用测试样本对训练的网络模型进行测试，检验网络性能；最后用模型和分析样本进行预测。

15.5.4　数据治理与融合模型方法

大数据管理提供基础的数据管理功能，并且是一个可视化的页面，包括数据压缩、权限管理、数据二次清理、数据迁移、数据转换、元数据监控、资源监控等方面。数据管理平台包括任务调度管理平台和数据计算平台的使用，以及大数据存储平台的监控。大数据挖掘技术有数据分类技术、数据聚类技术、基于 D-S 证据推理的挖掘方法、基于信息论的挖掘方法、基于认识模型的挖掘方法、基于人工智能挖掘方法等。

数据融合方法包括以业务流为中心的联接技术（多维模型）、智能标签技术、指数数据技术、数据算法模型技术、以对象为中心的联接技术（图模型-知识图谱）。以业务流为中心的联接技术（多维模型）是对依据明确的业务关系，建立基于维度、事实表以及相互连接关系的模型，实现对数据进行多角度、多层次的数据查询和分析。智能标签技术是根据业务场景的需求，运用抽象、归纳、推理等算法得到高度精炼的特征标识。智能标签分为事实标签、规则标签以及模型标签三种类型，分别用于表征实体的属性、属性与量度的结合、对实体的评估和预测。指数数据技术是衡量目标总体特征的统计数值，是能表征全寿命周期各状态的数值指示器，根据指标计算逻辑是否含有叠加公式，指标分为原子指标和复合指标两种类型。数据算法模型技术是根据业务需求，运用数学方法对数据进行建模，算法模型在数据分析流程中产生，对模型的参数和变量进行调整，根据应用场景选择适用的模型，并与业务紧密结合，持续优化迭代。以对象为中心的联接技术（图模型-知识图谱）能够跟随业务场景不断补充和完善，形成足够完善的总体级图模型后，分系统、单机的应用只需要剪裁部分节点或边，便可以实现快速响应需求，通过图挖掘计算、基于本体的推理、基于规则的推理可以获取数据中存在的隐藏信息。典型的数据融合算法见表15-1。

表 15-1　典型的数据融合算法

融合方法	概述	特点
加权平均法	加权平均法是最简单直观的数据融合方法，它将不同传感器提供的数据赋予不同的权重，通过加权平均生成融合结果	该法直接对原始传感器数据进行融合，能实时处理传感器数据，适用于动态环境，但是其权重系数带有一定主观性，不易设定和调整
卡尔曼滤波法	卡尔曼滤波法常用于实时融合动态底层冗余传感器数据，用统计特征递推决定统计意义下的最优融合估计	卡尔曼滤波法的递推特征保证系统处理不需要大量的数据存储和计算，可实现实时处理，但是其对出错数据非常敏感，需要有关测量误差的统计知识作为支撑

续表

融合方法	概述	特点
贝叶斯推理法	基于贝叶斯推理法则,在设定先验概率的条件下利用贝叶斯推理法则计算出后验概率,基于后验概率做出决策	该法难以精确区分不确定事件,在实际运用中定义先验似然函数较为困难,当假定与实际矛盾时,推理结果很差,在处理多假设和多条件问题时相当复杂
D-S证据理论	D-S证据理论允许对各种等级的准确程度进行描述,并且直接允许描述未知事物的不确定性	不需要先验信息,通过引入置信区间、信度函数等概念对不确定信息采用区间估计的方法描述,可解决不确定性的表示,但其计算复杂性是一个指数爆炸问题,并且组合规则对证据独立性的要求使得其在解决证据本身冲突的问题时可能出错
聚类分析法	聚类分析法是通过关联度或相似性函数来提供表示特征向量之间相似或不相似程度的值,据此将多维数据分类,使得同类中样本关联性最大,不同类之间样本关联性最小	在标识类应用中模式数目不是很精确的情况下效果很好,可以发现数据分布的一些隐含的有用信息,但其本身的启发性使得算法具有潜在的倾向性,聚类算法、相似性参数、数据的排列方式甚至数据的输入顺序等都对结果有影响
模糊理论法	模糊理论以隶属函数来表达规则的模糊概念,在数字表达和符号表达之间建立一个交互接口	该法适用于处理非精确问题,以及信息或决策冲突问题的融合
人工神经网络法	人工神经网络是模拟人脑结构和智能特点,以及人脑信息处理机制构造的模型,是对自然界某种算法或函数的逼近,也可能是对一种逻辑策略的表达	神经网络处理数据容错性好,具有大规模并行规模处理能力,具有很强的自学习、自适应能力,某些方面有可能替代复杂耗时的传统算法
专家系统法	专家系统是具备智能特点的计算机程序,具有解决特定问题所需专门领域的知识,在特定领域内通过模仿人类专家的思维活动以及推理与判断来求解复杂问题	专家系统可用于决策级数据融合,适合完成那些没有公认理论和方法、数据不精确或不完整的数据融合
关联分析法	可将原始数据进行重新组织,以梳理出数据的流向、行为、脉络、层次等关系,形成数据关系图谱	适合网络安全数据的融合处理

15.6　质量与可靠性大数据平台主要功能

本节介绍质量与可靠性大数据平台的主要功能,包括数据管理、质量管理、可靠性设计与仿真、在轨运维支撑等。

15.6.1　数据管理

（1）数据存储

能够自动存储北斗系统"三域"（产品域、使用域、生态域）数据,包括卫星遥测数据、卫星轨道信息、卫星在轨故障信息、测控与运控操作信息、导航电文信息、iGMAS数据、空间环境数据等,为业务子系统提供数据支撑；能够按类存储业务子系统产生的中间数据与最终结果数据；自动存储系统日志数据等。

本系统采用分布式存储结构,支持结构化、非结构化以及文件数据存储,可以根据实际需求动态扩容。为充分保障数据的安全性，系统数据库设计了一定的安全保护机制。

（2）数据治理

对数据进行统一形式、消除冗余、去伪存真，通过数据清洗转化可以将原始数据转化为标准规范的集成数据。数据治理技术主要有基于贝叶斯概率推理的北斗数据缺失值填充技术、基于函数依赖的北斗数据不一致检测与修复技术、基于相似性概率图的实体识别技术、基于用户反馈的真值发现技术等。

通过"四融合"（上下融合、前后融合、内外融合、数实融合）将"三域"数据联接起来，实现数据由"原材料"加工成"半成品"和"成品"，将原始数据融合成不同主题的数据。数据治理技术包括以业务流为中心的联接技术、知识图谱技术、智能标签技术、文本挖掘技术、算法模型技术等。数据治理示意图如图 15 - 8 所示。

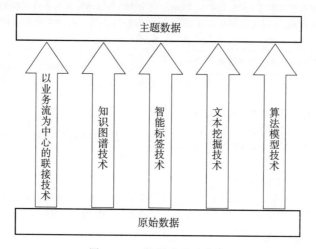

图 15 - 8　数据治理示意图

（3）数据挖掘

数据挖掘是指利用贝叶斯网络、人工神经网络、支持向量机等人工智能技术，整合已有质量与可靠性技术方法和软件工具。一是利用全系统全过程全要素的数据，实现更加全面、及时、准确的质量和风险评估预测与故障诊断，前后、上下、内外、数实相结合。二是开发故障风险传播与控制保障链。三是利用大数据技术提示风险感知、故障征兆识别和预警能力。

15.6.2　可靠性设计与仿真

可靠性设计与仿真功能包括产品可靠性设计与仿真验证、多专业可靠性物理仿真、基于仿真模型的可靠性评估等子功能。

（1）供配电线路潜在电路分析

潜在电路分析软件模块用于识别系统设计时引入系统中的、在特定条件下能导致系统产生非期望的功能或抑制所期望功能的潜藏状态。通过潜在电路分析，识别可能诱发系统故障的潜在隐患，发现设计与可靠性薄弱环节，达到提高电路固有可靠性的目的。潜在电路分析软件模块包括网络树生成模块、状态仿真模块、线索表分析模块、连通性模型库等，可以自动化完成潜在路径分析、潜在时序分析和分析报告。潜在电路分析软件模块使用界面如图 15 - 9 所示。

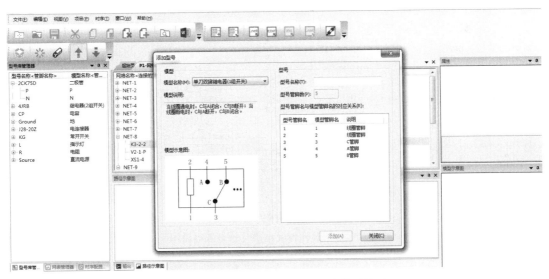

图 15 - 9　潜在电路分析软件模块使用界面

针对某系统初样阶段的供配电线路开展潜在电路分析，该系统共包含元器件数量约1 000 个，导线分支总数约 6 000 条，网络树约 30 棵。对该系统仪器类供配电电路建立功能网络森林，对每个功能森林的每棵网络树按工作流程进行潜在电路分析。经分析，发现潜在定时 4 处、潜在标志 6 处、设计问题提示 8 处、设计误差若干。

（2）飞轮驱动线路二次电源最坏情况分析

最坏情况电路分析软件模块可以在设计限度内分析电路所经历的环境变化、参数漂移及输入漂移出现的极端情况及其组合，自动化地完成最坏情况电路性能分析和最坏情况元器件应力分析，识别影响电路性能及元器件应力的主要因素，发现设计和可靠性薄弱环节，对电路是否发生漂移故障进行预测，暴露产品电性能的薄弱环节，计算电路的性能裕度和降额裕度，提高电路的固有可靠性，为产品设计提供优化改进方案。最坏情况电路分析软件模块有独立的前端显示界面，具有电路仿真器和电子元器件仿真模型库，能自动化输出最坏情况电路分析测量结果、波形、报表和分析报告。最坏情况电路分析等效电路图如图 15 - 10 所示，最坏情况电路分析结果图如图 15 - 11 所示。

针对某卫星初样阶段飞轮驱动线路二次电源开展最坏情况电路分析，分析工作包括最坏情况下二次电源输出电压范围、最坏情况下输出电压纹波范围、最坏情况下元器件的应力及降额复核、环路稳定性等。对二极管、三极管、稳压管等进行参数设计与建模，采用蒙特卡罗法和极值法相结合开展最坏情况电路分析。经分析，最坏情况下二次电源输出电压满足设计指标要求；最坏情况下输出电压纹波满足设计指标要求；二极管等在某时刻出现持续时间很短、瞬间电压应力比超过阈值的情况，不会造成击穿；系统的开环幅频响应

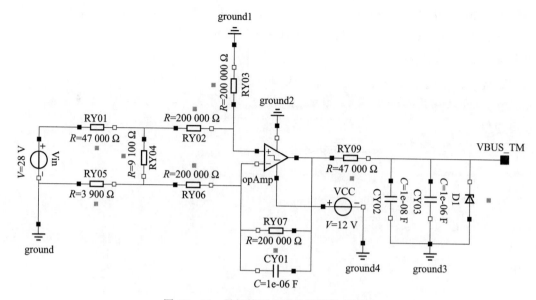

图 15 - 10　最坏情况电路分析等效电路图

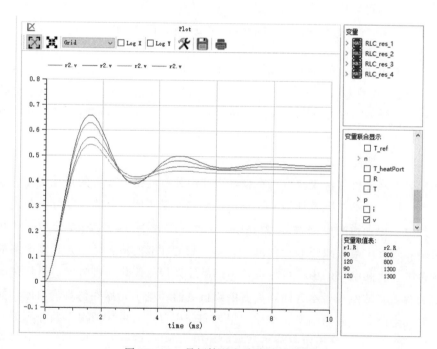

图 15 - 11　最坏情况电路分析结果图

曲线在穿越频率处的总相位延迟小于阈值，系统是稳定的。

（3）产品可靠性设计与仿真验证

以产品质量为导向的设计优化为例。设计是决定产品固有质量的根本。传统的设计模式中，优先考虑产品的功能、性能，产品的质量则通过生产过程及产品的质量检测等途径进行验证，导致当前产品设计存在功能满足需求，但可靠性水平不高的情况，不能满足用户的高质量产品需求。系统设计、仿真、试验验证、运行使用等活动将产生大量与质量相关的多维、动态、异构数据，亟须开展数据驱动的用户需求准确刻画、需求向功能特性映射、设计历史数据挖掘和再利用、设计方案评价等方法研究，将质量大数据与设计理论融合，实现质量为先的创新设计。通过汇聚客户需求、设计历史数据、试验数据、使用数据、专利标准等研发设计相关数据，以及系统运行管理过程中积累的质量问题数据、在轨状态信息、遥测数据等，依托云计算等数据处理能力，通过深度学习、关联分析、变量预测等数据处理算法，开展设计及方案优化。

15.6.3　质量管理

（1）成本权衡

项目全寿命周期的成本权衡模型，将在现有报、审价数据收集的基础上，通过使用标准的工作分解结构，进行成本分析需求描述，建立描述研制流程、技术、全寿命周期成本以及成本—风险信息的标准化文件，用作整个项目成本、技术、进度的技术基线文件，以进行备选方案权衡、目标价格管理和过程成本监控。在项目运行过程中，要求承包商在主要里程碑节点按照成本分析数据要求，定期更新成本和技术数据，在项目推进过程中展示全寿命周期成本，在每个里程碑节点由第三方进行独立成本估算和成本风险评估，以严谨的成本估算过程促进高效的项目管理。模型拟包括项目分解结构、费用分解结构、成本价格数据库、成本价格模型、成本可视化模块等。

（2）采购管理

对工程各个供应商进行综合管理，建立覆盖任务产品配套关系链条上的供应商清单，以产品为牵引，通过供应商寻源、供应商注册、供应商培训、供应商准入、供应商绩效评价、供应商名录与动态管理、供应商关系管理，实现采购的需求管理、采购订单管理、进度管理、验收管理、对账及发票管理等功能。从产品线维度逐级识别研制风险，如国产化替代、新供应商以及大量优势民营企业进入产品领域的新情况，综合评估供应商质量保证能力。从纵向项目维度识别进度风险，能够对供应链风险进行实时预警，对供应商风险画像进行实时可视。

（3）任务保证

按照"目标—策略—方案"的层次结构构建 PNT 体系质量管理模型，按照 PNT 体系的组成构建与数字化工程相一致的大系统、系统、分系统、单机的目标—策略层次模型，明确 PNT 体系各阶段可靠性、维修性、安全性等通用质量特性工作要求，用可视化的形式展示各阶段、各系统质量工作的情况。

15.6.4　在轨运维支撑

在轨运维支撑包括基于模型的风险分析评估与预警、卫星产品寿命预测等子功能。

（1）基于模型的风险分析评估与预警

功能包括：风险数据录入、存储、统计分析和综合显示；风险后果严重性分类、发生可能性分类、综合评价矩阵、综合评级标准；按工程进度、系统类别、风险类别和风险范围统计分析，如图 15-12、图 15-13 所示。

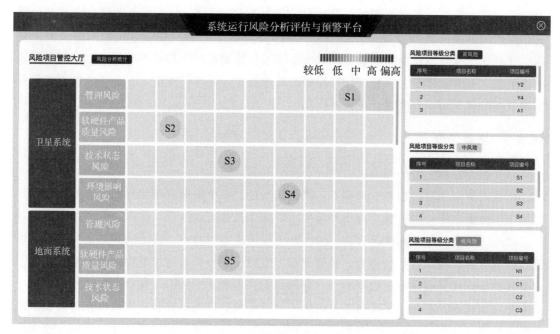

图 15-12　运行风险分析与控制保障链

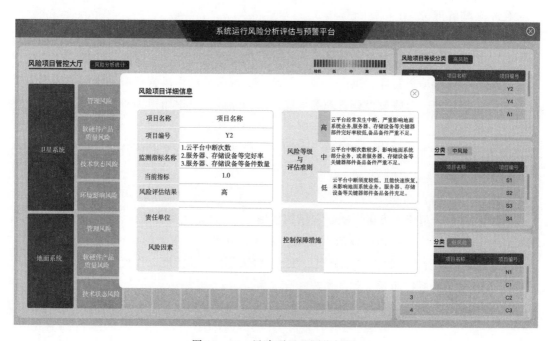

图 15-13　风险项目监测指标图

（2）卫星产品寿命预测

以基于多源性能数据的产品综合寿命预测为例。由于产品运行在微重力与真空辐照环境，地面试验无法充分表征其运行环境特点，性能与综合寿命预测一直是难点工作。以描述星上产品运行状况的性能数据为切入点，利用数据统计、挖掘等智能化算法，对星上产品开展寿命预测。在轨寿命预测技术路径如图 15 - 14 所示。

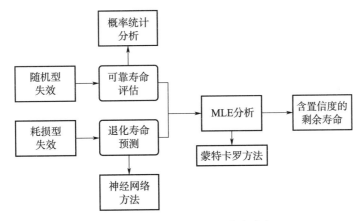

图 15 - 14　在轨寿命预测技术路径

耗损型失效故障描述的是与故障程度相关的性能参数同时间存在关系，因此，可通过研究在轨遥测参数的变化趋势来描述性能参数退化机理，进而进行故障预测和寿命预测。

不同于耗损型失效，随机型失效故障描述的是故障随机发生过程。星上产品在运行过程中，不可避免地受到外部空间环境的影响而发生不同程度的随机故障。此外，本身设计工艺原因也会导致随机故障的发生，通过利用概率统计分析方法可评估单机产品在轨可靠运行寿命。

在星上产品运行过程中，耗损型故障和随机型故障发生的可能性同时存在，因此，在进行星上产品寿命预测时，需同时考虑以上两者，综合、全面地对产品故障进行预测，提高寿命预测的准确性。

参 考 文 献

［1］ 北斗卫星导航系统公开服务性能规范（3.0 版） ［Z/OL］. 中国卫星导航系统管理办公室，http：//m. beidou. gov. cn/xt/gfxz/，2020.

［2］ 杨长风. 北斗系统工程管理模式的创新与发展［J］. 工程管理前沿，2021，8（2）：312 - 320.

［3］ 卿寿松，顾长鸿，任立明，郑恒. 北斗卫星导航系统可靠性工作若干问题探讨［J］. 第二届中国卫星导航学术年会 CSNC2011.

［4］ 卿寿松，郑恒，周波，等. 基于模型的航天工程任务保证理论与技术体系研究［J］. 质量与可靠性，2023（5）：1 - 8.

［5］ 杨长风，陈谷仓，郑恒，等. 北斗卫星导航系统智能运行维护理论与实践［M］. 北京：中国宇航出版社，2020.

［6］ 杨慧，赵海涛，等. 北斗导航卫星可靠性工程［M］. 北京：国防工业出版社，2021.

［7］ 李祖洪，杨维垣，杨东文. 卫星工程管理［M］. 北京：中国宇航出版社，2007.

［8］ 卿寿松，贾纯锋，岳盼想. 航天质量从精细到精益再到卓越的发展路线研究［J］. 质量与可靠性，2020（1）：6 - 9.

［9］ 袁家军. 航天产品工程［M］. 北京：中国宇航出版社，2011.

［10］ 谢军，王海红，李鹏，等. 卫星导航技术［M］. 北京：北京理工大学出版社，2018.

［11］ 郑恒，李海生，杨卓鹏. 卫星导航系统星座可用性分析［J］. 航天控制，2011，129（3）.

［12］ 薛恩，李琴，郑恒，等. 导航卫星中断数据在可用性分析评价中的应用［J］. 质量与可靠性，2014（2）：10 - 18.

［13］ 高为广，苏牡丹，李军正，等. 北斗卫星导航系统试运行服务性能评估［J］. 武汉大学学报（信息科学版），2012，37（11）：1352 - 1355.

［14］ 角淑媛，申林. 基于反向需求和系统级 FMEA 的北斗运控系统可靠性工作分析［C］. 南昌：第十二届中国卫星导航学术年会，2021.

［15］ 陈金平，曹月玲，郭睿，等. 北斗试验卫星空间信号精度参数 SISA 计算方法及性能验证［J］. 测绘学报，2018，47（S1）：1 - 8.

［16］ 赵昂，杨元喜，许扬胤，等. GNSS 单系统及多系统组合完好性分析［J］. 武汉大学学报（信息科学版），2020，45（1）：72 - 80.

［17］ 北斗卫星导航系统公开服务性能规范（2.0 版）［Z/OL］. 中国卫星导航系统管理办公室，http：//m. beidou. gov. cn/xt/gfxz/，2018.

［18］ 鲁宇. 航天工程技术风险管理方法与实践［M］. 北京：中国宇航出版社，2016.

［19］ 全国宇航技术及其应用标准化技术委员会. 航天器概率风险评估程序：GB/T 29075—2012［S］. 北京：中国标准出版社，2013.

［20］ 卿寿松，贾纯锋，张迪. 钱学森与中国航天质量管理［J］. 质量与可靠性，2021（3）：1 - 5，10.

［21］ 杨卓鹏，李琴，李孝鹏，等. 导航卫星地面站信息处理系统可靠性要求论证与建模分析［J］. 质量与可靠性，2014（1）：6 - 10.

［22］ 杨卓鹏，王晋婧，郑恒 . 利用监测网中断分析导航系统完好性监测 ［J］. 导航定位学报，2015，3
（2）：38 - 44，48.

［23］ 杨卓鹏，郑恒，薛峰 . 基于蒙特卡洛-贝叶斯网络方法的卫星地面站可用性分析 ［C］. 上海：第二
届中国卫星导航学术年会，2011.

［24］ 周晓燕，王锐，王艳红，等 . 航天产品质量监理的探索与实践 ［J］. 设备监理，2020 （3）：
17 - 20.

［25］ 贾纯锋，史楠楠，范艳清，张迪 . 航天重大工程质量监理探索研究 ［J］. 质量与可靠性，2021
（5）：45 - 48.

［26］ 贾纯锋，叶茂，宋燊，等 . 航天产品独立评估的探索与创新 ［J］. 航天工业管理，2019 （5）：
35 - 38.

［27］ 师宏耕，等 . 航天质量管理方法与工具 ［M］. 北京：中国宇航出版社，2017.

［28］ 师宏耕，贾成武，鲍智文 . 航天精细化质量管理 ［M］. 北京：中国宇航出版社，2020.

［29］ 杨双进，贾成武，卿寿松 . 关于航天质量工作准则的思考 ［J］. 质量与可靠性，2019 （3）：1 -
5，10.

［30］ 江理东，孙明 . 宇航元器件应用验证系统工程 ［M］. 哈尔滨：哈尔滨工业大学出版社，2019.

［31］ 夏泓 . 航天产品元器件工程 ［M］. 北京：中国宇航出版社，2011.

［32］ 卿寿松，夏泓，张月逸 . 加速构建中国宇航元器件标准体系大力支撑宇航元器件产品体系建设
［J］. 航天标准化，2010 （2）：7 - 10.

［33］ 杨双进 . 航天软件工程手册 ［M］. 北京：中国宇航出版社，2022.

［34］ 傅兵 . 软件质量和测试 ［M］. 北京：清华大学出版社，2017.

［35］ 朱少民 . 软件质量保证和管理 ［M］. 北京：清华大学出版社，2019.

［36］ 张旭，周耀华，丛飞，等 . 北斗三号卫星直接入轨专用平台设计研究 ［J］. 宇航总体技术，2020，
4 （6）：1 - 8.

［37］ 崔吉俊 . 航天发射试验工程 ［M］. 北京：中国宇航出版社，2010.

［38］ 陆晋荣，董学军 . 航天发射质量工程 ［M］. 北京：国防工业出版社，2015.

［39］ 许秀清，张博，周翔，等 . 低温运载火箭 "零窗口" 发射研究 ［J］. 装备学院学报，2016，
90 - 94.

［40］ 杨龙，陈金平，刘佳 . GNSS 地面运行控制系统的发展与启示 ［J］. 现代导航，2012，3 （4）：
235 - 242.

［41］ 李美红，杨慧，袁莉芳，等 . 导航卫星可用性提升设计与实现 ［J］. 航天器工程，2022，31 （1）：
18 - 23.

［42］ 马利，袁莉芳，王璐，等 . 导航卫星在轨运行分析与管理 ［J］. 航天器工程，2017，26 （5）：
121 - 125.

［43］ FILIP A，MOCEK H，SUCHANEK J. Signification of the Galileo Signal - in - Space Integrity and
Continuity for Railway Signaling and Train Control ［J］.

［44］ Global Positioning System Standard Positioning Service Performance Standard 5th Edition ［Z］.
http：//www. gps. gov/technical/ps/，2020. 4

［45］ KAREN VAN DYKE，KARL KOVACH，JOHN W LAVRAKAS，et al. GPS Integrity Failure
Modes and Effects Analysis ［J］. ION NTM 2003，22 - 24 January 2003，Anaheim，CA.

［46］ Qu Yenhua. Availability：What is Availability? Availability of what? ［J］. PAQ Communication，1997.

[47] 孟鑫，曹月玲，楼立志，等 . 基于 RTCA 标准的 WAAS 和 EGNOS 广播星历差分完好性服务性能研究 [J] . 全球定位系统，2017，42（5）：1 - 9.

[48] KANNEMANS H. An Integrity，Availability and Continuity Test Method for EGNOS/WAAS [J] . ION GNSS 19th International Technical Meeting of the Satellite Division，September 2006，Fort Worth，TX.

[49] Space project management - Risk management：ECSS - M - ST - 80C [S] .

[50] 李明华 . 基于时序动作分析和确认的技术风险管理 [M] . 北京：中国宇航出版社，2017.

[51] 黄文德，郭熙业，胡梅 . 卫星导航地面运行控制系统仿真测试与模拟训练技术 [M] . 北京：国防工业出版社，2021.

[52] 陈勰，李尔园 . 全球定位系统（GPS）现代化运行控制段（OCX）的进展与现状 [J] . 全球定位系统，2010（2）：56 - 60.

[53] 辛洁，王冬霞，郭睿，等 . 卫星导航系统星地协同运行模式及可靠性研究 [J] . 系统工程理论与实践，2020，40（2）：520 - 528.

[54] 王蓬，张金彪，陈刚 . 军用通信装备网络可靠性仿真评估 [J] . 电子产品可靠性与环境试验，2018，36（4）：75 - 81.

[55] 张淳，杨慧，翟君武，等 . 北斗卫星在轨技术支持云平台可靠性设计 [C] . 南昌：第十二届中国卫星导航学术年会，2021.

[56] 杨志敏，洪丹珂，王力，等 . 基于云平台的电力通信网运行支持系统 [J] . 电信科学，2020（4）：161 - 169.

[57] 于秀明，孔宪光，王程安 . 信息物理系统（CPS）导论 [M] . 武汉：华中科技大学出版社，2022.

[58] 李杰 . 工业大数据——工业 4.0 时代的工业转型与价值创造 [M] . 邱伯华，译 . 北京：机械工业出版社，2018.

[59] 李杰，等 . CPS——新一代工业智能 [M] . 上海：上海交通大学出版社，2018.

[60] LEE J，LAPIRA E，KAO H A，et al. A Cyber - physical systems architecture for industry 4.0 - based manufacturing systems [J] . Manufacturing Letters，2015（3）：18 - 23.

[61] 张天宇 . 信息物理系统中的实时和可靠性问题研究 [D] . 沈阳：东北大学，2018.

[62] 郭嘉，韩宇奇，郭创新，等 . 考虑监视与控制功能的电网信息物理系统可靠性评估 [J] . 中国电机工程学报，2016，36（8）：2123 - 2130.

[63] 邹青丙，刘羽，何明 . 基于机器学习的 CPS 系统可靠性在线评估方法 [J] . 计算机工程与应用，2014，50（10）：128 - 130，170.

[64] 加鹤萍，丁一，宋永华，等 . 信息物理深度融合背景下综合能源系统可靠性分析评述 [J] . 电网技术，2019，43（1）：1 - 11.

[65] 林丹，刘前进，曾广璇，等 . 配电网信息物理系统可靠性的精细化建模与评估 [J] . 电力系统自动化，2021，45（3）：92 - 101.

[66] 蒋卓臻，刘俊勇，向月 . 配电网信息物理系统可靠性评估关键技术探讨 [J] . 电力自动化设备，2017，37（12）：30 - 42.

[67] 赵少奎 . 导弹与航天技术导论 [M] . 北京：中国宇航出版社，2008：42 - 43.

[68] 周凤广，等 . 世界航天发射场系统（国外篇）[M] . 北京：国防工业出版社，2009：7 - 10.

[69] 史西斌 . 美国航天发射场手册 [M] . 北京：国防工业出版社，2012：1 - 4.

[70] 魏继友，等 . 航天发射塔设计 [M] . 北京：国防工业出版社，2007：11 - 19.

[71] 崔豹，赵继广，陈景鹏. 航天发射场风险分析系统研究 [J]. 安全与环境工程，2014，21（4）：152－158.

[72] 金志强，覃艺. 长三甲系列运载火箭百次发射的科学管理 [J]. 导弹与航天运载技术，2019（4）：1－7.

[73] 李海泉，李刚，等. 系统可靠性分析与设计 [M]. 北京：科学出版社，2003：229－261.

[74] 金碧辉. 系统可靠性工程 [M]. 北京：国防工业出版社，2004：331－333.

[75] 全国信息技术标准化技术委员会. 信息技术 软件工程术语：GB/T 11457－2006 [S]. 北京：中国标准出版社，2006.

[76] 王忠贵，刘姝. 航天产品软件工程方法与技术 [M]. 北京：中国宇航出版社，2015.

[77] NASA Software Engineering and Assurance Handbook：NASA－HDBK－2203B：2020 [S/OL]. [2020－4－20]. http：//swehb. nasa. gov

[78] Leanna Rierson. 安全关键软件开发与审定——DO－178C 标准实践指南 [M]. 崔晓峰，译. 北京：电子工业出版社，2020.

[79] NASA 系统工程手册 [M]. 朱一凡，李群，杨峰，等译. 北京：电子工业出版社，2012.

[80] 李学仁. 军用软件质量管理学 [M]. 北京：国防工业出版社，2012.

[81] 王辉，郑士昆，朱佳龙，等. 星载天线扫描机构轴系刚度计算与仿真分析 [J]. 空间电子技术，2018，15（1）：70－73.

[82] MURRAY S F，HESHMART H，FASARO R. Accelerated testing of space mechanisms [R]. New York，USA：NASA，1995.

[83] 上官爱红，穆猷，李治国，等. 空间环境对 MoS_2 固体润滑运动部件寿命的影响 [J]. 光学精密工程，2014，22（12）：3264－3271.

[84] 徐增闯，崔维鑫，刘石神，等. 空间摆动电机固体润滑轴承寿命试验研究 [J]. 真空科学与技术学报，2019，39（4）：354－359.

[85] 韩建超，李云，高鹏，等. 空间机构 MoS_2 固体润滑真空摩擦特性研究 [J]. 机械工程学报，2017，53（11）：61－66.

[86] 邓容，袁海涛，胡亭亮，等. 空间相机扫描机构固体润滑轴承组件的寿命试验 [J]. 光学精密工程，2016，24（6）：1407－1412.

[87] 赵云平，张凯峰，李永春，等. 二硫化钼固体润滑球轴承的真空摆动特性 [J]. 润滑与密封，2017，42（7）：135－140.

[88] 上官爱红，张昊苏，王晨洁，等. 空间二维运动机构的热真空准加速寿命试验设计 [J]. 吉林大学学报（工学版），2016，46（1）：186－192.

[89] 全国质量监管重点产品检验方法标准化技术委员会. 电工电子产品加速应力试验规程——高加速寿命试验导则：GB/T 29309—2012 [S]. 北京：中国标准出版社，2013.

[90] FELTHAM S J，KORNFELD G，LOTTHAMMER R. Life test studies on mm－cathodes [J]. IEEE Trans Electron Devices，1990，37（12）：2558－2563.

[91] CHARLES S WHITMAN. Accelerated life test calculations using the method of maximum likelihood：an improvement over least squares [J]. Microelectronics Reliability，2003，43（6）：859－864.

[92] 中国航天科技集团公司. 产品保证 [M]. 北京：中国宇航出版社，2017.

[93] 付桂翠. 电子元器件使用可靠性保证 [M]. 北京：国防工业出版社，2011.

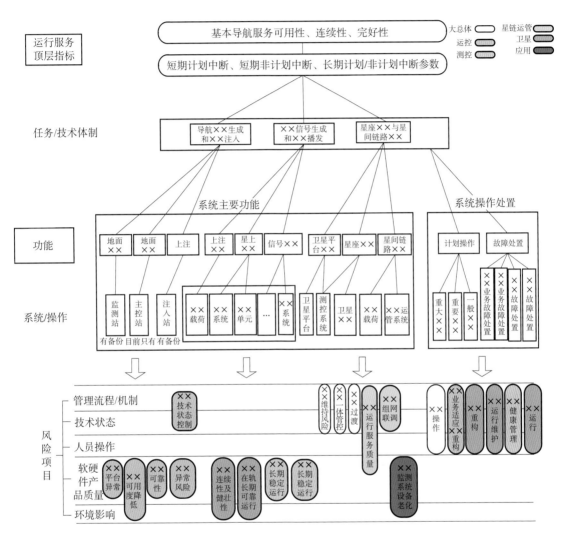

图 6-8　面向顶层服务指标和任务过程的运行风险识别(P163)

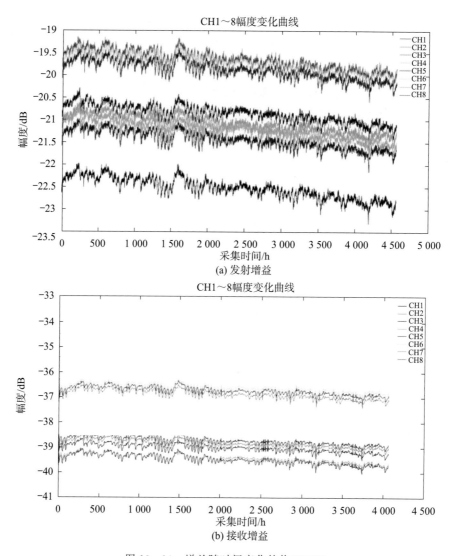

图 13-14 增益随时间变化趋势（P361）

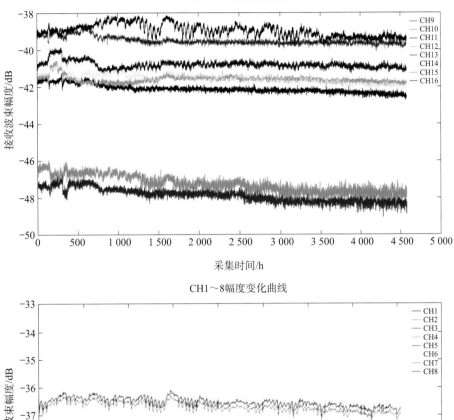

图 13-16　阵列发射波束、接收波束幅度随时间变化趋势（P363）

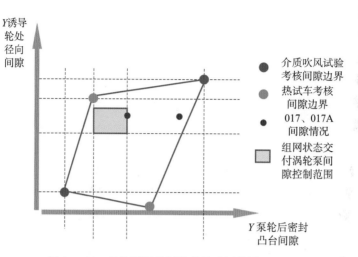

图 13-25 氧化泵相关间隙考核验证范围(P373)